Wilhelm Backhausen / Jean-Paul Thommen · Coaching

Wilhelm Backhausen / Jean-Paul Thommen

Coaching

Durch systemisches Denken
zu innovativer Personalentwicklung

2., aktualisierte Auflage

GABLER

Bibliografische Information Der Deutschen Bibliothek
Die Deutsche Bibliothek verzeichnet diese Publikation in der Deutschen Nationalbibliografie;
detaillierte bibliografische Daten sind im Internet über <http://dnb.ddb.de> abrufbar.

Dr. Wilhelm Backhausen ist als Gründer und Geschäftsführer der Complex Change Consulting,
Freiburg in der Fort- und Weiterbildung von Führungskräften sowie der Organisationsberatung tätig.
Einen Schwerpunkt seiner Tätigkeit bildet das Coaching von Führungskräften.

Prof. Dr. Jean-Paul Thommen ist Inhaber des Lehrstuhls für Allgemeine Betriebswirtschaftslehre,
insbesondere Organisation und Personal, an der EUROPEAN BUSINESS SCHOOL, Schloß Reicharts-
hausen, Titularprofessor an der Universität Zürich sowie Dozent an der Universität St. Gallen.

Mitglieder der SGO (Schweizerische Gesellschaft für Organisation und Management)
erhalten auf diesen Titel einen Nachlass in Höhe von 10 % auf den Ladenpreis.

1. Auflage April 2003
2. Auflage Juni 2004

Alle Rechte vorbehalten
© Betriebswirtschaftlicher Verlag Dr. Th. Gabler/GWV Fachverlage GmbH, Wiesbaden 2004

Lektorat: Ulrike Lörcher

Der Gabler Verlag ist ein Unternehmen von Springer Science+Business Media.
www.gabler.de

Umschlaggestaltung: Nina Faber de.sign, Wiesbaden
Umschlaggrafik: Grafik-Design Peter Möhrle, Radolfszell
Druck und buchbinderische Verarbeitung: Lengericher Handelsdruckerei, Lengerich
Gedruckt auf säurefreiem und chlorfrei gebleichtem Papier
Printed in Germany

ISBN 3-409-22005-4

Geleitwort

Coaching ist als Mittel zur Steigerung der Veränderungsfähigkeit und Veränderungsbereitschaft von Mitarbeitenden nicht nur in turbulenten Zeiten und in Phasen grundlegender sowie rascher Veränderungen wichtig. Es wird zunehmend auch in vorhersehbaren, kontinuierlichen Entwicklungsphasen von Unternehmen und öffentlichen Institutionen zur Betreuung und Förderung von Mitarbeitenden und Teams aller Stufen eingesetzt. In vielen Fällen ist Coaching als Mittel zur Steigerung der organisationalen Effektivität nicht mehr aus dem Instrumentarium erfolgreicher Unternehmen wegzudenken.

Damit Coaching seine volle Wirkung entfalten kann, muss es klar an übergeordneten Unternehmenszielen ausgerichtet sein und zur Wertschöpfung beitragen. Immer mehr Firmen und öffentliche Verwaltungen setzen Coaching erfolgreich ein. Die Zeiten, in denen Hilfeleistung oder strukturierte Unterstützung für Individuen oder Teams als Schwäche interpretiert wurden, sind vorbei. Erfolgreiches Coaching kann allerdings nicht Ersatzbeschäftigung von aus dem Arbeitsprozess frühzeitig oder überraschend ausgeschiedenen Managern sein, sondern setzt eine spezifische Ausbildung gepaart mit konkreter Erfahrung in verschiedensten Belangen der Arbeitswelt voraus.

Zum breiten Themenkreis des Coachings sind in den vergangenen Jahren viele Publikationen erschienen. Es stellt sich somit die berechtigte Frage, wie sich das vorliegende Buch von all den anderen Veröffentlichungen abgrenzt und was daran neu ist.

- Die Diskussion des Coachings vor dem Hintergrund des systemisch-konstruktivistischen Denkens eröffnet neue Dimensionen in der theoretischen Durchdringung des Themas.

- Die langjährige praktische Erfahrung beider Autoren in Coaching-Projekten und Coaching-Initiativen führt zu Transparenz, Berücksichtigung und Ganzheitlichkeit.

▨ Die hohe Praxis- und Umsetzungsorientierung, welche durch umfassende Fallbeispiele erreicht wird, machen das Werk zusätzlich attraktiv.

Den beiden Autoren Jean-Paul Thommen und Wilhelm J. Backhausen ist es gelungen, die Theorie des Coachings deutlich weiter zu entwickeln, die Mehrdimensionalität des Themas fundiert zu beschreiben sowie das hohe Anspruchsniveau an Coach und Coachee und ihre ausgeprägte Verantwortung unmissverständlich darzustellen. Die Lektüre des Buches ist anspruchsvoll und setzt Engagement und Durchhaltewillen voraus, die allerdings belohnt werden. Nach getaner Arbeit ist der Wert für den Leser und die Leserin um so grösser. Das erarbeitete Wissen und die beschriebenen Erfahrungen aus praktischen Fällen ergeben zusammen eine sehr lohnenswerte Wissensinvestition.

Das Buch „Coaching – Durch systemisches Denken zu innovativer Personalentwicklung" ist das Ergebnis eines von der Stiftung der Schweizerischen Gesellschaft für Organisation und Management unterstützten Forschungsprojektes. Beiden Autoren gebührt für die geleistete Arbeit verbindlicher Dank.

Ich wünsche dem Werk eine breite Leserschaft, die erstens einen persönlichen Nutzen aus der Beschäftigung mit Coaching erzielen und zweitens durch seine praktische Anwendung Mehrwert für die betroffenen Unternehmen und Institutionen schaffen kann.

Zürich, im Januar 2003

Dr. Markus Sulzberger
Präsident der Stiftung der
Schweizerischen Gesellschaft
für Organisation und
Management (SGO-Stiftung)

Vorwort zur 2. Auflage

Aufgrund der guten Aufnahme dieses Buches wurde eine Neuauflage schon nach wenigen Monaten notwendig. Wir haben uns deshalb darauf beschränkt, Schreibfehler zu korrigieren. In diesem Zusammenhang möchten wir Herrn Jürgen Reichart ein grosses Dankeschön aussprechen. Er hat den Text mit scharfem Blick und gutem Sprachgefühl gelesen und einige überraschende und ärgerliche Fehler gefunden, aber zum Teil auch solche, die ein Schmunzeln auslösen!

Freiburg i. Brsg. und Zürich, im März 2004

Wilhelm Backhausen
Jean-Paul Thommen

Vorwort zur 1. Auflage

„Die Kunst, mit der Gans über den Weihnachtsbraten zu sprechen!?" wäre der Titel gewesen, den wir uns für dieses Buch gewünscht hätten. Mit diesem Titel hätten wir auf den Punkt gebracht, worum es in diesem Buch letztlich geht: Als professioneller Coach mit Personen über oft ausweglose – oder zumindest als ausweglos erscheinende – Probleme und Situationen aus ihrem betrieblichen Umfeld zu sprechen, mit dem Ziel, eine Lösung herbeizuführen oder die jeweilige Situation des Betroffenen zu verbessern. Und in der Tat erscheinen viele Situationen in der gegenwärtigen Zeit als ausweglos. Durch Reorganisationen und Redimensionierungen geraten Mitarbeitende in für sie nicht mehr zu akzeptierende oder auszuhaltende Arbeitsbedingungen, Mobbing ist an der Tagesordnung oder Kündigungen werden offen ausgesprochen. Wie kann ich in solchen Situationen als Coach meine Aufgabe wahrnehmen und die Erwartungen meines Klienten erfüllen? Wie muss ein Coaching aussehen, das nicht nur zu einer kurzfristigen Linderung des Leidensdruckes oder zur Verbesserung der momentan schlechten Gefühlslage des Klienten führt?

Auf diese Fragen gibt das Buch Antwort. Es zeigt auf, wie ein Coaching gestaltet werden kann, um die persönlichen Lern- und Veränderungsfähigkeiten zu verbessern. Der Personal Change rückt in den Vordergrund, der Gecoachte soll befähigt werden, mit neuen Situationen, mit unbekannten Problemen oder einfach mit persönlichen Anliegen in einer für ihn zufriedenstellenden Weise umgehen zu können. Damit wird Coaching heute zu einem wichtigen Instrument der Personalentwicklung, da es der Entwicklung der Persönlichkeit und der Erhöhung der Problemlösungsfähigkeit – sprich letztlich auch der Verbesserung des unternehmerischen Denkens und Handelns – dient. Innovativ ist dieses Instrument vor allem deshalb, weil Coaching – oder genauer gesagt das *systemisch-konstruktivistische Coaching* – noch kaum Verbreitung gefunden hat, wie überhaupt das systemisch-konstruktivistische Denken im Management bzw. in der Betriebswirtschaftslehre noch wenig Eingang gefunden hat. Deshalb wird in einem *ersten Teil* des Buches eine Einführung in das systemisch-konstruktivistische Denken gegeben. Hilfreich ist dabei auch das *Glossar* mit den wichtigsten Begriffen der systemisch-konstruktivistischen Perspektive. Dieses findet sich am Schluss des Buches unmittelbar nach den Fallstudien. Für die meisten Leser und Leserinnen wird dies eine neue Perspektive darstellen, die im Vergleich zum bisherigen Denken – nicht nur im Management, sondern auch im Alltag! – als ungewohnt, ja oft als irritierend empfunden wird.

Diese theoretischen Grundlagen bilden dann die Basis für die Durchführung von Coaching. Ausführlich dargestellt werden deshalb im *zweiten Teil* die Struktur und Dynamik von Coachinggesprächen sowie der Instrumentenkoffer, der dem Coach zur effektiven Gestaltung des Prozesses zur Verfügung steht.

Dass Coaching in der Praxis sehr vielfältig ist, wird im *dritten* Teil dieses Buches sehr deutlich. In diesem wird auf die Gestaltung und Umsetzung von Coaching-Programmen in Unternehmen eingegangen. Einerseits wird erläutert, welche Fragen bei der Erstellung eines Coaching-Konzeptes beantwortet werden müssen, andererseits welche strategischen, strukturellen und kulturellen Voraussetzungen beachtet werden müssen. In diesem Zusammenhang stellt sich natürlich auch die Frage, inwiefern Coaching auch tatsächlich zur Verbesserung der Performance beiträgt. Abgeschlossen wird dieser dritte Teil durch die ausführliche Darstellung von fünf Coaching-Programmen, wie sie in Unternehmen konkret umgesetzt worden sind (Julius Bär, Schweizerische Post, Swiss Re, Vorwerk, Volkswagen).

Der Theorie des systemisch-konstruktivistischen Denkens konnte sich auch die Entstehung dieses Buches nicht entziehen. Der Prozess der Entstehung entwickelte eine Eigendynamik, die nicht vorauszusehen war – oder zumindest nicht vorausgesehen wurde! So hat sich beispielsweise die Herausgabe des Buches gegenüber dem ursprünglichen Zeitplan etwas verzögert (der Sponsor habe Nachsicht), dafür ist das Buch umfangreicher geworden (der Verlag und die Leser mögen uns dies verzeihen!), aber auch die Autoren kamen sich durch unvorgesehene, aber jederzeit konstruktive Auseinandersetzungen näher (wir verzeihen uns auch!). Wichtig ist nun aber das Resultat, von dem wir überzeugt sind, dass es dem Leser einen großen Gewinn für das Verständnis von Coaching im Speziellen und sogar von Leadership oder Management im Allgemeinen bringt.

Dass dieses Ergebnis in dieser Form nun vorliegt, ist aber nicht das alleinige Verdienst der Autoren. Deshalb danken wir vorerst einmal der Stiftung der Schweizerischen Gesellschaft für Organisation und Management, die dieses Projekt großzügig unterstützt hat. Ein ganz besonderer Dank geht an den Präsidenten der Stiftung, Dr. Markus Sulzberger, der dieses Projekt und die Thematik nicht nur persönlich unterstützt hat, sondern durch die intensive Auseinandersetzung mit unseren Texten auch wichtige inhaltliche Impulse geben konnte. Ebenso danken wir Sigrid Viehweg, die in der ersten Phase des Projektes wertvolle Anregungen eingebracht hat. In den Dank eingeschlossen sind auch die Autoren und Autorinnen der Fallstudien, die mit ihren Beiträgen wesentlich zur Veranschaulichung von Coaching beigetragen haben.

Danken möchten wir auch vielen Freunden, Kollegen, Seminarteilnehmern und Kunden aus dem Feld der systemischen Beratung. Die vielen und intensiven Diskussionen haben sehr zur Gestaltung diese Ansatzes beigetragen. Besonders hervorzuheben ist Prof. Fritz B. Simon, auf dessen Seminare und Veröffentlichungen viele inhaltliche Gedanken des Buches entscheidend aufbauen. Auch von Dr. Gunther Schmidt wurden viele Anregungen übernommen. Beiden gilt ein besonderer Dank.

Ein weiteres Dankeschön geht an Anja Lanz und Judith Henzmann vom Versus Verlag, die das Layout erstellt haben. Ein letzter Dank geht an den Gabler Verlag, insbesondere an Ulrike Lörcher, die uns in gewohnt professioneller Art betreut hat.

Inhaltsverzeichnis

Coaching – zwischen Modewort und innovativem Instrument der Personalentwicklung

*Die Legitimation dessen, was wir versuchen, liegt in der Einheit von Theorie und Praxis,
die weder an den freischwebenden Gedanken sich verliert noch in die befangene Betrieb-
samkeit abgleitet.*   THEODOR ADORNO

Coaching – was heißt das?

Um es vorwegzunehmen – Coaching ist ein schillernder Begriff, der auf
dem besten Wege ist, zu einem jener Modebegriffe zu werden, unter dem
jeder etwas anderes versteht oder noch schlimmer, ihn nur deshalb verwendet, weil der Begriff im Trend ist. Nicht selten wird sogar versucht,
alles bisherige zum Thema Führung und Leadership in diesen neuen Begriff zu verpacken. Damit würde die Metapher vom „alten Wein in neuen
Schläuchen" wieder einmal voll zutreffen!

Schaut man auf die Entstehungsgeschichte – und diese prägt oft das allgemeine Verständnis eines Begriffes – des Coachings zurück, so wurde
der Begriff ursprünglich im Spitzensport verwendet. Darunter verstand
man eine umfassende fachliche und psychologische Betreuung von einzelnen Leistungssportlern oder von Teams durch einen Coach. Ziel war
das Erreichen von Höchstleistungen. Der Coach war meist ein Experte in
seiner Disziplin – nicht zuletzt deshalb, weil er selbst die Erfahrung eines
Spitzensportlers aufwies (wie dies zum Beispiel auch heute noch in vielen Sportbereichen der Fall ist). Die psychologischen Fähigkeiten waren
ihm meist gegeben, erst mit der zunehmenden Professionalisierung
wurde diesen Kompetenzen immer mehr Gewicht beigemessen und in
Ausbildungslehrgänge integriert.

Mit diesem Begriff haben die heutigen Coaching-Konzepte im Management zwar noch einige Gemeinsamkeiten, jedoch auch einige deutliche
Unterschiede. Auch wenn viele verschiedene Konzepte existieren,

Definition Coaching   so kann als eine erste allgemeine Umschreibung aller Konzepte die
„professionelle Form individueller Beratung im beruflichen Kontext"
formuliert werden. Als Coachee wird die Person bezeichnet, die Coaching, d.h. die Beratungsleistung in Anspruch nimmt.

Warum die bisherigen Instrumente versagt haben

Die größte Herausforderung stellt heute wohl der – meist rasche – Wandel mit all seinen Konsequenzen und Nebenerscheinungen dar. Er ist in Wirtschaft und Gesellschaft zu einem ständigen, oft unerbittlichen Begleiter geworden. Vielfältige Risiken, aber auch zahlreiche Chancen sind damit verbunden. Diejenigen Unternehmen, die einerseits diese Risiken frühzeitig erkennen und bewältigen und andererseits in der Lage sind, diese Chancen zu nutzen, werden die Gewinner von morgen sein. Dass dies aber nicht so einfach ist, wie einige populär-wissenschaftliche Bücher immer wieder mit einfachen Rezepten vorzugaukeln versuchen, ist aufgrund der Entwicklungen nach dem 11. September 2001 wieder einmal mehr als deutlich geworden.

Wandel als Risiko und Chance

Das Universalprinzip Rationalität ist ein verführerisches, weil sehr einfaches und daher beruhigendes Mittel zum Umgang mit einer komplexen Realität. Es reduziert Unsicherheit. (Timon Beyes 2002)

Schon sicher Geglaubtes ist ins Wanken gekommen, selbst die Buchhaltungen – also genau das, was man in der Betriebswirtschaftslehre für unumstößliche „hard facts" gehalten hat – großer und angesehener Firmen, stellen kein sicheres Fundament für Aktionäre, Gläubiger, Lieferanten und alle anderen Stakeholder mehr dar. Die „Enronitis" geht herum, wie es die NZZ (5.2.02) nach dem Fall des Enron-Konzerns auf den Punkt gebracht hat.

Auf diesem Hintergrund ist es nicht erstaunlich, dass die meisten Instrumente zur Bewältigung dieses Wandels versagt haben. Zu nennen wären vor allem jene Instrumente, die bei den strategischen, organisatorischen oder kulturellen Bedingungen ansetzen. Dazu zählen beispielsweise Konzepte wie Lean Management, Total Quality Management, Business Process Reengineering oder wie sie alle heißen – an Erfindungsgeist hat es bezüglich origineller Bezeichnungen nie gefehlt! Doch die Resultate dieser verheißungsvoll angekündigten Instrumente sind in den meisten Fällen niederschmetternd, wie dies selbst die Beratungsfirmen, die diese Konzepte entwickelt und umgesetzt haben, feststellen mussten. Ein Grund dafür sind häufig die Ängste und Widerstände der betroffenen Mitarbeiter und Mitarbeiterinnen, die sich im Spannungsfeld zwischen den eigenen Bedürfnissen und den Anforderungen des Unternehmens nicht mehr zurecht finden.

Auf der anderen Seite ist es auch der Personalentwicklung nicht gelungen, auf die neuen Anforderungen einzugehen, die sich an Führungskräfte aufgrund des schnellen und tiefgreifenden Wandels in Bezug auf Leadership ergeben haben. Die Personalentwicklung hat sich zu stark auf die individuellen Bedürfnisse der Mitarbeiter ausgerichtet, oft keine Bedarfsabklärungen durchgeführt und die Wirksamkeit der eingesetzten (traditionellen) Methoden und Instrumente überschätzt.

Coaching – ein innovatives Instrument der Personalentwicklung

Auf diesem Hintergrund kann Coaching ein innovatives Instrument darstellen, das Unterstützung bei der Bewältigung des Wandels anzubieten hat. Insbesondere kann es dazu dienen,

Die Funktionen von Coaching

- die *Problemlösungs-* und *Lernfähigkeit* der Mitarbeiter und Mitarbeiterinnen zu verbessern,

- gleichzeitig die individuelle *Veränderungsfähigkeit* zu erhöhen und schließlich

- das *Spannungsfeld zwischen den persönlichen Bedürfnissen, den wahrzunehmenden Aufgaben (Rolle) und den übergeordneten Unternehmenszielen* auszuhalten oder auszubalancieren. Abbildung 1 zeigt einen Überblick über diese nicht einfache Herausforderung.

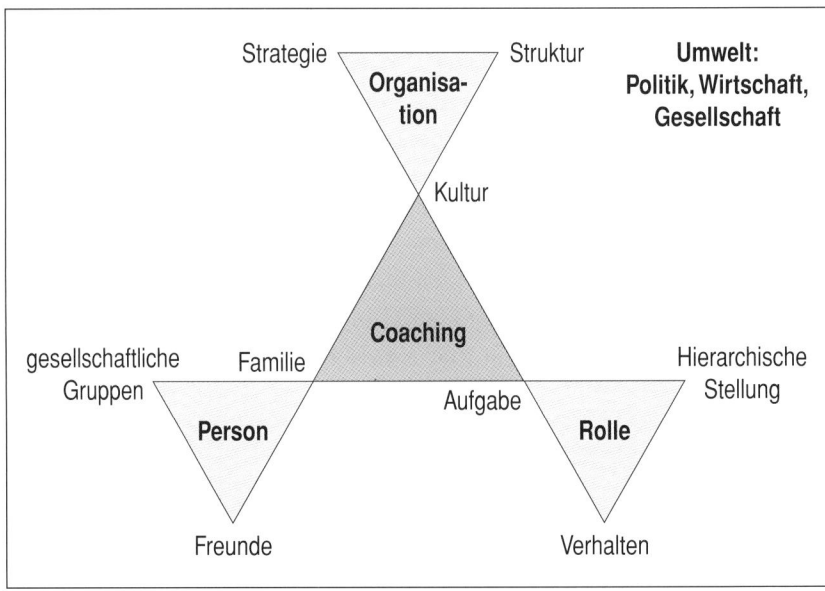

Abbildung 1: Spannungsfelder im Coaching

Wenn aber ein Coaching dazu dienen soll, die persönliche Problemlö-
sungs- und Lernfähigkeit zu erhöhen, dann rücken zwei Fragen in den
Vordergrund:

▨ Erstens stellt sich die Frage, wie Mitarbeiter und Mitarbeiterinnen
ihre Probleme allgemein und unter spezieller Berücksichtigung des
Wandels angehen bzw. lösen und wie sie grundsätzlich lernen.

Anforderungen an das
Coaching

▨ Daraus abgeleitet ergibt sich die zweite Frage, nämlich welche Anforderungen an ein Coaching zu stellen sind, damit dieses die Pro-
blemlösungs- und Lernfähigkeit auch tatsächlich unterstützt.

Auf die diese beiden Fragen soll im folgenden Abschnitt kurz eingegangen werden.

Personal Change Management durch Coaching

In Bezug auf das Lernen von Individuen kann auf die Erkenntnisse im
Zusammenhang mit dem organisationalen Lernen zurückgegriffen werden. Es lassen sich drei Lernebenen unterscheiden:[1]

Wie lernt der Mitarbeiter?

▨ *Anpassungslernen:* Bei dieser Form des Lernens werden Probleme
mit den vorgegebenen oder selbst gesetzten Zielen verglichen. Bei
Abweichungen von diesen Zielen wird die Ausführung der durchgeführten Handlungen oder die Umsetzung der getroffenen Maßnahmen
kritisch hinterfragt, ohne dass die Handlungsmuster, die Maßnahmen
als solche oder gar die Ziele selbst hinterfragt werden. Es stellt sich
also die Frage, ob man – in Anlehnung an PETER DRUCKER – „die
Dinge richtig gemacht hat." Im Vordergrund steht somit die *Effizienz,*
man spricht auch von *Single-loop-Lernen.*

Anpassungslernen

▨ *Veränderungslernen:* Bei dieser Form des Lernens werden die grundsätzlichen Denk- und Handlungsmuster sowie die dem Handeln zugrunde gelegten Werte und Ziele kritisch hinterfragt. Beim Veränderungslernen stellt sich somit die Frage, ob man „die richtigen Dinge
getan hat." Im Vordergrund steht die *Effektivität,* man spricht auch
von *Double-loop-Lernen.*

Veränderungslernen

---

1 Vgl. dazu auch die Ausführungen in Kapitel 2, Abschnitt 2.2.2 „Wirklichkeit als Joint
Venture: Harte und weiche Wirklichkeiten". Zum organisationalen Lernen allgemein
vgl. THOMMEN (2002), S. 454 ff. sowie PROBST/BÜCHEL (1994).

Prozesslernen

◾ *Prozesslernen:* Versucht man auf einer höheren Ebene (Metaebene) die bisherigen Lernprozess kritisch zu untersuchen und daraus die entsprechenden Konsequenzen zu ziehen, dann spricht man von einem Prozess- oder Deutero-Lernen. Daraus erhofft man sich, die Lernprozesse zu verbessern und somit die Lernfähigkeit zu erhöhen.

Diese Unterscheidung macht deutlich, dass es für die verschiedenen Arten von Lernen auch unterschiedliche Methoden oder Ansätze braucht.

Expertencoaching: Rezepte

Für Anpassungslernen benötigt man in erster Linie ein Experten- oder *Fachcoaching,* in welchem bestimmte Fertigkeiten zur Erreichung ganz bestimmter Resultate oder Ziele vermittelt oder geübt werden. Es sollen die fachlichen, technischen Fähigkeiten verbessert werden, wie dies beispielsweise häufig im Sport der Fall ist. Doch was passiert, wenn man trotz immer raffinierterer Technik und höherer Intensität des Trainings keine bessere oder nur marginal bessere Leistung erzielt, die in keinem Verhältnis mehr zum Aufwand steht? Dann kann ich entweder meine Fähigkeiten als solche oder gar meine Person selbst in Frage stellen. Als Alternative steht mir jedoch offen zu überlegen, ob es nicht noch einen anderen Weg bzw. eine völlig andere Technik gibt, mit der ich das Ziel (viel besser) erlangen werde. Im Sport finden sich dazu immer wieder hervorragende Beispiele. Man denke z.B. an die Disziplin des Hochsprungs, als man von der Straddle-Technik zum Fosbury-Flop wechselte: Die Hochsprungtechnik wurde revolutioniert und man erreichte praktisch von einem Tag auf den anderen wesentlich bessere Resultate, die man kaum für möglich gehalten hatte. Dazu braucht man aber ein Veränderungslernen und somit kein Expertencoaching, sondern ein Prozesscoaching, in welchem der Coach keine konkreten Anweisungen und Hilfestellungen abgibt. Er versucht also nicht, die Probleme des Coachees selber zu lösen, sondern ist bemüht, dessen Problemlösungsfähigkeit zu stärken. Letztlich stellt es eine Hilfe zur Selbsthilfe dar.

Personal Change Management

Steht somit das Veränderungslernen im Vordergrund – in Anlehnung an das Change Management von Organisationen könnte man von *einem Personal Change Management* sprechen – dann ist ein Coaching nur mit dem Grundverständnis einer Prozessberatung sinnvoll, insbesondere dann, wenn man einen nachhaltigen Effekt auslösen will. Denn es geht um die langfristige Verbesserung der Problemlösungsfähigkeit des Coachees, nicht nur um das kurzfristige Lösen eines einzelnen Problems oder einer unbefriedigenden Situation.

Berücksichtigt man zudem, dass sich der Coachee in einem komplexen und dynamischen Spannungsfeld befindet, wie dies in Abbildung 1 zum Ausdruck kommt, dann wird deutlich, dass sich Rezepte, die von einem gewohnten linearen Denken und von der Annahme mechanistischer, nicht-komplexer Systeme[1] ausgehen, nicht mehr genügen.

Häufig macht man nämlich den Fehler zu glauben, dass das Resultat der Bemühungen, das im Nachhinein betrachtet wird (ex post Betrachtung), die Wirklichkeit gewesen sei, die im Voraus richtig erkannt und prognostiziert worden sei (ex ante Betrachtung). Dabei wird durch den verschleierten Blick des persönlichen Erfolgs oder aufgrund einer – menschlich durchaus verständlich – narzisstisch gefärbten Selbstüberschätzung oft vergessen, dass

- das System und seine Elemente (z.B. Mitarbeiter und Mitarbeiterinnen, Lieferanten, Kunden usw.), in dem wir uns bewegt haben, durch das nicht voraussagbare Zusammenspiel der verschiedenen Elemente in der Regel eine Eigendynamik entwickelt hat, die wir nicht vorausgesehen haben bzw. voraussehen konnten,[2] und dass

- andere Wirklichkeiten, d.h. andere Prozesse und Resultate auch möglich gewesen wären, vielleicht sogar noch erfolgreichere, vielleicht aber auch weniger erfolgreiche.[3]

Um keine Missverständnisse zu erzeugen: Sowohl Expertencoaching als auch Prozesscoaching haben ihre Berechtigung. Allerdings ist ersteres nur auf der *operativen Ebene* von Interesse, auf der die operativen Tätigkeiten zur Zielerreichung im Vordergrund stehen. In diesem Fall betrachtet man die Probleme aus der Froschperspektive, weil man glaubt, dass es nur einen Weg gibt, um das vorgegebene Ziel zu erreichen. Im Zusammenhang mit dem grundlegenden Wandel in der Wirtschaft und den damit verbundenen Veränderungen in den Strategien, Strukturen, Prozessen und Kulturen von Unternehmen ist aber ein reines Expertencoaching nicht angezeigt, weil es nicht nur nichts nützt, sondern sogar noch Schaden anrichten kann. Denn dieses verstärkt tendenziell die bestehenden Strukturen und Prozesse, statt diese zu hinterfragen und aufzuweichen und sich auf die neuen veränderten Bedingungen einzulassen.

Nochmals: Experten- oder Prozesscoaching?

---

1 In der Systemtheorie spricht man von trivialen Systemen. Vgl. dazu Kapitel 2, Abschnitt 2.1.3 „Systeme systematisch betrachtet: Eine Klassifikation".

2 Man spricht deshalb von emergenten Prozessen. Vgl. dazu Kapitel 2, Abschnitt 2.3 „Mehr als Alles: Komplexität und Emergenz"

3 Diesen Zusammenhang bezeichnet man als Kontingenz. Vgl. dazu Kapitel 2, Abschnitt 2.1.2 „Die System-Umwelt-Beziehung: Ökosysteme".

Prozesscoaching hingegen vollzieht sich auf einer höheren, *strategischen Ebene*. Hier werden die grundlegenden Muster, Ziele und Werte in Frage gestellt, damit neue Wege entdeckt werden können. Dazu ist es aber notwendig, in die Storchperspektive zu gehen und zu hinterfragen, um neue

Die Kritik der Klienten an den Beratungen richtet sich vornehmlich an die experten-orientierte Dienstleistung: Das Klientensystem wird als sozio-technisches, zielgerichtetes System betrachtet. (RUDI WIMMER 1992)

Möglichkeiten ausloten zu können. Denn nur wenn neue Möglichkeiten und Wege gesehen werden, kann Altes und häufig auch Liebgewonnenes losgelassen werden – es ist auch

dann noch schwierig genug! Deshalb ist es auch oft notwendig, zuerst die alten Strukturen und das veraltete Wissen zu vergessen, zu verlernen, damit überhaupt etwas Neues gelernt und aufgenommen werden kann.

Die Perspektive ändern

Systemisch-konstruktivistische Perspektive

Aufgrund dieser – allerdings an dieser Stelle nur verkürzt[1] – dargestellten Überlegungen ist es nicht erstaunlich, dass (auch) in der Betriebswirtschaftslehre nach neuen Ansätzen Ausschau gehalten wird. Und in der Tat bietet sich hier die *systemisch-konstruktivistische Perspektive* an. Diese wird zwar gegenüber dem geläufigen und natürlich auch in vielen Fällen bewährten Alltagsdenken häufig als sehr ungewohnt, als irritierend, ja bisweilen sogar als außerordentlich störend empfunden. Aber dies ist gerade, was ein Coaching zur Bewältigung eines Wandels will: Wer sich verändern will, muss seine eigene Ordnung, seine eigene Denk- und Handlungsweise verändern. Daraus leitet sich letztlich eine wichtige Aufgabe für den Coach ab: er muss irritieren, er muss stören, um den Anstoß zu neuen, ungewohnten, aber meist erfolgreicheren Denk- und Handlungsmustern zu geben. Er muss den Coachee zu einem Perspektivenwechsel einladen, denn Probleme können oft nur deshalb nicht gelöst werden, weil derjenige, der sich mit einem Problem herumschlägt, der Gefangene seiner eigenen beschränkenden Gedanken ist, Gedanken, die nur eine mögliche Wirklichkeit zulassen, eine Wirklichkeit, die für den Betroffenen gemäß seiner eigenen Einschätzung zudem nicht umsetzbar ist und damit gerade deshalb zum Problem wird. Viele Probleme und Konflikte des Alltags, in Partnerschaften oder mit Mitarbeitern und Mitarbeiterinnen lassen sich auf dieses Muster zurückführen.

---

1   Diese Gedanken sind vor allem Inhalt von Teil 2 „Einführung in den systemisch-konstruktivistischen Ansatz".

Diese Betrachtungsweise hat aber letztlich auch eine hoffnungsvolle
Seite. Wenn es sich so verhält, dass noch andere Möglichkeiten offen-
stehen, die bis jetzt nicht erkannt worden sind, und dass die Situation
nicht unerheblich durch das Handeln selbst beeinflusst werden kann,
dann gibt es keine ausweglosen Situationen mehr, dann fällt es schwer,
sich als Opfer zu sehen und die Umwelt nicht mehr als Täter. Es besteht
somit die Möglichkeit, sich selber aus der Opferrolle zu befreien – sofern
der Sprung aus der Frosch- in die Storchperspektive gelingt. Diese Möglichkeit ist dem Coachee – aus welchen Gründen auch immer – aber oft
versperrt, aus diesem Grunde hat er doch gerade den Coach aufgesucht.
Zur Überwindung dieser vom Coachee oft als Ausweglosigkeit erlebten
Situation beizutragen, ist gerade die Aufgabe bzw. hohe Kunst eines professionellen Coaches. Mit anderen Worten bzw. mit einer Metapher ausgedrückt: Es ist die Kunst, mit der Gans über den Weihnachtsbraten zu
sprechen!

Täter statt Opfer

Was können und wollen wir in diesem Buch anbieten?

Die meisten bisher erschienenen Coaching-Bücher haben eine operative
Ausrichtung. Sie beschäftigen sich – teilweise in durchaus verdienstvol-
ler Weise – mit konkreten Instrumenten und hilfreichen Techniken zur
Verbesserung bestimmter Fertigkeiten (z. B. Kommunikation, Zeitmanagement) oder zur Lösung typischer Probleme (z. B. Konflikte). Sie bewegen sich damit auf einer operativen, auf einer How-to-do-Ebene.

In diesem Buch wird *ein strategisch orientiertes Modell* von professioneller Beratung und Coaching entwickelt. Ein solches Modell ermöglicht die Reflexion der im betrieblichen Alltag immer wieder neuen operativen Anforderungen. Damit wird einerseits die für die Praxis
notwendige Reduktion der zu bearbeitenden Komplexität gesichert,
gleichzeitig aber jene erforderliche Flexibilität erreicht, die über eine nur
schematische Anwendung von mehr oder weniger bewährten Rezepten
hinausgeht. Denn Rezepte reflektieren übergeordnete Zusammenhänge
nicht, lassen sie „außen vor". Diese so gewonnene Einfachheit macht
ihre Beliebtheit aus, leider aber auch ihre Begrenztheit für entscheidende
(strategische) Problemstellungen im Zusammenhang mit der Lern- und
Veränderungsfähigkeit. Erst Beschreibungen von Situationen im ver-

Strategisches Modell der Beratung

bund mit möglichen Erklärungen stellen umfassendere, ganzheitliche Zusammenhänge dar, indem sie zwischen beobachtbaren Daten nicht-beobachtbare Verknüpfungen herstellen, die zum Beispiel als Beharrungstendenz oder Engagement bezeichnet werden können. Diese Verknüpfungen sind aber Vermutungen, Möglichkeiten, „Erfindungen", wie sie von einem Beobachter gedacht werden.

Theoretische Grundlage: Systemisch-konstruktivistischer Ansatz

Die geeignetste Perspektive, welche die Anforderungen an ein strategisches Modell des Coachings und der Beratung am besten erfüllt, ist *die systemisch-konstruktivistische Perspektive*. Da dieser Perspektivenwechsel aber erforderlich und unausweichlich ist, wird im ersten Teil des Buches eine theoretische, aber dennoch praxisorientierte Einführung in dieses Denken und das darauf basierende Handeln gegeben. Verwiesen sei auch auf das Glossar mit den wichtigsten Begriffen des systemisch-konstruktivistischen Ansatzes!

Coachingprozess

Tools & Toys

Auf dieser theoretischen Grundlage wird anschließend im zweiten Teil ein praktischer und umsetzungsorientierter Leitfaden für die Durchführung konkreter Coachinggespräche vorgestellt. Dazu gehört die ausführliche Darstellung des *Coachingprozesses* sowie der dazu erforderlichen *Instrumente* gegeben. Es ist zwar klar, dass praktische Fähigkeiten primär durch Praktizieren entstehen, doch ist eine praxisbezogene Reflexion der Instrumente und der Kriterien ihrer Anwendung unverzichtbar.

Coaching-Programme

Im vierten und letzten Teil werden verschiedene *Coaching-Programme* vorgestellt, die in Firmen aus unterschiedlichen Branchen umgesetzt worden sind (Julius Bär, Schweizerische Post, Swiss Re, Vorwerk, Volkswagen). Es handelt sich dabei um Programme, die entweder ihren festen Platz im Rahmen der übergeordneten Personalentwicklung haben oder aus bestimmten Anlässen (insbesondere Veränderungsprozesse) erstellt worden sind. Die Darstellung der Implementierung solcher Programme in Unternehmen soll deutlich machen, welche strategischen, strukturellen und kulturellen Voraussetzungen für die Umsetzung von Coaching-Maßnahmen notwendig sind. Sie zeigt aber auch, mit welchen Schwierigkeiten gerechnet werden muss und wie diesen Schwierigkeiten begegnet werden kann. Zudem wird auch deutlich, dass die Ausprägungen von Coaching in der Praxis sehr vielfältig sind – den vielfältigen Zielsetzungen und Anlässen von Coaching entsprechend.

Unser Vorgehen wird dabei dem Erkunden einer unbekannten Stadt vergleichbar sein. Man kann immer nur einen Weg gehen, und immer hätte es auch ein anderer Weg sein können. Ist man aber verschiedene Wege gegangen, entwickelt sich allmählich ein Bild von der Stadt. Man gewinnt Überblick und Orientierung, kommt an bekannte Plätze und entdeckt aus neuer Perspektive Neues. Man kommt zurück, um beim ersten Mal Übersehenes genauer zu betrachten.

> *Man genießt die Freiheit der Wahl, gerade weil es nicht den einzigen richtigen Weg gibt, sondern nur die komplexe, verwirrende Stadt und das eigene Interesse, das einen leitet.*

An wen richtet sich das Buch?

Das Buch richtet sich vorerst einmal an alle, die an dem Thema Coaching aus den verschiedensten Perspektiven oder Betroffenheiten interessiert sind:

- Für alle diejenigen, die Coaching in Anspruch nehmen, d.h. gecoacht werden möchten (Coachees).

- Die Berater und Coaches, die Coaching als Dienstleistung anbieten.

- Die Personen, die für das Coaching in Unternehmen im Rahmen der Personalentwicklung verantwortlich sind.

Darüber hinaus wird es aber für alle Führungskräfte eine wertvolle Bereicherung sein, die unter komplexen Bedingungen – wie es Führungssituationen meistens sind – handlungsfähig bleiben möchten. Insbesondere, wer

- Konflikte nicht einfach nur vermeiden, sondern als Chance für Innovationen nutzen will, ohne in chaotische Gewässer abzudriften,

- das Handwerkszeug erwerben will, um mit zeitlich verzögerten Reaktionen (Rückkoppelungen) besser umgehen zu können, ohne unter selbst ausgelösten Lawinen verschüttet zu werden.

Im Besonderen wenden wir uns somit an Führungskräfte und Entscheidungsträger, an Change Agents, an Organisations- und Personalentwickler und an Berater sowohl von Profit- als auch von Non-Profit-Organisationen – an alle, denen Coaching als wichtiges Führungsinstrument dienen kann.

Für Nebenwirkungen lesen Sie dieses Buch oder setzen Sie sich mit einem Coach in Verbindung!

Die systemisch-konstruktivistische Perspektive ist – wie bereits mehrmals angedeutet – ungewohnt und irritierend. Lässt man sich aber auf diese neue Perspektive ein, so läuft man Gefahr, die eigenen Denk- und Handlungsmuster nachhaltig zu beeinflussen, zu verändern, zu verlieren. Dies schafft Unsicherheit, manchmal sogar Ärger über den Verlust bisher erfolgreicher Lösungsmuster sowie liebgewonnener Routinen. Die Welt sieht man nachher nicht mehr, wie man sie vorher wahrgenommen hat.

Achtung Gefahr!

„Nebenwirkungen" sind somit erwünscht und werden von den Autoren durch das ganze Buch bewusst gefördert. Deshalb eine letzte Warnung, bevor Sie sich auf das Abenteuer Coaching aus systemisch-konstruktivistischer Sicht einlassen: Das Problem mit einer neuen Denkweise und der sich dadurch ergebenden Wahlmöglichkeiten besteht darin, dass man die Unschuld der Sicherheit verliert und damit die Sicherheit der Unschuld!

Teil I

Einführung in das systemisch-konstruktivistische Denken

Lebende Systeme machen sich Bilder von Systemen, die sich Bilder von Systemen machen. Eine besondere Dynamik entsteht, wenn die Komponenten eines lebenden Systems lebende Systeme sind.

Schwierigkeiten der
Darstellung vernetzter
Zusammenhänge

Das Problem bei der Darstellung vernetzter Zusammenhänge besteht bekanntlich darin, dass mittels sprachlicher Formulierungen nur lineare Abfolgen dargestellt werden können. Löst man aber ein Netz in eine Kette auf, verschwindet das Wesentliche, eben die Netzwerkstruktur mit ihren vielfachen Querverbindungen. Diese müssen dann zusätzlich und nacheinander beschrieben werden. Dabei muss manchmal etwas vorausgesetzt werden, was erst später erläutert werden kann. So entsteht leicht der Eindruck eines undurchschaubaren Knäuels statt eines klar strukturierten Zusammenhangs. Vergleichbar dem Erkunden einer fremden Stadt verschwinden erst im Laufe der Zeit die Verwirrungsgefühle, und man beginnt, sich heimisch zu fühlen.

Will man bei der Darstellung komplexer Phänomene eine hinreichende Genauigkeit erreichen, lässt sich dieses Dilemma nicht umgehen. Ein „Faden der Ariadne" könnte zwar aus dem Labyrinth zurückführen, würde aber keine Einsicht in dessen Struktur und Möglichkeiten vermitteln. „Rote Fäden" sind wie Rezepte, oft praktisch und brauchbar, aber zum Erlangen professioneller Souveränität nicht ausreichend. Ein Stück „Knäuelhaftigkeit" lässt sich bei der Erarbeitung angemessener Präzision nicht vermeiden. Damit die mögliche Verwirrung sich in den folgenden Kapiteln jedoch in Grenzen hält, sei eine kurze überblicksartige „Wegbeschreibung" gegeben, die als Orientierung dienen kann.

Kurze Beschreibung
des Inhalts

In Kapitel 1 werden Modelle untersucht, die zur Beschreibung des Verhaltens lebender Systeme wie Personen, Teams und Organisationen dienen können. Zunächst werden in Abschnitt 1.1 „Eine Paradoxie: Die Steuerung sich selbst steuernder Systeme" die Gründe betrachtet, die es nahe legen, auf das bekannte, aus Technik und Alltag vertraute *Maschinenmodell* bei der Beschreibung lebender Systeme zu verzichten. Maschinenmodelle beruhen auf einem Baukasten-Denken, in dem Einzelbausteine miteinander verknüpft werden und stets eine klare Ursache-Wirkungs-Beziehung eingehalten wird. Solche Systeme reagieren auf gleiche Inputs stets in derselben Weise.

Die geniale
Vereinfachung von
Maschinenmodellen

Die Kontextsensibilität
lebender Systeme

> Lebende Systeme zeichnen sich demgegenüber – zumindest von außen betrachtet – dadurch aus, dass sie auf den gleichen Input je nach Kontext sehr unterschiedlich reagieren. Diese *Kontextsensibilität* macht sie im Prinzip unvorhersehbar und im klassischen Sinne auch unsteuerbar.

Für kooperatives Handeln bedarf es jedoch eines Mindestmaßes an Orientierung und Koordination, letztlich einer *zieldienlichen Einflussnahme*. Um dies zu ermöglichen, wird im Abschnitt 1.2 „Vom operativen zum strategischen Coaching: Der doppelte Markt für Verhalten" in Anlehnung an SIMON (1992) statt des Maschinenmodells ein *marktwirtschaftliches Modell* zum Verständnis von Handlungen eingeführt: Handeln wird als Handel betrachtet, Verhalten entsprechend als Ware. Ein wesentlicher Unterschied dieses Marktmodells zum Maschinenmodell besteht in der Einführung von Rückkopplungen. Dies hat zur Folge, dass die geniale Vereinfachung der linearen Verkettung im Maschinenmodell zu Gunsten von systemisch vernetzten und folglich zirkulären Strukturen aufgegeben werden muss. Der Nachteil ist eine deutliche Steigerung der zu beachtenden Komplexität, der Vorteil, dass sich dadurch in der scheinbar chaotischen Unvorhersehbarkeit lebender Systeme immer wieder Muster zeigen, die für koordinierende Aktionen genutzt werden können.

Marktwirtschaftliches Modell für lebende Systeme

Bei genauer Betrachtung zeigt sich dann, dass nicht nur Verhalten als Ware getauscht wird, sondern dass der Prozess des Tauschens selbst, also die Beachtung bzw. Aufmerksamkeit selbst zur Ware wird. Damit entsteht ein Markt 2. Ordnung, bei dem der Aufmerksamkeitswert eines Verhaltens bedeutsamer werden kann als sein Tauschwert im Rahmen zielgerichteter Interaktionen. Während der einfache Tauschmarkt noch dual verstanden werden kann, setzt der Aufmerksamkeitsmarkt mindestens drei Teilnehmer voraus, mit allen daraus resultierenden Komplikationen.

Der zweite Markt für Verhalten

Um dies genauer zu verstehen werden in Kapitel 2 die Grundzüge systemischen und konstruktivistischen Denkens dargelegt. Dazu werden die zugrunde liegenden Strukturen betrachtet, die zu der Unvorhersehbarkeit bzw. Kontextabhängigkeit lebender Systeme führen. Ferner gilt es zu verstehen, wie der erwähnte Tauschmarkt funktioniert, der sich aus den vernetzten Interaktionen obiger Systeme ergibt.

Grundzüge des systemisch-konstruktivistischen Denkens

Die handelnden Einheiten – Personen, Teams, Organisationen – werden als *nicht-lineare Systeme* betrachtet, deren interaktives Zusammenspiel als Joint Venture Wirklichkeiten erzeugt, die die vermeintlich objektive Realität in ihrer Bedeutsamkeit meist deutlich übersteigt. Es werden die Möglichkeiten des klassisch-linearen Denkens betrachtet und mit den darüber hinaus gehenden Anforderungen verglichen, die eine komplexe Welt an zielorientiert handelnde Wesen stellt.

Dabei zeigt sich, dass die Welt sich nicht als lineare Maschine begreifen lässt, sondern als komplexes, zirkuläres Netzwerk beschrieben werden muss.

Bedeutung von Rückkopplungen

Es sind zwei entscheidende Bedingungen, die neu hinzukommen. Zum einen werden lineare Wirkungsketten durch zirkuläre Rückkopplungsschleifen ersetzt, was gravierende Auswirkungen hat. Dies ist der Bereich des *systemisch-kybernetischen Denkens,* oft als *Kybernetik 1. Ordnung* bezeichnet, das in Abschnitt 2.1 „Die Grenzen fallen: Globalisierung – Das systemisch-kybernetische Modell" dargelegt wird.

Im Abschnitt 2.2 „Abschied von der Wahrheit: Die Erfindung der Wirklichkeit – Das systemisch-konstruktivistische Modell" wird die zweite neue Bedingung betrachtet. Infolge der zunehmenden Komplexität kommen unausweichlich Auswahl (Selektion) und Gewichtung (Bedeutungsgebung) von Wahrnehmungen ins Spiel, durch die lernende Systeme sich selbst die Entscheidungsgrundlage schaffen, auf der sie handeln. Diese inneren Landkarten könnten – aus einer externen Beobachter-Perspektive betrachtet – durchaus auch anders sein, da sie auf Selektionen basieren. Die resultierenden Landkarten sind folglich kontingent, d.h. sie sind nicht notwendigerweise so, wie sie sind.

„Innere" Landkarten

Aus der Sicht der Handelnden zeigen diese inneren Landkarten jedoch die Wirklichkeit, wie sie sich ihnen darstellt. Treten dann diese individuellen und potenziell unterschiedlichen Wirklichkeiten in Interaktion miteinander, offenbart sich für die Beteiligten die erwähnte Unvorhersehbarkeit.

Dabei lassen sich sinnvollerweise zwei Wirklichkeitstypen unterscheiden. Zum einen ist das jener Bereich von Phänomenen, bei denen weder Lernen festzustellen noch eine wesentliche Abhängigkeit von ihrer Geschichte zu beobachten ist. Für solche Phänomenbereiche ist es möglich, Fachexpertise zu entwickeln, da die Verhältnisse hier relativ stabil und für alle hinreichend gleich sind. Hier kann man sinnvollerweise zwischen richtig und falsch unterscheiden, hier sind Rezepte brauchbar. Beratung in diesen Feldern ist *Fachberatung.* Diesen Typus der Wirklichkeit nennt man *„harte Wirklichkeit".*

„Harte" Wirklichkeit erfordert Fachberatung

Dem steht als zweiter Typus eine *„weiche Wirklichkeit"* gegenüber. Dazu zählen Systeme, die sich in ihren Reaktionen verändern, die lernen, indem sie sich ein Bild von der Welt machen und aufgrund dessen reagieren. Für diese Systeme trifft eine Besonderheit zu, die zum *konstruktivistischen Denken* führt, das in Abschnitt 2.2.2 „Wirklichkeit als Joint Venture: Harte und weiche Wirklichkeiten" dargelegt wird. Konstruiert ein System in seinem Bild der Welt auch ein Bild von dem Weltbild anderer Systeme, mit denen es in Interaktion tritt, und reagiert es auf das vermutete Bild der anderen, dann entsteht eine Rückkopplung 2. Ordnung: nicht mehr nur Handlungen sind netzwerkartig verkoppelt,

Die Konstruktion „weicher" Wirklichkeiten

sondern auch die diesen Handlungen zugrunde liegenden Beschreibungen von Wirklichkeit. Durch diese *Kybernetik 2. Ordnung* werden unter bestimmten Bedingungen neue Wirklichkeiten gemeinsam erschaffen. Diese sind dynamisch erzeugt und voneinander abhängig, weshalb sie als „weiche" Wirklichkeiten bezeichnet werden. Weiche Wirklichkeiten sind für soziale Interaktion in der Regel von weit größerer Bedeutung als die harten Wirklichkeiten.

Was dies im einzelnen für die Interaktionen mit anderen Systemen in einer solchen gemeinsamen erschaffen Welt bedeutet, wird in Abschnitt 2.3 „Mehr als Alles: Komplexität und Emergenz" behandelt. Damit werden die Grundlagen gelegt für die Möglichkeit zielorientierten Handelns in einer komplexen Welt und für den doppelten Markt für Verhalten.

Im abschließenden Kapitel 3 werden die Schlussfolgerungen für das Coaching gezogen, die sich aus diesem theoretischen Verständnis lebender Systeme und deren Interaktionen ergeben. Dabei wird insbesondere erläutert, wie unter den gewählten Prämissen Kommunikation und Organisation zu verstehen sind. Damit sind dann die drei für Coaching relevanten Schnittstellen unter systemisch-konstruktivistischen Gesichtspunkten definiert: Personen, Organisationen und die Rollen in Interaktionen.

Coaching als Prozessberatung im Bereich „weicher" Wirklichkeiten

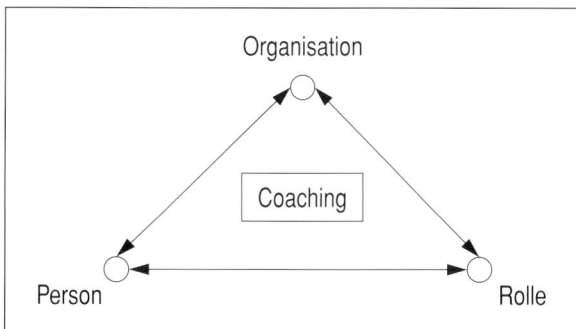

Abbildung 2: Coaching im Spannungsfeld von Organisation, Rolle und Person

Erstes Kapitel

Über den Horizont hinaus:
Eine postmoderne Perspektive

Sei vorsichtig, wenn du Leuten etwas erzählst, das sie nicht hören wollen. Die Vorstellung, sich zu irren, kann gewisse Personen sehr verärgern.
TERRY PRATCHETT *(1996): Die Nomen-Trilogie*

Auf den ersten Blick scheinen die Anlässe für Beratungswünsche unüberschaubar: kein Thema im menschlichen Leben, privat oder beruflich, das nicht Anlass zur Beratung sein könnte. Oft mangelt es nur an Wissen oder an Fertigkeiten, die dem Ratsuchenden nicht zur Verfügung stehen, die als Kenntnisse oder Techniken jedoch grundsätzlich bekannt sind: Experten, die dieses Feld beherrschen, kann man um Rat fragen.

Expertenberatung basiert auf Fachwissen

Eine solche Beratung nennt man *Expertenberatung.* Sie stützt sich auf gesichertes Fachwissen, das häufig so speziell ist, dass es sich nicht für jedermann lohnt, dieses Wissen sich anzueignen. Das Kriterium einer Expertenberatung ist demnach, dass nach allgemeiner Meinung die Lösungsideen klar nach richtig und falsch beurteilt werden können. Verschiedene professionelle Berater gelangen in vergleichbaren Situationen zu annähernd gleichen Ratschlägen, wie etwa Steuerberater oder juristische Berater.

Coaching als Beratung in Entscheidungssituationen mit Rückkopplungen

Um eine solche Expertenberatung geht es im Coaching in der Regel aber nicht. Meist beruht das Beratungsanliegen dort gerade nicht auf fehlendem Wissen, zumindest nicht auf einem, über das ein Experte verfügen würde. Im Gegenteil, oft hat nur der Ratsuchende selbst als einziger Zugang zu allem relevanten Wissen, kann sich aber in der Einschätzung und Deutung dieses Wissens *nicht zu einer Entscheidung durchringen.* Es gibt kein klares richtig oder falsch, keine präzise Fachexpertise. Man befindet sich in einem Bereich, in dem die Verhaltensweisen, über die zu entscheiden ist, in komplizierter Weise auf die Voraussetzungen dieser Entscheidung zurückwirken. *Die Wirklichkeit, in der jemand zu entscheiden und zu handeln hat, wird gerade durch die angenommenen Voraussetzungen dieser Entscheidung verändert.*

Als Beispiel für solche gestaltenden Rückkopplungen sei eine Untersuchung des Psychologen ROSENTHAL angeführt. So testete Rosenthal zu Beginn eines Schuljahres alle Kinder einer Schule. Daraufhin teilte er den Lehrern die Namen der Kinder in ihren Klassen mit, die angeblich besonders begabt seien. In Wirklichkeit waren diese Namen jedoch zufällig ausgewählt worden. Nach einem Jahr wurden die Kinder erneut getestet. Dabei stellte sich heraus, dass besonders in den unteren Klassen die Entwicklungsschritte der angeblich hochbegabten Kinder dramatisch waren. Wie ist dieser sog. Rosenthal-Effekt, auch Pygmalion-Effekt genannt, zu erklären?

Das Handeln der Lehrer wird, wie generell menschliches Verhalten, durch deren Sichtweise bestimmt; Kinder, die sie für besonders intelligent halten, werden von ihnen bevorzugt gefördert. Dieses Verhalten beeinflusst aber zugleich die angenommenen Voraussetzung des gewählten Verhaltens, so dass ein kreisförmiger Bedingungszusammenhang entsteht, in diesem Fall eine sich selbst erfüllende Prophezeiung: das Ergebnis hängt in hohem Maße *von der Wahl der unterstellten Vorbedingungen* ab.

1.1
Eine Paradoxie:
Die Steuerung sich selbst steuernder Systeme

Er hatte gedacht, es sei schwer zu lernen, wie ein Lastwagen funktionierte, wie man ihn fuhr, wie man Bücher las. Doch dabei handelte es sich nur um, nun – Aufgaben. Wenn man sich lang genug Mühe gab, erzielte man irgendwann einen Erfolg. Daran bestand kein Zweifel. Weitaus schwieriger war der Umgang mit Nomen.
TERRY PRATCHETT *(1996): Die Nomen-Trilogie*

Wer immer vor der Aufgabe steht, das Verhalten anderer Menschen oder sozialer Systeme zielgerichtet zu beeinflussen, ist mit einer fundamentalen Paradoxie konfrontiert. *Er muss Verantwortung übernehmen für die Steuerung von Systemen, die sich nach aller Erfahrung nur sehr eingeschränkt und wenig zuverlässig von außen steuern bzw. kontrollieren lassen.* Dies betrifft vor allem jene Personen, denen eine solche Aufgabe als gesellschaftliche Rolle zugewiesen ist, also Lehrer, Therapeuten, Berater, Manager, Politiker etc.

Steuerung lebender Systeme?

Einige Tätigkeiten sind besonders betroffen, da man es dort in doppelter Weise mit dieser fundamentalen Paradoxie zu tun hat. Dazu zählt auch das Coaching, denn

▨ zum einen versucht ein Coach, seine Klienten zielorientiert zu beeinflussen,

▨ zum andern ist das Anliegen eines Klienten, also der Inhalt des Gesprächs, meist die Darstellung eines mehr oder weniger gelungenen Versuchs dieses Klienten, das Verhalten anderer, dritter Personen zielgerichtet zu beeinflussen.

Man hat es folglich im Akt des Coachings von vornherein mit zwei Systemen zu tun, die in besonderer Weise gekoppelt sind: Das Klientensystem und das Beratungssystem (Abbildung 3).

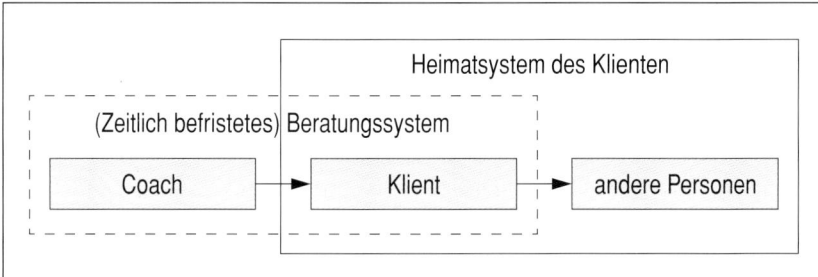

Abbildung 3: Die doppelte Kopplung im Coaching

„Heimatsystem"
des Klienten

Das erste ist das System, zu dem der Coachee gehört und an dessen Prozessgeschehen er beteiligt ist. Aus diesem System heraus entsteht für ihn das Beratungsanliegen. Man bezeichnet dieses System als das *Klientensystem* oder als *Heimatsystem* des Klienten. *Um dieses Klientensystems willen wird das Coaching durchgeführt.*

Die Beschreibung eines
Systems ist eine selektive
„Erfindung"

Dazu muss im Prozess des Coachings das Klientensystem beschrieben werden, da dies üblicherweise nur in dieser Form verfügbar ist und der Coach in der Regel keinen eigenen Kontakt zu dem Klientensystems hat, außer über den Coachee. Je nach Perspektive, Art des Beteiligtseins und Interesse des Klienten (und des Coaches) lassen sich sehr unterschiedliche Beschreibungen entwickeln, gleichsam konstruieren oder – wie einige Autoren dann mit einem gewissen Recht sagen – „*erfinden*".[1] In einem bestimmten Sinne sind diese Beschreibungen alle „richtig", solange sie mit den verfügbaren Daten übereinstimmen. Sie unterscheiden sich aber in der Art und Weise, wie diese Daten miteinander verknüpft und entsprechend interpretiert werden. So gesehen ist eine Beschreibung eines Systems durchaus eine Erfindung, zwar keine beliebige, aber doch mit weitem Spielraum. *An der Beschreibung des Heimatsystems und damit an seiner Erfindung sind Coach und Coachee gemeinsam beteiligt, wenn auch in unterschiedlicher Funktion.* In den Überlegungen bezüglich der Beeinflussung des Heimatsystems müssen Coach und Coachee als erstes mit der *Paradoxie der Steuerung des Nicht-Steuerbaren umgehen.*

Paradoxie der Steuerung
des Nicht-Steuerbaren

Beratungssystem

Das zweite System, das es zu berücksichtigen gilt, ist das *Beratungssystem,* das von Coach und Coachee gemeinsam gebildet wird und das das Klientensystem „erfindet". In dieses System bringt der Coachee sein Anliegen aus dem Klientensystem ein in der Hoffnung, durch Überlegungen oder Aktivitäten im Beratungssystem in seinem Heimatsystem einen Schritt voran zu kommen.

---

1   Vgl. z. B. die Veröffentlichungen von VON FÖRSTER und GLASERSFELD.

Damit offenbart sich die Doppelheit der Paradoxie: *der Coach versucht durch zielgerichtete Kommunikationen innerhalb des Beratungssystem – das einzige, zu dem er Zugang hat – den Coachee zu beeinflussen, und zwar durch die gemeinsam erfundene Beschreibung und Erklärung des Klientensystems, so dass der Coachee die gewünschten Veränderungen in seinem Heimatsystem bewirken kann* (vgl. Abbildung 3). Dort gilt für den Klienten die Paradoxie der Nicht-Steuerbarkeit der anderen Beteiligten. Die Handlungen des Coachees, die jener mit dem Ziel der Veränderung seines Heimatsystems durchführt, sind letztlich der Versuch einer zielorientierten Beeinflussung, also der Steuerung der anderen Mitglieder des Systems.

Beratung als Versuch zielorientierter Beeinflussung

Diese Paradoxie der Steuerung des Nicht-Steuerbaren im Bereich sozialer Systeme ist heute weniger denn je zu vernachlässigen. Dies liegt daran, dass im Zusammenhang mit der generell zunehmenden Vernetzung auch die Unvorhersehbarkeiten von Handlungsauswirkungen enger vernetzt werden, so dass sich selbst verstärkende Rückkopplungsschleifen bilden können. Dies wurde oben am Beispiel der Schulklassen gezeigt.

Im Coaching muss folglich in einem viel stärkeren Maße, als es die Formulierung „A berät B" nahe legt, mit dem Dilemma der zielorientierten Steuerung von lebenden Systemen umgegangen werden, die sich einer solchen Steuerung im Prinzip entziehen. Anders formuliert, *Coaching hat gerade die Beeinflussung des Nicht-Steuerbaren zum Thema.*

Beeinflussung des Nicht-Steuerbaren

> In den zwischenmenschlichen Bereichen der nicht direktiven Steuerung gibt es keine generelle Fachexpertise und folglich keine Fachberatung. Stattdessen ist der Prozess der Entscheidung über eine durchzuführende Handlung selbst Thema der Betrachtung und Gestaltung. Dies wird als *Prozessberatung* von der Expertenberatung unterschieden.

Prozessberatung

Natürlich setzt auch diese Prozessberatung bei dem Berater eine Expertise voraus, ein Wissen um die *Grenzen und Möglichkeiten der Steuerung von sozialkommunikativen Prozessen.*

Die Expertise des Prozessberaters: die Beeinflussung kommunikativer Prozesse

> Im professionellen Beratungs- und Coachingbereich geht es um eine gemeinsam zu entwickelnde Prozesskompetenz für das Heimatsystem des Klienten.

Natürlich ist klar, dass man bisweilen – und gar nicht so selten – durchaus so tun kann, als ob man prognostizieren und steuern könnte. Allerdings weiß man aus der Chaos- bzw. Komplexitätstheorie, dass kommunikatives Handeln nicht nur infolge von Missgeschick und Versagen jederzeit auf unvorhersehbare Gleise geraten kann, sondern insbesondere dann, wenn komplexe soziale Systeme betroffen sind. Hier trotz aller Unvorhersehbarkeiten hinreichend zielsicher „navigieren" zu können (SIMON/WEBER 1987), ist die Expertise eines professionellen Coaches. „Wir können dem Wind nicht befehlen, aber wir können Segel setzen."

Wie unter solchen Bedingungen, theoretisch und vor allem praktisch, Coaching möglich ist, ist der zentrale Aspekt jedes Modells von Beratung und Coaching. Es geht um eine Theorie und eine Praxis des *induzierten Wandels,* wobei das Ziel dieses Wandels als Performance Improvement beschrieben werden kann.[1] Dabei werden nicht primär einzelne „Spielzüge" verbessert, sondern die „Spielstrategie" insgesamt auf der Basis eines neuen Verständnisses der Situation verändert.

> Der Prozess der Konstruktion von Systemen und deren Einfluss auf die sich bildende Wirklichkeit muss – gerade beim Coaching – zentral berücksichtigt werden.

1.2
Vom operativen zum strategischen Coaching: Der doppelte Markt für Verhalten

Wenn man einen Stein in die Luft wirft, beschreibt seine Bahn eine Parabel. Er gehorcht den Gesetzen der Physik. Er kann nur auf eine Weise auf die Kräfte, die von außen auf ihn wirken, reagieren. Wenn man aber einen Vogel in die Luft wirft, passiert etwas ganz anderes. Er fliegt davon ...   M. MITCHELL WALDROP (1993): Inseln im Chaos

Das lange Zeit gültige Maschinenmodell der Steuerung von Menschen und Organisationen, also die Steuerung des Verhaltens von lebenden Systemen, wurde aus dem technischen Bereich übernommen, wo es sich überaus gut bewährt hat. Maschinen wurden schon immer so konstruiert, dass die beabsichtigten Auswirkungen mit den steuernden Einwirkungen linear gekoppelt sind. Dies garantiert Vorhersehbarkeit und zielorientierten Einfluss. *In linearen Systemen ist das Ganze die Summe seiner Teile.*

Mit diesem Modell lassen sich aber lebende Systeme nur begrenzt prognostizieren, und als zieldienliches Lenkungsmodell reicht es bei weitem nicht aus. Man denke etwa an den Unterschied, ein Auto zu lenken oder ein Pferd. Dabei wird gerade die Pferd-Reiter-Metapher häufig als Bild

---

1   Vgl. dazu Teil 3, Abschnitt 7.3 „Performance Improvement Coaching".

eines Unternehmens und seines Managers benutzt, womit sich das intuitive Wissen um die Inadäquatheit des Maschinenmodells andeutet (MORGAN 1997). Die Verführung des Maschinenmodells liegt in der enormen *Komplexitäts-reduktion,* die dadurch ermöglicht wird. Ursache und Wirkung sind linear miteinander verknüpft und können, auch wenn sie als Glied in einer langen Kette eingebunden sind, in ihrer Gesetzmäßigkeit, in den Regeln ihrer Verknüpfung, vollständig erfasst werden ohne die Berücksichtigung der anderen Kettenglieder. Ein komplexer Wirkzusammenhang lässt sich wie ein Bauwerk aus Legobausteinen Stück für Stück aufbauen. Kein Legostein ändert dadurch seine Form oder seine Verknüpfungsmöglichkeiten.

Wenn ein System genau gleich der Summe seiner Teile ist, kann jede Komponente sich unabhängig von dem verhalten, was woanders geschieht. Tatsächlich scheint sich ein großer Teil der Natur so zu verhalten. Der Schall ist ein Beispiel für ein lineares System; deshalb hören wir eine Oboe, die mit Streicherbegleitung spielt, heraus und können beide Klänge auseinanderhalten. Die Schallwellen vermischen sich und bewahren doch ihre Eigenheit. Auch das Licht ist ein lineares System, und deshalb können wir selbst an einem sonnigen Tag die Farbsymbole einer Ampel erkennen: die Lichtstrahlen, die von der Ampel in unser Auge fallen, werden von dem von oben einfallenden Sonnenlicht nicht zur Erde gedrängt. Die Lichtstrahlen verlaufen unabhängig voneinander und durchdringen sich, als ob nichts da wäre, was stören könnte. (M. MITCHELL WALDROP 1993, S. 81)

Diese Bedingungen erfüllen lebende Systeme gerade nicht. *Personen, Teams und Organisationen verhalten sich je nach Kontext sehr unterschiedlich, oft so sehr, dass die Idee einer festen Identität dieser Einheiten schnell an ihre Grenzen stößt.* Anders formuliert, der Versuch, Menschen wie Legobausteine mit festen Eigenschaften zu betrachten, scheitert an der durchgängigen Erfahrung, dass Menschen sehr spezifisch und individuell auf die Bedingungen ihres Kontextes reagieren.

Kontextsensitivität statt
Baukasten-Denken

Man nennt dies *Kontextsensitivität.* Würde man versuchen, diese flexible Vielfältigkeit der Menschen ihrer Eigenschaft als „Legobaustein" zuzuordnen, ging genau der Vorteil des Baukastenmodells verloren, die verführerische Einfachheit und das Potenzial an Komplexitäts-reduktion, eben der Baukastencharakter. Es wäre so, als ob Legobausteine ihre Form und Größe verändern würden, je nachdem wie sie ihre Verwendung in dem Bauwerk einschätzen.

In mancher Hinsicht ist selbst die Wirtschaft ein lineares System, denn kleine ökonomische Faktoren können unabhängig voneinander wirken. Wenn sich jemand zum Beispiel am Kiosk eine Zeitung holt, hat das keinen Einfluss auf den Entschluss eines anderen, in der Drogerie Zahnpasta zu kaufen. (M. MITCHELL WALDROP 1993, S. 81)

Dennoch ist dieses Baukasten-Denken wegen des erhofften Vorteils der Überschaubarkeit und Machbarkeit weit verbreitet. Dies zeigen viele Bücher und Verhaltensweisen etwa zum Thema Personalauswahl und -einsatz, insbesondere bei Überlegungen zur Teamzusammensetzung. Meist geht es nur um die operative Frage, wer „passt" – wie ein Legobaustein – in die zu füllende Lücke. Dies ist allemal einfacher als die komplexen und unvorhersehbaren Rückkopplungsprozesse einer neuen strategischen Teamgestaltung abzuschätzen.

**Statt Baukasten-Denken
radikaler Modellwechsel**

Will man die Begrenztheit des Maschinen- oder Baukastenmodells überwinden, hilft folglich keine „kontinuierliche Verbesserung" des Modells, sondern nur ein *radikaler Modellwechsel*. Damit stellt sich die Frage, welche alternativen Modellvorstellungen für das Verständnis der Kontextsensitivität lebender Systeme und für den zielorientierten Umgang damit geeignet sein könnten.

Im Wesentlichen bieten sich zwei unterschiedliche, sich aber ergänzende grundlegende Paradigmen an. Da ist einmal das vom Bild der Marktwirtschaft geprägte Modell für *Verhalten als Tauschhandel*, zum andern das aus der neueren Biologie stammende Modell der *Ökosysteme* mit den Vorstellungen von Selbstorganisation und Evolution komplexer Ganzheiten.

Der Markt für Verhalten

In diesem Abschnitt soll zunächst der doppelte Markt für Verhalten einer Betrachtung unterzogen werden. Wir folgen dabei im ersten Teil den Überlegungen von FRITZ SIMON, die er in seinem Buch „*Radikale Marktwirtschaft*" dargelegt hat, im zweiten Teil dem Entwurf von GEORG FRANK aus seinem Buch „*Ökonomie der Aufmerksamkeit*". Es deutet sich damit an, dass wir einen Markt 1. Ordnung und einen Markt 2. Ordnung unterscheiden werden. Dieser Unterschied ist dem von Kybernetik I und Kybernetik II vergleichbar[1].

1.2.1
„Wer handelt, der handelt!": Der 1. Markt für Verhalten

Generell lässt sich das Modell des Tauschs auf die Interaktionen eines lernenden Systems mit seiner Umwelt (zum Beispiel eines Mitarbeiters mit seinem Unternehmen, oder auch umgekehrt: deines Unternehmens mit seinem Mitarbeitern) anwenden. Stets werden Rechnungen präsentiert, muss Nutzen mit Kosten bezahlt werden.

FRITZ B. SIMON (1992): Radikale Marktwirtschaft

**Lebende Systeme als
„Unternehmen"**

SIMON geht von der Idee aus, nicht Unternehmen mit Lebewesen zu vergleichen, wie es beispielsweise in der oben erwähnten Metapher von Pferd und Reiter der Fall ist, sondern *lebende Systeme als Unternehmen* zu betrachten. Auf diese Weise werden die verschiedenen Handlungen von Personen, die ein komplexes rückbezügliches Handlungssystem bilden, als ein Handelssystem miteinander verknüpft. Sinn von Handlungen ist dann der erhoffte Tauschwert. „Wer handelt, der handelt" (SIMON 1992, S. 16). Motivation für diesen Handel ist wie üblich der erwartete Gewinn.

---

1   Vgl. Abschnitt 2.2.2 „Wirklichkeit als Joint Venture: Harte und weiche Wirklichkeiten".

Verhaltensweisen werden als *Ware* betrachtet, die auf dem Markt für Verhalten durch die potenziellen Kunden bewertet und gegebenenfalls getauscht werden. Als Gegenlieferung werden wiederum Verhaltensweisen angeboten, die den gleichen Marktbedingungen unterworfen sind.

Verhalten als Ware

Dieses Modell scheint den Merkantilismus auf die Spitze zu treiben, bietet aber einige bedenkenswerte Vorteile:

1. Es wird eine verborgene wirtschaftliche Vernunft unterstellt, die die oft unverständlich erscheinenden Verhaltensweisen erklärt. *Der Maßstab für individuelles Verhalten ist der ökonomische Tauschwert.*

Ökonomischer Tauschwert

2. Der Wert der Ware „Verhalten" wird von den Kunden, seien es Personen oder Organisationen, nach eigener privater Tauschwährung beurteilt. Es gibt keinen allgemeinverbindlichen Bewertungsmaßstab. Wegen dieser *Nicht-Kompatibilität der privaten Währungen* muss ein Teilnehmer am Markt für jeden Handelspartner ein gesondertes Konto führen, um Kreditwürdigkeit und Investitionschancen abwägen zu können.

3. „Ware ist, was wahrgenommen wird" (SIMON 1992, S. 45). Diese ökonomische Sichtweise korreliert eng mit solchen, die auf der klassischen Wahrnehmungstheorie basieren. Dies enthüllt ein Blick in ein etymologisches Wörterbuch. Nach KLUGE (1975, S. 832) hängt „wahr" mit bewähren zusammen, ist abgeleitet von dem Wort „wahren", das nur noch in der Form „bewahren" gebräuchlich ist; es hat die Bedeutung „aufmerksam beachten". Verwandt sind „warnen" und „warten". „Ware" ist ebenfalls verwandt und bedeutet „das, was man in Gewahrsam hat, dem man Aufmerksamkeit schenkt". Ware, wahr-nehmen und Aufmerksamkeit hängen also auf das engste miteinander zusammen.

Aufmerksamkeit

„Ware" ist nicht etwas an und für sich, ist keine Eigenschaft von etwas Speziellem, sondern drückt eine Beziehung aus zwischen einem Lieferanten, der etwas in Gewahrsam hat, und einem interessierten Beobachter, für den dies gemäß seiner Bewertung als „Ware" zieldienlich ist.

Ware als beziehungsgestaltender Tausch

Nach Erkenntnis der mathematischen Spieltheorie sind Spiele mit Wiederholungscharakter, also beispielsweise ein andauernder Handelsaustausch, nur sinnvoll, wenn beide Seiten Gewinne machen.[1] Damit zeigt sich in dem scheinbar so unpersönlichen Merkantilismus eine überraschende Ethik, die nicht primär auf moralischen, sondern pragmatischen Nützlichkeitsüberlegungen baut.

Win-Win-Spiele

---

1   Vgl. die Untersuchungen zum „Gefangenendilemma", z.B. AXELROD (1984).

> „Lebende Systeme kooperieren, wenn und weil es für die Beteiligten ein ‚gutes Geschäft' ist." (SIMON 1992, S. 19)

Damit auf einem Markt Investitionen für die Zukunft lohnend sind, bedarf es einer gewissen *Zuverlässigkeit und Vorhersehbarkeit* für die Beteiligten (vgl. SIMON 1992). Beides wird in sozialen Systemen durch „Interaktionsregeln" gewährleistet.

Innensicht

Aus der *Innensicht* eines Teilnehmers am sozialen Geschehen drücken die Regeln das eigene Verständnis aus, wie die Strukturiertheit des beobachteten Feldes zu erklären und die soziale Wirklichkeit zu verstehen ist.

Außensicht

Aus der *Außensicht* eines externen Beobachters definieren Regeln gemäß der Spieltheorie sogenannte „Spiele", also aufeinander bezogene Interaktionszusammenhänge.

Die Interferenz von „Spielen"

Da nun Personen stets in mehrere solcher Interaktionszusammenhänge involviert sind, also an mehreren „Spielen" zugleich teilnehmen, entstehen leicht Zwickmühlen und Ambivalenzen.[1] Im Konfliktfall stellt sich die Frage, welches der Spiele bedeutsamer ist als andere. Es bedarf einer Gewichtung, einer Bewertung der Rangfolge. Als ein sinnvolles Kriterium bietet sich eine Ordnung nach dem gewünschten und erwarteten Gewinn an, wobei die Währung wiederum sehr individuell und nicht kompatibel ist. Oft ist sogar die „Fremdwährung", also die Währung des möglichen Kunden,[2] unbekannt bzw. muss in Gesprächen erkundet werden. Das allerdings ist selbst wieder ein „Zug" im Spiel.

Die Komplexitätsreduktion, die nach diesem marktwirtschaftlichen Modell in Bezug auf die verwirrende Vielfältigkeit menschlicher Verhaltensweisen und Vernetzungen sowohl aus der Innensicht als auch aus der Außensicht erreicht wird, ist offensichtlich. Dies geschieht allerdings gerade nicht durch die Definition fester Eigenschaften von „Bausteinen" und deren Verknüpfungen, sondern *durch die Beachtung der Fokussierung von Aufmerksamkeit gemäß den Interessen der Handelnden*.

Komplexitätsreduktion als Fokussierung von Aufmerksamkeit

> Komplexitätsreduktion lässt sich als Fokussierung von Aufmerksamkeit verstehen. Sie geschieht durch individuelle Bewertung der angebotenen (Verhaltens-)Ware.

---

1   Vgl. z. B. die „Spiele" Familienvater und Abteilungsleiter.
2   Im Beispiel sind dies auf der einen Seite die Familienmitglieder und auf der anderen die Mitarbeiter.

Die Beziehung zwischen Bewertung und angebotenem Verhalten ist rekursiv, vergleichbar den Kursen an der Börse, wo beispielsweise das realisierte Verkaufen von Aktien wegen erwarteter fallender Kurse das Verhalten anderer potenzieller Verkäufer beeinflusst und so den befürchteten Kursrutsch erst erzeugt. Das Beispiel der Börse trifft die Verhältnisse recht gut, da oft nicht nur ein unmittelbares Geben und Nehmen von Verhalten stattfindet, sondern in Interaktionen häufig Geschäfte mit Optionen auf die Zukunft gemacht werden.

Allgemein lässt sich nach diesem Modell sagen, dass für einen Beobachter die erforderliche Komplexitätsreduktion durch Auswahl geschieht. Es wird über Unterschiede entschieden, die einen Unterschied machen, und über solche, die keinen machen. Erste nennt man seit BATESON (1981) *„Information"*, für letzte hat NORRETRANDERS (1994, S. 148 ff.) den Ausdruck *„Exformation"* geprägt. Darunter wird all das zusammengefasst, womit man sich nicht mehr beschäftigen muss.

Die Kunst, weise zu sein, besteht in der Kunst zu wissen, über was man hinwegsehen muss. (WILLIAM JAMES 1920)

> Durch Information erfährt ein Beobachter etwas über relevante Bedingungen seines Beobachtungs- bzw. Handlungsfeldes, durch Exformation stützt er sich auf die geronnene Erfahrung aus der Vergangenheit, was als nicht relevant aussortiert werden kann. *Exformation ist Komplexitätsreduktion.*

Information und Exformation

1.2.2
„Ökonomie der Aufmerksamkeit":
Der 2. Markt für Verhalten

Die Aufmerksamkeit anderer Menschen ist die unwiderstehlichste aller Drogen. Ihr Bezug sticht jedes andere Einkommen aus.
GEORG FRANCK (1998): Ökonomie der Aufmerksamkeit

Die Fokussierung der Aufmerksamkeit eines lebenden Systems auf ein anderes, also die Bewertung eines beobachteten Systems als bedeutsam für ein beobachtendes System, wird von dem beobachteten System häufig als erwünschte *Beachtung* erlebt. Dies ist besonders dann der Fall, wenn die Beachtung von einer Person bezogen wird, die von dem beachteten System seinerseits bevorzugt beachtet wird. Falls es sich dabei um „wertschätzende" Zuwendung handelt, ist der Gewinn die guten Gefühle, die damit einhergehen. In diesem Fall ist es für beide Beteiligten „ein gutes Geschäft".

Aufmerksamkeitszuwendung wird als Beachtung erlebt

Beachtung ist eine
„verderbliche" Ware

Allerdings ist Zuwendung eine sehr „verderbliche" Ware, die kaum den Akt ihrer Erzeugung überdauert. Zwar lässt sich Beachtung „erinnern", nicht aber bewahren[1] und anhäufen wie Geld[2]. Da aber unser Selbstwertgefühl „auf der Beglaubigung durch äußere Wertschätzung" angewiesen ist, bedarf es – wie bei körperlicher Nahrung – der nahezu permanenten Zufuhr von äußerer Beachtung. „Aus gutem Grund ist die erste Lektion, die wir hier auf Erden lernen, die, dass gut ist, was Zuwendung verschafft, und schlecht, was sie abspenstig macht." (FRANCK 1998, S. 82) Ähnlich formulierte SPENCER BROWN auf einem Management-kongress (Zürich 1998): „Gut ist, was Mammi gefällt, und schlecht sind die erstarrten Gesichter (the frozen faces) der Autoritäten."

Regeln der Aufmerksam-
keitsökonomie

> Folglich gilt, „erstens, möglichst viel und möglichst geneigte Aufmerksamkeit von denjenigen Menschen einzunehmen, die wir selbst am meisten schätzen. Es gilt zweitens, den Wert der eigenen Aufmerksamkeit in den Augen derer zu maximieren, auf die es uns ankommt. Es gilt drittens, dieses Geschäft so abzuwickeln, dass die Selbstachtung keinen Schaden nimmt." (FRANCK 1998, S. 83)

Der Austausch von
Aufmerksamkeit ist ein
Geschäft 2. Ordnung

Dies ist ein komplexes Geschäft, da es sich nicht um ein einfaches Tauschgeschäft von Aufmerksamkeit gegen Aufmerksamkeit handelt. Vielmehr ist der Wert der empfangenen Aufmerksamkeit mit dem Wert der verschenkten Aufmerksamkeit im Erleben des Beschenkten rückkoppelnd verbunden. Diese zirkuläre Verknüpfung etabliert folglich ein *Geschäft 2. Ordnung*.[3] „Es ist ein strategisches Spiel, weil wir im Tausch von Aufmerksamkeit die Zwecke des Partners zum Mittel für die Verfolgung der eigenen Zwecke machen." (FRANCK 1998, S. 84)

Beachtung ist das
Handelsgut 2. Ordnung

Da Aufmerksamkeit beziehen heißt, im Bewusstsein eines anderen eine Rolle zu spielen, diese Rolle aber nur gewährt wird, wenn der andere sich davon einen Nutzen verspricht, wird die für die eigene Selbstwertbalance so dringend erforderliche Beachtung durch andere zu einem Handelsgut 2. Ordnung:

> Zum einen kann die Beachtung nicht völlig „vermarktet" werden, weil es sich nicht um eine einfache Tauschrelation handelt, sondern der Warenwert mit dem Beziehungswert der Tauschpartner untrennbar verknüpft und auf Wechselseitigkeit angelegt ist;

---

1   Vgl. die Etymologie von wahr in Abschnitt 4.2.5 „Zusammenfassung und Orientierungen für die Praxis des Coachings".

2   „Der Tausch gegen Geld bedeutet den Tausch gegen Tauschmöglichkeiten." (FRANCK 1998).

3   Siehe dazu besonders Abschnitt 2.2.1 „Der Herr der Dinge: Die Rolle des Beobachters".

zum andern kommt aber bis zu einem gewissen Grad auch hier – wie in einer normalen Marktsituation – eine „Beziehungslosigkeit" ins Spiel, die durch die Anonymisierung von Personen zu Gunsten ihrer Bedeutung und Rolle im Rahmen einer sozialen Bezugsgemeinschaft erreicht wird.

Erst dadurch, dass eine duale Tauschbeziehung durch den Einbezug Dritter „trianguliert" wird, entsteht ein Markt der Aufmerksamkeit als ein Markt 2. Ordnung für Verhalten:

> Die von Dritten geschenkte Beachtung bestimmt das Ansehen einer Person innerhalb der Bezugsgemeinschaft und damit den Wert der von ihr verschenkten Aufmerksamkeit.

Das Ansehen ist unpersönlich in dem Sinne, als es nicht an eine konkrete andere Person gebunden ist, sondern über Dritte generalisiert ist. Zugleich ist es aber sehr individuell, weil die Selbstwertschätzung der betroffenen „angesehenen" Person dadurch maßgeblich bestimmt ist und damit auch der Beitrag definiert wird, den diese Person zum Ansehen anderer leisten kann. Der Beitrag einer „angesehenen" Person wird als bedeutsam geschätzt, wodurch sich rückwirkend wiederum das Ansehen dieser Person erhöht.

In diesem Prozess der wechselseitigen Beachtung kann der Aufmerksamkeitswert eines Verhaltens bedeutsamer werden als der Tauschwert im Rahmen einer zielorientierten Kooperation. Diese „Politik" kann soweit gehen, dass der Wert für das Ansehen über den Wert für die Kooperation dominiert. Dies gilt besonders für Verhalten, das dem Austausch von Information dient. *Eine Klage über mangelnde Information ist deshalb meist eine Klage über mangelnde Beachtung, eine Meinungsverschiedenheit leicht ein „Kurssturz" an der Aufmerksamkeitsbörse.*

Im Reden über Dritte „preisen wir unserem Partner diejenigen an, die Grund haben, gut von uns zu reden; wir kratzen am Lack derer, die sich vermutlich abfällig über uns äußern. Im Reden über andere treiben wir Politik in eigener Sache. … Wenn wir unsere Bekanntschaft einsetzen, um anderen zu imponieren, dann schmücken wir uns nicht nur mit fremden Federn, sondern spekulieren regelrecht mit ihnen. Und die Spekulation baut nicht nur Luftschlösser. Zieht der Trick, dann kann man sehr ordentlich damit verdienen." (FRANCK 1998, S. 104)

Damit wird erneut deutlich, dass zur Etablierung eines Marktes über die Zweiertauschbeziehung hinaus Dritte erforderlich sind, denn das Reden über Dritte ist die Börse des Ansehens, die über den Wert der erhaltenen und geschenkten Beachtung bestimmt.

Ein Markt 2. Ordnung entsteht erst durch Triangulierung

Ansehen als Ergebnis zirkulärer Beachtung

Ansehen bestimmt den Wert erhaltener und geschenkter Beachtung

„Politische" Dimension von Beachtung

**Bedeutung „lokaler"
Märkte als Gegenpol zur
Globalisierung**

Durch die Vernetzung der relevanten Dritten entstehen „lokale Märkte", etwa Abteilungen, Firmen oder Branchen, wodurch einer „gleichmacherischen" Globalisierung ein Gegenpol entsteht. Falls man von der Dynamik eines solchen Marktes betroffen ist, man diesen Markt also als eine relevante Umwelt erwählt hat, ist dies im Erleben mit einem Gefühl von Zugehörigkeit verbunden.[1] Wie wir noch zeigen werden, ist die Bedrohung der Zugehörigkeit eine als existenziell empfundene Gefahr, die es unbedingt zu vermeiden gilt.

**Die Fallen der Sachlich-
keitsideologie und des
Ideals der Emotionsfreiheit**

Damit wird offensichtlich, welche enorme Bedeutung dem Austausch von Aufmerksamkeit als Regulativ des Marktes für Verhalten zukommt. Die alleinige Betrachtung vermeintlich „sachlicher" und (zweck-)rationaler Kriterien der Kooperation geht an wesentlichen Bedingungen des Marktes für Verhalten vorbei und bedarf deshalb gerade wegen der verbreiteten „Sachlichkeitsideologie" und dem Ideal der Emotionsfreiheit[2] „vernünftigen" Handels der besonderen Aufmerksamkeit im Coaching. Natürlich wird diese Aufmerksamkeit ihrerseits als Beachtung erlebt und unterliegt damit den zirkulären Spielregeln des 2. Marktes: das Ansehen von Coach und Coachee sind zentrale „Hintergrundfaktoren", die wesentlich die Möglichkeiten des gemeinsamen Coachingprozesses mitbestimmen.

Zusammenfassend lässt sich sagen, dass mit den beiden Modellen eines 1. und 2. Marktes für Verhalten das Problem „der veränderlichen Legobausteine"[3], also die Kontextsensitivität lebender Systeme, eine adäquatere Modellierung gefunden hat: Statt des linearen Baukasten-Denkens empfehlen wir eine ökonomische Marktbetrachtung, die allerdings durch die Einbeziehung zirkulärer Prozesse 2. Ordnung und nur dadurch von einem simplifizierenden „do ut des" (ich gebe, damit du gibst) bewahrt wird.

---

1   Vgl. Abschnitt 3.2.3 „Was Menschen bewegt".
2   Vgl. Abschnitt 4.1.3 „Emotionalität im Coachingprozess".
3   Siehe Abschnitt 1.2 „Vom operativen zum strategischen Coaching: Der doppelte Markt für Verhalten".

Zweites Kapitel

Verhalten in Komplexität:
Systemtheorie und Konstruktivismus

In the choice between changing one's mind and proving there is no need to do so, most people get busy on the proof.   JOHN KENNETH GALBRAITH

Die tägliche Erfahrung einer begrenzten Vorhersehbarkeit und Planbarkeit menschlichen Handelns wird häufig mit dem Wettergeschehen verglichen: betrachtet man nur die Bedingungen *innerhalb* des überschaubaren Horizontes, ist man vor Überraschungen nicht sicher. Stabile Wetterlagen und eine Erweiterung des Horizonts verbessern zwar die Vorhersagebedingungen, so dass man bisweilen glaubt, auf Informationen von jenseits der Grenze verzichten zu können; ist die Lage jedoch instabil, wäre es gut, über den Horizont hinaus zu schauen und von dem „Tief" dort zu wissen, das morgen schon unser Wetter bestimmt.

Die Grenze des Horizonts überwinden

Natürlich handelt es sich um eine paradoxe Aufforderung, „über den Horizont hinaus zu schauen", über die Grenze des jeweils Einsichtigen. Dies erscheint als ein offensichtlicher Widerspruch – und ist doch eine Notwendigkeit im wahrsten Sinne des Wortes.

Wir wählen das Beispiel des Wetters, da es in unserer Alltagswirklichkeit das vertrauteste komplexe Geschehen ist, das allerdings gerade wegen seiner Komplexität in einem wesentlichen Punkt von unserem sonst üblichen Weltverständnis abweicht.

Gesetz der proportionalen Wirkung

Normalerweise betrachten wir unsere Alltagserfahrungen so, als seien sie von dem *Gesetz der proportionalen Wirkung* geprägt: ein leichter Hammerschlag (oder eben Ratschlag) treibt den Nagel (oder den Gedanken) ein kleines Stück weiter ins Holz (bzw. ins Bewusstsein), ein fester Schlag bewirkt entsprechend mehr desselben.

Lineare Prozesse

Eine solche Proportionalität lässt sich mathematisch als eine lineare Funktion darstellen, als eine Funktion, deren graphisches Bild eine gerade Linie ergibt. Alle Prozesse, die sich auf diese Weise darstellen lassen, werden als *lineare Prozesse* bezeichnet. Ihr großer Vorteil ist, dass sie überschaubar und kalkulierbar sind und dadurch Handlungsfähigkeit garantieren.

Lineare Prozesse garantieren vermeintlich Handlungsfähigkeit

Wie das Beispiel des Hammer-(Rat-)Schlags zeigt, ist die Anwendung dieses Denkens auf den Bereich der menschlichen Kommunikation auf den ersten Blick sehr überzeugend. Gemäß diesem Modell haben wir in Schule und Ausbildung gelernt, nach diesem Vorbild „verstehen" wir die Welt. In der Tat trifft diese Vorstellung auf einen großen Bereich unserer Lernerfahrung zu, und zwar immer dann, wenn wir uns dabei in einer „stabilen Wetterlage" befinden: je mehr man übt, um so besser die Fertigkeit, je mehr man sich anstrengt, um so größer die Wirkung, je fester der Schlag, um so tiefer der Nagel oder der Gedanke. Alles andere Geschehen drum herum kann vernachlässigt werden. So werden Weltbilder und

Handlungsmodelle entwickelt, so geht man mit Kollegen um oder führt seine Mitarbeiter; nach diesem Muster trifft man Entscheidungen. Abweichende Erfahrungen werden als Ausnahmen oder Sonderfälle aussortiert – oder geben Anlass zu anpassenden Verbesserungen der Modelle.

> Proportionalität ist das durchgängige und verbindliche Muster für die Erklärung von dynamischen Prozessen, lineares Denken ist immer noch weitgehend das Maß für Professionalität.

Zu Beginn des 20. Jahrhunderts begann eine Wende. Die Veränderung begann in der Physik, wo vermeintlich äußerst geringfügige Unstimmigkeiten in den klassischen Theorien ein Wetterleuchten von jenseits des Horizontes ankündigten und in der Folge völlig unerwartete Veränderungen auslösten. Nahezu die gesamte physikalische Ernte wurde zerstört, und mit der Quantentheorie hielt ein neues nicht-lineares Denken seinen Einzug in die Vorzeigewissenschaft Physik. Bis heute sind die Naturwissenschaftler mit den Aufräumarbeiten beschäftigt, und in einem gewissen Sinne ist das systemisch-konstruktivistische Denken, das hier für den Bereich des Coachings und der Beratung erschlossen werden soll, eine Spätfolge dieser Ereignisse.

Unkalkulierbarkeit nicht-linearer Prozesse

> Kleine Abweichungen haben unproportional große Auswirkungen, Folgen sind nicht-linear, unvorhersehbar und unkalkulierbar.

Ohne Zweifel hatten die alten Modelle überwältigende Erfolge in Erkenntnis und Technik, ihre Brauchbarkeit beschränkte sich aber – wie man heute sieht – auf einen schmalen stabilen Bereich.

Das Beispiel der Physik könnte den Gedanken nahe legen, dass es sich dort um eine Ausnahmesituation handelt und man im Alltag, wo man es nicht mit Atomen, sondern mit Menschen zu tun hat, nach wie vor mit linearen Modellen gut zurecht käme. Doch leider sind die Umwälzungen in den Bereichen, die uns hier interessieren, vermutlich noch gravierender als in den Naturwissenschaften, wenn auch bisher noch nicht so offensichtlich.

… in den dreihundert Jahren seit Newton hatten sie (die Naturwissenschaftler) sich daran gewöhnt, die Alltagswelt als einen im Grunde ordentlichen und vorhersagbaren Ort zu sehen, der wohlbekannten Gesetzen gehorcht. Jetzt war es, als hätten sie die letzten drei Jahrhunderte auf einer winzigen Insel gelebt und alles um sie herum ignoriert. (M. MITCHELL WALDROP 1993, S. 84)

Viele Sozial-, Wirtschafts- und Kulturwissenschaftler halten bis in die Gegenwart hinein an der Idee der Proportionalität von Ursache und Wirkung fest und hoffen, an einer den naturwissenschaftlichen Umwälzungen entsprechenden Umstrukturierung vorbei kommen zu können. *Das lineare Modell wird verteidigt und das komplexere nicht-lineare Denken als theorielastig und praxisfremd abgewertet. Der Neuanfang bisher ist* zögerlich.

Widerstand gegen das erforderliche Umdenken

Der Grund für diese Beharrlichkeit ist offenkundig: Linearität verspricht in den schwierigen menschlichen Interaktionsfeldern Planbarkeit und Machbarkeit, also Sicherheit. Doch immer mehr wird deutlich, dass auch und gerade im sozialen und wirtschaftlichen Bereich das lineare Denken an seine zu engen Grenzen stößt. Entscheidend dafür ist das, was man als *zunehmende Komplexität* bezeichnet. Gemeint sind damit Prozesse, die in hohem Maße von der Vernetzung mit anderen, ebenfalls komplexen Prozessen abhängig sind und diese anderen Prozesse zudem vielfach selbst beeinflussen. So entstehen kaum durchschaubare Netze von *Rückkopplungen*. Erschwerend kommt hinzu, dass häufig zeitliche Verzögerungen stattfinden, die den direkten Zusammenhang oft verschleiern.

Zunehmende Komplexität

Beispiele dafür sind das Marktgeschehen, insbesondere die Börse, aber auch Prozesse wie Fusionen oder Projektmanagement. Auch typische unternehmerische Konflikte wie der zwischen Zentrale und Peripherie zählen dazu.

Dem wachsenden Unbehagen an dieser sich verschärfenden Situation versuchte man in den letzten Jahren im Bereich des Managements durch neue Methoden zu begegnen, die sich letztlich aber als Varianten linearen Denkens erwiesen. Diese eher modischen Ansätze versprachen die Wiederkontrollierbarkeit, also die lineare Steuerbarkeit dessen, was sich mehr und mehr als nicht steuerbar erweist. Die linearen Verheißungen von kontinuierlichen Verbesserungsprozessen (KVP) erfüllten sich nicht. Sogar der tatsächliche Neuansatz des Business Reengeneering brachte nicht die erhofften Ergebnisse, da dieser als Umsetzung eines Plans „auf der grünen Wiese" selber auf einer linearen Metatheorie bezüglich der Steuerungsmöglichkeiten der relevanten Prozesse beruht. (KÜHL 2000)

Rückzugsgefechte

Komplexe Prozesse sind „außer Kontrolle", also nicht wie eine Maschine steuerbar. (KELLY 1997) Gerade diese Prozesse sind aber der Kernbereich aller angewandten Wirtschafts- und Sozialwissenschaften. Dort geht es fast ausschließlich um das Management komplexer Vorgänge. Das zur Zeit einzige Instrumentarium, um diesen neuen Herausforderungen zu begegnen, scheint das *systemisch-konstruktivistische Denken* zu sein. Das bedeutet, dass sich die Probleme nicht durch Rückführung auf neue lineare Modelle „erledigen" lassen. Stattdessen muss über Möglichkeiten und Grenzen des *„Navigierens beim Driften"* (SIMON/WEBER 1987) reflektiert und die unaufhebbare Unsicherheit mit einbezogen werden.

Es geht um die generelle Akzeptanz einer unternehmerischen Perspektive, was bedeutet, mit einem kalkulierten Risiko zu leben. Menschliches Handeln ganz allgemein und nicht nur wirtschaftliches Handeln erweist sich mehr und mehr als *Risikomanagement* und nicht als lineare Steuerung und Kontrolle von Welt.

Systemisch-konstruktivistisches Denken als Risikomanagement

Die Relevanz dieser Überlegungen für die Thematik des Coachings wird offensichtlich, wenn man bedenkt, dass man es dort sowohl vom Coachingprozess als auch vom inhaltlichen Thema stets mit der Versuchung zu tun hat, nicht steuerbare komplexe Prozesse doch noch steuern zu wollen.[1]

2.1
Die Grenzen fallen: Globalisierung –
Das systemisch-kybernetische Modell

2.1.1
Die Illusion der Eigenständigkeit: Vernetzung als Schicksal

Wahrzunehmen, was ist, mag einfach klingen, ist es aber nicht, denn es gilt, alle (?) Einflüsse zu berücksichtigen. Das Wort Einfluss ist interessant. Es sagt, dass die Dinge sich bewegen und ineinander einfließen. Gerade haben wir uns ein Bild gemacht, da fließt schon wieder etwas Neues hinein und will das Bild verändern. Wir mögen starr sein, unser Bild einer Situation mag unverändert bleiben, der Prozess selbst bleibt es mit Sicherheit nicht. Der Prozess bewegt sich unabhängig von uns weiter.
                            MICHAEL MARY (1996): Change-Management als Chance

Die vermutlich wichtigste Entdeckung des 20. Jahrhunderts besteht in der Erkenntnis, dass die „klassische" Vorstellung, nach der die Welt aus unabhängigen und eigenständigen Teilbereichen besteht, nicht haltbar ist. Damit verlieren viele der bisher bewährten Denkweisen ihre Brauchbarkeit, da wesentliche Voraussetzung für ihre Anwendung nicht mehr gegeben sind.

Zusammenbruch der klassischen Prämissen

Das klassische Denkmodell basierte auf folgenden Voraussetzungen:

Zwischen den einzelnen Handlungsräumen kann im Prinzip ein hinreichender Abstand gewahrt werden, so dass eventuell übergreifende Auswirkungen als vernachlässigbar gering betrachtet werden können: *Prinzip der Teilbarkeit der Welt in unabhängige Bereiche.*

---

1   Vgl. Abschnitt 1.2 „Vom operativen zum strategischen Coaching: Der doppelte Markt für Verhalten".

▨ Die Auswirkungen von Interventionen beziehen sich räumlich und zeitlich auf die unmittelbare Nähe der verursachenden Aktionen: *Prinzip der Nachbarschaft von Ursache und Wirkung.*

▨ Hinzu kommt das schon erwähnte *Prinzip der Linearität von Ursache und Wirkung, d. h. das Prinzip der proportionalen Wirkung.*

▨ Damit wurde das für lange Zeit wichtigste Regulativ sozialen Lebens möglich, das *Prinzip der Nicht-Einmischung in innere Angelegenheiten.*

Auf dieser Basis war es möglich, zwischen „drinnen" und „draußen" hinreichend klar zu unterscheiden; „drinnen" war infolge der linearen und nachbarschaftlichen Verknüpfung von Ursache und Wirkung jener Bereich, der der eigenen Kontrolle unterlag, während „draußen" im Prinzip unbeachtet bleiben konnte, da alle Vorkommnisse dort nur solch kleine Einflüsse zeigten, die man meinte, vernachlässigen zu können.

Diese je nach Organisationsebene nationalstaatliche, volkswirtschaftliche, betriebswirtschaftliche, familiäre oder individualistische Denkweise und das entsprechende Handeln beruhten auf der Erfahrung, dass Menschen einen bestimmten zeitlichen und räumlichen Rahmen abgrenzen, einen „Ereignishorizont", innerhalb dessen sie ihr Verhalten und seine Auswirkungen betrachten. Ereignisse jenseits dieses Horizontes werden, wenn überhaupt, weder als Folge noch als Bedingung eigenen Handelns wahrgenommen.

Ereignishorizont

Illusion der
Separierbarkeit

Das resultierende Weltbild lässt sich aus heutiger Sicht als *Illusion der Eigenständigkeit* bezeichnen. Die irritierenden Erfahrungen der neueren Zeit, dass soziale Systeme wie Familien, Unternehmen oder Nationen nicht einmal „drinnen" „in Ordnung" zu bringen sind, passen nicht in dieses Bild. In subtiler Weise scheinen sich die Verhältnisse einer effektiven Kontrolle zu entziehen. Eltern, Führungskräfte und Politiker erfahren dies täglich. Oft treten an unvermuteter und weit entfernter Stelle Reaktionen auf, die die beabsichtigten Veränderungen zunichte machen. Bedauerlicherweise lässt sich dafür meist kein verursachender „Gegner" ausmachen, der sich illegitimerweise in die eigenen inneren Angelegenheiten eingemischt hat und den man deshalb in seine klassischen Schranken verweisen könnte. *Die Ursachen der Störung hängen eng mit der Definition eines separierbaren Bereichs zusammen. Das Ganze ist eben mehr als nur die Summe seiner Teile.*

Vernetzung

Das Ganze ist mehr als die
Summe seiner Teile

Solche sich häufenden Erfahrungen legten den Schluss nahe, dass die Welt angemessener zu beschreiben ist, wenn man eine wesentlich engere Verknüpfung von Ereignissen annimmt, selbst wenn diese räumlich und zeitlich weit voneinander entfernt sind und – gemessen an ihren Auswirkungen – nur ein geringes energetisches Potenzial aufweisen.[1] Den beabsichtigten Wirkungen einer Handlung stehen immer öfter zeitlich verzögerte und unerwartete Folgen zur Seite, die in ihrer Bedeutsamkeit nicht mehr einfach als „Nebenwirkungen" vernachlässigt werden können. Die bislang so sicher und klar geglaubte Grenze zwischen „drinnen" und „draußen" entfällt und schafft Raum für wachsende Verunsicherung.

Diese Erfahrungen einer lange kaum beachteten *Vernetzung,* die im wirtschaftspolitischen Bereich als *Globalisierung* beschrieben wird, setzen zwei der klassischen Prinzipien traditionellen Handlungsverständnisses außer Kraft:

> Weder das Prinzip der Nachbarschaft noch das Prinzip der Proportionalität von Ursache und Wirkung, im Kern also das *Linearitätsprinzip,* lassen sich in komplexen Prozessen aufrecht erhalten.

Das Ende des Linearitätsprinzips

Will man diese Erfahrung in einem Modell fassen, steht man vor einem Dilemma: Einerseits ist offensichtlich kein Überblick zu gewinnen, was alles womit zusammenhängt; keine „in der Wirklichkeit als solche" fundierte Aufteilung ist erkennbar. Andererseits lässt sich im Fluss der ständig wechselnden Wahrnehmungen eine handlungsleitende Orientierung nur entwickeln, *wenn es gelingt, in diesen komplexen Zusammenhängen unterscheidbare Einheiten zu definieren und als solche wiederzuerkennen;* nur so lassen sich Regelmäßigkeiten erfassen und nutzen. Genau dieses Dilemma versucht die moderne Systemtheorie durch ihre Grundunterscheidung zwischen System und Umwelt zu bewältigen. Im Folgenden wird der erforderliche Konstruktionsprozess erläutert.

Eine vernetzte Differenzierung: System – Umwelt

2.1.2
Die System-Umwelt-Beziehung: Ökosysteme

Auf jeder Ebene der Komplexität zeigen sich völlig neue Eigenschaften; auf jeder Stufe sind völlig neue Gesetze, Begriffe und Verallgemeinerungen nötig, die genauso viel Phantasie und Kreativität erfordern wie auf der früheren. Die Psychologie ist keine angewandte Biologie und die Biologie keine angewandte Chemie.

PHILIP ANDERSON, *Santa Fe Institut*

Zunächst muss eine Entscheidung darüber getroffen werden, welche Unterscheidungen für das zu lösende Anliegen als relevant gelten und

---

1   Dieses Phänomen wird mit dem Namen „*Schmetterlingseffekt*" bezeichnet. Man versteht darunter die Tatsache, dass ein so kleiner Unterschied wie der Flügelschlag eines Schmetterlings dazu führen kann, dass sich in einem komplexen Geschehen wie dem Wetter die Wirkungen so aufschaukeln können, dass sich dadurch hunderte Kilometer entfernt ein Wirbelsturm entwickeln kann. Vgl. dazu z.B. GLEICK (1988) oder BRIGGS/PEAT (1990).

welche anderen möglichen Unterscheidungen vernachlässigt werden können. Durch diese doppelte Entscheidung über Unterschiede, deren Auftreten einen Unterschied macht *(Information)*, und solche, deren Vorhandensein keinen Unterschied macht *(Exformation)*, werden wiedererkennbare Einheiten im Fluss der Wahrnehmung geschaffen.

Beispielsweise sind bei wahrnehmbaren „Objekten", etwa Gesichtern, die zugrunde liegenden aktuellen Sinnesdaten nie vollkommen identisch. Folglich muss eine Entscheidung getroffen werden, ob diese Daten – unter Vernachlässigung von Unterschieden – ein und dasselbe Gesicht repräsentieren oder – in diesem Fall unter Beachtung relevanter Unterschiede – zwei verschiedene Gesichter bedeuten. Letztere können dann „zwei Gesichter" einer Person sein oder die Gesichter zweier verschiedener Personen. D.h. in einem zweiten Schritt werden einige ausgewählte Elemente, die in dieser Weise im ersten Wahrnehmungsschritt konstruiert wurden, als *Komponenten eines übergeordneten Ganzen* zusammengefasst. Letztlich wird damit ein *System* kreiert, das gegenüber dem „Rest der Welt" abgegrenzt wird. (BROWN 1997)

Auf diese Weise wird eine den ständigen Wechsel überdauernde Identität geschaffen und von ihrer chaotischen Umwelt unterschieden. So gilt beispielsweise ein Unternehmen trotz aller Veränderungen etwa im Personalbereich oder in seiner strategischen Ausrichtung dennoch als ein und dieselbe Firma und somit als eine Konstante in den permanenten Veränderungen des Marktes. Zwar finden auch zwischen System und ihrer Umwelt, also zwischen Unternehmen und Markt, Wechselwirkungen statt, doch werden die zu dem System gehörenden Komponenten so ausgewählt und miteinander verknüpft, dass sich bei aller Dynamik eine sich selbst erhaltende „Gestalt" zeigt.[1]

> Diese dynamische und doch stabile Gestalt in ihrem veränderlichen Erscheinungsbild zu erklären und mit ihr umzugehen, ist genau die Leitlinie der Systemkonstruktion. Es ist der für zielorientiertes Handeln notwendige Versuch, Stabilitäten zu *„erfinden"*, um den wechselnden Fluss zu erklären.

Ein solches System kann nur in seiner Umwelt, aus der es von einem Beobachter abgegrenzt wurde, überleben:

> System und Umwelt sind letztlich als gemeinsames *Ökosystem* zu betrachten. Ihre Trennung dient ausschließlich der Komplexitätsreduktion für den Beobachter, sie ist zieldienlich, nicht aber wahr.

Marginalien (linker Rand):

Wahl von Information und Exformation

Konstruktion von Systemen

„Stabilitäten" werden erfunden, um den „Fluss" zu erklären

---

1   Vgl. die Ideen der Gestaltpsychologie aus den 20er Jahren (vgl. z.B. KÖHLER/PRATT 1971).

Wie im klassischen Denken[1] wird auch hier eine Innen-Außen-Unterscheidung eingeführt und damit abgegrenzte Einheiten geschaffen. Nur so ist eine strukturierte Beschreibung unserer Erfahrung möglich, nur so kann eine Erfahrung von einer anderen unterschieden werden. In dem nachklassischen Modell beginnt der Erkenntnisprozess nicht als passive Wahrnehmung, sondern als aktive Tat: *„Triff eine Unterscheidung!"* (BROWN 1997). Dies ist dann nach BATESON eine Unterscheidung, „die einen Unterschied macht" (BATESON 1981). *Durch diesen unterscheidenden Akt werden wiedererkennbare Einheiten geschaffen, Stabilitäten im Fluss der Veränderungen.*

Akte der Unterscheidung erfinden die Welt

SIMON (1992, S. 47) warnt allerdings: „Unterscheiden Sie zwischen Speisekarte und Speise, zwischen Worten und Taten! Wenn Sie wissen wollen, was jemand denkt, dann hören Sie weniger auf das, was er sagt, sondern schauen Sie, was er tut (das gilt natürlich auch für Sie selbst)." Zwischen Bezeichnungen und Bezeichnetem, zwischen Landkarte und Landschaft besteht zwar besonders im Bereich der sog. „weichen Wirklichkeit"[2] ein enges sich wechselseitig bedingendes Verhältnis, dennoch sind beide nicht identisch, sondern verweisen wechselseitig aufeinander.

> Die klassischen Theorien gehen in vielfältiger Weise von der Illusion der Eigenständigkeit der Dinge aus, deren Getrenntheit in einer vorgegebenen Wirklichkeit verankert ist. Das systemisch-konstruktivistische Denken relativiert diese Sichtweise in doppelter Hinsicht: Einmal wird mit der System-Umwelt-Unterscheidung die Trennung betont und zugleich die wechselseitige Beeinflussungsbeziehung zwischen beiden anerkannt. Zum andern wird berücksichtigt, dass die Auswahl dessen, was als System und damit als abgegrenzte Einheit zusammengefasst wird, in hohem Maße vom Beobachter abhängig ist. Je nachdem, welche Ziele dieser anstrebt, sind entsprechende unterschiedliche *Selektionen* nützlich.

Bedeutsame Rolle des Beobachters

Der scheinbar kleine, aber wesentliche Unterschied zur klassischen Betrachtungsweise ist der, dass die geschaffenen Einheiten nicht als objektive „Gegenstände" definiert werden, sondern als Unterscheidungen, die der Beobachter selbst getroffen hat und die somit im Prinzip auch anders sein könnten. *Diese Möglichkeit und Notwendigkeit, aus mehreren Alternativen auswählen zu können und zu müssen, nennt man Kontingenz – „es könnte auch anders sein".*

Kontingenz

---

1   Siehe Abschnitt 2.1.1 „Die Illusion der Eigenständigkeit: Vernetzung als Schicksal"
2   Siehe dazu Abschnitt 2.2.2 „Wirklichkeit als Joint Venture. Harte und weiche Wirklichkeiten".

Ob beispielsweise ein Individuum, eine Abteilung, ein Unternehmen oder der globale Markt als System beschrieben wird, unausweichlich wird vom Beschreibenden über die notwendige Selektion dessen entschieden, was zu dem definierten System dazu gehören soll und was zum Rest der Welt. Wird ein Unternehmen etwa durch die Aufzählung seiner Mitarbeiter und deren Organisationsstruktur (Organigramm) definiert, gehören Kunden, Lieferanten und andere Marktteilnehmer nicht zum System, sie zählen zum Rest der Welt. Beschreibt man dagegen den gesamten Markt als ein System, sind alle diese unterschiedenen Gruppen Komponenten eines Systems, hingegen sind Fauna, Flora und Ökologie Umwelt.

Das Universum ist ohnehin schwer genug zu verstehen, auch ohne dass man etwas Mystisch-Geheimnisvolles einführt, das in Wirklichkeit nicht vorhanden ist.
(Richard Dawkins 1996, S. 113)

Problem des Vergessens

Alles, was (noch) nicht unterschieden und damit natürlich auch nicht benannt ist und entsprechend nicht als Teil eines Systems ausgewählt wurde, bezeichnet man als *operative Latenz*. Lernen besteht damit zu weiten Teilen aus der Erhellung dieser operativen Latenz, d.h. in der Einführung weiterer nützlicher Unterscheidungen. Häufig stellt sich allerdings dann die bisweilen schwierigere Aufgabe, Unterscheidungen, die sich als nicht sehr sinnvoll erwiesen haben, wieder in die operative Latenz zu entlassen.[1]

Identitäten als zusammengesetzte Einheiten variabler Verknüpfung

Die Beschreibung von Erfahrungsbereichen als Systeme erschafft wiedererkennbare Einheiten, die als zusammengesetzte Einheiten aufgefasst werden. Die Dynamik solcher Einheiten wird durch die veränderlichen Beziehungen zwischen ihren Komponenten repräsentiert.

Netz rückgekoppelter Wirkungskreise

Im systemischen Denken wird die Welt als ein *Netz rückgekoppelter Wirkungskreise betrachtet.* Eine solche Beschreibung fokussiert die Aufmerksamkeit auf zirkuläre, sich selbst stabilisierende Prozesse in dem beschriebenen Phänomenbereich, etwa in einem Team oder bei der Kooperation von Teilbereichen einer Organisation, oder auch eines ökologischen Systems, wie das folgende Beispiel zeigt:

---

1   Beispiele aus der Wissenschaftsgeschichte für die mühsame Aufgabe des Loslassens sind etwa die Phlogistontheorie der Wärmeleitung, die Leib-Seele-Trennung, die Erklärungen durch Geister oder Homunculi, neuerdings das Ignorabimus der morphogenetischen Felder. Vgl. auch Simon (1997).

„Die Royal Air Force und die Weltgesundheitsorganisation haben einmal Hauskatzen über abgelegenen Dörfern auf Borneo an Fallschirmen abgeworfen. Dort waren alle Katzen gestorben, so dass die Ratten sich explosionsartig vermehrten (und Ratten sind potenzielle Überträger von ekelhaften Krankheiten wie Typhus, Lepra und Pest). Und woran waren alle einheimischen Katzen gestorben? Am Insektenbekämpfungsmittel DDT, das man versprüht hatte, um die Mücken auszurotten, die die Malaria übertragen (bis zu 90 Prozent der Bevölkerung litt an Malaria).

Diese ernüchternde Geschichte erzählen wir in unseren Biologiekursen, um die Bedeutung der Nahrungskette und die ökologischen Zusammenhänge deutlich zu machen. Die Mücken in dieser Geschichte wurden dadurch ausgerottet, dass man in den Dorfhütten DDT versprühte. Die Malaria war auf einen Schlag verschwunden. Alles schien in Ordnung zu sein, bis die Strohdächer auf die Bewohner der Hütten herunterzustürzen begannen. Das Stroh war offensichtlich angefressen worden von den Larven eines Nachtfalters, der schon immer in diesen Hütten gelebt hatte, nur nicht in solchen Massen. Die Population hatte sich anscheinend explosionsartig vermehrt. Der natürliche Feind des Falters, eine Schlupfwespe, war ebenfalls durch das DDT getötet worden, doch die Larven des Falters waren so vernünftig, das DDT nicht anzurühren.

Doch was bedeutete schon der Einsturz von ein paar Strohdächern, wenn dafür die Malaria ausgerottet worden war? Die Sache ging jedoch weiter. Das DDT wurde auch von Kakerlaken gefressen, obwohl leider nicht in ausreichender Menge, um sie zu töten. Ein kleiner Hinweis: DDT wird nicht leicht abgebaut und ausgeschieden. Wenn es einmal im Körper ist, geht es nicht mehr weg, sondern reichert sich an. Das reichte jedoch nicht, um besonders viele Kakerlaken zu töten. Die mit DDT angereicherten Kakerlaken wurden anschließend von den Geckos gefressen, jenen eidechsenartigen Hausgenossen des Menschen, die mit Hilfe von Saugnäpfen an den Füßen an der Decke laufen können. Nun muss ein Gecko, wenn er satt werden will, eine ganze Menge Kakerlaken fressen, wodurch sich das DDT aus den Kakerlaken im Körper der Geckos anreicherte, bis es schließlich eine Konzentration erreichte, die um eine Größenordnung über der in den Kakerlaken lag. Das reichte aber noch nicht, um die Geckos auch töten.

Die Dorfkatzen ernährten sich nun nicht nur von Ratten, sondern fraßen auch Geckos. Damit speicherte sich in Hunderten von Katzen das DDT, das Millionen von Kakerlaken aufgenommen hatten. Bislang war die DDT-Konzentration nicht hoch genug gewesen, um sehr viele Kakerlaken oder Geckos zu töten, doch schließlich wurde sie um eine Größenordnung zu hoch – und tötete die Katzen. Was den Ratten zugute kam. Und dazu beitrug, all die ekelhaften Krankheiten zu verbreiten.

Die „Operation Katzenabwurf" brachte die Katzenpopulation schließlich wieder auf ihre alte Höhe und wendete die drohende Rattenplage ab. Unwissenheit ist kostspielig. Wenn man lediglich weiß, dass Mücken Malaria verbreiten und dass DDT Mücken tötet, so reicht das nicht – man muss außerdem wissen, wer sonst noch DDT frisst, auch in nicht tödlichen Mengen, und was damit innerhalb der Nahrungskette passiert.

Man muss das System im ganzen erfassen. Das nennt man Ökologie. Unsere agrarisch-medizinisch-industrielle Gesellschaft lässt alle möglichen neuen Chemikalien auf die Umwelt los, ohne über die Wirkung ausreichend Bescheid zu wissen. Die Behebung der Schäden ist dann, sofern sie überhaupt möglich ist, in der Regel nicht so einfach wie das Abwerfen von Katzen." (CALVIN 1994, S. 86 f.)

Systemisch-kyberneti-
sche Denkweise

Dies ist die systemisch-kybernetische Perspektive: Komplexe Systeme werden als sich selbst organisierend und sich selbst stabilisierend infolge von zirkulären Rückkopplungen betrachtet. Diese Denkweise, die oft als Kybernetik 1. Ordnung bezeichnet wird, hat sich – verglichen mit einem linearen Zugang – in weiten Bereichen als angemessener erwiesen, und zwar gerade dann, wenn man es mit komplexen vernetzten Systemen wie Lebewesen, Organisationen oder Ökosystemen zu tun hat.

Systeme als
Komplexitätsreduktion

Die Abgrenzung solcher Einheiten von dem Rest der Erfahrungswelt bedeutet in der systemischen Sichtweise gerade nicht – wie in der klassischen Sichtweise –, dass zwischen System und Umwelt keine wechselseitige Beeinflussung stattfindet. Systemkonstruktion ist stattdessen ein sehr differenziertes Instrument, um die ansonsten überwältigende Komplexität des „alles hängt mit allem zusammen" zu reduzieren.

> Eine Systemkonstruktion beschreibt die *Wahl*, die getroffen wurde, um Ordnung und Handlungsmöglichkeiten zu erschaffen.[1]

Fraktale Struktur von
Systemen

Die Komponenten von Systemen werden als eigene Elemente verstanden, die dann, wenn ihre Dynamik interessiert, selbst wieder als Systeme beschrieben werden können. Es ergibt sich so eine verschachtelte, *fraktale Struktur* von Systemen in Systemen in Systemen …

Diese Schachtelung geht nicht nur nach unten in die Tiefe, sondern auch nach oben in die Höhe: Stets ist es möglich, ein beschriebenes System mit weiteren Elementen aus seiner Umwelt zu einem neuen übergeordneten System zusammenzufassen. Der Vorteil dieser Vorgehensweise ist, dass einerseits die jeweils zu beachtende Komplexität begrenzt wird, diese aber dem jeweiligen Bedarf, mit dynamischen Veränderungen umzugehen, angepasst werden kann.

Gestaltung statt Abbildung

> Systeme sind *selektive Gestaltungen* unserer Erfahrung, nicht Abbildungen einer vorgegebenen Wirklichkeit.

Systeme als selektive
Gestaltungen

Andererseits stehen als Handlungsgrundlage nur solche Gestaltungen zur Verfügung, kein „Original", sondern ausschließlich die flüchtigen Erfahrungen. *Damit ist das durch die „erfundenen" Systeme Repräsentierte die einzige Wirklichkeit, die als Handlungsgrundlage dienen kann.* Damit ergibt sich ein erstes zentrales Relevanzkriterium:

1. Relevanzkriterium:
Zieldienlichkeit

> *1. Relevanzkriterium: Zieldienlichkeit*
> Ein System ist jener Ausschnitt der Erfahrung, den ein Beobachter als abgegrenzten Teil seiner Welt beschreiben will, weil dies seinen Zielen dienlich erscheint.

---

1   Damit wird deutlich, dass es für diese Wahl Relevanzkriterien geben muss; vgl. dazu die Ausführungen weiter unten in diesem Abschnitt.

Komplexitätsreduktion ist die Antwort auf die denk- und handlungsöko-nomische Frage, *was aus der Innensicht des Konstrukteurs vermutlich ungestraft weggelassen werden kann.*[1]

Je mehr Bestätigung – aus welchen Gründen auch immer – jemand für seine Konstruktionen von anderen will, desto unschärfer müssen die ge-wählten Unterscheidungen und desto vager die Begriffe sein – allerdings ohne das Relevanzkriterium zu verletzen und die Zieldienlichkeit der schließlich gewählten Unterscheidung zu gefährden. Auf diese Weise erhöht sich die Wahrscheinlichkeit, dass aus der Sicht der anderen Be-obachter eine Zustimmung erfolgen kann. Unverbindlichkeit und Mehr-deutigkeit schaffen Gemeinsamkeit, nicht nur im politischen Raum. Je genauer man andererseits die Verhältnisse differenziert, desto kompli-zierter erscheinen sie und um so unterschiedlicher werden die resultie-renden Konstruktionen. Werden von mehreren Personen die gleichen Konstruktionen akzeptiert, unterstützt dies die Gruppenbildung in „Wir" und „Die da".

Damit ergeben sich einige Fragen. Beispielsweise muss die Grenz-ziehung, für die man sich mit der Selektion entscheidet, durch den Aus-wählenden *legitimiert* werden. Das formale Kriterium bleibt, in dem un-überschaubaren Feld vernetzter Einflussnahmen handlungsfähig zu sein. Damit kommt aber eine ethische Dimension ins Spiel, *da die getroffene Wahl nicht durch Rückgriff auf eine unbezweifelbare, objektive Wirklich-keit gerechtfertigt werden kann.* Auf der anderen Seite unterliegt natür-lich jede Wahl von Unterscheidungen, als deren Folge Systeme geschaf-fen werden, der ebenfalls unausweichlichen Notwendigkeit, *mit der beobachteten Erfahrungswelt kompatibel zu sein;* anders formuliert, die daraus abgeleiteten Wege müssen gangbar, *viabel* (GLASERSFELD 1996), sein. Damit wird neben der *Zieldienlichkeit* die *Viabilität, also die prak-tische Brauchbarkeit,* zu dem zweiten wichtigen Relevanzkriterium und ersetzt die Orientierung an einer nicht erreichbaren Objektivität.

Ethik:
Legitimation der Wahl

2. Relevanzkriterium: Viabilität

Eine Wahl, die eben auch anders sein könnte, muss sich in den Aus-einandersetzungen mit der Welt *bewähren.* Die Entscheidung für eine Selektion wird aufgrund bisheriger Erfahrungen getroffen, kann aber durch widersprechende zukünftige Erfahrungen zu Fall gebracht wer-den. Selektionen und damit Wirklichkeitskonstruktionen basieren folglich immer nur auf „alten" Erfahrungen und bleiben somit prin-zipiell hypothetisch.

2. Relevanzkriterium:
Viabilität

---

1   Vgl. dazu die Rolle von „Occam's Razor" in der Philosophiegeschichte, wonach auf überflüssige Begriffbildungen verzichtet werden soll. Dies hat dann gravierenden Einfluss auf die zugrunde gelegte Ontologie.

Damit zeigt sich, dass in einem gewissen Sinne Menschen schon immer systemisch gedacht und argumentiert haben. Auch die klassische Betrachtungsweise beschrieb komplexe Vorgänge durch das wechselnde Zusammenspiel von Teilen eines größeren Ganzen. Die Bestimmung von Komponenten und die Regeln deren Zusammenspiels bildeten die Modelle zur Erklärung von Maschinen, Organismen und Organisationen.

Besonders lohnend schien es, Strukturen funktionierender, leistungsfähiger Systeme herauszufinden, da dies die Möglichkeit versprach, vergleichbare Strukturen nachzubilden, um ähnliche Aufgaben bewältigen zu können. Insbesondere Maschinen waren wegen ihrer Überschaubarkeit und prinzipiellen Linearität Vorbild für das Verständnis von Organismen und für den Aufbau von Organisationen.

Das Vorbild der selbstgeschaffenen Maschinen

Begriffe wie Vernetzung, Komplexität, Ökologie, Umwelt und ähnliche waren jedoch vor dem systemischen Denken entweder nicht bekannt oder wurden, um die Eigenständigkeit der Teilbereiche zu retten, eher verpönt. Diese neuen Begriffe zielen auf die veränderliche Unterscheidung und Verbindung zwischen System und Umwelt. In einer Welt, in der man von einer relativen Konstanz der Umwelt eines Systems ausgehen konnte, ließ sich auf die Beachtung dieser Beziehungen verzichten. Die Bewegungen eines Systems in Zeit und Raum wurden allein durch die dynamischen Verknüpfungen aller relevanten Elemente erklärt; gerade deshalb wurden diese zu Komponenten des Systems gewählt.

Es schien vielen geradezu als Angriff auf „die" Wissenschaft, die Möglichkeit von Prozessen ins Auge zu fassen, die man nicht (zumindest prinzipiell) analytisch und ursächlich auf die Eigenschaften ihrer Einzel-„Faktoren" zurückführen und somit auch nicht eindeutig vorhersagen und steuern könne. (JÜRGEN KRIZ 1997, S. 21)

Die Bedeutung der Umwelt konnte scheinbar auf deren Widerstand, also z.B. Reibung, Luftwiderstand, Trägheit gemäß dem Gesetz von actio = reactio und darüber hinaus auf die Funktion eines nahezu unerschöpflichen Rohstofflagers reduziert werden, z.B. für Stoffwechselvorgänge oder Baumaßnahmen. Eingriffen in die Umwelt wurde keine wichtige, rückkoppelnde Auswirkung zugeschrieben, wie es heute unter ökologischen Gesichtspunkten üblich ist. Komplexe Biotope wurden als solche gar nicht erkannt. Erst seit der Chaostheorie weiß man, dass ein Eingriff an sensibler Stelle eines komplexen Systems unkalkulierbare Veränderungen nach sich ziehen kann. *Insgesamt wurde der Umwelt eine eigene autonome Dynamik abgesprochen. Umwelt war ausschließlich reaktiv. Was nicht reaktiv agierte, war nicht Umwelt, sondern eben Akteur.*

Eine stabile Umwelt legitimiert die Nicht-Beachtung von Rückkopplung

Dies ging in alten Kulturen soweit, dass die beiden auffallendsten eigenaktiven Umweltgeschehen, das Wetter und die Erdbeben, als Wirkungen besonders mächtiger Götter gedacht wurden. Bei den Griechen war Zeus als oberster der olympischen Götter der Gott des Wetters, der über Blitz und Donner verfügte. Für die zerstörerischen Erdbeben wurde das eigentlich überwundene alte Göttergeschlecht der Titanen in ihrer Widerspenstigkeit und Rauflust verantwortlich gemacht. In solchen mythischen Erklärungen zeigt sich, dass die Prognosefähigkeit der klassischen Betrachtungsweise bei einer Instabilität der Umwelt an Grenzen stößt.

Etwas Unbekanntes auf etwas Bekanntes zurückführen, erleichtert, beruhigt, befriedigt, gibt außerdem ein Gefühl von Macht. Mit dem Unbekannten ist die Gefahr, die Unruhe, die Sorge gegeben – der erste Instinkt geht dahin, diese peinlichen Zustände wegzuschaffen. Erster Grundsatz: Irgendeine Erklärung ist besser als keine.
(FRIEDRICH NIETZSCHE)

2.1.3
Systeme systematisch betrachtet: Eine Klassifikation

Jedes komplexe adaptive System – Wirtschaft, Denken, Lebewesen – macht sich Modelle, die es ihm erlauben, die Welt zu antizipieren.   JOHN HOLLAND, Santa Fe Institute

Die neuere Systemtheorie interessiert sich für solche Systeme, die unter wechselnden Umweltbedingungen ihre Funktionalität aufrecht erhalten können. Deren innere Struktur und Dynamik ist so angelegt, dass sie auf eine eigenständige äußere Dynamik angemessen reagieren können, um die eigene Funktionalität zu bewahren. Systeme, die diese Fähigkeit nicht zeigten, wären keine sehr hilfreichen Konstruktionen, da sie keine „stabilen Verhältnisse" der Erfahrung repräsentieren würden.

Dieser *Paradigmenwechsel* (KUHN 1967) der Systemtheorie zur Umweltbezogenheit hat bedeutsame Auswirkungen. Wenn die zentrale Unterscheidung nicht mehr System und Komponenten ist, also Teil-Ganzes, was zu eher mechanistischen Modellen führte, sondern stattdessen die Unterscheidung System und Umwelt, wird die Aufmerksamkeit auf vernetzte, komplexe Zusammenhänge gelenkt. *Mit dieser Abkehr von der Teil-Ganzes-Problematik steht dann nicht mehr die Struktur eines Systems im Vordergrund des Interesses und damit seine Statik, sondern seine Dynamik, seine Prozesse:* Wie „überlebt" das System in einer aktiven, veränderlichen Umwelt unter Wahrung seiner Funktionalität und damit seiner Identität, ohne dabei notwendigerweise seine Struktur konstant zu halten? Nicht das Organigramm ist das Wesen der Organisation, sondern seine Prozesse. Die aktuelle Struktur ist lediglich eine Momentaufnahme seiner Dynamik.

Von der Struktur von Systemen zur Dynamik von Prozessen

Umwelt wird bei dieser Betrachtung *als ein eigenständiger (system-)externer Prozess* definiert, auf den das System durch seinen „Output" zwar Einfluss nehmen kann, der aber als externer Prozess außerhalb der Kontrolle des Systems abläuft.

Umwelt als eigenständiger, externer Prozess

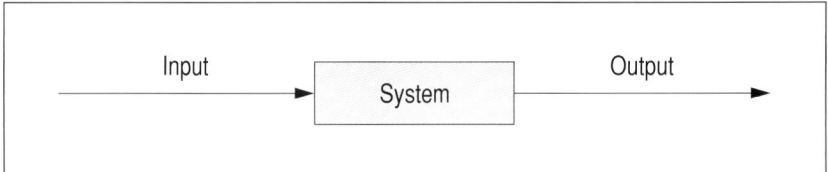

Abbildung 4: Offenes System

Eine vollständige Kontrollierbarkeit externer Prozesse wäre gleichbe-
deutend mit einer stabilen, nur reaktiven Umwelt. Dies steht im Widerspruch zu den neueren Erfahrungen, die einen Wechsel zu einer systemischen Betrachtung nötig machen.

Offene Systeme

Systeme, die auf unterschiedliche Bedingungen ihrer Umwelt unterschiedlich reagieren, nennt man *offene Systeme* (vgl. Abbildung 4).
Offene Systeme reagieren auf Input. Aus der

*Die Welt stellt sich beim Beobachten auf den ersten Blick
so dar, wie sie ist. (Martin B.F. Bökmann 2000, S. 1)*

Außensicht eines externen Beobachters ist Input die Einflussnahme der Umwelt auf ein Sys-
tem. Aus der *Innensicht* dieses Systems dagegen ist Input eine relevante
systemspezifische Repräsentation von Veränderungen in seinem sensori-
schen Bereich.

> Input ist folglich aus der Innensicht des Systems nichts anderes als
> eine als relevant erfahrene Konstellation eines Teilbereichs der Kom-
> ponenten des Systems, eben des sensorischen Bereichs. Ob Verände-
> rungen dieses Bereichs mit Veränderungen der Umwelt korrelieren
> oder auf Halluzinationen beruhen, lässt sich nur von einem externen
> Beobachter feststellen. Diese Feststellung bedarf zu ihrer Bestätigung
> wieder eines externen Beobachters, so dass man auch hier wegen der
> potenziell unendlichen Kette bestenfalls zu einem Konsens gelangt,
> nicht aber zu einer Objektivität.

Auf den Input, verstanden als eigene Teilkonstellation des Systems, reagiert dieses gemäß seinen Regeln, die die inneren Verknüpfungen seiner
Komponenten bestimmen und auf diese Weise auch seinen Output festlegen. Man nennt solche Systeme deshalb auch *operativ geschlossene*

**Operativ geschlossene
Systeme**

Systeme (vgl. Abbildung 5). *Sie reagieren nicht eigentlich auf Bedingungen der Umwelt, sondern auf systemspezifische Konstellationen, die als
Repräsentationen von relevanten Umweltveränderungen interpretiert
werden.* Die Reaktionen erfolgen ausschließlich nach systemeigenen
Regeln.

Wie vor allem Maturana und Varela (1987) gezeigt haben, reagieren
alle *lebenden* Systeme und Organisationen auf Einflussnahme von außen
nach solchen eigenen internen Regeln, sie sind damit „operativ geschlos-

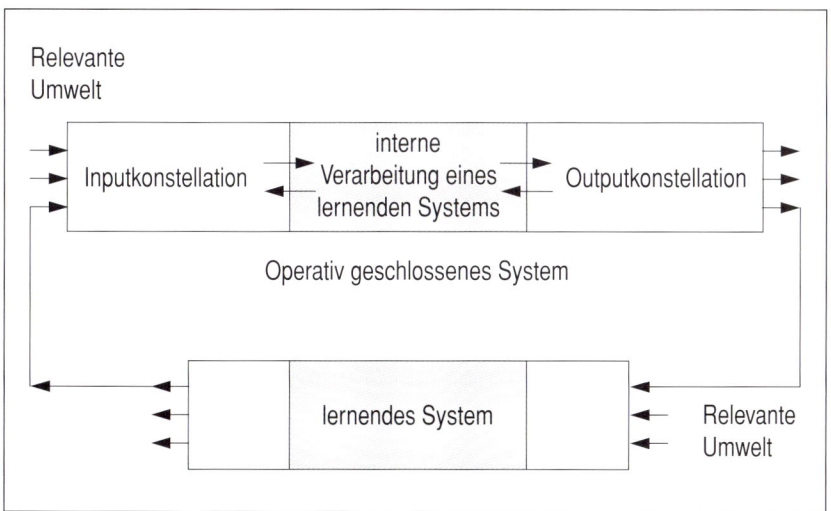

Abbildung 5: Operativ geschlossene Systeme

sene Systeme". Die Absicht eines Einflussnehmers, solche Systeme in eine bestimmte Richtung zu steuern, kann demnach bestenfalls durch eine *kooperative Kopplung* erreicht werden: *Das zu steuernde System muss sich gemäß seinen autonomen Regeln entscheiden, die vorgeschlagenen Unterschiede für sich als relevant zu bewerten.*

> Deshalb ist es das Ziel aller „Techniken" des Coachings zu überprüfen, ob Unterschiede, die der Berater anbietet, für das betroffene System zu relevanten Unterschieden werden können, zu „Unterschieden, die einen Unterschied machen".

Der Coach sieht als Beobachter 2. Ordnung, dass die Unterscheidungen des Coachees nicht naturnotwendig sind, sondern aufgrund einer Selektion unter den kontingenten Möglichkeiten konstruiert werden. Aus der Innensicht des Coachees als Beobachter 1. Ordnung sind hingegen seine Unterscheidungen nichts anderes als Repräsentationen seiner Wirklichkeit im wahrsten Sinne des Wortes. Er beobachtet das *Was* seiner Unterscheidungen und erlebt seine Welt ontologisch. Das *Wie* seines Unterscheidens bleibt ihm auf dieser Stufe verborgen. Dazu bedarf es einer *Beobachtung der Beobachtung,* also einer Beobachtung 2. Ordnung. Diese sieht, dass unterschiedliche Beschreibungen möglich sind, und definiert folglich keine Ontologie, sondern bestenfalls eine auch von anderen akzeptierte soziale Realität.

Die Unterscheidung Innensicht versus Außensicht als Beobachtung 1. bzw. 2. Ordnung

> Möglichkeiten für *neue Unterschiede* zum Bisherigen liegen somit in der umgewählten *Beschreibung,* in der *Verknüpfung* und in der *Bewertung* der zugrunde gelegten Daten (Wahrnehmungen!).

Der Kontext

Ein wesentlicher Aspekt systemischen Arbeitens ist daher die Betrachtung des Kontextes, der für die Wahl der relevanten Unterscheidungen bezüglich des jeweiligen Anliegens maßgebend ist. Dieser *Kontext* besteht aus einer komplexen Hierarchie verschiedener Ebenen (Individuum, Team, Institution), zeitlicher Orientierungen (Vergangenheit, Gegenwart, Zukunft) und verknüpfender Regeln (Muster, Erwartungen, Werte, Ziele), die untereinander interagieren und so die Entstehung, Aufrechterhaltung und Lösung von „Problemen" bestimmen. *Eine systemische Analyse der Kontextvariablen eröffnet ein Feld neuer Unterscheidungsmöglichkeiten, die für die Gestaltung von Veränderungsprozessen von nicht zu unterschätzender Bedeutung sind.*

Eine weitere Einteilung von Systemen wird häufig nach der Zahl ihrer Komponenten und der Art ihrer Verknüpfungen getroffen. Systeme mit sehr vielen Komponenten und entsprechend vielen Verknüpfungen werden, falls die Verknüpfungen fest vorgegeben, gleichsam „fest verdrahtet" sind, als *komplizierte Systeme* bezeichnet; große Maschinen, Flugzeuge, automatische Montagebänder, Pflanzen, Tiere und viele Ökosysteme lassen sich oft so beschreiben.

Komplizierte Systeme

Komplexe Systeme

Systeme dagegen, deren Komponentenzahl oft ebenfalls sehr groß ist, deren Verknüpfungen darüber hinaus aber im Unterschied zu den komplizierten Systemen veränderlich sind, bezeichnet man als *komplexe Systeme.* Bei komplexen Systemen hängt die Reaktion auf einen Input von dem jeweiligen *Zustand der Verknüpfungen* ab, wobei gerade dieser sich verändern kann. Ist die Veränderung nicht nur zufällig, sondern in einer bestimmten Weise von den bisherigen Inputs abhängig, hat man es

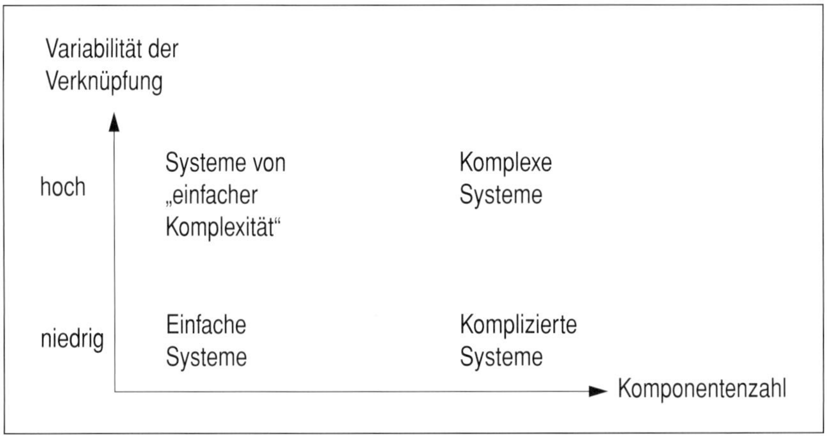

Abbildung 6: Strukturelle Gliederung von Systemen

mit „*lernenden*" Systemen zu tun. Deren Zustand und damit deren (Re-)Aktionen hängen von ihrer Geschichte ab, d.h. von ihren Erfahrungen. Unter dem zeitlichen Aspekt kann man also *statische* Systeme, deren Verknüpfungen konstant sind, und *chaotische* Systeme, deren Verknüpfungen zufällig sind, von solchen Systemen unterscheiden, deren Verknüpfungen von ihrer bisherigen Geschichte abhängen; letztere sind weder stabil noch chaotisch, sondern lernend.

> Lernende Systeme sind im Allgemeinen weder vorhersehbar noch kalkulierbar, da von außerhalb des Systems kein Zugang zu ihrer verarbeiteten Geschichte möglich ist.

Lernende Systeme

Dazu ein Beispiel: Heinz von Förster[1] beschreibt eine sehr einfache Maschine, die vier Eingabemöglichkeiten in Form vier verschieden farbiger Knöpfe (rot, grün, blau und gelb) zur Verfügung stellt, und die vier farbige Lampen (ebenfalls rot, grün, blau und gelb) als Reaktionsmöglichkeit besitzt. Sind Input und Output fest miteinander verdrahtet, reagiert die Maschine auf einen bestimmten Knopfdruck immer mit dem Aufleuchten der so vorbestimmten Lampe. Jede mögliche Verdrahtung zwischen den Knöpfen und den Lampen lässt sich durch eine Tabelle darstellen, die für jeden Input den zugehörigen Output benennt, wie z.B. in Tabelle 1 dargestellt. Insgesamt gibt es 16 (= 2^4) unterschiedliche Möglichkeiten, vier Knöpfe mit vier Lampen zu verbinden. Da diese Maschine fest verdrahtet ist, die Verknüpfungen also unveränderlich sind, braucht man nur die vier Knöpfe der Reihe nach zu drücken, um auch ohne vorherige Kenntnis des internen Verdrahtungsplans die weiteren Reaktionen der Maschine vorhersagen zu können. Solche Maschinen nennt man *triviale Maschinen* bzw. *triviale Systeme*. Nach diesem Vorbild sind die meisten technischen Maschinen gebaut, auch wenn sie wesentlich komplizierter sind wie etwa Autos oder Flugzeuge.

Triviale und nicht-triviale Systeme

Input (Knopf)	Output (Lampe)
Rot	Blau
Grün	Blau
Blau	Rot
Gelb	Gelb

Tabelle 1

Schwieriger wird es, wenn man der Maschine erlaubt, ihre Reaktion „nach Laune" zu verändern, also unterschiedlich auf dieselben Knopfdrücke zu reagieren. Auch das lässt sich durch Tabellen darstellen, für jede „Laune" eben eine eigene. Diese Tabellen enthalten dann zusätzlich zu der Angabe einer Input-Output-Verknüpfung noch die Angabe, in welchen Zustand die Laune der Maschine durch den gerade erhaltenen Input wechselt. D.h. es wird festgelegt, nach welcher „Zustandstabelle" die Maschine beim nächsten Knopfdruck reagieren wird, wie z.B. in Tabelle 2 dargestellt.

---

1   Vgl. dazu von Förster (1988) und Simon (1992).

Zustand 1 ("gute Laune")			Zustand 2 ("miese Laune")		
Input (Knopf)	Output (Lampe)	Zustand	Input (Knopf)	Output (Lampe)	Zustand
Rot	Blau	2	Rot	Grün	2
Grün	Blau	2	Grün	Gelb	1
Blau	Rot	1	Blau	Rot	2
Gelb	Gelb	2	Gelb	Blau	1

Tabelle 2

Diese kleine „Maschine" ist von der Konstruktionsseite her völlig vorherbestimmt, also *synthetisch determiniert.* Von außen ist es jedoch unmöglich, sie zu „verstehen" in dem Sinne, dass man auf der Basis von bisherigen Knopfdrücken sichere Vorhersagen machen könnte: Sie ist *analytisch nicht bestimmbar.* Lebende Systeme, die natürlich weit mehr als nur vier Input- und vier Outputmöglichkeiten haben und eben nicht „fest verdrahtet" sind, sondern lernen, sind erst recht analytisch nicht bestimmbar, *sind nicht-triviale Systeme.*

Menschliche Systeme sind komplexe Systeme

Wenn ein System aus seinen Erfahrungen lernt, sein Handeln also von seinen bisherigen Erfahrungen beeinflusst wird, hat man es mit komplexen, unkalkulierbaren Systemen zu tun. Da alle menschlichen Systeme, seien es Personen, Organisationen oder ähnliche nur als komplexe Systeme angemessen zu beschreiben sind, wird deutlich, *dass die Beschäftigung mit komplexen Systemen für den gesamten Bereich menschlichen Handelns unverzichtbar ist.*

Dass dies lange Zeit ignoriert werden konnte, hat zwei Gründe: Zum einen wurde unter der Voraussetzung einer relativ stabilen Umwelt auf diese Weise eine Komplexitätsreduktion erreicht, die klare Handlungsanleitungen möglich machte. Zum anderen galt dies um so mehr, als die betroffenen komplexen Systeme meist aus internen „guten Gründen"[1] auf die Inanspruchnahme ihrer Nicht-Trivialität verzichteten.

Zusammenleben als begrenzter Verzicht auf Nicht-Trivialität

Im Interesse eines koordinierten Zusammenlebens schränken Menschen weitgehend die für andere unvorhersehbaren Reaktionen ein. Die Regeln dieser Vorhersehbarkeit, der freiwilligen *Trivialität,* lernt man in Schule, Ausbildung und (Unternehmens-)Kultur.

---

1   Vgl. Abschnitt 1.2.1 „„Wer handelt, der handelt!": Der 1. Markt für Verhalten".

Das Denken in komplexen Systemen hat gravierende Folgen. Auf das Umfeld komplexer Systeme haben üblicherweise andere komplexe Systeme Einfluss, so dass dieses Umfeld sich im Prinzip unkalkulierbar verändert. Sind entsprechende Änderungen für ein System relevant, ist dies also ein Unterschied, der einen Unterschied macht, wird es darauf re-

Selbst die effektivste Entscheidung ist irgendwann überholt. (PETER F. DRUCKER 2000)

agieren und so seinerseits andere Systeme veranlassen, in ihrer Weise auf seine Reaktion zu reagieren und so weiter. Es entsteht ein komplexes Netzwerk von Rückkopplungen, die von den einzelnen Systemen als relevante Umweltveränderungen wahrgenommen und beantwortet werden. Diese Antworten sind bei lernenden Systemen, mit denen wir es hier zu tun haben, erfahrungsabhängig, geschichtsträchtig, für andere Systeme nicht durchschaubar.

> *Der eigenständige externe Prozess der Umwelt lässt sich somit verstehen als Ergebnis vieler vernetzter und unvorhersehbarer Aktionen komplexer lernender Systeme in einer sich teilweise überlappenden relevanten Umwelt.*

Damit verschiebt sich die Betrachtung von einem mehr mechanisch-physikalischem Ursache-Wirkungs-Denken zu einer eher biologisch-ökologischen Perspektive. Die Aktionen komplexer Systeme lassen sich unter evolutionären Gesichtspunkten angemessener verstehen als Überlebensstrategien in einer nur bedingt durchschaubaren Welt.

> *Komplexe Systeme sind Systeme, die erfolgreich darin sind, in einer veränderlichen Welt sich so zu organisieren, dass sie überleben.*

Diese Eigenart komplexer Systeme, sich immer wieder unter wechselnden Bedingungen selbst herzustellen, nennt man *Autopoiese (Selbstherstellung):* komplexe Systeme organisieren sich in einer hochgradig vernetzten Umwelt „von selbst". (MATURANA/VARELA 1987)

Autopoiese

Ein Beispiel dafür sind die von KAUFFMAN (1996) untersuchten sogenannten *autokatalytischen Prozesse.* Es gibt chemische Moleküle, die für bestimmte Reaktionen anderer Moleküle als *Katalysator* wirken, indem sie die chemischen Reaktionen zwischen den Molekülen beschleunigen, ohne selbst in das Resultat dieses Prozesses einbezogen zu sein. Beispielsweise bewirkt ein Molekül A, dass sich die Moleküle B und C häufiger zu einem Molekül D vereinigen als ohne sein Beisein. Ist nun in einer „Ursuppe" die Anzahl der unterschiedlichen Molekülarten hinreichend groß, laufen solche katalytischen Prozesse oft in einer Weise ab, dass sich geschlossene Kreisläufe bilden und bestimmte Molekülgruppen sich gleichsam „am eigenen Schopf" aus der Menge der anderen

Autokatalytische Prozesse

Moleküle herausziehen können: Wirkt etwa Molekül A bei der Bildung von Molekül D als Katalysator, D wiederum bei der Bildung von E, dies bei der Bildung von F, F aber bei der Entstehung von C, C wieder bei der Bildung von G etc., so ist bei hinreichender Komplexität der Ursuppe es ziemlich wahrscheinlich, dass irgendwann ein gebildetes Molekül X als Katalysator für A dient. Damit ist dann ein Kreis geschlossen, und die Bildung jedes Moleküls wird durch die katalytische Wirkung eines anderen unterstützt; dieser Rückkopplungsprozess setzt sich in der „Ursuppe" sich selbst verstärkend gegenüber den viel langsameren Abläufen der nicht unterstützten Reaktionen durch, da die Zahl der beteiligten Moleküle sich durch ihren eigenen Prozess vermehrt. Es entstehen autokatalytische Gruppierungen und Prozesse, die durch eigene Kraft ihre Komplexität steigern. Dies wird üblicherweise als *Selbstorganisation* definiert.

Solche sich selbst organisierenden und selbst verstärkenden autokatalytischen Prozesse dienen als Modell auch für Vorgänge anderer Art. Wenn die Wahrscheinlichkeit der Bildung einer Komponente durch andere Komponenten eines Systems erhöht wird, die selber wieder in dem gesamten Prozess katalysiert werden, bilden sich geschlossene selbstverstärkende Kreisläufe. Dies trifft beispielsweise auch auf Verhaltensmuster in komplexen sozialen Systemen zu (Kulturbildung).

Selbstherstellung durch Selbstorganisation

> Ob ein komplexes, sich selbst organisierendes System seine Autopoiese in einer bestimmten sich verändernden Umwelt aufrechterhalten kann, hängt davon ab, ob es seine autokatalytischen Prozesse in dieser Umwelt aufrechterhalten kann oder ob der erforderliche Rückkopplungsprozess zusammenbricht.

Auf Organisationen angewandt bedeutet dies u.a., dass die durch ein Organigramm geplanten und vorgegebenen Kommunikations- und Entscheidungsstrukturen mit höchster Wahrscheinlichkeit nicht ausreichen, um hinreichend komplexe Bedingungen für die autokatalytische Selbstorganisation in der jeweiligen dynamischen Umwelt zu bieten. Bewusste Planung und Struktur läuft dem im Prinzip kontingenten Prozess stets hinterher. Nur die „heimlichen Spielregeln" (vgl. Scott-Morgan 1994) einer *autokatalytischen Selbstorganisation* verhindern den Zusammenbruch einer komplexen Organisation.

Autokatalytische Selbstorganisation

2.1.4
Die Ruhe ist hin: Die Eskalation der Veränderung

When the sea was calm, all ships alike showed mastership in floating.

WILLIAM SHAKESPEARE

Kommen wir nach diesem Ausflug in die Betrachtung allgemeiner Eigenschaften von komplexen Systemen zu unserem Anliegen zurück. Die Globalisierung lässt sich mit den jetzigen Überlegungen als Ergebnis menschlicher Einwirkungen auf die Umwelt verstehen, in der die Menschen selbst als komplexe Systeme agieren und als Beobachter aufeinander reagieren. Insbesondere sind dies die Auswirkungen der Entwicklungen im Bereich der Kommunikationstechnologie und des Transportwesens. Diese tragen wesentlich zu der enorm gewachsenen Veränderungsgeschwindigkeit des Umweltprozesses bei. Informationen etwa, die früher ein halbes Jahr benötigten (z.B. die Nachricht über die Qualität der Teeernte in Indien) und die demjenigen (z.B. an der Tee-börse) enorme Gewinne versprachen, der diese Information zuerst erhielt, sind heute sofort und überall zugänglich. Da dadurch jeder unmittelbar darauf reagiert, muss jeder auf diese unmittelbaren Reaktionen reagieren: Geschwindigkeit potenziert sich, ein teilweise beklemmendes Beispiel für nicht-lineare Bedingungen. Ein moderneres und inzwischen wesentlich bedeutsameres Beispiel ist die Wertschriftenbörse, deren Kurse nach genau solchen sich selbst verstärkenden Rückkopplungsschleifen gebildet werden.

Globalisierung: Die „hausgemachte" Eskalation der Vernetzung

Entsprechendes gilt für die Folgen der Mobilität durch die rasante Beschleunigung des Transportwesens. Als weitere Beispiele sei auf die wachsende Kapazität der Datenverarbeitung oder die fast grenzenlosen Einflussmöglichkeiten durch moderne Waffen verwiesen. Dies alles zusammen erzeugt das, was man den *Globalisierungsdruck* nennt und der entscheidend dazu beiträgt, von klassisch linearen Denkweisen zu systemisch-vernetzten Paradigmen zu wechseln. Die klassische Sicht berücksichtigte weder den Beobachter als eigenständige Kategorie noch den rekursiven Prozess des Beobachtens, der in der Regel zu einer hinreichend stabilen sozialen Realität führt.

Rekursives Beobachten als Stabilisierungsfaktor

Es wird aber auch deutlich, dass der steigende Druck „hausgemacht" ist, eine eskalierende Folge eigener Handlungen. Wir sind in der Rolle des Zauberlehrlings, der „die Geister, die er rief ..." als mächtiger als er selber akzeptieren muss. Die selbst mit geschaffenen nicht-linearen Bedingungen der Umwelt zwingen zur permanenten Reaktion, was wiederum die Umweltbedingungen verändert: wenn nicht ein Teufelskreis, so doch ein komplexer zirkulärer Prozess.

Tanz der Zirkularität

In zirkulären Zusammenhängen sind alle Beteiligten Ursache und Wirkung zugleich. Dies verdeutlicht das bekannte Beispiel von WATZLAWICK (WATZLAWICK et al. 1969): Die Frau nörgelt, der Mann zieht sich zurück. Zieht er sich zurück, weil sie nörgelt, oder nörgelt sie, weil er sich zurück zieht? Der Versuch, eine lineare Folge zu kreieren, wird offensichtlich der Situation nicht gerecht. Mann und Frau schaffen durch ihr bezogenes Verhalten ein gemeinsames Tun, einen Tanz, zu dem jeder seinen Beitrag leistet – und leisten muss, solange das „Spiel" bedeutsam ist. „Positive", d. h. sich verstärkende Rückkopplungen treiben zur Eskalation.

2.2
Abschied von der Wahrheit:
Die Erfindung der Wirklichkeit –
Das systemisch-konstruktivistische Modell

Dieses Phänomen hatte ihn immer verwirrt, bis er eines Tages den Grund dafür begriff: Wind entstand, weil sich die Bäume schüttelten.

TERRY PRATCHETT (1996): Die Nomen-Trilogie

Zusammenfassung systemisches Denken

Bevor wir einen weiteren Rundgang durch unser zu erkundendes Terrain beginnen, wollen wir die bisherigen wichtigsten Erkenntnisse zum systemischen Denken thesenförmig zusammenfassen:

1. Ein System ist definiert durch *Grenzen:* wer oder was gehört dazu, wer oder was wird ausgeschlossen.

2. Die Grenzziehung beruht auf *Unterscheidungen* und Zusammenfassungen im Phänomenbereich, die einem Beobachter aus irgendwelchen Gründen bedeutsam erscheinen, für ihn also „einen Unterschied machen".

3. Die gewählte Unterscheidung und Selektion ist *kontingent;* sie könnte im Prinzip auch anders sein.

Wenn ich durch meine Arbeit mit den Schnecken eines gelernt habe, dann ist es dieses: Realität bedeutet, dass man sich die Hände schmutzig machen muss. Die Wahrheit über Schnecken oder irgend etwas anderes erfährt man nur, wenn man hinaus geht und die Arbeit tut. Den Glauben an die eigene Unfehlbarkeit sollte man dem Papst überlassen. (STEVE JONES 1996, S. 161)

4. Durch diese Unterscheidung eines Beobachters und die darauf fußende Grenzziehung werden *Einheiten* geschaffen, die trotz aller Veränderungen in gewissem Sinne *Stabilität* repräsentieren; sie bleiben als eigene Identitäten im Laufe der Zeit erhalten. Sie werden als solche für den Beobachter wiedererkennbar.

5. Die *Dynamik* eines Systems, seine Veränderlichkeit in der Stabilität, wird durch variable Verknüpfungen seiner Komponenten ermöglicht. Die Regeln dieser *Selbstorganisation* bestimmen die Überlebenschancen in seiner Umwelt.

6. Die *Umwelt* eines Systems ist ein *autonomer externer Prozess* mit einer im Prinzip unkalkulierbaren Dynamik.

7. Ein *komplexes System* ist in der Lage, auf die externe Dynamik der Umwelt so mit einer internen Dynamik zu reagieren, dass es durch die variable Verknüpfung seiner Komponenten seine Stabilität sichert. Diese Eigenschaft komplexer Systeme nennt man *Autopoiese.* Sie ist als das oberste Ziel komplexer Systeme zu betrachten.

8. Komplexe Systeme in einer gemeinsamen Umwelt schaffen zwangsläufig *zirkuläre Prozesse,* die mit linearen Mitteln nicht zu erfassen sind. Diese rekursiven Prozesse erzeugen *die soziale Realität.*

9. *Menschliche Systeme* sind komplexe Systeme und somit nicht vorhersehbar.

10. Menschliche Systeme sind *lernende Systeme,* die „freiwillig" teilweise auf ihre *Nicht-Trivialität* verzichten.

2.2.1
Der Herr der Dinge: Die Rolle des Beobachters

Oder gliedert sich die Welt einer Schwalbe in Vögel, Nahrung, vermutlich Katzen und
„alle anderen"?   WILLIAM H. CALVIN (1998): Der Strom, der bergauf fließt

In der bisherigen Betrachtung von Systemen wurde deutlich, inwiefern Systeme geeignet sind, abgrenzbare Einheiten eines Erfahrungsbereichs zu beschreiben und die Dynamik ihrer Stabilität zu verstehen. In den traditionellen Theorien wurde die Grenzziehung durch Unterschiede in der Wirklichkeit legitimiert, die ein erkennender Beobachter glaubte wahrzunehmen und entsprechend in der Theorie modellierte („So ist es!"): man *erkannte* die Dinge der Welt. Infolge der Erfahrungen mit den komplexen Vernetzungen solcher „Dinge" wurde diese Begründung jedoch fragwürdig. In hohem Maße zeigen sich die Abgrenzungen als eine Frage der Wahl, so dass im systemisch-konstruktivistischen Denken auf die ontologische Legitimation verzichtet wird. *Die Abgrenzung von Erfahrungsbereichen wird nun primär durch den Beobachter verantwortet. Dieser trifft die Wahl seiner Unterscheidungen auf der Basis eigener Gründe.* Diese Wahl muss sich allerdings in der Praxis bewähren.

Ontologie versus
Selektion des
Beobachters

Das systemisch-
kybernetische Modell

Auf den ersten Blick scheint kein großer Unterschied zu traditionellen Vorgehensweisen zu bestehen. Geht man von einer gegebenen Selektion aus und lässt die Rolle des Beobachters außer Betracht, bleibt zunächst als wesentlicher Unterschied des systemischen Denkens die Berücksichtigung von Rückkopplungen und damit die Einbeziehung zirkulärer Prozesse. Dies war die große Entdeckung der Kybernetik: *die Illusion der Eigenständigkeit der Dinge wurde durch die Berücksichtigung von zirkulären Rückkopplungszusammenhängen aufgegeben.*

Die Dinge haben auf der Basisebene keine inneren Eigenschaften; bei allen Eigenschaften geht es immer um die Beziehungen zwischen Dingen. Das ist der Grundgedanke von Einsteins allgemeiner Relativitätstheorie, aber seine Geschichte ist älter; sie geht zumindest bis ins 17. Jahrhundert und auf den Philosophen Leibniz zurück, der Newtons Vorstellungen von Raum und Zeit widersprach. Newton nahm an, dass Raum und Zeit absolut existieren, Leibniz dagegen sah in ihnen etwas, das aus den Beziehungen zwischen den Dingen erwächst. Dieser Streit zwischen denen, in deren Augen die Welt aus absoluten Einzelteilen zusammengesetzt ist, und jenen, nach deren Ansicht sie nur aus Beziehungen besteht, ist für mich ein Schlüsselthema in der Entwicklungsgeschichte der modernen Physik ... Nach meiner Überzeugung hatten Leibniz und die Relationisten recht, und die derzeitige Entwicklung in der Wissenschaft kann man als ihren Triumph betrachten. (LEE SMOLIN 1996, S. 404)

Dies ist das *systemisch-kybernetische Modell*. In gewissen Sinne hielt man damit, wenn auch in komplexerer Weise, an dem Abbildcharakter von Erkenntnis fest, eine modernere Form der Idee, sich der Wirklichkeit annähern zu können. Die Aufmerksamkeit richtet sich auf die Auswirkungen eines betrachteten Prozesses, auf den Einflusses des „Dinges in Aktion" auf den „Rest der Welt" und deren rückwirkende (Re-)Aktionen. Damit wirken die systemeigenen Aktionen über die Reaktionen anderer komplexer Systeme auf die eigene Umwelt und damit auf das „verursachende" System zurück. Es sei an das Beispiel der „begabten" Schüler erinnert.[1]

Kybernetik 1. Ordnung
steht in der Tradition
klassischer Ontologie

Die Betrachtung der Bedingungen und Auswirkungen solcher zirkulären Prozesse führt zu einer erklärenden Beschreibung „der Welt", genauer der Erfahrungswelt. Diese Stufe der Erklärung nennt man *Kybernetik 1. Ordnung*. Wie man aus technischen Anwendungen dieser Sichtweise, beispielsweise aus der Steuerungs- und Regelungstechnik, aber auch aus der modernen Organisationstheorie weiß, sind die dadurch neu entstehenden Handlungsmöglichkeiten umwälzend. Viele dynamische Phänomene werden in neuem Licht gesehen. Das Beispiel des nörgelnden und sich zurückziehenden Paares lässt einiges ahnen. *Konflikte lassen sich kaum mehr auf Eigenschaften von „Dingen", sprich Personen, zurückführen, sondern auf gemeinsam inszenierte stabile Dynamiken.* Sie sind einem Strudel vergleichbar, dem man sich als Betroffener nicht entziehen kann, aber gerade dadurch an seiner Aufrechterhaltung mitwirkt.

Statt „Eigenschaften" ein
gemeinsamer Tanz

Wendet man die *systemisch-kybernetische Grundannahme* zur Beschreibung von Wirklichkeit – eben die Zirkularität – sinnvollerweise auch auf Beschreibungen selbst an, führt diese Rekursivität zwangsläufig zu

---

1   Siehe Kapitel 1 „Über den Horizont hinaus: Eine postmoderne Perspektive".

einem *konstruktivistischen Verständnis* von Welt: die beschriebene Wirklichkeit wird durch die Beschreibung (mit-)konstruiert. Dies ist die Betrachtung der *Kybernetik 2. Ordnung* oder *die systemisch-konstruktivistische Perspektive.*

> Danach beeinflussen Beschreibung und Wirklichkeit einander wechselseitig, nicht nur die vermeintliche Wirklichkeit einseitig die Beschreibung, wie die klassische Abbildtheorie voraussetzt! Der vertraute Unterschied zwischen Beschreibung und Beschriebenem und damit zwischen Beschreibenden und Beschriebenem fällt weitgehend in sich zusammen.

Dies bedeutet, *dass Menschen in hohem Maße ihre Realität selber erschaffen und die eigene Zukunft nicht nur adaptiv, sondern unausweichlich kreativ (mit)gestalten.* Für die Praxis der Intervention in soziale Systeme hat dies natürlich erhebliche Auswirkungen. Auch wird die Rolle einer theoretischen Reflexion deutlich: Diese ist nicht mehr eine praxisferne und überflüssige Denkspielerei, sondern dient gerade in der Praxis dazu, bisher übersehene oder bestenfalls rezepthaft behandelte Widersprüche zwischen den Inseln der vermeintlichen Konsistenz aufzudecken.

Kreativität als menschliches Schicksal

Wir können die Zukunft nicht kennen. Das einzige, was wir von ihr mit Sicherheit sagen können, ist, dass sie anders sein wird als die Gegenwart und dass sie keineswegs eine Fortsetzung dieser darstellen wird. Aber noch ist die Zukunft nicht geboren, nicht geformt, noch ist sie unbestimmt. Sie kann durch zielgerichtetes Handeln gestaltet werden. Und die einzige effektive Motivation für ein solches Handeln ist eine Idee. Aber Ideen sind immer klein, wenn sie geboren werden. ... die Zukunft kommt mit Sicherheit, früher oder später. Und sie ist immer anders. (PETER F. DRUCKER 2000, S. 73)

Die Stufe der Kybernetik 2. Ordnung wird folglich erreicht, sobald man die Rolle des Beobachters in die Reflexion mit einbezieht. Der Beobachter ist für die Wahl der Unterscheidungen verantwortlich, als deren Folge Systeme entstehen. Diese Selektion hat offensichtlich entscheidende Bedeutung für das entstehende Bild der Wirklichkeit.

> Die Selektion muss sich zwar bewähren, könnte aber auch anders sein und sich dennoch bewähren. Die Wahl ist kontingent.

Damit stellt sich die Frage nach den Auswirkungen und Rückwirkungen einer solchen Wahl. Dies genau ist Thema der Kybernetik 2. Ordnung. *Erst durch eine Beobachtung 2. Ordnung, die das Wie der Beobachtung 1. Ordnung thematisiert, lässt sich die Selektion als kontingent erkennen.* Auch die Unterscheidung wahr–falsch beruht auf Beobachtungen 2. Ordnung, da nur durch einen Vergleich von Beobachtungen bzw. resultierenden Beschreibungen darüber entschieden werden kann. Wahr–falsch beruht folglich auf „Interessenwahrnehmung".[1]

Beobachtung 2. Ordnung

---

1   Vgl. zu der Thematik Kybernetik 1. bzw. 2. Ordnung insbesondere die Werke von VON FÖRSTER, der sich maßgeblich damit befasst hat und diese Thematik in die wissenschaftliche Diskussion eingebracht hat.

Eine konsequente Anwendung der systemischen Grundannahme der Zirkularität auf Beschreibungen und deren Auswirkungen führt zwangsläufig zu einem *konstruktivistischen Weltverständnis: die beschriebene Wirklichkeit entsteht maßgebend durch die Beschreibung.*

Auf diese Weise stürzt die Illusion der Eigenständigkeit der Dinge ein zweites Mal, nun endgültig: nicht nur sind die „Dinge" untereinander durch komplexe Rückkopplungsnetze kaum mehr trennbar (Kybernetik 1. Ordnung), nun sind sie nicht einmal mehr vom erkennenden Beobachter klar zu trennen (Kybernetik 2. Ordnung).

Beobachter als Entdecker „selbstversteckter Ostereier"

Der scheinbar passive Beobachter wird – ähnlich wie zuvor die vermeintlich passive (klassische) Umwelt – zu einem aktiven Mitspieler, zum Konstrukteur. Dieser Prozess findet nicht im leeren Raum statt, jedoch mit beträchtlicher Gestaltungsfreiheit und Gestaltungsnotwendigkeit:

Wir haben die Wahl, wie wir wählen, aber keine Wahl, ob wir wählen. Der Beobachter ist verdammt zum „Herr der Dinge".

Mit der Stufe der Kybernetik 2. Ordnung haben wir die dritte der *systemtheoretischen Fundamentalunterscheidungen* eingeführt.

System – Komponenten

- Die eher traditionelle *Unterscheidung System und Komponenten* führt zur Betrachtung von *Dingen*.

System – Umwelt

- Die Unterscheidung *System und Umwelt* lenkte die Aufmerksamkeit auf *zirkuläre Prozesse*. Dinge werden zu situativen Momentaufnahmen komplexer Vorgänge, die von einem Beobachter wahrgenommen werden.

System – Beobachter

Die erschaffende Kraft von Beobachtung

- Zieht man diesen Beobachter als Bestandteil der dritten Unterscheidung *System und Beobachter* in die Betrachtung mit ein, wird „alles, was gesagt wird, von einem Beobachter gesagt" (MATURANA/VARELA 1987) und damit zu einem *Konstrukt,* auch und gerade, wenn dieser Beobachter über Wirklichkeit spricht: Er spricht statt über Welt über seine Sicht. Es wird etwas beschrieben, das durch diese Beschreibung erst entsteht.

Die Systemtheorie dient dazu, die Zieldienlichkeit unterschiedlicher Sichtweisen abzuschätzen

Die Systemtheorie wird zu einer Theorie über Beschreibungen, einer Theorie über Sichtweisen und deren Implikationen. Sinn dieser dreifachen Unterscheidung ist, ein Instrumentarium an die Hand zu bekommen, mit dem die Zieldienlichkeit unterschiedlicher Sichtweisen bezüglich ihrer Handlungsmöglichkeiten abzuschätzen ist. Kybernetik 1. Ordnung betrachtet die Implikationen der gewählten Unterscheidungen, Kybernetik 2. Ordnung die Implikationen dieser Wahl.

Auf der Stufe der Kybernetik 1. Ordnung, wo man seine eigene Welt betrachtet, ist Veränderung immer *Veränderung von Wirklichkeit.* Dies ist die Perspektive der Innensicht. Auf der Stufe der Kybernetik 2. Ordnung, wo man „einen Beobachter beim Beobachten beobachtet" – etwa als externer Coach (oder auch sich selbst) –, ist Veränderung *Kontextveränderung:* der Rahmen für die Sinnhaftigkeit einer Sichtweise wird verändert. Dies ist die Perspektive der *Außensicht.* Umgekehrt gilt auch:

> Was aus externer Perspektive Kontextveränderung ist, ist aus betroffener Perspektive Veränderung von Wirklichkeit.

Als Kontext zählen die Bedingungen, unter denen ein Verhalten „Sinn macht". *Die Bedeutung einer Handlung ist folglich immer kontextabhängig.* Jedes Verhalten ist nur in seinem Kontext zu verstehen. Kontextbezogenes Denken ist systemisches Denken, da der Beobachter Zusammenhänge mit Umgebungskomponenten berücksichtigt, die aus seiner Sicht relevant sind. Was allerdings jemand als Kontext für sein Handeln (als) „wahr" nimmt, bestimmt er mit der Wahl seiner Wirklichkeitskonstruktion, also Kybernetik 1. Ordnung. Ob diese Wahl als eine unter mehreren möglichen Alternativen eher hilfreich oder problematisch ist, ist Thema der Stufe Kybernetik 2. Ordnung.

Kontextveränderung als Wirklichkeitsveränderung für die Betroffenen

> Erst auf der Stufe der Kybernetik 2. Ordnung kann man sich selber beim Beobachten beobachten. Es sei vorweggenommen, dass genau dies die zentrale Aufgabe des Coachings ist. *Der Mehrwert von Beratung ist, dass der Berater Beobachter 2. Ordnung bleibt und folglich nicht eine „bessere Wahrheit" als Autorität verkündet.*

Coaching ist Beobachtung 2. Ordnung

Die Frage nach der Wahrheit einer Wirklichkeitskonstruktion, nach der Richtigkeit einer Sichtweise, lässt sich wie erwähnt mangels „objektiver" Vergleichsmöglichkeiten nicht sinnvoll stellen – für viele bedauerlicher- oder gar beängstigenderweise. Sichtweisen passen (fitting) und sind zieldienlich und viabel, oder eben nicht. Ob sie in irgendeinem „objektiven" Sinne „stimmen" (matching), bleibt offen, selbst wenn sie mit allen bisherigen Erfahrungen „übereinstimmen". Dies gilt für alle Sichtweisen, etwa über Kollegen, Mitarbeiter, Abteilungen, Konkurrenten und Märkte.

Fitting statt matching

> Stets haben wir statt sicherer Wahrheiten nur die Qual der Wahl mit allen Folgen. Folgen sind die Antworten der Umwelt, des „Rests der Welt". *Das heißt Verantwortung (er-)tragen.*

Verantwortung

Eine Sichtweise gilt solange als eine gültige Theorie für einen Beobachter, wie aufgrund der sich daraus ergebenden Schlussfolgerungen zielorientiertes Handeln erfolgreich möglich ist. Eine systemische Sichtweise beansprucht nicht wie die klassischen Theorien einen inhaltlichen Abbildcharakter. Sie begnügt sich mit einer hinreichenden *strukturellen Ähnlichkeit von zieldienlichen Unterscheidungen und Handlungserfahrungen.* Der Wechsel von der klassischen zur konstruktivistischen Sichtweise ist ein Wechsel von der Substanz zur Form.

2.2.2
Wirklichkeit als Joint Venture: Harte und weiche Wirklichkeiten

Wenn Sie Ihre Vision mit allen Mitteln verteidigen, wenn Sie sich krampfhaft an Ihre Vorstellungsschablone klammern, wenn Sie wild entschlossen sind, die Kontrolle über eine Situation keineswegs aus der Hand zu geben, beeinträchtigen Sie dann die Fähigkeit Ihrer Organisation, komplexe Lernprozesse zu bewältigen?
RALPH D. STACEY *(1997): Unternehmen am Rande des Chaos*

Die Konstruktion der (sozialen) Realität

Gehen wir noch einmal einen Schritt zurück. Menschen treffen in ihrer Erfahrungswelt Unterscheidungen und benennen diese, wenn sie ihre Wirklichkeit beschreiben. Benennen heißt, die durch die (Sprach-)Gemeinschaft vorgeprägten Unterscheidungsmöglichkeiten zu nutzen und so die nahezu „unendlichen" Wahlmöglichkeiten einzuschränken. Stets gibt es mehr Möglichkeiten der Unterscheidung als der Bezeichnung. *Auf diese Weise koppelt man sich zugleich an die Unterscheidungen anderer an.* Je mehr die getroffenen Unterscheidungen von anderen Menschen als sinnvolle Unterscheidungen bestätigt werden, desto mehr unterstellt man, dass diese Unterschiede der eigenen Erfahrungswelt nicht auf Halluzinationen beruhen, sondern auf „realen" Unterschieden in der Welt, dass also dem Unterschiedenen ein Beschriebenes „draußen" entspricht. Dieses „als ob" des Draußen-Seins sichert meist die Zugehörigkeit zu einer bestimmten gleich denkenden Gemeinschaft. Es garantiert aber in keiner Weise irgendeine „objektive Wirklichkeit", sondern nur eine „soziale Realität". Allerdings kann deren Akzeptanz oder Verwerfung durchaus über Leben und Tod entscheiden, wie alle Formen von Inquisition lehren. In einer Kultur, in der es üblich ist, mit den verstorbenen Ahnen Kontakt aufzunehmen, würde die Leugnung dieser (sozialen) Realität vermutlich mit „Exkommunikation" bestraft (und umgekehrt!).

Kriterien der Wirklichkeitskonstruktion: Kommunizierbarkeit und Anschlussfähigkeit

Damit haben Wirklichkeitskonstruktionen zwei Kriterien zu erfüllen:

1. Wirklichkeitskonstruktionen sollen kommunizierbar sein.

2. Wirklichkeitskonstruktionen sollen „signifikanten Anderen" (MEAD 1968) sinnvoll erscheinen.

Erfüllt eine Wirklichkeitskonstruktion diese Kriterien nicht, läuft man Gefahr, aus dem Kreis der signifikanten Anderen ausgeschlossen zu werden und seine Zugehörigkeit zu verlieren, sei es bei Kollegen (Mobbing), in der Firma (Kündigung), bei Beziehungen (Trennung) oder bei den „Normalen" (psychiatrische Einweisung).

> Wenn, wie wir behaupten, die zentrale Aufgabe von Beratung ist, die Angemessenheit von Wirklichkeitskonstruktionen zu reflektieren, dann wird einsichtig, wie bedeutsam dies auch und gerade für Coaching ist.

Beispielsweise ist für die Praxis des Coachings eine zentrale Konsequenz aus dem systemisch-konstruktivistischen Denken die sog. *Auftragsklärung.* Dabei müssen sowohl das *Ziel,* der *Weg* dorthin (Kybernetik I) als auch die selbstrückbezüglichen *Auswirkungen* dieser Wahl (Kybernetik II) betrachtet und bewertet werden. Entsprechend muss abgewogen werden, ob eine geplante Veränderung für das betroffene Klientensystem eine Irritation ist, auf die es mit Blockade reagieren wird, oder ob es darin eine Lernchance sehen kann.

Ziel, Weg und Auswirkungen

Dies gilt für alle „Störungen", d.h. für alle Veränderungen der relevanten Umwelt, also des Kontextes. So betrachtet sind Probleme Störungen, die als Irritation abgefedert werden müssen oder als Lern- und Anpassungschance genutzt werden können.

Irritation oder Lernchance

> Aus systemischer Sicht entstehen Probleme häufig aus dem Widerstreit zweier Grundtendenzen von Systemen: dem Streben nach Stabilität und Konstanz und dem Wunsch nach Entwicklung und Erneuerung. *Zwischen Stagnation und Auflösung ist ein zieldienlicher Kurs „am Rande des Chaos" (vgl. KAUFMANN 1996 und STACEY 1997) zu bestimmen.*

Oft pendeln in Zeiten anstehender Veränderungen Organisationen zwischen rigidem Festhalten an alten Strukturen und verwirrenden Tendenzen zur Selbstauflösung hin und her. Nach der Chaostheorie ist der Ort kreativer Veränderung genau in dem Grenzbereich anzusiedeln, in dem alte Ordnungen beginnen sich aufzulösen, ohne dabei in unkalkulierbare Unordnung zu geraten. Dies meint der Satz, *Innovation findet am Rande des Chaos statt.*

Innovation findet „am Rande des Chaos" statt

> Komplexität und Innovation sind zentrale Herausforderungen zielorientierten und erfolgreichen Managements. *Unternehmenskultur und organisationales Lernen legen dabei die Bandbreite der Veränderungsmöglichkeiten fest. Veränderungen 2. Ordnung müssen sich* auf genau diese Bereiche beziehen.

Stufen der Wirklichkeits-
konstruktion

Bei der Wahl der Möglichkeiten für Wirklichkeitskonstruktionen lassen sich *drei Stufen* unterscheiden.

1. Die erste Stufe der Wirklichkeitskonstruktion liefert eine *Beschreibung* durch eine Menge von Unterscheidungen gemäß den beiden obigen Kriterien. Aus diesen Unterscheidungen werden die *Komponenten* des zu konstruierenden Systems gewählt.

„Beschreibende"
Unterscheidungen

2. Als zweite Stufe folgt die *Verknüpfung dieser Komponenten* in der Form von *Regeln,* die festlegen, was womit und unter welchen Bedingungen wie verknüpft ist. Diese Regeln beschreiben die Veränderungen des beobachteten Geschehens, also die Dynamik, in Ergänzung zur Statik der gewählten Unterschiede. Auch die Regeln sind für Menschen „als zum Handeln Verdammte" nur dann sinnvoll, wenn dadurch Vorgänge so beschrieben werden können, dass sie als wiederkehrende, eben als „regelmäßige" zu erkennen sind. Undifferenziert, ohne generalisierende Unterscheidungen ist Dynamik nur chaotisch, unregelmäßig, unvorhersehbar. Erst die Wiederkehr, die Redundanz, schafft Regularität und Muster.

„Wiederkehrende" Muster

> Die Komplexität von Erfahrung muss um der Handlungsfähigkeit willen reduziert werden. Dies lässt sich nur unter Vernachlässigung möglicher Unterschiede erreichen, die für den Handelnden keinen relevanten Unterschied machen *(Exformation).*

Es gelten solche Unterschiede als relevant, die es gestatten, aus den beschreibenden Regeln „wie es funktioniert" Handlungsanleitungen als *vorschreibende Regeln* abzuleiten.

3. Damit haben wir das dritte Kriterium für Wirklichkeitskonstruktionen: Wirklichkeitskonstruktionen sollen sich bei der Verfolgung von Handlungszielen bewähren durch die *Ableitung von vorschreibenden Regeln aus beschreibenden Regeln,* also von „Rezepten" aus „Erklärungen" (Simon 1992).

Bewährung in der Praxis

Je klarer die drei Kriterien von einer Wirklichkeitskonstruktion erfüllt werden, um so mehr sind wir verführt zu glauben, tatsächlich etwas „außerhalb" erkannt zu haben, eine „Realität". Dieser Glaube ist selbst eine Komplexität reduzierende Maßnahme, da es sehr schwer ist, mit einem bewussten Vorbehalt der *Kontingenz,* des „es könnte auch ganz anders sein", zu handeln.

Doppelte Perspektive:
Beschreibender und
Betreibender

> Dies mag für einen externen Beobachter, einen *Beschreibenden,* der andere Beobachter beim Beobachten beobachtet, die geeignete Perspektive sein, nicht aber für einen unmittelbar am Geschehen Beteiligten, einen *Betreibenden,* der zum Handeln verurteilt ist.

Indem ein Beteiligter annimmt, dass bestimmte vorher-nachher-Beobachtungen den Charakter von Wirkungen haben, ist er geneigt zu glauben, die beobachteten Veränderungen „erklärt" und nicht nur „konstruiert" zu haben. Begründen lässt sich aber allenfalls, dass bisheriges Handeln gemäß dieser Wirklichkeitskonstruktion nicht zum Scheitern geführt hat; es passte, sagt aber nichts über die Stimmigkeit.

Regeln sind ebenfalls Unterscheidungen, die mögliche Veränderungen von „unmöglichen" abgrenzen und damit der Komplexitätsreduktion dienen. Regeln treffen Unterscheidungen in einem Feld von Veränderungen derart, dass sich Muster von Veränderungsabfolgen bilden lassen. Wurden auf der ersten Stufe Stabilitäten als *„Dinge"* konstruiert, werden auf der zweiten Stufe wiedererkennbare Stabilitäten höherer Ordnung, eben konstante bzw. ähnliche Veränderungssequenzen als *Prozessmuster* konstruiert und andere Verläufe als „unmöglich" ausgeschlossen.

Nehmen wir als Beispiel einen „künstlichen", regelgeleiteten Veränderungsprozess, z.B. ein Spiel, etwa Fußball. Unterscheidungen, die dort einen Unterschied machen, sind u.a. die Zahl der Spieler (weniger als 12), deren momentane Position im Spielfeld (nicht außerhalb), die mehr oder weniger geschickte Art sich zu bewegen (nicht mit der Hand zum Ball) etc. Verknüpfen wir Veränderungen dieser Unterscheidungen zu Mustern, erhalten wir Spielzüge, von denen einige als verboten, andere als erwünscht, noch andere als schädlich angesehen werden. Konkrete Spielverläufe, die einem bestimmten Muster, etwa einen Angriff entsprechen, ließen sich durch weitere Unterschiede, z.B. Stellung der Augenbrauen und der Zunge, Farbe der Trikots etc., als verschieden unterscheiden. Im Rahmen des Ziel eines Fußballspiels sind diese Unterschiede aber meist Unterschiede, die keinen Unterschied machen. *Erst die Vernachlässigung möglicher Unterscheidungen schafft durch Komplexitätsreduktion Ordnung.* Allerdings ist zuviel Ordnung auch nicht das Ideal, da dann die Flexibilität des System unterlaufen würde, auf Umweltveränderungen zu reagieren. Die geeignetste Position ist eben eine „am Rande des Chaos".

Unterschiede, die *keinen* Unterschied machen

Sind die auf diese beschriebene Weise „erfundenen" Muster von Veränderungsprozessen (Spielzüge) so, dass sie in ihrem Verlauf zu bestimmten bevorzugten Mustern tendieren, entstehen stabile Dynamiken. Strudel im Wasser oder Konflikte in Organisationen sind entsprechende Beispiele.

Wenn eine Folge von Veränderungen, unabhängig davon, wo der Prozess gestartet ist, sich in wiederholende Muster „einpendelt", eben wie ein mechanischer Pendel, bezeichnet man solche Muster als *Attraktoren*

Die „Geschichtslosigkeit"
von Attraktoren

(Anziehungspunkte); es ist, als ob *Attraktoren* die Prozessmuster anziehen und sie in bestimmte Bahnen zwingen. Es entstehen stabile und doch dynamische Muster, *die für außenstehende Beobachter weitgehend vorhersagbar werden.*

In dem Endzustand hat die Geschichte keine Bedeutung mehr. Nur Prozesse im Nicht-Gleichgewicht werden maßgebend von ihrer Geschichte bestimmt.

Dies gilt weniger für die Innensicht der sozusagen mit der Komplexität um ihr Leben kämpfenden Beteiligten, bietet aber einen Hinweis auf eine mögliche „rettende" Rolle von Coaching, da der Coach durch seine Außensicht die Betrachtung der getroffenen Wahl „ins Spiel" bringen kann.

Der dritte Schritt der Komplexitätsreduktion ergibt nach den getroffenen Unterscheidungen und den Festlegungen von Verknüpfungen die durch die Regeln der Verknüpfungen erzeugten Muster. Auf jeder Stufe werden potenzielle Unterscheidungen ausgeschlossen, wird eine Wahl getroffen bezüglich „relevanter" Unterschiede.

In Abbildung 7(B) ist eine Menge von Punkten dargestellt, zwischen denen viele Verknüpfungen bestehen könnten, etwa die von 7(A). Erst mit einer bestimmten Verknüpfung wie in 7(C) erkennt man ein bekanntes „Objekt", das Sternbild des „Großen Wagens". Hier wird deutlich, dass die Identität eines zusammengesetzten Objektes von den ausgewählten Relationen zwischen seinen Komponenten bestimmt wird.

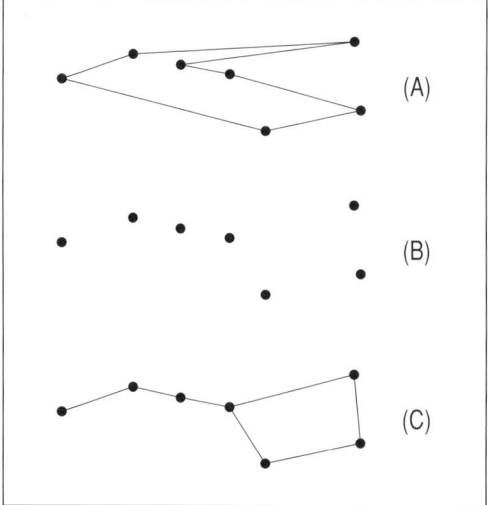

Abbildung 7: Verknüpfungsmuster

> *Wiedererkennbarkeit basiert auf einer massiven Informationsvernichtung, ohne die zielgerichtetes Handeln nicht möglich ist.*

Notwendigkeit der Informationsvernichtung

NORRETRANDERS (1994) nennt diesen Prozess *„Exformation"*. In problematischen Entscheidungssituationen geht es meist nicht um ein Mehr an Informationsverarbeitung, sondern um die Selektion angemessener Exformation, um die Frage „Was kann vermutlich ungestraft weggelassen werden?".

Der Freiheitsgrad dieser Wahl ist bei den zu wählenden Unterscheidungen der ersten Stufe am größten, was nochmals zeigt, dass *Beschreiben* als Stufe 1 nicht „reine Wahrnehmung" ist, sondern ein aktives Gestalten, das auf Entscheidungen beruht und folglich auch anders sein könnte. Diese Eigenschaft von Wirklichkeitskonstruktionen ist die erwähnte *Kontingenz*.

Wahrnehmen ist aktives Gestalten

Bei den Verknüpfungen von Unterscheidungen, also bei der Stufe 2, der *Erklärung,* gibt es ebenfalls „Spielraum", der aber durch die Wahl der getroffenen Unterscheidungen schon vorgeprägt ist. Entsprechendes gilt für die Stufe 3 der beobachteten *Prozessmuster,* wo zwar ebenfalls noch Wahlmöglichkeiten bestehen, aber durch die Vorentscheidungen der vorhergehenden

> *Wenn der Rahmen, die Spielregeln vorhanden sind, dann ist alles weitere richtigerweise eine Entdeckung. Aber wenn ich auf etwas Unlösbares komme und mir eine Lösung gelingt, dann war es eben eine Erfindung.*
> *(HEINZ VON FÖRSTER 1997, S. 34)*

Stufen es oft so erscheint, als ob nicht etwas erfunden, sondern entdeckt würde, so wie unser Alltagsverständnis es uns suggeriert.

Betrachten wir nochmals ein Pendel. Ein solches System tendiert, unabhängig von seinen Startbedingungen, immer zu einem bestimmten Punkt, an dem es zur Ruhe kommt; dies ist sein Attraktor. Werden mehrere Pendel miteinander locker verbunden, so dass sie zwar wechselseitig Einfluss aufeinander nehmen können, sich aber nicht wie bei einer starren Verbindung völlig bestimmen, dann „stört" jedes Pendel die anderen bei deren Versuch, ihren Attraktor zu erreichen. Aus der Sicht eines einzelnen Pendels kommen ständig Einflüsse aus der Umwelt, die es „aus der Ruhe bringen". Auf diese „Störungen" reagiert es nach den Regeln der Verknüpfung seiner Komponenten Geschwindigkeit und Impuls. Für einen Beobachter entstehen dadurch sehr komplexe und – verglichen mit der klaren Bewegung eines einzelnen Pendels – nahezu unvorhersehbare Bewegungsmuster. Dies zeigt, wie schon die Interaktion sehr einfacher, deterministischer Systeme kaum fassbare Komplexität erzeugen kann. Ab einer bestimmten Komplexität ist die entstehende Dynamik für menschliche Beobachter unvorhersehbar, selbst wenn die gekoppelten Systeme triviale Systeme sind.

Das Beispiel gekoppelter Pendel

Im Bereich der Wirtschafts- und Sozialwissenschaften haben wir es aber primär mit nicht-trivialen Systemen zu tun, mit Systemen also, die nicht eine einmal und endgültig vorgegebene Verknüpfung ihrer Komponenten aufweisen, sondern diese Verknüpfungen in Abhängigkeit von ihrer Inputfolge verändern können. Diese Systeme haben ein inneres Gedächtnis für ihre Geschichte, ändern ihren Zustand nach ihrer Erfahrung. In dem Beispiel der nicht-trivialen VON FÖRSTER'schen Maschine sind die Regeln für die Veränderung der Verknüpfung fest. Man kann diese als Regeln 2. Ordnung bezeichnen. Die Regeln 1. Ordnung für die Verknüpfungen selbst erscheinen einem externen Beobachter dadurch als variabel. Solche Systeme verhalten sich, als ob sie in den Regeln 2. Ordnung ein Gedächtnis hätten.

Regeln als Gedächtnis

Lernfähig in einem engeren Sinne sind solche Systeme aber erst, wenn die Regeln 2. Ordnung selbst veränderlich sind, d.h. wenn ein System seine Erfahrung so verarbeiten kann, dass es daraus neue Regeln für seinen „Zustandswechsel" entwickeln kann, also eine Wahl bezüglich seiner Verknüpfungen trifft. Solche Systeme strukturieren ihre Erfahrung so, dass Wiederholungen, Regularitäten, also Redundanzen im Fluss ihrer Erfahrung entstehen. Dabei lassen sich bekanntlich drei Stufen des Lernens unterscheiden (Abbildung 8 bis 10):

Regeländerung als Lernen

- *Lernen 1* überprüft das Ergebnis eines Verhaltens und entscheidet, ob noch mehr getan werden muss oder ob es ausreicht. Dabei kann bestenfalls aus einen Pool von vorhandenen Strategien gewählt werden, um zu besseren Lösungen zu gelangen.

- *Lernen 2* dagegen verarbeitet die Reaktionen der Umwelt auf eine gezielte Einflussnahme, indem die zugrunde gelegte „innere Landkarte" (iL) angepasst und gegebenenfalls eine entsprechende neue Operation ausgewählt wird. Dies wird als Innovation bezeichnet.

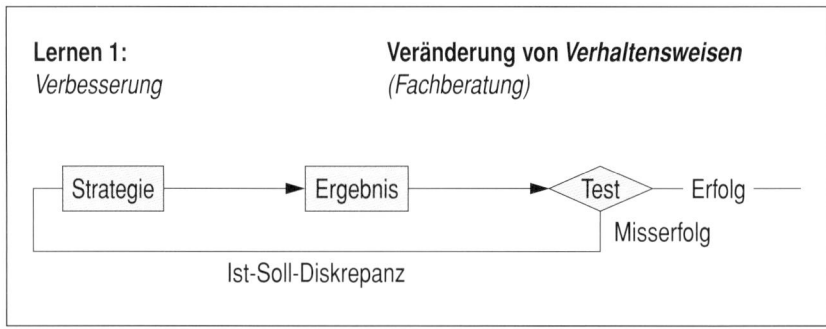

Abbildung 8: Einfaches Lernen (Beobachtung 1. Ordnung)

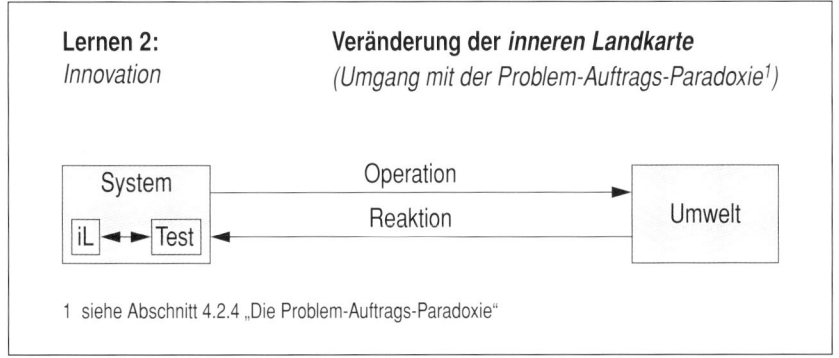

Abbildung 9: Komplexes Lernen (Beobachtung 2. Ordnung)

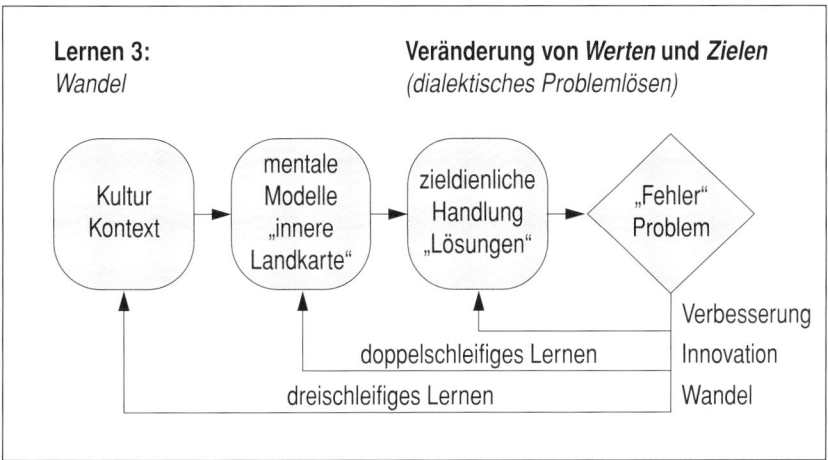

Abbildung 10: Vernetztes Lernen (Lernen des Lernens)

▪ *Lernen 3* geht noch darüber hinaus und reflektiert die Wahl der Ziele, also die Werte. Ein Lernen auf dieser Ebene bedeutet einen Wandel der Kultur.

Werden von einem System die in seiner Erfahrung entstehenden Regularitäten als Regelmäßigkeiten eines Geschehens „draußen in der Welt" interpretiert, können derartige Systeme aus der Außensicht so beschrieben werden, als ob sie eine *„innere Landkarte"* der „äußeren Welt" anlegten. Aus der Innensicht „repräsentiert" die innere Landkarte für ein solches System „die Welt". Aus der Außensicht eines externen Beobachters hingegen „konstruiert" das System auf diese Weise „seine" Wirklichkeit. *Konstruktion oder Abbildung ist also eine beobachterabhängige Beurteilung.*

Konstruktion oder Abbildung der Wirklichkeit?

Betrachten wir lernende Systeme genauer. Diese fassen den autonomen externen Umweltprozess nicht als ein Zufallsergebnis auf, sondern erklären ihn als Resultat zielorientierten Handelns anderer lernender Systeme. Diese agieren gemäß ihrer je eigenen Landkarte in einer gemeinsamen Umwelt. Auf diese Weise entsteht eine ähnliche Konstellation wie bei den gekoppelten Pendeln; *jedes System reagiert auf die relevanten Veränderungen in seiner Umwelt und beeinflusst dadurch selbst den Umweltprozess.* Es trägt, ohne es im eigentlichen Sinne zu „wollen", zur Aufrechterhaltung der „Störung" bei: *„Störung" entpuppt sich als ein „Joint Venture".*

„Externe Welt" als Joint Venture

Dabei gibt es eine Besonderheit. Wenn ein System annimmt, dass die einwirkenden Umwelteinflüsse nicht die Folge eines zufälligen Umweltprozesses sind, sondern den „gekoppelten" Absichten verschiedener komplexer Systeme zu verdanken sind, wird das System beginnen, über diese Absichten der anderen Systeme *Hypothesen* zu bilden. Die Beispiele des Wetters und der Erdbeben, die den Absichten von Göttern und Titanen zugeschrieben werden, verdeutlichen das Gemeinte.[1]

Hypothesen über Absichten

> Absichten lassen sich als zielorientierte Strategien verstehen, die Ziele und eine erklärende Sichtweise des Handlungsfeldes voraussetzen, also eine „innere Landkarte" darüber, wie unter welchen Bedingungen ein Ziel erreicht werden kann.

„Innere Landkarten"

Dies bedeutet, dass der Umweltprozess von solchen Systemen als redundant, sich wiederholend, beschrieben werden muss. Das wiederum erlaubt durch die Betrachtung von deren Selektion Rückschlüsse auf die Absichten dieser Systeme. *Lernende Systeme konstruieren also in ihren Wirklichkeitskonstruktionen Systeme, die selber Wirklichkeitskonstruktionen errichten.* Auf diese Weise erreichen sie einerseits die benötigte Komplexitätsreduktion, da das scheinbare Chaos der Umwelt auf die Absichten anderer Systeme zurückgeführt wird; andererseits wird durch die Konstruktion der anderen komplexen Systeme und deren Absichten in der eigenen inneren Landkarte ein der Erfahrung angemessenes hohes Maß an Komplexität erhalten (vgl.

Beobachtet ein zweites beobachtendes System das erste, so führt es Beobachtungen wie das erste aus. Es kann auf das Bezeichnete des ersten Systems achten, aber es kann auch auf die Unterscheidungen des ersten Systems fokussieren. … Der zweite Beobachter beobachtet nicht besser oder klüger oder hierarchisch darüber stehend. Denn der zweite Beobachter kann auch nur die gleiche Operation durchführen: unterscheidendes Beobachten. … Der Beobachtungsgegenstand des zweiten Beobachters ist – und das ist der qualifizierende Unterschied – die Unterscheidung des ersten Beobachters. (MARTIN B. F. BÖKMANN 2000, S. 3)

BAECKER 1997). Anders formuliert, komplexe menschliche Systeme machen sich in ihrem Bild der Welt ein Bild von den Bildern der anderen Systeme: *Sie beobachten Beobachter beim Beobachten.*

Die Beobachtung von Beobachtern beim Beobachten

In einem solchen Bild muss enthalten sein, dass das andere System dies ebenfalls tut und dass es weiß, dass ich das tue und weiß, dass es das tut und weiß, dass ich das weiß, dass … Mein Bild vom anderen und seiner

---

1   Siehe Abschnitt 2.1.2 „Die System-Umwelt-Beziehung: Ökosysteme".

Welt macht gleichsam durch vorweggenommene Rückwirkung etwas
mit mir, und macht etwas mit dem anderen, was etwas mit mir macht …

Wir haben somit plötzlich *zwei Arten von Wirklichkeiten:* Solche, denen
unterstellt wird, dass es ihnen etwas ausmacht, was für ein Bild andere
Beobachter sich von ihnen machen, und solche, von denen Beobachter
denken, dass diese Systeme darauf nicht reagieren, sich also *kein* Bild
von dem Bild der Beobachter machen.

Zwei Arten von
Wirklichkeit

▨ Wirklichkeiten, die als Systeme konstruiert werden, denen aus der
   Außensicht sinnvollerweise unterstellt wird, dass ihre Regeln der
   Verknüpfung zwar von ihrer Geschichte abhängen können, *nicht* aber
   von einem unterstellten Bild eines Beobachters, also *nicht* von einem
   Bild von ihnen in ihrem Bild von einem Beobachter, nennt man
   „harte" Wirklichkeiten (vgl. Simon 1990). Dies bedeutet, dass die
   Koppelung ihrer Komponenten relativ *immun gegen Beobachtung ist.*
   Zu diesen harten Wirklichkeiten zählt insbesondere der gesamte Bereich der Dinge und Gegenstände aus dem Bereich der Physik. Solche
   Systeme können sehr komplex sein, im Prinzip sogar unvorhersehbar,
   sie sind aber *nicht lernend* im engeren Sinne. Sie sind keine *„sensib-
   len"* Systeme, wenn wir darunter Systeme verstehen, die auf ein Bild
   von ihnen bei anderen reagieren.

„Harte" Wirklichkeiten sind
immun gegen Beobach-
tung

▨ Die zur zweiten Gruppe gehörenden Systeme bilden eine vergleichs-
   weise *„weiche"* Variante von *Wirklichkeit.* Diese Systeme werden
   weitgehend dadurch beeinflusst, dass sie sich ein Bild von dem Bild
   von sich beim Beobachter machen, und damit so sind, wie sie sind,
   weil der Beobachter ist, wie er ist. Bateson verdeutlicht diesen Unterschied durch den Satz: *„Es macht einen Unterschied, ob man gegen
   einen Stein tritt oder gegen einen Hund."* (Bateson 1981)

„Weiche" Wirklichkeiten
verändern sich, wenn sie
glauben, beobachtet zu
werden

Da das „Bild vom Bild" keine einmalige und endgültige Festlegung ist,
sondern ein zeitlicher Prozess der wechselseitigen Veränderung, eine
„Koevolution", können „Ich" und „Du" als eigenständige Systeme nur in
einem unauflöslichen Zusammenhang gesehen werden: Sensible Systeme lassen sich nur in ihrer „strukturellen Kopplung" verstehen, in
ihrem wechselseitigen Vermögen, sich zu „stören". Auf diesen meist
nicht bewussten koevolutionären Prozess zielt die Technik des zirkulären
Fragens. Dadurch wird dieses Joint Venture offen gelegt und so einer
Veränderung zugänglich gemacht.[1]

Wechselseitige Beobach-
tung erzeugt Koevolution

Zirkuläres Fragen

Mit dieser Begrifflichkeit lässt sich die „Schnittstelle" zwischen der klassischen und der konstruktivistischen Perspektive definieren:

---

1   Siehe dazu Abschnitt 5.1 „Systemische Fragetechniken".

Coaching als Prozess-
beratung findet im
Rahmen weicher
Wirklichkeiten statt

Bei harter Wirklichkeit bestimmt *„die Welt"* weitgehend die Sicht-weise. Dies ist die klassische Vorstellung, wohingegen bei weicher Wirklichkeit überwiegend die *Sichtweise* die Welt bestimmt. Dies ist die systemisch-konstruktivistische Sicht.[1] Da weiche Wirklichkeiten aber ein gemeinsames Werk sind, Ergebnis eines „Joint Ventures", haben wir es im Bereich menschlicher Systeme primär mit solchen „weichen Prozessen" zu tun und weniger mit „harten Dingen", eine für erfolgreiches Coaching zu berücksichtigende Randbedingung.

Eine „gemeinsame" Sicht ist am ehesten dort vorauszusetzen, wo es sich um relativ harte Wirklichkeiten handelt, die in hohem Maße von dem Prozess des Beobachtens unabhängig sind, also wenig darauf reagieren. Die Beschreibung einer solchen harten Wirklichkeit hängt zwar auch von der Art der Unterscheidungen ab, die zu ihrer Konstruktion getroffen werden; über die Angemessenheit und Zieldienlichkeit solcher Unter-scheidungen ist aber meistens eine weitgehende Einigung möglich. Von dem so Beschriebenen haben wir den Eindruck, *dass es nicht auf unsere entstandene Beschreibung reagiert, sondern nur auf unser Handeln auf-grund dieser Beschreibung: Es handelt sich um eine harte Wirklichkeit.*

Harte Wirklichkeit reagiert
nur auf unser Handeln,
nicht auf unsere
Beschreibung

Im Unterschied dazu sind soziale Systeme, Personen, Familien, Unter-nehmen, Märkte *„weiche" Wirklichkeiten, die schon durch beobachtete Beobachtung sich ändern.* „Wer als gut beschrieben wird, macht Kar-riere", weil er auf diese Beschreibung über sich reagiert, d.h. diese Be-schreibung in seine Wirklichkeitskonstruktion einbaut und gemäß seinen Zielen einsetzt, was wiederum das Bild der anderen beeindruckt: Ein gemeinsamer Prozess der Konstruktion weicher Wirklichkeit.

Unterschiede zur
Unschärfe-Relation
der Physik

Dieser Einfluss der Beobachtung auf das Beobachtete ist ein anderer als der der Unschärferelation in der Physik. Dort wird gezeigt, dass das Beobachten *als Handlung* eine Wirkung auf die Umwelt ausübt und dort Veränderungen anstößt, nicht aber, dass die Elementarteilchen auf ein dem Beobachter unterstelltes Bild von ihnen reagieren. Es gibt zwar auch hier keine „unanstößige" Beobachtung; dennoch bleibt das Be-obachtete harte Wirklichkeit.

Die unterstellte fremde
Beschreibung wird zum
Element der eigenen
Wirklichkeit

In der weichen Wirklichkeit gilt dies selbstverständlich auch. Zusätzlich aber gilt, dass das Bild des Beobachters von dem Beobachteten von diesem als Element in seine Wirklichkeitskonstruktion integriert und wie andere Elemente seiner Wirklichkeitskonstruktion benutzt wird: Die *„fremde" Beschreibung der Wirklichkeit wird zum Element der eigenen Wirklichkeit.*

---

1   Vgl. die politisch-philosophische Diskussion, ob das Sein das Bewusstsein, oder umgekehrt, das Bewusstsein das Sein bestimmt.

> Bei harter Wirklichkeit werden „Dinge" zu inneren Bildern, bei
> weicher Wirklichkeit innere Bilder zu „Dingen". Das heißt, dass im
> Bereich weicher Wirklichkeiten Theorie (Sichtweise) und Praxis
> (Handlungsweise) zusammenfallen.

2.3
Mehr als Alles: Komplexität und Emergenz

Jedes Thema von Interesse besteht im Kern aus einem System vieler einzelner „Agenzien". Diese Agenzien können Moleküle oder Neuronen oder Arten oder Verbraucher oder auch Unternehmen sein. Woraus auch immer sie bestehen, sie organisieren und reorganisieren sich ständig im Konflikt gegenseitiger Anpassung und Rivalität zu größeren Strukturen. Moleküle bilden Zellen, Neuronen Gehirne, Arten Ökosysteme, Verbraucher und Unternehmen Wirtschaftssysteme und so weiter. Mit anderen Worten, die Erforschung komplexer Systeme ist im Grunde eine Wissenschaft der Emergenz, eine Wissenschaft vom Werden.   MITCHELL M. WALDROP (1993): Inseln im Chaos

Wenn man sich mit dem Phänomen der Komplexität befasst, nützen einem – wie gezeigt – die alten Modelle linearer Art und die aufgrund der Alltagserfahrung gebildete Intuition meist nur wenig oder führen gar in die Irre. *Die Gesetzmäßigkeiten einer linear betrachteten Alltagswelt unterscheiden sich fundamental von denen einer nicht-linearen Welt.* Wichtige Unterschiede werden mit inzwischen fast populären Begriffen benannt wie *Schmetterlingseffekt, Rückkopplungen* und dem erläuterten Begriff *Kontingenz,* der auf die Beschreibungsabhängigkeit der vermeintlichen Wirklichkeit verweist. Will man im Bereich des Komplexen zielorientiert handeln, kann man sich folglich nicht einfach auf die bisherigen Modelle verlassen, sondern muss wohl oder übel in eine intensive Reflexion auf der Basis einer *Theorie der Komplexität* einsteigen. Dies ist der Hauptgrund, warum erfolgreiches Handeln im Bereich von Komplexität ein besonderes theoretisches Lernen voraussetzt (vgl. DÖRNER 1989).

Forderung nach einer Theorie der Komplexität

Von einem phänomenologischen Standpunkt betrachtet lässt sich Komplexität in den Zwischenbereich zwischen klarer, erfassbarer Ordnung und undurchschaubarer, auf völligem Zufall beruhendem Chaos ansiedeln.

> Als komplex erleben wir einen Bereich, den wir einerseits so, wie er
> sich darstellt, nicht durchschauen können, den wir aber andererseits
> nicht als chaotisch und völlig regellos erfahren.

Im Bereich der Komplexität sind wir daher auf Modelle angewiesen, die die Verhältnisse vereinfachen und dennoch die geahnten Regelmäßig-

„Einfache" Komplexität

keiten repräsentieren. Es geht um „einfache Komplexität" (vgl. BAECKER 1997).

Natürlich kann man nicht ausschließen, dass alles mit allem zusammenhängt. Es spricht sogar einiges dafür, dass diese Ansicht die angemessenste ist. Dennoch müssen wir, da wir diese ungeheuere „komplexe Komplexität" weder erfassen noch verarbeiten können, Komplexität reduzieren, indem wir Ausschnitte wählen, innerhalb derer ein überschaubarer Zusammenhang besteht.

„Komplexe" Komplexität muss um der Handlungsfähigkeit willenreduziert werden

Da es letztlich um Handlungsfähigkeit geht, ist die zentrale Frage die nach dem eigenen *Einflussbereich* und danach, wie das, was einem begegnet, mit den eigenen Aktivitäten zusammenhängt. Damit gehört Zirkularität, also Nicht-Linearität, sofort dazu.

> Es geht um die paradoxe Frage, wie erschaffen wir die Welt, unter deren Bedingungen wir handeln müssen.

Rückkopplung als Stabilisierung weicher Wirklichkeit

Im Bereich lebender Systeme scheint es so zu sein, dass dort Stabilität nur so zu verstehen ist, dass von irgendjemandem für die Erhaltung dieser Stabilität etwas getan wird.[1] Diese Sichtweise ist selbst eine Komplexitätsreduktion, da damit nicht mehr alle möglichen Vernetzungen beachtet werden müssen, sondern nur die zirkulär verbundenen Wechselwirkungen, die dazu beitragen, die als relevant ausgewählten Stabilitäten aufrecht zu erhalten. Im Bereich lebender Systeme ist Welt nicht einfach da, sondern wird ständig von allen Beteiligten neu geschaffen.[2]

Die „Welt" ist nicht, sondern wird

Es geht folglich nicht darum zu erkennen, wie etwas wirklich ist, weil in diesem Sinne ja kein Etwas vorfindbar ist, sondern wie es sich durch die „erkennenden" Handlungen der Beteiligten ständig neu bildet. Den Archimedischen Punkt außerhalb, von dem aus man die Welt aus den Angeln heben könnte, gibt es nicht, entgegen allen fundamentalistischen Bestrebungen.

> Komplexität ist unser postmodernes Schicksal, wenn man unter Postmoderne die Einsicht versteht, mit keinem noch so großen theoretischen Entwurf die Welt als solche fassen zu können.

Mit dem „Ende der großen Entwürfe"[3] handeln wir uns statt störender Beobachtungs- und Messfehler oder „falscher" Theorien (klassische

---

1   Vgl. die Unterscheidung von künstlerischer Arbeit und Hausfrauenarbeit in Abschnitt 3.2.3 „Was Menschen bewegt" und bei SIMON (1990).

2   Siehe Abschnitt 2.3.1 „Der Bau des goldenen Käfigs: Die erschaffene Welt".

3   Vgl. den Kongress „Das Ende der großen Entwürfe und das Blühen systemischer Praxis" 1990 in Heidelberg.

Sichtweise) Komplexität ein, mit allen Folgen der Selektivität und der damit verbundenen prinzipiellen Unsicherheit.

Mit der Auswahl der relevanten zirkulären Verknüpfungen und dem weniger starken Gewichten anderer denkbarer Möglichkeiten der Beeinflussung ist zugleich die Unterscheidung in System und Umwelt eingeführt.

> System ist die je selektive Lösung des Problems der Komplexität, die das Nachrangige in den Bereich der Umwelt delegiert. Diese kann (und muss!) *in Bezug zu dem gegebenen Anliegen* als Randbedingung behandelt werden.

Interessengeleitete Selektivität ist die Lösung des Problems der Komplexität

Komplexitätsreduktion beruht damit auf einer am Anliegen orientierten Bewertung und lässt sich nicht von dem bewertenden Beobachter trennen. „*Alles was* (über die Welt) *gesagt wird, wird von einem Beobachter gesagt*" (MATURANA/VARELA 1987). So entsteht die Selektivität und damit die Kontingenz, das Wissen, man könnte es auch anders „sehen" und anderes zu einem System zusammenfassen[1]. *Kontingenz ist Risiko.*

Alles Werten geht zurück auf – je nachdem angenehme oder unangenehme – Gefühle. Gefühle aber sind phänomenaler Natur. Sie sind nur ihrem eigenen Subjekt zugänglich. Deshalb ist auch „Nutzen" eine durch und durch subjektive Kategorie. Er ist weder empirisch messbar, noch intersubjektiv vergleichbar. Er ist ein Maß für das Potential, Bedürfnisse zu befriedigen und Wünsche zu erfüllen. (GEORG FRANCK 1998, S. 88)

> Systemisches Denken ist die Beschreibung von Erfahrung derart, dass Komplexität und damit die Paradoxie Steuerungsnotwendigkeit/Nicht-Steuerbarkeit berücksichtigt wird.

Durch die Reduktion von Komplexität um der Handlungsfähigkeit willen, d.h. durch die Vernachlässigung von Unterscheidungsmöglichkeiten, die für den Beobachter keinen Unterschied machen, entstehen Klassifikationen. Das je Einmalige und damit Chaotische verschwindet und wird als wiederholtes Gleiches gesehen. Auf diese Art gelingt es, Regeln zwischen solchen identifizierten, mit einer Identität versehenen „Objekten" herzustellen.

> Diese Generalisierung auf der Basis von Exformation schafft die Möglichkeit in einem zirkulären Prozess Regularitäten oder Gesetze zu erfinden.

Die Selektion hat Folgen, die Freiheit der Wahl impliziert resultierende Notwendigkeiten. Identitäten als „Dinge" und Regeln als Handlungsbasis bedingen sich wechselseitig.

Freiheit der Selektivität erzeugt Notwendigkeiten

---

1   Vgl. in diesem Zusammenhang die in der biologischen Evolutionstheorie bedeutsamen Begriffe Variation und Selektion.

Wenn man Systeme als Festlegung von Redundanzen durch einen Beobachter betrachtet, dann scheint eine behauptete Tatsächlichkeit wie „Systeme sind so und so" oder „Das und das ereignet sich notwendigerweise, z. B. um der Selbsterhaltung willen", einer Beobachter-Abhängigkeit von Hypothesen zu widersprechen. Die Brücke besteht darin, *dass die wesentlichen Systeme dadurch entstehen, dass sich Beobachter selbst als Komponenten in ihrer eigenen Vernetzung beobachten* und zu Systemkonstruktionen kommen, denen sie selbst angehören; sie werden sich entsprechend verhalten und dadurch einem anderen externen Beobachter als abgrenzbare „Redundanzen" erscheinen.

Rekursivität

> Die vom Beobachter geschaffene Wirklichkeit ist rekursiv. Wirklichkeit ist ein Phänomen 2. Ordnung, sie basiert auf Reflexivität und ist damit im logisch-mathematischen Sinne prinzipiell widersprüchlich und unentscheidbar[1].

In den beiden folgenden Kapiteln soll dieser Prozess der Modellbildung genauer betrachtet werden, um die Funktion der menschlichen Beobachter zu beleuchten. Genau darum geht es schließlich in den Beratungssituationen des Coachings.

2.3.1
Der Bau des goldenen Käfigs: Die erschaffene Welt

… aber wir werden nur über Schwieriges sprechen und über das, was sich nicht mit den Sinnen erfassen lässt, ja sogar beinahe im Widerspruch zu dem steht, was die Sinne nachweisen.
                                        PARACELSUS: *Archidoxi Magica*

Es deutete sich schon an, dass *der Prozess der Modellbildung zwar auf sehr viel Freiheit und damit Selektion und Kontingenz beruht,* eine einmal getroffenen Wahl aber unausweichliche Konsequenzen zur Folge hat. Diese werden oftmals wie „harte Wirklichkeit" erfahren. Betroffen davon sind sowohl logisch-analytische als auch empirische Implikationen.

Welt als selbst erbauter Käfig

> Die Welt wird zu einem selbst erbauten „Goldenen Käfig", der insofern golden ist, als nur innerhalb eines solchen Käfigs überschaubares Handeln möglich wird.

Das kreative Spannungsverhältnis von Freiheit und Notwendigkeit wird jedoch zur Tragödie, wenn der Käfig nicht für die selbst erschaffene, sondern die „wirkliche" Welt gehalten wird. In der systemischen Literatur

---

1   Vgl. die Grundlagendiskussion der Mathematik etwa im Umkreis der *Principia mathematica* von RUSSEL und WHITEHEAD und vor allem um die GÖDEL'schen Unentscheidbarkeitssätze.

wird diese Thematik häufig mit der von KORZYBSKI stammenden Unterscheidung zwischen Landkarte und Landschaft beschrieben.[1]

Eine Landkarte ist eine *Beschreibung von Erfahrungen* mit der „Welt", nicht von der Welt selber. Durch diese Beschreibung wird eine als „draußen" gedachte Wirklichkeit konstruiert. Das geschieht so, dass die *erfahrene* Dynamik in ihren relevanten Aspekten durch die Wirklichkeitskonstruktion erklärt wird.

Damit zeigt sich, dass der Basisbegriff für Weltbildung nicht eigentlich System ist, sondern Prozess. Prozess heißt, dass etwas sich verändert, in der Regel zunächst in der Wahrnehmung. Schon diese Formulierung zeigt, dass und wie man als Beobachter eine Unterteilung vornehmen muss:

> Etwas, das sich verändert, wird unterschieden von seinem Verhalten. Die erfahrene Veränderung wird einer konstruierten Identität als Verhalten zugeschrieben, einem System, das in allen Veränderungen es selbst bleibt, mit sich selbst identisch ist.

System versus Prozess: Identität

Während ausschließlich Veränderung erfahrbar ist,[2] *ist die unterstellte Identität eine erfahrungsjenseitige Konstruktion.* Diese Beschreibung von Veränderung als Verhalten von etwas macht dieses Etwas zu einem Zusammengesetzten. Verhalten und folglich Veränderung entsteht durch den Wechsel der Verknüpfungen der Komponenten eines dynamischen Systems, also infolge dynamischer Kopplung.

Veränderung

Identität und damit Dinghaftigkeit im Sinne eines dem Beobachter gegenüber stehendem Objektes entsteht durch die Regeln der Kopplung und gegebenenfalls durch die Regeln für deren Änderung.

Ein – als Zusammengesetztes konstruiertes – System ist die Erklärung von Veränderung und als solches nur dann brauchbar, wenn hinter den Veränderungen eine angenommene Stabilität durchscheint.[3] *Diese betrifft nicht die konkrete Substanz, sondern primär die Form des Prozesses, seine Regeln bzw. Muster.* Es ist vergleichbar den Strudeln oder Wasserfällen eines fließenden Gewässers. Gerade das Fließen, das „παντα ρει" (alles fließt) des Heraklit (DIELS 1957), erzeugt die Dauerhaftigkeit infolge sich selbst stabilisierender Rückkopplungen, also durch spezifische Veränderungen.

System als Erklärung von Veränderung

---

1 Vgl. KORZYBSKI (1937) und SIMON (1990).
2 Vgl. die Ergebnisse der neueren Hirnforschung, nach der die Nervenzellen allein auf Potenzialveränderungen reagieren.
3 Vgl. dazu den christlichen Gedanken der Epiphanie, wo in dem konkreten Jesuskind den Weisen aus dem Morgenland Gott in Erscheinung tritt.

Die Aussage, dass wir in einer Welt von Systemen leben, heißt dann nichts anderes, als dass wir unsere Erfahrungen mit unserer Umwelt am ehesten beschreiben und erklären können, indem wir davon ausgehen, *dass die unterscheidbaren Einheiten wiederum aus unterscheidbaren Einheiten zusammengesetzt sind, aus Komponenten, und dass die Eigenschaften der übergeordneten Einheiten in erster Linie durch die Struktur des Zusammenspiels und nicht so sehr durch die Materialität der Komponenten bestimmt werden.* Unter diesem Aspekt leben wir in einer Welt von Holons (vgl. WILBER 1996), deren Komponenten selbst Ganze sind und die selber Komponenten von Ganzen sind.

Rekursivität von „Ganzheit"

Einfache Systeme sind solche Systeme, bei denen die auslösenden und konstituierenden Prozesse als lineare Ursache-Wirkungs-Ketten konstruiert werden können. Dahinter steht der Wunsch und die dringende Notwendigkeit der Konstrukteure, aus Erfahrungen zu lernen, um sinnvolle Entscheidungen treffen zu können. Am einfachsten ist dies möglich, wenn man zwei Ereignisse als Ursache und Wirkung miteinander verknüpfen kann und diese Verknüpfung über die Zeit hin konstant bleibt, sozusagen geschichtslos ist.

Einfache Systeme sind linear

Ist dies nicht der Fall und spielt die Geschichte eine Rolle, dann wird ein solcher Veränderungsprozess, wie oben dargelegt,[1] schnell undurchschaubar und unvorhersehbar. Wenn Geschichte eine Rolle spielt, heißt dies: Das was jetzt passiert, hängt nicht nur von dem vorliegenden Ereignis ab, sondern von einem komplexeren inneren Zusammenhang, den man den *Zustand des Systems* nennt. *Zustand ist gleichsam eine Momentaufnahme eines kontinuierlichen geschichtlichen Prozesses.*

Zustand ist die Momentaufnahme eines Prozessgeschehens

> Die vermeintliche Statik eines Zustandes bei einem dynamischen System ist eine komplexitätsreduzierende Illusion.

Etwas als ein System zu bezeichnen, macht für den Bezeichnenden einen Unterschied derart, dass auf diese Weise die erfahrenen *Veränderungen* plausibel zu verstehen sind. *In das Chaos der Veränderung wird durch die Konstruktion von Systemen Ordnung gebracht.* Die entscheidende Frage ist: Erfinden wir die Ordnung oder entdecken wir sie?

Die erkenntnistheoretische Kernfrage: Erfinden oder Entdecken?

Einerseits funktioniert offensichtlich nicht jede Unterscheidung in der Weise, dass sie Sinn stiftend oder gar prognostisch ist, aber ebenso offensichtlich gibt es andererseits auch nicht die eine wahre, und damit die Wirklichkeit abbildende Unterscheidung. Erschwerend kommt hinzu, dass in weiten Bereichen der uns interessierenden Umwelt Unterschei-

---

1   Vgl. Abschnitt 2.1.3 „Systeme systematisch betrachtet: Eine Klassifikation".

dungen erst als Unterschiede auftreten, indem wir durch unsere Benennung diese Unterschiede schaffen.

Ein empirisches Kriterium, ob ein System vorliegt, ist die Teilung. Teilt man einen Elefanten, bekommt man nicht zwei kleine Elefanten, teilt man einen Haufen Reis, hat man zwei kleine Haufen Reis. Anders formuliert: die Elemente einer Menge (Haufen) sind nur sehr lose gekoppelt, die Elemente eines Systems sind Komponenten, d.h. stehen in einer engen funktionalen Kopplung.

> Genau diese Kopplung aber macht für den Beobachter das System aus. Die Struktur eines Systems ist die Art seiner Kopplung. *Komplexe Systeme* enthalten zirkuläre Kopplungen.

Systeme haben enge funktionale Kopplung

Dies ist der große Vorteil des systemischen Denkens, *dass sehr viele wesentliche Eigenschaften und Verhaltensweisen durch die Struktur der Kopplung bestimmt werden und nicht so sehr durch die Eigenschaften der gekoppelten Elemente.* Dadurch ist systemisches Denken auf sehr viele unterschiedliche Phänomenbereiche anwendbar.

Die Struktur der Kopplung bestimmt wesentlich die Dynamik eines Systems

> Die Charakteristik von Systemen, Eigenschaften zu zeigen, die auf der Struktur der Kopplung der Komponenten beruhen und nicht aus deren Eigenschaften abgeleitet werden können, bezeichnet man als *Emergenz.*

Emergenz

So lassen sich etwa die Eigenschaften von Wasser aus einer noch so genauen Kenntnis der Eigenschaften von Wasserstoff und Sauerstoff nicht herleiten. Stattdessen ist die Kenntnis ihres Zusammenspiel in der Art ihrer Kopplung erforderlich. *Emergente Eigenschaften zeigen, dass komplexe Ergebnisse auf einfachen Kopplungsregeln beruhen können.* Systeme werden konstruiert, um emergente Eigenschaften zu erklären, also Phänomene, die aus der Kenntnis der Komponenten nicht hergeleitet werden können.

Ist dieser Gedanke einmal gefasst, ist es naheliegend, alle Eigenschaften von scheinbaren Dingen als emergente Eigenschaften zu verstehen, die als Kopplungsphänomene von komplexen Systemen erzeugt werden. Schließlich macht es keinen Sinn, den Ton in der Flöte oder das Fußballspiel im Fernsehapparat zu suchen. Damit lässt sich das oben über die

Der konstruktivistische Sinn von Systemen ist die Erklärung von Emergenz

..., dass es zwei unterschiedliche Formen der Kompromissbildung gibt. Die eine richtet sich nach dem Sprichwort „Ein halbes Brot ist besser als gar keines", die andere basiert eindeutig auf der salomonischen Erkenntnis „Ein halbes Baby ist schlimmer als gar keines". (PETER F. DRUCKER 2000, S. 52)

Könnte man ein Lebewesen als die Summe dessen beschreiben, was seine Gene tun, dann könnte man sagen, der Organismus repräsentiere die Gene, aber so ist es nicht. Lebewesen haben eine Fülle neu auftauchender Eigenschaften, oder anders ausgedrückt: Gene treten nicht linear in Wechselwirkung, und wenn diese Wechselwirkungen in einem technischen Sinne nichtadditiv sind – das heißt, wenn man nicht einfach sagen kann, es sind soundsoviel Prozent von diesem und soundsoviel von jenem Gen –, dann lassen sich die Wechselwirkungen nicht auf die Gene reduzieren. (STEPHEN J. GOULD 1996, S. 79)

logischen und empirischen Konsequenzen der Selektion Gesagte genauer formulieren:

> Systeme werden konstruiert, um Emergenzen zu erklären. Sind sie aber konstruiert, muss man gegebenenfalls bis dahin noch nicht durchschaute weitere Emergenzen als Konsequenzen der Wahl mit in Kauf nehmen. Emergenz ist Sinn und Folge unserer Wirklichkeitskonstruktion. Emergenz erzeugt „mehr als alles“. Das Ganze ist mehr als die Summe seiner Teile.

Emergenz ist „mehr als alles“

Leben basiert auf Emergenz, auf Zusammenspiel, und zwar auf allen Stufen von der lebenden Zelle bis zu komplizierten Gesellschaften. *Leben ist das Kopplungsphänomen schlechthin.* Im Rahmen von Coaching ist das insofern von gravierender Bedeutung, als beobachtbare Phänomene wie Konflikte, Krankenstand oder unternehmenskulturelle Prägungen nicht als Eigenschaften von Personen, sondern nur als Zusammenspiel von gekoppelten Komponenten zu untersuchen und zu verändern sind, eben als emergente Phänomene.

> Leben basiert allerdings nicht nur auf Kopplung, sondern, wie Systeme generell, auch auf *Abkopplung,* weil Systeme ihre Stabilität gerade durch die Aufrechterhaltung von Grenzen gegenüber dem „Rest der Welt“ erhalten müssen.

Leben beruht auf spezieller Kopplung und Abkopplung

Damit entsteht die Aufteilung in *innen* und *außen,* in zugehörig und fremd, in System und Umwelt.

Umwelt ist das fiktive Substrat von Veränderungen, die immer nur als gedeutete, bezogene und damit als *Kontext* fassbar wird. *Umwelt ist der Träger des externen Prozesses, der als Veränderung der relevanten Umwelt zu Reaktionen und damit zu internen Prozessen herausfordert.*

Umwelt ist das Abgekoppelte und damit aus der Innensicht das Fremde

Die Relevanz der Umweltveränderungen beruht auf der Beurteilung und damit der Selektion wichtiger und der Vernachlässigung unwichtiger Daten sowie deren Verknüpfungen. Wie ein System seine Beurteilungen von Situationen und Prozessen und damit seine Wirklichkeit erfindet, lässt sich von außen nur aufgrund seines Verhaltens, also seiner Veränderungen, vermuten. *Als Beobachter bilden wir wieder einmal eine Beschreibung von Beschreibungen, indem wir andere Beobachter beim Beobachten beobachten.*

> Die klassische Sichtweise erfasste weder den Beobachter noch die Rekursivität des Beobachtens. Das Entscheidende der neuen Sicht ist die Möglichkeit, Unterscheidungen und damit erklärende Systeme zu wechseln: *konstruktivistische Freiheit.*

Konstruktivistische Freiheit

2.3.2
Der konstruierte Konstrukteur: Der Andere

Das Ganze ist mehr als die Summe der Teile. Zusammengenommen können die Dinge Eigenschaften haben, von denen sie, für sich genommen, keine einzige besitzen. Die zusätzlichen Eigenschaften treten gewissermaßen durch den Zusammenschluss der Einzelbestandteile hervor. Man nennt sie emergente Eigenschaften.
WILLIAM H. CALVIN (1998): Der Strom, der bergauf fließt

Die Schwierigkeit einer konstruktivistischen Perspektive liegt – wie sollte es auch anders sein – in ihrer *Zirkularität: ständig hat man es mit den Folgen der Reflexivität zu tun:* ein Beobachter, der einen anderen Beobachter konstruiert, der wiederum ihn beim Beobachten beobachtet, was dieser beobachtet und ihn – und den Anderen – rückbezüglich beeinflusst.

In solchen Fällen ist die erwähnte Unterscheidung von *Innensicht* und *Außensicht* als Hilfskonstruktion oft nützlich. Zum Handeln in Komplexität bedarf es zweier Wahrnehmungspositionen. Zum einen ist das die *Position des Fühlens, des Erlebens von Beziehung* (vgl. PAGES 1974). Gefühl hat mit „Resonanz" zu tun und meint die Fähigkeit lebender Systeme, auf Umweltveränderungen „draußen" gemäß eigenen Regeln mit „inneren" Umstrukturierungen zu reagieren. Im alten Griechenland wurde dafür das Verbum παθειν (pathein) benutzt in der Bedeutung eines Lernprozesses mit direktem Kontakt zum Materiellen, was verkürzt oft übersetzt wird mit leiden. Aus dieser Position heraus entsteht Bewertung und Selektion. Das Ich ist gleichsam die direkte Schnittstelle zur Welt. Dies ist die Innensicht.

Gefühle als Erleben von Beziehungen

Die zweite Position ist die *des Reflektierens, des Erlebens von komplexer Ordnung,* wobei wie erwähnt komplexe Ordnung zwischen den beiden tödlichen Extremen der mechanistisch „kristallinen" Ordnung und dem zufälligen und folglich unkalkulierbaren Chaos anzusiedeln ist.[1] Der alte griechische Begriff hierfür ist μαθειν (mathein) im Sinne des Lernens mit Hilfe des Verstandes. Von diesem Begriff ist das Wort Mathematik abgeleitet.[2]

Verstehen als Erleben von komplexer Ordnung

Damit könnte man Leben definieren als die Überwindung sowohl von Chaos wie von steriler Ordnung.[3] Versteht man unter Chaos die unfassbare Zufälligkeit eines einmaligen Weltprozesses und unter Ordnung die

Leben als Gratwanderung

---

1   Man kann gleichsam „rechts" und „links" abweichen und abstürzen.
2   Das Drama der Geistesgeschichte ist der Kampf dieser beiden Wahrnehmungspositionen um die einseitige Dominanz des richtig oder falsch, da die beschriebene Reflexivität von Innensicht und Außensicht ohne zirkuläres Denken nicht bewältigt werden konnte.
3   Vgl. die in der Medizin entdeckte Tödlichkeit sowohl einer „klaren" Ordnung, etwa der exakten Herzfrequenz, als auch des chaotischen Herzflimmerns.

kristalline Klarheit der anorganischen Strukturen, dann ist deren beider Überwindung im Lebendigen die Auswirkung sich selbst organisierender, adaptiver Systeme.

Da solche Systeme zur Selbsterhaltung auf den Austausch mit ihrer Umwelt angewiesen sind, ist es – von außen beschrieben – für diese Systeme unumgänglich notwendig, ihre Außenwelt als eine strukturierte zu erleben. Nur aufgrund scheinbar „vorfindbarer" Regelmäßigkeiten ist ihnen voraussagbares Planen und Handeln möglich. *Menschen brauchen eine strukturierte Erfahrungswelt. Phantasie ist das Erfinden von komplexer Ordnung,* meist mit hoher emotionaler Beteiligung. Es wurde oben beschrieben, wie die dazu erforderliche Komplexitätsreduktion geleistet wird.

Notwendigkeit einer strukturierten Erfahrungswelt

In diesem Zusammenhang sei auf eine weitere Paradoxie hin gewiesen. Menschen können aus Kapazitätsgründen nur mit „einfacher Komplexität" (vgl. Baecker 1997) umgehen, benötigen folglich Komplexitätsreduktion und *Exformation.* In dem Wissen um Kontingenz, um das „es könnte auch anders sein", haben sie gleichsam als Notlösung die erfahrene „komplexe Komplexität" künstlich aufgespalten und damit handelbar gemacht. *Einfache Komplexität* ist die „zu erfindende" *komplexe Ordnung* zwischen Sterilität und Chaos.

Komplexe Ordnung

> Für das Erfassen von komplexer Ordnung muss ein Symbolsystem zur Verfügung stehen, eine Sprache, mit deren Hilfe die konstruierten Entitäten, also die Systeme und ihre Komponenten, in die benötigten, aber erfahrungsjenseitigen Beziehungen gesetzt werden können.

Erst durch diesen sprachlichen Akt entsteht die Wirklichkeit schaffende Beschreibung der angenommenen Welt, die dann als Träger eines autonomen externen Prozesses verstanden wird. *In dieser Außensicht werden Kontingenz erlebbar und die Überraschungen unerwarteter Emergenz.*

Das Vorhandensein von Sprache lässt sich freilich nicht mehr als Konstruktionsleistung eines einzelnen Konstrukteurs verstehen, sondern ist selbst ein emergentes Phänomen einer kommunizierenden Konstrukteursgemeinschaft. In eine solche wird jeder einzelne hineingeboren und findet so für seine Konstruktionen von Welt und von anderen Konstrukteuren den notwendigen Rahmen und Bezug.

Welt ist das emergente Ergebnis beobachteter Beobachtung

> Welt ist das Ergebnis von Kopplungen sich beobachtender Beobachter, also selbst eine emergente Eigenschaft beobachteter Beobachtung.

Die Bedeutung von Sprache als Welt konstituierendes und damit zwangsläufig reflexives Instrument ist in der abendländischen Tradition tief verwurzelt, man denke etwa an das Evangelium des Johannes, das mit den Worten beginnt „Am Anfang war das Wort, und das Wort war bei Gott, und Gott war das Wort". *Welt als Emergenz der Sprache, wobei das Zuhandensein von Sprache Welt und Kommunikationsgemeinschaft zirkulär voraussetzt.* Neue „Dinge" brauchen neue Worte, mit dem alten Wortschatz lässt sich nur über alte Dinge reden. Wirklichkeit und Vokabular koevolutionieren, sie bedingen und erschaffen sich wechselseitig.

> Damit ist aber die zentrale Frage nicht mehr „Wie konstruieren Systeme ihre Wirklichkeit", sondern vielmehr *„Wie steuern sich Systeme in veränderlicher Umwelt"*, wodurch sie sich und die Umwelt zugleich erschaffen und vorfinden.

Die zentrale Frage: Wie steuern sich Systeme?

Das andere, fremde System ist Teil der eigenen Umwelt, so wie man selbst (bestenfalls) Teil der Umwelt des anderen Systems ist. Im Falle wechselseitiger Relevanz gibt es also mindestens einen Teilbereich der jeweiligen Umwelt, den man aus der Außenperspektive cum grano salis auch als Teilbereich der Umwelt des jeweils anderen Systems betrachten kann. Anders formuliert: *Beide Systeme haben einen gemeinsamen (relevanten) Kontext* – und darüber hinaus vermutlich differierende Kontexte, die aber für das jeweils betroffene System ebenfalls relevant sind, unter Umständen sogar mit höherer Wichtigkeit. Das heißt aber, eine Beeinflussung des anderen Systems ist ausschließlich über die Einflussnahme auf den gemeinsamen Kontext möglich. *Steuerung von Systemen ist Kontextsteuerung.* Für komplexe autopoietische Systeme, die nach ihren eigenen Regeln funktionieren, gibt es außer der Zerstörung keine andere Möglichkeit der Einflussnahme. *Insbesondere gibt es keine direkte anweisende Instruktionsmöglichkeit!*

Einflussnahme ist Kontextsteuerung

Als generelles Ziel von lebenden Systemen wurde deren Selbsterhaltung angenommen. Zur Erreichung dieses Zieles ist häufig die Kooperation mit anderen Systemen geeigneter als deren Störung oder gar Zerstörung. *Die Überlebensintention eines Systems ist primär nicht zielorientiert auf feste geplante Ziele bzw. Ergebnisse, sondern eher chancenorientiert.* In jedem Moment werden die durch die veränderlichen Umweltbedingungen gegebenen Chancen bewertet und ausgewählt.

Zielorientiert versus Chancenorientiert

Kooperation schränkt diese Freiheit der Wahl ein. *Bezogenheit reduziert die Wahlmöglichkeiten.* Koordination als Basis der Kooperation verlangt Absprache und Verlässlichkeit, also fixierte Ziele. Dies schränkt insbesondere die Chancenorientierung ein.

Beziehung limitiert Wahlmöglichkeiten

> Um des Vorteils willen, der zur Zeit des Kooperationsbeschlusses möglich scheint, verzichten beide Partner auf eine Flexibilität, die bei einem Wechsel des relevanten Umweltprozesses zum weiteren Überleben erforderlich sein könnte.

Kooperation als Risiko

Zur Kooperation ist nun aber nicht nur die Einigung über die Ziele notwendig, die Bestimmung der Soll-Situation, sondern auch ein hinreichend gleiches Verständnis der gegenwärtigen Lage, der Ist-Situation. Auch dies setzt der Freiheit der Selektion Grenzen. Je unschärfer eine Situation beschrieben wird, d.h. je mehr Unterscheidungsmöglichkeiten als nicht relevant ausgeschlossen werden, desto leichter kann in der Regel eine Einigung hergestellt werden. Andererseits verliert man aber bei dem Ausschluss vermutlich handlungsrelevanter Unterschiede Effektivität oder gar Überlebenschancen. Der Einigungsprozess darüber ist bekanntlich nicht immer einfach.

Grenzen konstruktivistischer Freiheit

Die Grenzen der Freiheit sind damit dreifach:

- *Bewährung* der gewählten Wirklichkeitskonstruktion im Handeln.

- Sicherung der *Zugehörigkeit* zu einer Kommunikations- und Kooperationsgemeinschaft.

- Die als Rahmen der Koevolution benötigte *Sprache*.

Makrobeschreibungen

Glücklicherweise sind fundamentale Einigungschancen gesellschaftlich schon vorbereitet. In der gesellschaftliche Produktion von Wirklichkeit werden durch die Mitglieder der aufeinander bezogenen Kommunikationsgemeinschaften von diesen Gemeinschaften akzeptierte *Makrobeschreibungen*[1] etabliert, unter die viele individuelle Mikrobeschreibungen subsummierbar sind. Ein „gutes Betriebsklima" als Makrobeschreibung wird individuell sicher sehr unterschiedlich mikro-beschrieben. Die Differenz spielt aber solange keine Rolle, wie die gemeinsame Makrobeschreibung von allen geteilte wesentliche Bewertungen respektiert.

> Alle Beschreibungen sind Makrobeschreibungen, unter die vielfältige Mikrobeschreibungen passen; sie differieren durch das Maß ihrer Exformation. Daher sind sie immer Vereinfachungen, Komplexitätsreduktionen und in diesem Sinne falsch.

Ob sie brauchbar sind oder nicht, bezieht sich auf gesetzte Ziele und die erhoffte Bewährung bei deren Verfolgung sowie auf den Erhalt der Zugehörigkeit zur relevanten Kommunikationsgemeinschaft.

Das Aushandeln zulässiger Makrobeschreibungen

Das Aushandeln zulässiger Makrobeschreibungen ist ein „Spiel" sowohl mit Information im Sinne zusätzlicher Spezifizierung als auch mit Exformation im Sinne des Aussortierens geringerer Bedeutsamkeit. Damit wird das intendierte kooperative Handeln, das letzliche Ziel des Aushandelns von Makrobeschreibungen, sofort zum Handel. Verhalten wird

---

1　Vgl. zu diesem von dem Physiker Ludwig Boltzmann 1800 eingeführten Begriff Norretranders (1994).

zur Ware, und ein Geschäft kommt nur zustande, wenn es für alle Beteiligten ein „gutes Geschäft" ist. Gerade weil dies aufgrund von unterschiedlichen „inneren Landkarten" und deren Mikrobeschreibungen unterschiedlich beurteilt werden kann, bedarf es der „Einigung auf dem Verhandlungswege" über die Konditionen des Handels.

Dies hat, insbesondere im psychischen und gruppendynamischen Bereich, gravierende Auswirkungen insofern, als das, was immer wiederkehrt und gleich bleibt, bevorzugt zur Stabilisierung beiträgt, während das jeweils Neue eher beunruhigt.

> Die Einmaligkeit des Erlebens eines konkreten Ereignisses und damit die Einmaligkeit der Begegnung wird durch *Makrobeschreibungen* relativiert. Genau dies aber schafft Vertrauen in die Welt, in deren Prognostizierbarkeit, und in die Verlässlichkeit der Kooperation, also in die Sicherheit.

Zugleich erschwert diese Tendenz aber Begegnung und Auseinandersetzung mit dem Neuen. *Begegnung aber ist das, was adaptive Systeme benötigen, um aus der Gefahr der Isolation und Stagnation herauszukommen.* Diese Gefährdung ist insofern systemimmanent, als Systeme zu ihrem Erhalt die Abgrenzung gegenüber den Rest der Welt benötigen. Indem Systeme mit anderen Systemen neue komplexere Systeme bilden mit allen Folgen der Emergenz und deren Überraschungen, wird diese Grenzproblematik „aufgehoben", da einerseits in gewissen Sinne die Identität gewahrt bleibt, andererseits ein Teil der Abgrenzungsarbeit auf das übergeordnete System übertragen wird. Das „Supersystem" übernimmt damit teilweise die Rolle des „Rests der Welt" und wird oft wie diese als externes Schicksal erlebt. Der strategische Vorteil dieses Zusammenschlusses liegt in der größeren Flexibilität und der Zunahme einer zwar bedingten Einflussmöglichkeit, die aber gegenüber dem Rest der Welt wesentlich geringer erscheint. Auch hier stellt sich wieder wie generell in Kooperationen die Frage nach dem „guten Geschäft": *Autonomieverlust gegen Sicherheit und nur bedingte Mitsprache.*

Einmaligkeit von Begegnung versus verlässliche Routine

> In der Begegnung und Verbindung, also in der Kopplung, verzichten Systeme auf Möglichkeiten und Chancen und gewinnen Möglichkeiten und Chancen.

Der Übergangsprozess ist damit ein Prozess der Verunsicherung und Angst. Veränderung ist aus der Innensicht immer Veränderung der Wirklichkeit – und damit bedrohlich! Der sichere Hort hinter geschlossenen Festungsmauern konkurriert mit der möglicherweise befreienden und entwickelnden Begegnung außerhalb. Entwicklung heißt, sich öffnen für

Entwicklung heißt, offen sein für die Überraschungen der Emergenz

die *Überraschungen der Emergenz.* Ein zu hohes Maß an Ordnung wird zwangsläufig steril, ein zu hohes Maß an Offenheit chaotisch.

Komplexität ist der Bereich, wo von Beobachtern konstruierte Dinge, Identitäten, dazu dienen, im Vergänglichen dem Unvergänglichen eine „sichtbare" Gestalt zu geben, Bleibendes, Dauer, zu schaffen – entgegen dem Strom der entropischen Zeit. *Vergehen geschieht, Erhaltung ist Arbeit.* Andererseits ist der Versuch, etwas zu erhalten, zugleich eine Blockade der Anpassung an den übermächtigen externen Prozess. „Im Fluss sein" heißt, Chancen- statt Zielorientierung und „den Weg des geringsten Widerstandes" (vgl. FRITZ 2000) zu wählen. Das Ringen mit dieser Aporie hält menschliche Systeme lebendig.

Drittes Kapitel

Der Rahmen des Coachings

Dass ich in diesem Augenblick Deine Zukunft nicht vorhersagen kann, ist genau das, was meine Zukunft unvorhersagbar macht.
James Carse (1987): Endliche und unendliche Spiele

Bisher haben wir den Coachingbegriff undefiniert benutzt. Es ist nun an der Zeit, genauer zu spezifizieren, was darunter verstanden werden soll. Schaut man in der Literatur nach, gibt es sehr vielfältige und unterschiedliche Abgrenzungen zu benachbarten Begriffen wie z.B. *Beratung, Mentoring, Psychotherapie*. Es geht natürlich nicht darum, die „richtige" Definition zu finden, sondern ausschließlich um eine brauchbare Klarstellung, was wir hier unter Coaching verstehen wollen. Wir führen also einen Unterschied ein, der sich gemäß den erläuterten konstruktivistischen Kriterien bewähren muss. Für uns gilt:

Coaching ist eine spezifische Form von Beratung

Coaching ist eine spezifische Form von Beratung. Unter Beratung allgemein verstehen wir eine Situation, in der ein Partner ein Anliegen hat und in einem Gespräch mit einem anderen versucht, neue Möglichkeiten für den Umgang mit diesem Anliegen zu entwickeln.

Bezieht sich das Anliegen auf einen Bereich, wo Experten über klare Lösungen verfügen, wo es also darum geht, von einem erfahrenen Fachmann Hinweise und Anleitung zum Umgang mit diesem Anliegen und zur Lösung der damit verbundenen Schwierigkeiten zu finden, sprechen wir von *Expertenberatung.*

Expertenberatung bezieht sich auf „harte" Wirklichkeit

Expertenberatung bezieht sich auf die *harte Wirklichkeit,* für die deutliche und klare *vorschreibende Regeln* existieren oder entwickelt werden können.

Als Beispiele dafür lassen sich Steuerberatung, technische Beratung, juristische Beratung und ähnliches anführen.

Der Beratungsbereich jedoch, der auch in der Literatur eher mit dem Begriff Coaching verbunden wird, bezieht sich meist auf Felder, wo genau diese Möglichkeiten fehlen: es gibt keine eindeutige Expertise, was in dem betreffenden Handlungsfeld richtig zu tun ist. Anders formuliert, *es gibt keine klaren vorschreibenden Regeln.* Wie oben gezeigt wurde, liegt der Grund darin, dass die Sichtweise (Theorie!) selber, also die Art, das Anliegen zu formulieren und zu sehen, die betrachtete Wirklichkeit verändert bzw. erst mit erzeugt: *Coaching findet im Bereich der weichen Wirklichkeit statt.*

Coaching ist Beratung im Bereich „weicher" Wirklichkeiten

Coaching ist ein zielorientiertes „Spielen" mit der Kontingenz

Damit ist klar, dass Coaching nicht primär Wissensvermittlung ist, nicht eine Form von „Nachhilfeunterricht", sondern ein Abtasten der Veränderungschancen bei der Konstruktion relevanter weicher Wirklichkeiten. Coaching ist ein „Spielen" mit der Kontingenz.

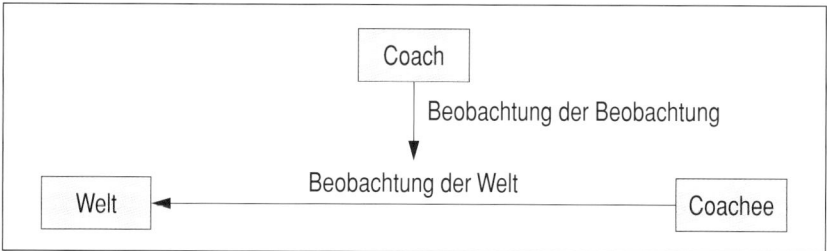

Abbildung 11: Coaching als beobachtete Beobachtung

> Coaching ist die Suche nach alternativen Wirklichkeitskonstruktionen, einschließlich der Reflexion von Chancen und Risiken dieser alternativen Möglichkeiten im Denken und Handeln. Der Mehrwert von Coaching liegt gerade darin, dass Coaching nicht Expertenberatung, sondern Prozessberatung ist: *allein so kann der Berater Beobachter 2. Ordnung bleiben.* Andernfalls hätte man nur zwei, unter Umständen gar konkurrierende Beobachter 1. Ordnung (vgl. Abbildung 11).

Während die Alltagswahrnehmung die Idee eines Prozesses suggeriert, der außerhalb stattfindet, enthüllt die systemisch-konstruktivistische Sichtweise, *in wie hohem Maße Menschen an der Erzeugung des vermeintlich externen Prozesses beteiligt sind.* Wie gezeigt wurde, ist die Basis ein Spiel mit Unterschieden, die für Beteiligte oder Betroffene entweder einen Unterschied machen oder gerade keinen machen.[1] „Gewonnen" hat dieses Spiel derjenige, dem es gelingt, hinreichende Struktur und Redundanz, also Zusammenhänge und Wiederholungen so zu erfinden, *dass er erfolgreich handeln kann.*

Beteiligung der Betroffenen an der Erzeugung des „Externen"

Gelingt dies nicht, d.h. erscheint der wahrgenommene Prozess weiterhin redundanzfrei und damit chaotisch, fühlt man sich außer Stande, irgendwelche steuernden Eingriffe vorzunehmen. Zu absichtsvollem Handeln bedarf es der Regularitäten. *Diese sind in erster Linie ein Ergebnis der Beschreibung.*

Beschreibungen erzeugen Redundanzen, also Wiederholungen und Regeln

Für einen Urwaldbewohner und für einen Großstadtmenschen sind ihre jeweiligen vertrauten Bereiche durch bewährte Unterscheidungen hinreichend redundant und durch einige daraus abgeleitete Regeln auch hinreichend in ihrer Dynamik strukturiert und damit vorhersehbar. In der jeweils anderen „Welt" funktionieren diese Regeln aber nicht. Stattdessen erscheint jede Situation einmalig und neu. Es steht kein Repertoire an brauchbaren Unterscheidungen zur Verfügung, die als Basis einer Ordnung des Chaos dienen könnten. In beiden Fällen scheint zielorientiertes Handeln für den jeweils Fremden schwierig bis unmöglich.

---

1   Siehe Abschnitt 2.2.1 „Der Herr der Dinge: Die Rolle des Beobachters".

Eine Beschreibung lässt sich auf vielfältige Weise konstruieren, aufgrund des Wissens über Dämonen ebenso gut wie aufgrund des Wissens über naturwissenschaftliche Zusammenhänge, aufgrund der Kommunikation mit Wesen des Urwaldes oder aufgrund der Kenntnisse der vereinbarten Verkehrsregeln. Gemeinsam ist all diesen Erklärungsmythen, dass sie auf Unterscheidungen und deren Verknüpfungen *(Erklärungen)* beruhen. Immer sind auch andere Unterscheidungen möglich und andere Verknüpfungen denkbar.

Definition von Coaching

> Coaching ist also Beratung im Umgang mit komplexen, nicht-trivialen Systemen, denen man unterstellt, dass sie aus ihrer Geschichte lernen und somit im Prinzip unvorhersehbar sind.

3.1
Coaching als Kommunikationsprozess

3.1.1
Der Kommunikationsprozess

Im Rahmen der menschlichen Kommunikation wird durch derartige Signale aber keine Information übertragen, sondern lediglich die Möglichkeit zur Entstehung von Information geschaffen.   Fᴿɪᴛᴢ B. Sɪᴍᴏɴ *(1990): Meine Psychose, mein Fahrrad und ich*

Eine der wichtigsten Kontextbedingungen für Coaching ist, dass es sich dabei um einen Kommunikationsprozess handelt und Coaching damit den Bedingungen für Kommunikation unterliegt. Das bekannteste und in zahllosen Kommunikationstrainings gelehrte Kommunikationsmodell

Sender-Empfänger-Modell von Kommunikation

ist das *Sender-Empfänger-Modell.* Dieses hat im Bereich der Nachrichtentechnik große Erfolge gezeitigt und scheint auf den ersten Blick auch zum Verständnis der üblichen Alltagskommunikation gut geeignet. Bei näherem Hinsehen zeigt sich jedoch, dass man es mit einer der erwähnten „Inseln der Konsistenz" in einem Meer der Inkonsistenz zu tun hat.[1]

Das Sender-Empfänger-Modell ist im Grunde das ehrwürdige *Post-Modell,* das lange Zeit das Paradigma für die Übermittlung von Informationen war und bis heute als Metapher dient.

Metaphern: von der funktionalen zur strukturellen Ähnlichkeit

Metaphern sind sprachliche Bilder, mit deren Hilfe die Zusammenhänge und Verknüpfungen eines unbekannten Bereichs nach dem Bild eines bekannten Bereichs modelliert werden. Dies geschieht in zwei Schritten:

---

1   Siehe Abschnitt 2.2.1 „Der Herr der Dinge: Die Rolle des Beobachters".

1. Zunächst werden zwei Phänomenbereiche als *funktional ähnlich* erlebt bzw. definiert, nach dem Motto „Dies ist wie das!".

2. Anschließend wird auf der Basis dieser konstatierten funktionalen Ähnlichkeit der unbekannte Bereich durch die Konstruktion einer *strukturellen Ähnlichkeit* zu dem bekannten Bereich „erklärt".

Bewährt sich ein solches Modell bei der Reflexion von Erfolg bzw. Scheitern von Handlungen in diesem Feld, gilt es als brauchbar oder gar bestätigt.

Die dem gängigen Verständnis von Kommunikation zugrunde liegende funktionale Ähnlichkeit zu dem Bild des Post-Modells ist das der *Verpackung und des Transports von Ware*. Damit ergibt sich als strukturell ähnliche Beschreibung: Ein Sender verpackt das, was er dem Empfänger möglichst unversehrt zukommen lassen will, einen Gedanken, eine Botschaft, eine Mitteilung, in mündliche oder schriftliche Sprache und schickt das mittels eines Mediums, vergleichbar dem Postboten, an einen Empfänger. Wenn der die Botschaft entsprechend sorgfältig auspackt und außerdem beim medialen Transport kein Schaden entstanden ist, hat der Empfänger die unversehrte Nachricht genau wie der Sender. Das bedeutet, nur *was gesendet wurde, kann auch empfangen werden. Die Botschaft bestimmt der Sender.*

[Randbemerkung: Kommunikation als Transport von Ware]

Dies ist ein typisches, lineares Ursache-Wirkungs-Modell. Der Sender ist aktiv, der Empfänger passiv. Die dennoch immer wieder auftretenden Inkonsistenzen zwischen gesendeter und empfangener Nachricht werden störenden Einflüssen des Transportes zugeschrieben. Für technische Nachrichtenübertragung ist dieses Modell von bestechender Eleganz: Kodierung und Dekodierung, Kanalkapazität und Rauschen lassen sich nach diesem Modell verstehen und verbessern. Im Bereich der zwischenmenschlichen Kommunikation liegen die Verhältnisse jedoch anders.

3.1.2
Kommunikation als Intervention und Invention

Zu beantworten bleibt noch die Frage, wie es sich angesichts der Unmöglichkeit, Informationen zwischen operational geschlossenen Systemen zu übertragen, erklären lässt, dass Kommunikation zwischen Menschen gelingen kann. Denn es lässt sich nur schwer leugnen, dass es so aussieht, als ob es uns möglich wäre, uns gegenseitig Informationen zu geben.   FRITZ B. SIMON (1990): *Meine Psychose, mein Fahrrad und ich*

Betrachten wir den zwischenmenschlichen Kommunikationsprozess genauer. Eine aus der Sicht eines Senders übermittelte Botschaft, etwa eine Bemerkung, ist für ihn der Versuch, beim Empfänger „dazwischen"

Intervention als Orientierung von Aufmerksamkeit

zu kommen, mit seiner „*Intervention*" (= *Dazwischenkommen) Aufmerksamkeit zu erregen.*[1] Für den Empfänger dagegen ist dies zunächst
nichts anderes als eine Veränderung in seinem Wahrnehmungsfeld, mit
der er, soll eine erfolgreiche Kommunikation aufgebaut werden, in drei-
facher Weise umgehen muss:

1. Die Veränderung im Wahrnehmungsfeld muss wahr-"genommen"
   werden als ein Unterschied, der für ihn einen Unterschied macht.
   Dies entspricht der üblichen Unterschiedsbildung im Phänomenbereich. Hier fällt die Entscheidung, ob das vom Sender gemachte
   „Angebot" für den Empfänger zu einer *Intervention* wird.

Symbole:
Unterscheidungen
2. Ordnung

2. Als nächstes muss das als Intervention zugelassene Signal, also die
   relevante Veränderung im Wahrnehmungsbereich, als *Symbol oder
   Zeichen* interpretiert werden; das bedeutet:

   > Eine Unterscheidung in der Wahrnehmung muss als eine Unter-
   > scheidung interpretiert werden, die nicht für sich steht, sondern
   > auf etwas anderes verweist, sie muss als eine Unterscheidung
   > 2. Ordnung interpretiert werden, die auf Unterscheidungen statt
   > Unterschiedenes verweist.

   Das Rot einer Ampel etwa ist nicht einfach nur rot, sondern wird –
   hoffentlich – als „bedeutungträchtig" interpretiert: „Anhalten!". Die
   der sonst üblichen Wirklichkeitskonstruktion gemäße, unmittelbare
   Reaktion auf Rot, vielleicht entzückt oder aggressiv zu reagieren,
   wird zu Gunsten der Reaktion auf die unterstellte Bedeutung zurück-
   gestellt.

Diese Unterscheidung zwischen Unterscheidungen erster und zweiter
Ordnung, zwischen Unterscheidungen im Wahrnehmungs- bzw. Phänomenbereich und den zu Symbolen ist in menschlichen Kommunikationsgemeinschaften von zentraler Bedeutung. Man denke an Beispiele wie
Fahnenappell, Singen der Nationalhymne oder an zwei zu einem Kreuz
angeordnete Holzstücke.

Die Bedeutsamkeit von
Symbolen liegt in den
Regeln ihres Gebrauchs

> Etwas ist nicht an und für sich ein Symbol oder Zeichen, sondern der
> Gebrauch durch die Kommunikationspartner, die so ihre Handlungen
> koordinieren, macht es dazu.

Besonders wichtige Zeichen sind die *sprachlichen Zeichen*. Doch auch
sie, obschon zur Kommunikation „erfunden", verlieren ihren Zeichen-
charakter für jeden, der die Sprache nicht beherrscht. *Die Zuschrei-*

---

1   Siehe Abschnitt 1.2.2 „Ökonomie der Aufmerksamkeit: Der 2. Markt für Verhalten".

bung von Bedeutung setzt die Kenntnis der Regeln des Gebrauchs voraus.[1]

3. Wird ein Phänomen von einem Empfänger als Zeichen interpretiert, steht als dritte Aufgabe die *Deutung* an. Dabei sind folgende Rahmenfaktoren zu berücksichtigen und in ihrer häufig widersprüchlichen Vieldeutigkeit gegeneinander abzuwägen:

▪ *Die gemeinsame bzw. unterschiedliche Wahrnehmungssituation:* Phänomene, die beide Partner wahrnehmen können, verbinden, auch wenn jeder zunächst seine eigenen Unterschiede kreieren muss.

▪ *Die „inneren Landkarten" der Beteiligten:* jeder der Kommunikationspartner hat entsprechend seiner einzigartigen Geschichte und seinen Interessen seine eigenen Wirklichkeitskonstruktionen, die in der inneren Landkarte repräsentiert sind und den anderen zunächst nicht bekannt sind.

Die Deutung von Symbolen beruht auf der aktuellen Wahrnehmungssituation und der „inneren Landkarte"

Die Landkarten sind einerseits einzigartig und – aus der Innensicht betrachtet – „Blaupausen" der Wirklichkeit. Da nichts anderes zur Verfügung steht, sind sie der Rahmen für die Interpretation jeder Wahrnehmung: *Dies ist das!*

Aus der Außensicht gesehen lassen sich dagegen die unterschiedlich getroffenen Selektionen sowie die verfügbare Kontingenz betrachten. Zwei Landkarten können bezüglich ihrer Unterschiede und Gemeinsamkeiten verglichen und mit Wahrnehmungsphänomenen abgeglichen werden. *„Dort, wo Menschen aufgrund ihrer ähnlichen biologischen Ausstattung oder einer ähnlichen Geschichte ähnliche Bedeutungssysteme und ‚Wirklichkeiten' konstruiert haben, können sie miteinander kommunizieren. Wenn zwei Partner gemeinsam beobachtete Phänomene ähnlich interpretieren, können sie sich Informationen ‚geben'."* (SIMON O.J.)

„Innere Landkarten" zwischen Abbild und Auswahl

Innere Landkarten sind also ein Netz von *Beschreibungen von Wirklichkeitskonstruktionen*, die als „äußere Wirklichkeiten" betrachtet werden, sowie von *Anweisungen*, wie Unterschiede im Wahrnehmungserleben zu beachten oder zu vernachlässigen sind. Eine brauchbare Landkarte enthält vor allem Beschreibungen von „weichen" Wirklichkeiten, die ihrerseits bestimmte „harte" Wirklichkeiten voraussetzen.

„Innere Landkarten" sind durch die gemeinsam erzeugten „weichen" Wirklichkeiten aufeinander bezogen

Die vorrangige Berücksichtigung weicher Wirklichkeiten schafft trotz aller autonomen Selbstorganisation der Wirklichkeitskonstruktionen eine

---

1 Vgl. die Sprachphilosophie in der Nachfolge von Wittgenstein.

Bezogenheit und Koordination der inneren Landkarten, die den bisher scheinbar eingenommenen „solipsistischen"[1] Standpunkt modifiziert:

Kommunikation als Intervention und Invention

▨ Einerseits hat ein Empfänger einer Botschaft, selbst wenn das „Paket" in optimalen Zustand bei ihm ankommt, nicht eine Nachricht, sondern muss diese im Zusammenhang seiner Landkarte und im Kontext seiner Wahrnehmung von Situation und Prozess erst „erfinden". Kommunikation ist damit viel weniger Intervention als *„Invention"* (Erfindung). *Der Empfänger ist in höchstem Maße aktiver Konstrukteur und nicht passiver Adressat.* Dies wird mit dem Satz beschrieben: *die Bedeutung einer Botschaft ist die Reaktion des Empfängers.* In diesem Sinne formulierte WATZLAWICK sein bekanntes Gesetz: *Man kann nicht nicht kommunizieren!* Ob eine Botschaft gesendet wurde, also ein Zeichen und nicht nur ein Signal, entscheidet ausschließlich der Empfänger.

▨ Auf der anderen Seite sind, wie oben gezeigt wurde, wegen der wechselseitigen Bedingtheit „weicher" Systeme deren Wirklichkeitskonstruktionen letztlich immer ein Joint Venture, ein *Sich-Einpendeln in eine koordinierte Sicht der Welt.* Da „deine Interpretation von mir meine Interpretation von dir steuert, und meine Interpretation von dir deine Interpretation von mir", entsteht ein rekursiver Prozess. Dieser spielt sich entweder auf eine stabile Dynamik ein *(Attraktor)* oder eskaliert und endet mit *„Exkommunikation": Zugehörigkeit oder Ausschluss, drinnen oder draußen.*

Zugehörigkeit versus Exkommunikation

Hier kommt ein zentraler Unterschied zwischen lebenden und nicht-lebenden Systemen zum Tragen. Nicht-lebende Systeme bleiben, wie sie sind, es sei denn, eine verändernde Kraft wirkt auf sie ein. Lebende Systeme dagegen sind in ständiger Veränderung, um ihre Bedürfnisse zu befriedigen und sich an die durch die eigenen Veränderungen selber mit geschaffenen Veränderungen der Umwelt anzupassen. Das heißt:

Konstanz wird durch Rückkopplung erzeugt

Wenn zwischen lebenden Systemen etwas konstant bleibt, Prozessmuster, Situationen oder typische Dynamiken, so muss etwas dafür getan werden. Stabilität bzw. Konstanz ist nur als gemeinsamer „Tanz" zu verstehen, als ein durch Rückkopplung erzeugtes emergentes Phänomen.

Insgesamt wird deutlich, dass die systemisch-konstruktivistische Betrachtung von Kommunikation wesentlich komplexer ist als das klassische Post-Modell. Es stellt sich die Frage, warum das Post-Modell

---

1   Mit Solipsismus wird ein alter philosophischer Standpunkt bezeichnet, nach dem die Welt nur im Geiste besteht.

dennoch funktioniert hat. Die Antwort ist, eigentlich hat es nie wirklich funktioniert. Doch *immer dann, wenn ein stabiler dynamischer Zustand sich eingependelt hat und die Umwelt relativ konstant bleibt, kann das Post-Modell als Näherungsmodell funktionieren.* Da die Umweltdynamik zum großen Teil Resultat der Systemdynamiken ist, bedeutet dies, dass in diesem Fall die beteiligten Systeme relativ vorhersehbar agieren und den rekursiven Prozess stabilisieren. *In solchen Phasen verzichten die beteiligten lebenden Systeme weitgehend auf die Inanspruchnahme ihrer Nicht-Trivialität.* Der Grund ist, dass sie es als ein „gutes Geschäft" betrachten.

Sender-Empfänger-Modell als Näherung in trivialen Kontexten

Dass die Voraussetzung einer konstanten Umwelt inzwischen in dramatischer Weise nicht mehr zutrifft, ist weit geteilte Überzeugung. Genau das erfordert den vorgeschlagenen Paradigmenwechsel.

3.2
Der Kontext: Organisation als Markt

Ware ist nur, was wahrgenommen wird. FRITZ B. SIMON (1992): Radikale Marktwirtschaft

Nach der Betrachtung der zentralen Charakteristika des Coachings als Kommunikations- und Lernprozess sollen in diesem Kapitel die thematisch-inhaltlichen Kontextbedingungen des Coachings unter systemisch-konstruktivistischem Aspekt beleuchtet werden. *Coaching findet inhaltlich und oft auch organisatorisch im Umfeld von Organisationen statt.*

Coaching findet im Umfeld von Organisationen statt

> Thema des Coachings ist im Prinzip die Kopplung des Coachees mit seinem übergeordneten System der Organisation.

Zentrales Thema des Coachings ist das Kopplungsgeschehen der Organisation, beobachtet von dem Coachee

Diese Kopplung ist in ihrer Ermöglichung und Begrenzung, in ihrer Effizienz und Effektivität, in ihren Risiken und Chancen, allgemein in ihrer Kosten-Nutzen-Analyse Kernthematik des Coachings.

Diese Thematik ist als solche weder neu noch bisher unbearbeitet. Schon immer haben sich Organisationen durch *Ausbildung, Training* und *Mentoring* um die Grundlegung und Verbesserung der erforderlichen Fähigkeiten ihrer Mitarbeiter gekümmert. Performance Improvement war stets zentrales Anliegen. Diese bewährten Formen der Wissens- und Skill-Vermittlung scheinen jedoch nicht mehr auszureichen – so zumindest lässt sich der gesteigerte Wunsch nach Coaching interpretieren.[1]

Coaching versus Schulung

---

1   Vgl. Teil 3, Abschnitt 7.3.3 „Die Antwort: Performance Improvement Management".

Betrachtet man die drei erwähnten Formen Ausbildung, Training und Mentoring genauer, so wird deutlich, dass allen dreien eine als bekannt bzw. abschätzbar vorausgesetzte Einschätzung des Umfeldes der Organisation zugrunde liegt. Die sinnvollen Makrobeschreibungen sind definiert und in ihren möglichen Kopplungen, also den Regeln ihrer Abfolge und wechselseitigen Beeinflussung, hinreichend bekannt. *Ausbildung und Training vermitteln das Wissen und die Fähigkeiten für die Bewältigung einer zumindest in groben Zügen vorhersehbaren Zukunft.*

Angemessenheit von „Schubladen-Denken"

Dieses sehr geordnete „Schubladen-Denken" ist die angemessenste Form der Auseinandersetzung mit all den Problemen, die schon bekannt sind und für die Bewältigungsstrategien schon entwickelt wurden; es liegen Erfahrungen vor, auf die man zurückgreifen kann. Die verbleibende Aufgabe in der Gegenwart ist, *die Auswirkungen der möglichen, aber kleinen Differenzen zwischen dem vorliegenden Mikrozustand und dem zugehörigen und bekannten Makrozustand mit seiner ebenfalls bekannten Dynamik möglichst gering zu halten.* In komplexen, aber gemäß der gewählten Makrobeschreibungen[1] sich wiederholenden Situationen erlangt man so eine deutlich höhere Effektivität, als wollte man jede Situation als Sonderfall betrachten. *Mentoring* lehrt dann die Regeln jenes

Mentoring

Umgangs mit Makrozuständen, der sich nach Meinung der Organisation bewährt hat, „die Art, wie man es hier macht".

In den bisherigen Ausführungen wurde zur Legitimation des systemisch-konstruktivistischen Denkens schon mehrfach darauf verwiesen, dass die in der klassischen Einstellung vorausgesetzte Stabilität der Umwelt heute nicht mehr als gegeben angenommen werden kann. Durch die *Chaostheorie* wissen wir inzwischen, dass Systemzustände in zwei Gruppen geteilt werden müssen: In jene „linearen" Zustände im stabilen Bereich, in dem kleine Differenzen kleine Auswirkungen haben, und in jenen Bereich, wo genau dies nicht zutrifft und die Auswirkungen unvorhersehbar werden. Letztes wird bisweilen als Schmetterlingseffekt bezeichnet. Zum Schrecken vieler Wissenschaftler hat sich gezeigt, dass die stabilen Bereiche nur kleine Inseln in einem Meer des Chaos sind. Dies trifft – zunächst fast unvorstellbar – selbst auf ein System zu, das als Prototyp der Stabilität angesehen wurde, unser Sonnensystem.[2]

Folgen des Schmetterlingseffektes

Die Differenzen, die zwischen einem konkret vorliegendem Mikrozustand und dem konzeptualisierten und Regeln folgendem Makrozustand immer bestehen, führen nur im „stabilen Inselbereich" zu den unterstellten regelhaften Auswirkungen. In diesem stabilen Bereich kann man daher sinnvollerweise auf die Ähnlichkeiten (matching) schauen;

---

1   Siehe Abschnitt 2.3.2 „Der konstruierte Konstrukteur: Der Andere".
2   Vgl. die Literatur zur Chaostheorie, z.B. BRIGGS/PEAT (1990).

„am Rande des Chaos" dagegen sind die Unterschiede relevant (mis-matching). *Leider ist nach der Chaostheorie einem gegebenen Zustand analytisch meist nicht eindeutig anzusehen, ob er sich im stabilen oder chaotischen Bereich befindet, womit jede Konzeptualisierung, also jede Landkarte, auch anders sein könnte.*

Am Rande des Chaos

Mit aller entsprechenden Vorsicht kann man sagen, dass die Rand-bedingungen, unter denen heutige Organisationen sich bewähren müs-sen, immer mehr denen „am Rande des Chaos" ähneln:

„Chaotische" Rand-bedingungen

- ein globaler Wettbewerb,

- weltweite neue Märkte selbst für kleine Unternehmen,

- neue Computer-, Informations- und Kommunikationstechnologie,

- gravierende Veränderungen im Transportwesen,

- veränderte Finanzbedingungen,

- Veränderungen der Bevölkerungsstruktur,

- wesentlich veränderte psychologische Bedürfnisse,

- eine Eskalation von Forschung und Entwicklung,

- eine zunehmende Abhängigkeit der Produkte von der Forschung.

All dies schafft ein Umfeld, das mit den klassisch-linearen Methoden nicht mehr zu bewältigen ist.

Die eskalierende Schnelligkeit und Unvorhersehbarkeit macht Aus-bildung, Training und Mentoring, so unverzichtbar sie einerseits auch sind, doch auch zu Instrumenten mit „kurzer Halbwertszeit". Vielfach ist nicht so sehr der Inhalt zu lernen, sondern zu lernen, wie man im-mer wieder neue Inhalte effektiv erlernt. Es geht um ein Phänomen 2. Ordnung, eben Lernen 2. Ordnung.

Begrenzte Effektivität von Schulungen

In vielen Fällen bietet sich das systemisch-konstruktivistisch verstan-dene Coaching als Alternative an. Coaching als Beobachten von Beob-achten wird zum Lernen 2. Ordnung. Coaching unterstützt dabei, Inno-vationen zu erfinden, gerade weil nicht primär auf die Welt geguckt wird, sondern auf die Kriterien, durch die Welt konstruiert wird.

Im Folgenden sollen Organisationen unter dieser Perspektive näher be-trachtet werden. Dabei werden sich einige, nach unserer Meinung wesentliche Verschiebungen zu dem gängigen Bild zeigen, wenn auch vieles von dem bisherigen Wissen bezüglich Organisationen selbst-verständlich unangetastet bleibt.

3.2.1
Die Organisation der Organisation

Der Tauschwert eines Verhaltens kann gerade darin bestehen, etwas Unangenehmes oder Unerwünschtes zu unterlassen (Adam und Eva im Paradies hatten in der Beziehung zu ihrem Schöpfer nur die Unterlassung des Apfelpflückens und -essens vom Baum der Erkenntnis zum Tausch zu bieten: Alles andere war in der Beziehung zu Gott erlaubt, das heißt, es machte für ihn keinen Unterschied).

FRITZ B. SIMON (1992): Radikale Marktwirtschaft

Stakeholder-Ansatz

Wir betrachten im Folgenden *Unternehmen als Systeme, die durch Kooperation und Koordination von Stakeholdern konstruiert werden,* die aber – wie viele emergente Phänomene, wenn sie einmal hergestellt sind – eine eigene Identität und Dauer entwickeln, vergleichbar mit Wirbelstürmen und Kulturen. Allerdings beeinflussen Unternehmen als lebende Systeme ihre Umwelt nicht nur wie Wirbelstürme, sondern gestalten sie wie Kulturen in hohem Maße durch eigene Wirklichkeitskonstruktionen aktiv mit, insbesondere durch die Wahl ihrer handlungsleitenden Makrobeschreibungen, hinter denen sich letztlich Werte verbergen.

Hier zeigt sich wieder die für lebende Systeme typische zirkuläre Kopplung von System und Umwelt. Der Anpassungsvorgang zwischen beiden ist wechselseitig.

Anpassung ist systemisch betrachtet Systemveränderung und Umweltveränderung

> Unternehmen bzw. Organisationen passen sich an ihre Umwelt dadurch an, dass sie sowohl sich selbst verändern als auch ihre Umwelt auf Dauer derart ändern, dass diese an sie angepasst wird.[1]

Generell findet ein System seinen Spielraum im Rahmen eines übergeordneten Systems, in dem es als Subsystem überleben kann – bis hin zu dem „letzten" Supersystem „Umwelt". Für lebende Systeme ist dieser Spielraum nicht fest begrenzt, sondern in Maßen flexibel, da sie ihr jeweiliges Supersystem eben auch an sich anpassen können. *Erst dadurch entstehen die für lebende Systeme typischen Entwicklungsmöglichkeiten und -chancen.* Diese Chancen können sie nutzen – oder verpassen, wenn sich eine Anpassung wegen unvorhergesehener Emergenzen als Sackgasse erweist. Oft gibt es auf dem einmal eingeschlagenen Weg kein Zurück, wie verschiedene ausgestorbene Entwicklungskuriositäten in der Evolution zeigen.[2]

---

1   Vgl. z.B. die Schaffung einer Sauerstoffatmosphäre während der geobiologischen Evolution. Gerade solche erfolgreiche Anpassung der Umwelt an die Bedürfnisse der Lebewesen führt ja zu dem häufigsten Missverständnis der Evolution, einem teleologischen Verständnis.

2   Vgl. in diesem Zusammenhang das Konzept der Fitnesslandschaft von KAUFMANN (1996).

Evolution ist nicht zielorientiert, sondern chancenorientiert. Der Spielraum des Supersystems wird durch die subsystemischen Interessen genutzt. In Bezug auf die Umwelt spricht man dann von einer ökologischen Nische. *Freiheit ist das Maß an Alternativen in diesem Raum,* der durch die entstehenden emergenten Phänomene und deren Rückkopplungseffekte immer wieder verändert wird.

Die Entwicklung eines Unternehmens ist nur im Rahmen einer solchen koevolutionären Kopplung mit einem übergeordnetem System und damit letztlich mit seiner Umwelt zu verstehen.

Unternehmen sind wesentlich Bestandteil eines umfassenderen Ökosystems, von dessen Fortbestand die eigene Existenz abhängt. Wirtschaftswissenschaftlich formuliert: *Die Stakeholder sind die relevante Umwelt des Unternehmens.*

Dieser Satz scheint im Zusammenhang mit dem einleitenden Satz dieses Kapitels, dass Unternehmen durch die Kooperation und Koordination von Stakeholdern *konstruiert* werden, erklärungsbedürftig. Gemäß der systemisch-konstruktivistischen Auffassung werden Systeme, also auch Unternehmen, von Beobachtern konstruiert. Diese sind in ihrer jeweiligen Beobachtung rekursiv vernetzt und schaffen auf diese Weise durch ihr beobachtendes und beobachtetes Handeln einen dynamischen Prozess der Koordination und Kooperation. *Das Resultat dieses Prozesses des Organisierens von Interaktionen kann als Organisation bezeichnet werden.* Der Interaktionsprozess bildet die stabile Struktur eines Systems, dem dieser Prozess als sein Verhalten zugeordnet und damit zugleich erklärt wird.

Organisation wird hier verstanden als eine den komplexen Interaktionsprozess von Stakeholdern erklärende Wirklichkeitskonstruktion.

Damit ist Organisation primär die Struktur eines Veränderungsprozesses, der so beschrieben werden muss und kann, dass sich Redundanzen und damit Regularitäten bzw. Stabilitäten bilden.

Die Stabilitäten werden als Struktur dem hypostasierten Träger des Prozesses zugeschrieben, eben der Organisation. Organisation ist die nicht-beobachtbare, auf Makrobeschreibungen fußende Erklärung für einen beobachtbaren, aber nicht kalkulierbaren Kooperationsprozess der Stakeholder.

Da die erzeugenden Interaktionen infolge ihrer Kopplungen Emergenzen zur Folge haben, entstehen dauerhafte Stabilitäten, die als „Eigenschaften" der Organisation zugeschrieben werden. Dadurch ergibt sich gerade bei sehr großen Interaktionsnetzen eine hilfreiche und notwendige

---

Margin notes:

Evolution ist chancenorientiert

Unternehmensentwicklung ist Koevolution

Organisation ist das Organisieren von Interaktionen der Stakeholder

Organisation als Prozess

Bedeutung der Organisation liegt in ihrer Emergenz

Komplexitätsreduktion: *komplexe Ordnung wird als einfache Komplexität*[1] *interpretiert.*

> In dieser Sicht sind alle an einer solchen erzeugenden Interaktion beteiligten Systeme Stakeholder, d.h. alle Systeme, für die die „konstruierte Organisation" relevante Umwelt ist.

Organisation und Stakeholder sind füreinander wechselseitig Umwelt

Indem diese Systeme an der Erzeugung und Erhaltung der Organisation beteiligt sind, sind sie aus der Sicht der Organisation für diese natürlich ebenfalls relevante Umwelt, womit die Vereinbarkeit der beiden obigen Aussagen offenkundig wird.

Wenn eine Organisation als lebendes System in ihrer Landkarte der Welt, die ihren eigenen Aktionen zugrunde liegt, diesen sie selbst erzeugenden Interaktions- und Konstruktionsprozess nicht berücksichtigt, existieren für sie unter Umständen wesentliche Stakeholder nicht, was zu existenzbedrohenden Situationen führen kann. So wurde etwa die „natürliche" Umwelt lange Zeit als beteiligter Stakeholder ignoriert, mit allen heute absehbaren und vielleicht auch noch nicht absehbaren Folgen.

Im Folgenden soll dieser Organisation erzeugende Interaktionsprozess der Stakeholder und seine Auswirkungen näher betrachtet werden.

3.2.2
Organisation als Dynamik und Konflikt

Sobald wir uns selbst zu einem schwarmartigen Netzwerk emporverdrahtet haben, werden viele Dinge hervortreten, die wir, als bloße Neuronen des Netzes, nicht erwarten, nicht verstehen, nicht kontrollieren können – oder überhaupt nicht wahrnehmen. Das ist der Preis für die Entstehung des Schwarmdenkens.

Kevin Kelly (1997): Das Ende der Kontrolle

> Menschen schließen sich zur Kooperation zusammen und koordinieren ihre Tätigkeiten, wenn sie ein gemeinsames Ziel verfolgen und glauben, dieses durch Zusammenarbeit in irgendeiner Form „besser" erreichen zu können.

Schaffung von Mehrwert

Im speziellen Fall von Unternehmen lässt sich das gemeinsame Ziel als *Schaffung von Mehrwert* definieren. Dieser Mehrwert ist aufgrund von Rationalisierungen wie *Arbeitsteilung* und Spezialisierung sowie von emergenten Phänomenen wie Motivation im Rahmen von Gemeinsamkeit und Sinngebung leichter zu erreichen als durch die Addition der Einzelleistungen.

---

1   Siehe Abschnitt 2.3 „Mehr als Alles: Komplexität und Emergenz" und Baecker (1997).

Hat sich ein solcher Wertschöpfungsprozess etabliert, kommt gerade wegen seiner Regularitäten eine Eigendynamik der sich bildenden Struktur hinzu: *die Organisation entwickelt ein Eigenleben, dessen zentrales Ziel als Selbsterhaltung des Systems definiert werden kann.* Zwar beruht auch dieses Eigenleben letztlich auf dem erzeugenden Interaktionsprozess. Im weiteren Verlauf ändern sich jedoch durch die entstehenden Regularitäten die Kontextbedingungen für die konstituierenden Handlungen, wiederum ein selbstreflexiver Prozess, wodurch die erzeugte Organisation zugleich zur Bedingung ihrer Erzeugung wird.

Selbsterhaltung von Organisationen

Rekursive Selbstorganisation von Organisationen

> Obwohl ursprünglich eine Folge des Wertschöpfungsprozesses, wird auf diese Weise ab einem gewissen Grad an Selbstorganisation die *Selbsterhaltungstendenz* des lebenden Systems „Organisation" bzw. „Unternehmen" zu einem primären Zweck.

Letztlich ist es genau dies, was Organisationen für Beobachter als eigenständige Identitäten von sonstigen gruppalen Zusammenschlüssen von Individuen unterscheidet.

Die wichtigsten Konsequenzen daraus betreffen die organisatorische Aufteilung und die Funktionen des Wertschöpfungsprozesses sowie die daraus abgeleitete, in Rollen organisierte *Arbeitsteilung.* Dadurch werden die ursprünglich die Organisation konstituierenden Mitarbeiter zu *Funktionen ausübenden Rollenträgern.* Je präziser der Wertschöpfungsprozess bekannt ist und entsprechend strukturiert werden kann und je stabiler das Rahmen setzende Supersystem ist, letztlich also die Umwelt, desto klarer lassen sich Rollenstrukturen und deren Verknüpfungen festlegen. Für solche stabilen Rahmenbedingungen hat sich die *klassische hierarchische Organisationsform* als effektives Ordnungsprinzip erwiesen. Hier findet die erforderliche Kommunikation der Funktionsträger nicht wie in Gruppen direkt face-to-face statt, sondern wird zur Vermeidung der menschlich-allzumenschlichen Störfaktoren über Vorgesetzte „umgeleitet". Störfaktoren sind die aus einer direkten und die ganze Person umfassenden Beziehung stammenden Verhaltensweisen, die bezogen auf das geforderte Rollenverhalten überflüssig sind und irritierende Auswirkungen haben können. Anders formuliert: *Die interaktiv sich bildenden Mikrozustände können sich zu weit von den in den Rollen konzeptualisierten Makrobeschreibungen entfernen und andere Auswirkungen zur Folge haben.* Deshalb soll die *notwendige* Kommunikation – und nur diese – über die hierarchisch höhere Stufe stattfinden, von der angenommen wird, dass sie aufgrund der Planung den erforderlichen Überblick zur Koordination der Arbeiten auf der niedrigen Stufe hat.

Arbeitsteilung und Rollenstrukturen

„Leibhaftige" Kommunikation als Störfaktor

Rollen als Makrobeschreibungen

> *Hierarchie basiert auf der Idee der linearen bzw. baumstrukturartigen Verknüpfbarkeit von Subsystemen.*

Komplexe Systeme, mit denen wir es hier zu tun haben, zeigen jedoch emergente Eigenschaften, die auf positiver Rückkopplung beruhen und eine zirkuläre Netzstruktur aufweisen. Diese Struktur muss sich auch organisatorisch niederschlagen, soll nicht eine unüberschaubare Zahl von Schnittstellen die verleugnete Komplexität sozusagen „durch die Hintertür" wieder einführen. Damit wird deutlich, dass die Koordination der Arbeitsteilung ab einer bestimmten Größe der Organisation eine eigene Arbeitsleistung darstellt, die nicht einfach neben der wertschöpfenden Arbeit mitgeleistet werden kann, wie dies im familiären Kleinbetrieb noch üblich war.

Angemessene Komplexität von Organisationen

Die zur Sicherung des Überlebens eines Unternehmens zu bewältigenden Aufgaben lassen sich in drei Gruppen einteilen:

- wertschöpfende Aufgaben,

- koordinierende Aufgaben und

- zielsetzende Aufgaben.

Während die *wertschöpfende Arbeit,* aufgeteilt in *Rollen,* von den Mitarbeitern übernommen wird, sind für die koordinierenden Aufgaben die Führungskräfte der verschiedenen Stufen zuständig.

Führung als erforderliche Koordinationsleistung

Die Notwendigkeit der *koordinierenden Arbeit* und damit die Existenz von Führungskräften ist die schon im klassisch-hierarchischen Modell zu leistende Reverenz an den externen autonomen Prozess, der eine stringent und stabil vorzugebende Arbeitsteilung und Planung immer wieder verhindert. Halten sich die „störenden" Einflüsse jedoch in Grenzen, ist das hierarchische Koordinationsmodell vermutlich die effektivste Lösung.

Führung als Zielsetzung

Die dritte Art von Aufgaben, die *zielsetzende Arbeit,* wurde anfänglich mit der Etablierung der Organisation von den konstituierenden Stakeholdern geleistet, muss aber infolge der Selbsterhaltungstendenz der Organisation und der sich ändernden Umwelt immer wieder überprüft und angepasst werden. Diese Aufgabe kommt bei etablierten Organisationen dem Topmanagement zu.

Mitarbeiter als Umwelt

Nach dieser Sichtweise sind die üblicherweise als Mitglieder der Organisation betrachteten Mitarbeiter wie auch die anderen Stakeholder nicht Teil der Organisation, sondern Teil der erforderlichen Umwelt (vgl. LUHMANN 2000).

Kunden, Lieferanten, Konkurrenten und eben auch Mitarbeiter sind die konstituierenden Agenten des Interaktionsprozesses und werden als Quelle von Interaktionen und Kommunikationen benötigt. Durch sie wird der Organisationsprozess aufrecht erhalten wie durch das Vorhandensein von Materialien der Produktionsprozess. *Als einzelne Partner sind sie jedoch austauschbar* (vgl. BUCHINGER 1997). Ausschließlich die im Rahmen des gesamten Wertschöpfungsprozesses übernommene Rolle und damit die Ausführung der zugehörigen Funktionen, also Handlungen und Kommunikationen, sind wichtig und müssen sichergestellt werden. Wer diese Funktion aber ausfüllt, Person X oder Person Y oder gar eine Maschine, ist für den Wertschöpfungsprozess und folglich für die Organisation irrelevant. Dass diese Austauschbarkeit von Personen häufig zu tiefen Kränkungen führt, ist unmittelbar einsichtig, wird aber meist eher zu den „Störfaktoren" infolge der unumgänglichen Beteiligung von Personen gezählt und muss entsprechend gut „abgefedert" werden.

Austauschbarkeit von Mitarbeitern

Erschwerend kommt hinzu, dass das Grundmodell von Mehr-Personen-Systemen, das Menschen natürlicherweise kennen lernen und das ihnen als orientierendes Modell für andere Mehr-Personen-Systeme als selbstverständliches Vorbild dient, die Familie ist. *Familie ist aber eine völlig andere, geradezu konträre Organisationsform als Unternehmen oder Organisationen.* (BUCHINGER 1997) In Familien ist die Person gemeint und die Beziehungen stehen im Zentrum; die Rollen dagegen, soweit sie überhaupt definiert sind, können flexibel getauscht und modifiziert werden, etwa bei krankheitsbedingtem Ausfall eines Familienmitglieds. Für Organisationen ist dies genau umgekehrt. Die Mitarbeiter und allgemein die Stakeholder sind als Personen austauschbar, nicht aber die Rollen. *Es ist geradezu so, dass eine Organisation um ihrer Selbsterhaltung willen sich nicht von einer Person abhängig machen darf, sondern auf deren Ersetzbarkeit größten Wert legen muss.* Dagegen versuchen die beteiligten Personen – um ihrer eigenen Selbsterhaltung willen, etwa zur Sicherung des eigenen Arbeitsplatzes – sich für die Organisation unersetzlich zu machen.

Familie ist *kein* geeignetes Modell für Organisationen

Damit zeigt sich, dass zwischen Organisationszielen, Rollenerfordernissen und persönlichen Zielen prinzipielle Divergenzen und damit ein hohes *Konfliktpotenzial* gegeben ist (vgl. Abbildung 12). Konfliktmöglichkeiten bestehen zwischen den Organisationszielen Wertschöpfung und Selbsterhalt, zwischen den wertschöpfenden, koordinierenden und zielsetzenden Anforderungen und zwischen den persönlichen Mittel-zum-Zweck-Gründen der Beteiligung der Stakeholder, sowohl untereinander als auch zu den organisatorischen Zielen. Damit wird „Politik" zum unausweichlichem Bestandteil von Organisationen. *Das Stakeholdermodell offenbart die immanente Konfliktstruktur von Organisationen.*

Immanente Konfliktträchtigkeit von Organisationen

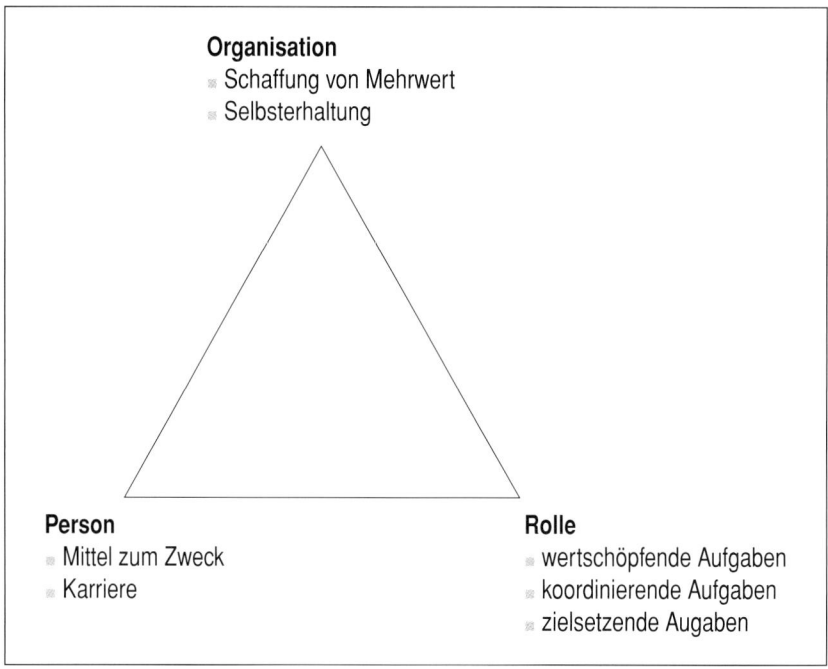

Abbildung 12: Organisation als Konfliktdynamik

Hinzu kommt, dass die betroffenen Stakeholder mit zum Teil unkalkulierbaren Erwartungen und – etwa im Falle der Umwelt – mit unvorhergesehenen Sanktionen beteiligt sind, die in vielfacher Weise einander stören bzw. Konflikte erzeugen können. Da es für eine nicht systemisch-konstruktivistische Betrachtungsweise so scheint, als ob die handelnden Einheiten im Bereich von Organisationen allein die menschlichen Individuen seien, *liegt die Versuchung nahe, die Konflikte zu personalisieren und zu psychologisieren.* Dies würde aber die wesentlichen strukturellen Bedingungen von Organisationen außer Acht lassen. Es wurde ja gezeigt, dass unabhängig von der individuellen Psyche der handelnden Personen das Potenzial für Konflikte dem Wesen von Organisationen immanent ist. Letztlich lässt sich sagen:

> *Organisationsmanagement und Konfliktmanagement sind zwei Seiten derselben Münze* (vgl. JOST 1998).

Die strukturellen Bedingungen von lebenden Systemen werden vor allem durch die *Art der Kopplung* der konstituierenden Komponenten bestimmt. Dabei kann man grob zwischen starren und flexiblen Ausprägungen unterscheiden. *Bei dem Kontakt zweier Systeme passt sich in der Regel zunächst das System mit mehr flexibler Kopplung dem*

Irrtümliche Psychologisierung von Konflikten *(Marginalie links)*

Flexibilität als Basis rekursiver Anpassung *(Marginalie links)*

starreren System an.[1] Dass dies nicht notwendigerweise zum Vorteil der Starrheit gereicht, zeigen Überschwemmungen, Völkerwanderungen und Fusionen. Auf längere Sicht setzen sich häufig die flexibleren Systeme durch, da sie durch ihre Anpassung die Chance erhalten, die Umwelt an sich anzupassen.

3.2.3
Was Menschen bewegt

Mit „postmodern" meine ich in diesem Zusammenhang, dass man keine konkurrieren-den, sondern schlicht verschiedene Paradigmen hat. In der postmodernen Wissenschaft gibt es alternative Paradigmen, und man hat einen Sinn für Werte. Je nachdem, was man in der Welt bewirken will, sucht man sich das eine oder andere Paradigma aus. Deshalb kommen bei der Wahl der Paradigmen die Werte ins Spiel – Werte, die von den eigenen Zielen bestimmt werden.   BRIAN GOODWIN *(1996): Biologie ist nur ein Tanz*

Es wurde schon erwähnt, das die Beteiligung von Personen an Organisation unter deren Mittel-Zweck-Perspektive zu sehen ist. Personen beteiligen sich an einer koordinierten Kooperation, durch die ein Mehrwert geschaffen werden soll, weil ihr Anteil bei der *Verteilung des erzeugten Mehrwerts* für sie ein Mittel darstellt, welches sie zur Erreichung persönlicher Zwecke einsetzen können. Dies gilt entsprechend auch für beteiligte Systeme, z.B. andere Unternehmen. Letztlich geschieht dies in der Form eines *Tauschhandels auf einem Markt für Waren und Verhalten.*

> Eine Organisation wird damit selbst zu einem Markt für Verhalten, nicht nur Anbieter ihrer Produkte auf einem externen Markt.

Mitarbeiter wollen wie alle Handel Treibenden „ein gutes Geschäft" machen, nach ihren je eigenen Wertmaßstäben.[2] Handel beruht auf dem Abwägen von Chancen und Risiken in der Hoffnung auf ein gutes Geschäft. Hinzu kommt der 2. Markt für Verhalten, wo es über die „Ökonomie der Aufmerksamkeit" um Karriere, also Beachtung und Macht geht.

> Damit dienen die Verhaltensweisen von Personen, die sie im Rahmen einer Organisation ausführen, einem doppelten Zweck: durch das Verhalten der Mitarbeiter sollen die für die Organisation notwendigen Aufgaben erfüllt werden, zugleich aber sollen die persönlichen Ziele der Mitarbeiter zumindest indirekt dadurch unterstützt werden.

Es wurde schon darauf hingewiesen, dass durch diese Doppelheit massive Konflikte sowohl in den Mitarbeitern als auch zwischen ihnen und dem Rest der Organisation entstehen können, latent und manifest. *Ziele*

Randnotizen:
- Mittel-Zweck-Perspektive
- Organisation als Markt
- Prinzipielle Doppeldeutigkeit von Mitarbeiterverhalten
- Konflikte zwischen Mitarbeiter und Organisation

---

1   Siehe Abschnitt 5.4.5 „Feste und lose Kopplung".
2   Siehe Abschnitt 1.2.1 „Wer handelt, der handelt!": Der 1. Markt für Verhalten".

der Organisation in Form von Rollenanforderungen und Ziele der Person, auch solche innerhalb der Organisation wie z.B. Karriereschritte, sind nicht selbstverständlich kompatibel. Probleme entstehen, wenn Handlungen getan werden, die für das Erreichen der jeweils anderen Ziele besser unterlassen würden, etwa Überstunden, die mit privaten Familienanforderungen kollidieren, oder wenn Handlungen unterlassen werden, die unter anderem Aspekt getan werden müssten, z.B. langfristige Investitionen statt kurzfristiger Gewinnmitnahme.

Bei den für die Organisation notwendigen Aufgaben wurden schon die drei Gruppen der *wertschöpfenden, koordinierenden und zielsetzenden* unterschieden. Innerhalb jeder dieser Gruppen lässt sich ein weiterer Unterschied treffen, der für viele Konflikte verantwortlich ist: der Unterschied zwischen *Erhaltungsarbeit,* die die Beständigkeit, das Überleben der Organisation sichert, und der *Gestaltungsarbeit,* die für die Entwicklung und Anpassung der Organisation sorgt. SIMON (1992) unterscheidet in diesem Zusammenhang Arbeit, die dann wahrgenommen wird, wenn sie getan wird, also *eine Werk schaffende Arbeit mit dem Prototyp der künstlerischen oder innovativen Arbeit,* und der Arbeit, die meist erst dann Aufmerksamkeit bekommt, wenn sie nicht getan wird. Diese Arbeit dient dazu, den Status quo zu erhalten, das Erreichte zu sichern; deren Prototyp ist die *Hausfrauenarbeit.*

Die meiste der insgesamt zu leistenden Arbeit ist Hausfrauenarbeit wie Pflege, Instandhaltung, Verwaltung etc., der geringere Teil innovative Werkarbeit. Möglicherweise gilt auch hier die Pareto-Regel von 80% zu 20%. *Je stabiler die Umwelt und je ausgearbeiteter der Wertschöpfungsprozess ist, desto größer ist der Anteil an Erhaltungsarbeit.* In der heutigen Zeit, in der die Stabilität sinkt und das Prozess-Know-how eine ständig fallende Halbwertszeit besitzt, muss der Anteil der Gestaltungsarbeit allerdings deutlich größer sein, was von Seiten der Organisation durch Teamarbeit, Projektarbeit sowie Empowerment und Lean Management zu erreichen versucht wird.

Nach dem bisher Gesagten scheint es, als wäre für das Verstehen der komplexen Dynamik einer Organisation die Kenntnis des präzisen Mikrozustandes der unterschiedlichen Motivationslagen der beteiligten Stakeholder, insbesondere aller Mitarbeiter, erforderlich. Es ist klar, dass dies eine nicht zu bewältigende Komplexität darstellen würde, die durch die „Erfindung" von Makrozuständen und deren Beschreibungen reduziert werden muss. Andernfalls wären die Konsequenzen von Entscheidungen völlig unübersichtlich. Das resultierende Gefühl der Verwirrung, also das Erleben dieser Komplexität, würde zur Handlungsunfähigkeit führen, was bisweilen auch passiert. Die erforderliche Makrobeschrei-

Erhaltungsarbeit versus Gestaltungsarbeit

Zunahme von Gestaltungsarbeit

Makrobeschreibungen von Motiven

Abbildung 13: Pyramide der Makromotive

bung entspricht dem oben beschriebenen Erleben einer komplexen, aber nicht verwirrenden Ordnung, was der notwendigen einfachen Komplexität entspricht. Zusammen mit dem Wissen um die Kontingenz des möglicherweise auch Anders-sein-Könnens wird auf diese Weise wieder Orientierung und Entscheidung ermöglicht.

Im Folgenden möchten wir ein gerade für das Coaching brauchbares Modell für Makrobeschreibungen von menschlichen Bedürfnissen vorstellen (vgl. Abbildung 13). Es orientiert sich in leicht modifizierter Form an der bekannten *Pyramide* von MASLOW (1973). Dabei geht es keineswegs um eine Psychologisierung, sondern um Bausteine zum Verständnis dynamischer Kopplungen zwischen den Komponenten komplexer lebender Systeme wie Unternehmen und Mitarbeiter. Dadurch soll eine *einfache Komplexität* konstruiert werden, die auf die undurchführbare mikroanalytische Erfassung der individuellen Motivationslagen verzichten kann. Stattdessen bietet sich eine Orientierung an „*Makromotiven*" an.   Makromotive

> Bedürfnisse sind die systemische Reaktion auf die Gefahr des Verfalls eines Systems infolge der nach der Thermodynamik unausweichlichen Zunahme von Entropie und damit des Zerfalls der autokatalytischen Selbstorganisation.[1]

Als Grundbedürfnis der *ersten Stufe* definieren wir daher in Interpretation von MASLOW's physiologischen Bedürfnissen den Impuls lebender Systeme, *ihr Überleben in der Gegenwart* zu sichern. Hier geht es um Lust und Befriedigung, aber auch um Mangel und Panik.   Tendenz zu Selbsterhaltung: Umweltbezogenheit

Die *zweite Stufe*, nach MASLOW das Sicherheitsbedürfnis, interpretieren wir als die Tendenz solcher Systeme, dafür zu sorgen, auch *in der Zukunft zu überleben*. Dazu ist, mindestens in rudimentärer Form, die Schaffung

---

1 Siehe Abschnitt 2.1.3 „Systeme systematisch betrachtet: Eine Klassifikation".

Tendenz zu Sicherheit:
Wirklichkeitskonstruktion
und Kooperation

einer „inneren Landkarte", also eine *Wirklichkeitskonstruktion* und eine darauf aufbauende Planung erforderlich. Auf dieser Stufe bilden sich Formen *primärer Kooperation* heraus. Es geht um Tauschhandel und erste Formen des Wirtschaftens, was die Fähigkeit zum Triebaufschub voraussetzt.

Tendenz zu Zugehörigkeit:
Koordination

Die *dritte Stufe* bilden nach Maslow die sozialen Bedürfnisse, verstanden als *Bedürfnis nach Kommunikation und Zugehörigkeit,* da nur so die eigene *Wirklichkeitskonstruktion validiert* werden kann. Dies ist die Stufe der *Gruppenbildung* und damit der expliziten *Koordination von Kooperation* in face-to-face-Situationen: Es geht also um Ordnung. Dadurch entsteht aber ein Spannungsverhältnis, weil der Preis der notwendigen Zugehörigkeit ein *Verzicht auf Autonomie* ist, systemisch: eine Trivialisierung. Das aber ist um des Selbsterhalts willen nur begrenzt möglich.

Tendenz zu Differenzie-
rung: Selbstregulation und
Coopetition

Die Maslow'schen Ichbedürfnisse auf der *vierten Stufe* basieren damit auf einer notwendigen Balance zwischen erforderlicher *Zugehörigkeit* um valider Wirklichkeitskonstruktionen willen *und* systemischer Abgrenzung um der existenzsichernden autopoietischen *Selbstregulation* willen. Auf dieser Stufe entsteht zugleich neben der Kooperation unausweichlich auch *Konkurrenz,* deren stets gemeinsame Existenz Nalebuff/Brandenburger (1996) mit dem Wort *Coopetition* beschreibt. Hier sind die Fragen und Antworten der Ethik anzusiedeln.

Tendenz zu Wirksamkeit:
Sinn

Auf der *fünften Stufe* siedelt Maslow im Sinne der 60er Jahre eine humanistisch-psychologisch orientierte Selbstverwirklichung an. Wir möchten dies systemisch erweitern als *Bedürfnis nach Wirksamkeit* und damit als Basis für *Sinnhaftigkeit.* Systemisch lässt sich dies verstehen als ein Sich-*Einlassen auf emergente Entwicklungen.* Erst auf dieser obersten Stufe liegt der Ursprung von Organisationen und komplexer Arbeitsteilung.

Motivation

Diese „Schubladen" als Makrobeschreibungen sind zum Verständnis der Aktionen aller Stakeholder einschließlich der beteiligten Systeme hilfreich, nicht nur für das Verständnis individueller Mitarbeiter. Alle Stakeholder handeln, auch und gerade in ihrem Verhalten in Bezug zur Organisation, nach diesen *zentralen Motivationen.* Diese lassen sich als die bewegenden Kräfte verstehen, durch die letztlich auch die Organisation infolge des resultierenden Interaktionsprozesses geschaffen und erhalten wird. Durch die sich dann entwickelnde Eigendynamik werden zirkuläre Rückkopplungen erzeugt.

> Stakeholder und insbesondere Mitarbeiter sind damit sowohl rekursiv vernetzte, konstituierende Beobachter als auch Rollenträger innerhalb des übergeordneten, die Organisation konstituierenden Interaktionssystems.

Durch dieses Interaktionssystem wird für die Organisation der Spielraum sowohl eingeschränkt im Sinne eines Verzichts auf Nicht-Trivialität als auch infolge von Emergenz erhöht.

Die Spannung zwischen erforderlicher Trivialisierung und innovativer Emergenz

Stakeholder sind Geschäftspartner eines Marktes für Verhalten. Der Wert des Unternehmens ist sein Wert auf diesem Markt der Stakeholder, nicht nur einseitig auf dem Markt der Shareholder. In letzter Zeit scheint sogar deutlich zu werden, dass die hohe Flexibilität des Shareholdermarktes zu einem Zeithorizont verführt, der kurzfristig einen Gewinn für den Shareholdervalue bietet, langfristig aber die Attraktivität für die anderen Stakeholder senkt, mit den daraus resultierenden, die Existenz bedrohenden Krisen.

Die Reduktion auf die Betrachtung des Shareholdervalues ist eine systemisch unangemessene Komplexitätsreduktion. Dies gilt im entsprechenden Sinne auch für Non-Profit-Organisationen.

Shareholdervalue als unangemessene Komplexitätsreduktion

Die Betrachtung der Eigentumsverhältnisse einer Organisation bekommt nur einen kleinen Teil des konstituierenden Marktgeschehens ins Blickfeld.

Markt und Mitarbeiter sind gleichermaßen „Kunden" des Systems und damit – aus der Außenperspektive – der alleinige Grund für die Existenz der Organisation.

„Kunden" als Existenzgrund von Organisationen

Nicht nur, dass Unternehmen darauf basieren, dass der erzeugte Mehrwert für jemanden wertvoll ist – ursprünglich wohl für die „Selbsthilfegruppe" der Beteiligten, dann aber für einen *Markt von Kunden* im engeren Sinne –, sondern darüber hinaus auch die konstituierenden Kommunikations- und Interaktionsprozesse als *Markt für Verhalten und Beachtung* zu verstehen sind. Die Regularien dieses Marktes sind *Werte*.

Werte steuern die Befriedigung von Bedürfnissen und sind im Gegensatz zu diesen an *langfristigen* Interessen orientiert. *Interessen* sind die in *Makroziele* transformierten Bedürfnisse, verbunden mit einer erklärenden *Landkarte,* wie und zu welchem Preis diese Ziele zu erreichen sind.

Werte sind langfristige Motive

Dass es hier sowohl innerhalb eines Individuums zwischen Bedürfnissen und Werten zu Konflikten kommen kann als auch zwischen verschiedenen Beteiligten an der Organisation, ist offensichtlich. Insbesondere haben hier wegen der involvierten Landkarte die sogenannten „Sachkonflikte" um die „richtige" Landkarte bzw. Wirklichkeitskonstruktion ihren systemischen Angelpunkt.

Fundamentalismus als inadäquate Komplexionsreduktion

Der größte Irrtum in diesem Zusammenhang ist der solche Konflikte ermöglichende Glaube, es gäbe nur eine richtige Landkarte und eine richtige Bewertung. *Ersteres ist ein Verlust an Kontingenz, Letzteres eine Verleugnung der unterschiedlichen Interessen unterschiedlicher Stakeholder,* beides ist eine inadäquate Komplexitätsreduktion.

> Unternehmen basieren bekanntlich immer auf gemeinsamen und konkurrierenden Interessen, dem Ziel der Erzeugung von Mehrwert und dem Kampf um seine Verteilung.

Die „unsichtbare Hand" des Adam Smith ist die rekursive Berücksichtigung der Auswirkungen durch und auf die Stakeholder.

3.2.4
Führung im Wandel

Lebende Systeme sind selbstorganisierend, sie bedürfen – wie Verkehrstaus – keines Schöpfers, der sie plant, sie entstehen einfach so durch das Zusammenwirken ihrer Elemente ...   FRITZ B. SIMON (1992): Radikale Marktwirtschaft

Die „unsichtbare Hand" ist Selbstorganisation

Die Aufgabe von Führung wird häufig darin gesehen, diese „unsichtbare Hand" zu unterstützen – oder zum Vorteil des eigenen Unternehmens ein wenig zu korrigieren. Wenn man unter systemischer Perspektive die *„unsichtbare Hand"* als Metapher für die *Selbstorganisation* komplexer Systeme versteht, ist damit sehr treffend sowohl deren Eigendynamik als auch deren Beeinflussbarkeit erfasst. Zugleich zeugt dieses Bild von der intuitiven Einsicht, dass die Möglichkeiten anweisender Instruktionen eher die Ausnahme sind und der *autonome externe Prozess von Markt und Mitarbeiter im strengen Sinne nicht zu steuern ist.* Die Wirtschaftswissenschaft beschäftigte sich lange Zeit mit der Frage, wie denn die „unsichtbare Hand" möglicherweise zu „bestechen" sei.

Liebe als Basis familialer Systeme

Vertrag als Basis beruflicher Systeme

Verträge als strukturelle Kopplung

In Situationen, in denen Menschen etwas haben wollen, ist die Versuchung naheliegend, das Familienmodell als Vorlage zur Wirklichkeitskonstruktion zu benutzen. Dieses ist gefühlsmäßig sehr nahe, und darüber hinaus besteht der tiefe Wunsch, zum Beweis der lebensnotwendigen Zugehörigkeit – wie in einer Familie – um seiner selbst willen etwas zu bekommen. In beruflichen Kontexten ist diese Erwartung des Gebens umsonst, also gratis,[1] was in anderen Kontexten Gnade oder Liebe heißt, nicht angemessen. Kooperation und dadurch Bekommen bedarf dort eines *Feldes wechselseitigen aufeinander Angewiesenseins,* mindestens aber eines Marktes zum Tauschen, den es zu erschaffen und zu erhalten gilt. Die angemessene Strategie in diesem Feld ist nicht Liebe, sondern

---

1   Gratis ist abgeleitet von dem lateinischen Wort *gratia,* was Geschenk, Gnade bedeutet.

Vertrag.[1] Verträge sind systemisch gesehen Einigungen über die Art der Kopplung von bis dahin eigenständigen Systemen zur Bildung eines übergeordneten „Supersystems".

Jede Tätigkeit, die der Organisation von Arbeit dient, ist Führungstätigkeit. *Führung ist also jene Arbeit, die die erforderliche Kopplung teil-autonomer Systeme koordiniert und sichert.* In komplexen Systemen heißt Stabilität immer Rückkopplung. Dauerhaftigkeit beruht auf der Zirkularität eines „Strudels".

> Führung ist damit alles andere als eine lineare anweisende Befehlsausgabe, sondern vielmehr diffiziler Umgang mit rekursiven, sich selbst erzeugenden Kreisprozessen. Solche sich oft als „Teufelskreise" zeigenden Rekursivitäten bilden sich immer „am Rande des Chaos".

Führung ist Umgang mit rekursiven Prozessen

Ganz praktisch zeigen sich solche Teufelskreise als schwer zu managende Paradoxien und Widersprüche. Auf das prinzipielle immanente hohe Konfliktpotenzial von Organisationen wurde schon hingewiesen. Aufgabe von Führung ist es folglich, alles zu tun, um das Abdriften und damit den Zusammenbruch sich selbstorganisierender Stabilitäten am Rande des Chaos zu verhindern, falls diese zieldienlich sind, störende Entwicklungen dagegen „ins Leere" laufen zu lassen. Letzteres heißt, stabilisierende Rückkopplungen zu verhindern und die möglichen Chancen sich neu bildender Rekursivitäten zu nutzen. Dies klingt komplex und abstrakt – und ist es auch –, hat aber sehr konkrete und praktische Auswirkungen, wie wir im Weiteren noch zeigen werden.

Führung als Beeinflussung autokatalytischer Selbstorganisation

Führung hat im Wesentlichen zwei zentrale Aufgaben:

Zwei Hauptaufgaben von Führung

1. die jeweiligen wesentlichen Management-Paradoxien müssen entschieden werden und

2. mit den Auswirkungen der irritierenden und oft problematischen zeitlichen Verzögerungsschleifen muss zieldienlich umgegangen werden.

Die klassische hierarchische Organisationsform baut dabei auf dem Modell der Steuerung trivialer Systeme auf. Mitarbeiter waren – und sind – häufig bereit, sich ihre Nicht-Trivialität im Rahmen eines „guten Geschäfts" abkaufen zu lassen und sich damit so zu verhalten, „als ob" sie steuerbar wären. Der daraus resultierende Kopplungsvertrag zwischen Mitarbeitern und Organisation hat sich unter hinreichend stabilen Umweltbedingungen mehr oder weniger bewährt.[2] Wie unter verschie-

Führung ist nicht externe Steuerung trivialer Systeme

---

1   Vgl. die Literatur zum sog. „Gefangenendilemma", insbesondere AXELROD (1984).
2   Die Einschränkung betrifft die vielfach nicht als „gerecht" erlebte Verteilung des Mehrwerts, wie die Debatte um Kapitalismus versus Sozialismus und natürlich jeder Streik beispielhaft zeigten.

denen Aspekten schon gezeigt, sind aber solche auf Stabilität basierenden Führungsstrukturen nicht mehr angemessen. „Wer alles im Griff hat, ist zu langsam!" (Aussage eines Formel-1-Piloten).

Führung heißt „entscheidend mitmischen"

> Führung ist nicht mehr Steuerung eines Prozesses „draußen", so wie ein Kapitän sein Schiff steuert oder ein Heerführer seine Armee lenkt, sondern wird selbst zum „entscheidenden" Teil des Prozesses. Führung ist „mitmischen", heißt für andere Stakeholder relevante Wirklichkeiten konstruieren und Kontexte beeinflussen, auf die andere reagieren müssen – wenn auch nach ihren im Prinzip unvorhersehbaren Regeln.

Führung ist „Teil des Spiels"

Führung ist damit Teil des die Organisation konstituierenden Interaktionsprozesses der Stakeholder. Zur Führung wird diese Beteilung, wenn sie dazu dient, den Kooperationsprozess in aller Widersprüchlichkeit zielorientiert zu koordinieren. Die Grenzen dieses Spiels der koordinierenden Beeinflussung sind

Spielraum von Führung

1. das autopoietische System der Organisation, das sich – einschließlich der Führungsimpulse – selbst organisiert, und

2. der sich selbstorganisierende Interaktionsprozess der Stakeholder, der die Organisation erschafft und erhält, die „unsichtbare Hand".

Unbrauchbarkeit von „Ursprungstheorien"

Beide Prozesse beruhen auf rekursiven Beobachtungen, die mit Selektion und Bedeutungsgebung zu tun haben. Im Rahmen der „weichen" Wirklichkeit wird diese durch den zirkulären Prozess erst geschaffen. Deshalb sind auch sog. Ursprungstheorien, die „erzählen", wie etwas angefangen hat, trotz ihrer linearen Beliebtheit, gerade in Konfliktsituationen äußerst ungeeignet, um mit der Zirkularität der erzeugenden Rückkopplungen umzugehen.

Teil II

Coaching – mit System

In den Anfängen wurde unter Coaching die Beratung von Führungskräften verstandenen, die mit schwierigen Situation in der Organisation, mit Probleme bezüglich ihrer Mitarbeiter oder mit unklaren Verhältnissen zu Kunden oder Konkurrenten konfrontiert waren. Da jedes Handeln einer Führungskraft zwar primär dem kooperativen Führen des Unternehmens gemeinsam mit anderen Führungskräften dient, stets aber auch ein Zug im konkurrierenden Spiel um Macht, Einfluss und Karriere ist, dürfte ein offenes Gespräch unter Kollegen, gar ein Zeigen von Unsicherheit und halbherziger Entscheidungsbereitschaft diesen gegenüber nur begrenzt möglich sein. Solcher Austausch ist eigentlich nur mit einem neutralen, also externen Berater denkbar. Dabei scheint es nahe zu liegen, Coaching als Fachberatung zu verstehen und einen entsprechenden Experten zu suchen, der aufgrund seiner überlegenen Erfahrung „es besser weiß".

Anfängliche Auffassung von Coaching

Mit der zunehmenden Komplexität großer Organisationen und der Konfrontation auch des Mittelmanagements mit schwierigen Entscheidungs- und Problemsituationen stieg der Beratungsbedarf gerade auch für jüngere Führungskräfte stark an.

Dies führte zur Einrichtung von quasi-externen Stabsstellen, deren Aufgabe es war, im Grenzbereich zwischen psychologischer Unterstützung, Schulung in Führungs-Know-how (Training) und der Vermittlung der leitenden Orientierungen aus Unternehmensphilosophie und Unternehmenskultur (Mentoring) Mitarbeiter-Entwicklung zu betreiben. Die in diesem Rahmen stattfindenden Einzelgespräche wurden Coaching genannt. Dabei schauten Coach und Coachee beide auf die Welt, die Arbeitswelt des Coachees, die es zu meistern galt. Gemeinsam suchten sie, wenn nicht die richtige, so doch die beste Sicht und ein dem entsprechendes Handeln.

Resultierende Coaching-Programme der Personalentwicklungsabteilungen

In vielen Unternehmen wurden umfassende Coaching-Programme organisiert, um Führungskräfte und später auch Mitarbeiter in diesem „permanenten Lernen" zu unterstützen.[1]

> Mit der wachsenden Komplexität in Unternehmen und Märkten und dem Aufkommen der systemischen Theorie und der damit gegebenen neuen Möglichkeiten änderte sich auch die Sichtweise auf die Aufgabe von Coaching. Coaching wurde weniger als Unterstützung des ständigen Hinzulernens betrachtet, sondern als Reflexion des Lernens selbst: Coaching wurde zur Unterstützung des „Lernens des Lernens".

---

1   Solche umfassenden Programme werden in Teil 3 (Fallstudien) dargestellt. In diesem Zusammenhang vgl. insbesondere die Fallstudie „Einsame Spitze – Coaching bei Volkswagen".

Die in Teil 1 dargelegte systemisch-konstruktivistische Erkenntnis, dass die Art des Lernens, also die Kriterien der gewählten Unterscheidungen, eben das „Wie" der Beobachtung, maßgeblich das „Was" des Beobachteten mit bestimmt, begann das Verständnis von Coaching gravierend zu verändern. Wirklichkeit war nicht mehr einfach eine – wenn auch bisweilen schwierig zu erkennende – Welt draußen, sondern eine Konstruktion, an deren Herstellung der Beobachter, also der Coachee, und andere für ihn relevante Beobachter wie z.B. Mitarbeiter, Führungskräfte, Marktteilnehmer, Kunden, Konkurrenten in hohem Maße beteiligt sind. Daher kann die Aufgabe des Coachings nicht mehr sein, „ein besseres Wissen" zu vermitteln. Die für die Wirtschaft relevante Welt kann nicht mehr als „harte" Wirklichkeit aufgefasst werden, die man vorfindet, sondern als eine „weiche", die in komplexen Kommunikations- und Interaktionsprozessen hergestellt wird. Folglich geht es weniger um richtig oder falsch im Erkennen, sondern um nützliche und handhabbare Komplexitätsreduktionen im zielorientierten, strategischen Handeln.

> Coaching hat damit die primäre Aufgabe, das Wie dieser Komplexitätsreduktion und folglich das Wie des Konstruktionsprozesses von Wirklichkeit in den Blick zu nehmen und auf seine Brauchbarkeit zu überprüfen. Damit ändert sich gegenüber früheren Auffassungen entscheidend der Blickwinkel und damit die Themen, auf die sich die Aufmerksamkeit von Coach und Coachee richtet.

Die verwendbaren Instrumente und Techniken sind zu einem großen Teil bekannt, einige – wie z.B. die Fragetechniken – sind neu, generell neu aber ist der Einsatz der „Tools und Toys", die Kriterien ihrer Wahl, und die Orientierung des Gesprächs.

Der systemische Einfluss: das „Wie" der Beobachtung bestimmt maßgeblich das „Was" des Beobachteten

Der Unterschied zwischen „harter" und „weicher" Wirklichkeit

Viertes Kapitel

Der Coachingprozess

Immer, wenn ich Managementteams berate und mein Scherflein zur Weiterbildung von Führungskräften beitrage oder Seminare zum Thema Unternehmensführung und Organisation abhalte, werde ich mit einer nachdrücklichen Forderung konfrontiert. Sie erfolgt unweigerlich: noch bevor die Teilnehmer verinnerlicht haben, was ich zu sagen versuche, drängen sie darauf zu erfahren, wie die praktische Nutzanwendung meiner Theorie aussieht und welche neuen Verhaltensweisen sie sich nach meiner Ansicht schnellstmöglich aneignen sollen.

RALPH M. STACEY *(1997): Unternehmen am Rande des Chaos*

In der Einleitung und in Kapitel 1 „Über den Horizont hinaus: Eine postmoderne Perspektive" wurden die Veränderungen erläutert, die Anlass geben, über eine neue Begründung des Coachings nachzudenken. Ferner wurden die Forderungen dargelegt, die von daher sinnvollerweise an ein Coachingmodell zu stellen sind.

Verwandtschaft von Coaching und Führung

In Kapitel 2 „Verhalten in Komplexität: Systemtheorie und Konstruktivismus" und Kapitel 3 „Der Rahmen des Coachings" erfolgte dann eine systemisch-konstruktivistische und kommunikationsdynamische Grundlegung. Dabei zeigte sich, dass die für Beratung und Coaching relevanten Überlegungen in hohem Maße auch auf Führung und Leadership zutreffen, insbesondere wenn diese im Einflussbereich komplexen dynamischen Wandels stattfinden.

Gemeinsamkeit von Coaching und Führung: induzierter Wandel

> Der gemeinsame und zentral bedeutsame Aspekt von Coaching und Leadership ist der Umgang mit den *Möglichkeiten und Grenzen eines induzierten Wandels.* Beide Tätigkeiten haben als übergeordnetes Ziel Performance Improvement.

Dahinter steht eine gemeinsame komplexe Theorie, eben die systemisch-konstruktivistische Denkweise. Es könnte nun sein, dass durch die bisherigen Darlegungen die Erwartung geweckt wurde, nun für die Anwendungen in der Praxis in die daraus resultierenden ganz neuen und ungeheuer wirksamen Techniken eingeführt zu werden. Solche Erwartungen müssen wir enttäuschen. Techniken mit einer derartigen „ungeahnten Durchschlagskraft" sind schon aus prinzipiellen Gründen nicht zu erfinden: solche zielsicheren und hoch effektiven Techniken würden ja zwangsläufig eine lineare Theorie erfordern, die nach dem Gesagten aber nicht angemessen sein kann. Damit könnte es auf den ersten Blick so aussehen, als ob im Folgenden nur „alter Wein in neuen Schläuchen" angeboten würde. Dass dies nicht so ist, soll im nächsten Abschnitt dargelegt werden. Dort werden die wichtigsten Schlussfolgerungen aus den theoretischen Überlegungen für die Coachingpraxis gezogen. Was sich im Wesentlichen ändert, ist die Sicht auf die Aufgaben, die im Coaching zu leisten sind. Es geht wie erwähnt nicht um die Vermittlung einer fehlenden Expertise, sondern um die Reflexion und Veränderung des komplexen Prozesses der Konstruktion relevanter Wirklichkeiten. Dies betrifft dann vor allem die Haltung des Coaches, der nicht mehr für Antworten zuständig ist, sondern für Fragen, die die verborgenen Implikationen und deren Auswirkungen offen legen. Diesem primären Ziel dienen die eingesetzten Methoden und Techniken, seien diese schon lange bekannte Praxis oder ganz neue Vorgehensweisen wie beispielsweise das zirkuläre Fragen. *Es geht stets um den komplexen Entstehungsprozess der „weichen Wirklichkeit" und die Chancen, darauf verändernd einzuwirken.*

4.1
Leitlinien für den Coachingprozess

Unsere Erfahrung steht im krassen Gegensatz zu der Überzeugung, dass sich alles im Leben steuern lässt.   RALPH M. STACEY (1997): *Unternehmen am Rande des Chaos*

Im Folgenden werden die wichtigsten Ergebnisse aus den theoretischen Überlegungen für die Konzeptionierung von Coachingprozessen spezifiziert und die Unterschiede zu einer eher klassischen Beratung verdeutlicht.

> Coaching wurde als eine Form der Beratung für solche Bereiche bestimmt, in denen es keine präskriptiven Regeln gibt, also *keine Rezepte des richtigen Handelns.*

Wenn vorschreibende Regeln fehlen

Dies sind die Bereiche, in denen die jeweils eingenommene Sichtweise bezüglich der thematisierten Angelegenheit diese Angelegenheit selbst in hohem Maße beeinflusst und dadurch unausweichlich (mit)bestimmt. Wie gezeigt wurde, liegt das daran, dass alle Beteiligten als beobachtende und lernende Systeme versuchen, die Überlegungen der jeweils anderen beteiligten und beobachtenden Systeme in ihre Entscheidungen und Handlungen mit einzubeziehen. So entstehen zirkuläre Prozesse. In den Fällen, in denen Beratungsbedarf entsteht, haben diese zirkulären Prozesse sich in einer Weise stabilisiert, die dem Ratsuchenden „nicht gefällt" bzw. seinen Interessen zuwider läuft. Coach und Coachee haben es daher thematisch *mit den weichen Wirklichkeitskonstruktionen im Heimatsystem des Klienten zu tun.* Im Coaching geht es folglich für den Klienten darum

Coaching betrifft den Bereich weicher Wirklichkeiten

- *alternative Wirklichkeitsbeschreibungen zu finden bzw. zu „erfinden" und*

Aufgaben des Coachings

- *deren Chancen, Risiken und Anschlussfähigkeit abzuschätzen.*

Für den Coach heißt das vor allem, den Coachee in diesem Reflexionsprozess zu unterstützen. Da dies – in den hier zu betrachtenden Fällen – gerade nicht durch die Eingabe spezieller Fachexpertise zu leisten ist, also nicht additiv durch eine weitere Beobachtung 1. Ordnung, ist es die Aufgabe des Coaches,

▨ *die Position eines Beobachters 2. Ordnung einzunehmen und durchzuhalten.*

Der „blinde Fleck" als Thema im Coaching

Nur dadurch können die vorausgesetzten Annahmen und Kriterien der Entscheidung für die gewählte Sichtweise, also der „blinde Fleck" aus der Innensicht der beteiligten Wirklichkeitskonstruktionen, zum Thema werden.

Coaching als Kommunikationsdesign

> Coaching wird zur Prozessreflexion und Prozessberatung für den Prozess der Wirklichkeitskonstruktion in dem komplexen Zusammenspiel des Klientensystems. Im Zentrum steht die Betrachtung, *wie* die *Prozesse* der Meinungsbildung und Entscheidungsfindung sich untereinander beeinflussen und durch die Beteiligten gestaltet werden. Es geht um Kommunikationsarchitektur und Kommunikationsdesign.

Dies bedeutet allerdings die Wiedereinführung von Unsicherheit, der Möglichkeit des „Es könnte auch anders sein", etwas das der Ratsuchende durch die Beratung eigentlich überwinden wollte. Häufig bereitet diese Kontingenz sogar Sorge und Angst. Es scheint aber, dass nur der Weg durch diese Verunsicherung die gesuchten neuen Chancen eröffnet. Anders formuliert, ohne eine zwischenzeitliche Erhöhung der Komplexität kann keine neue angemessene Sichtweise der gemachten Erfahrungen „erfunden" und gewählt werden. Erst die neue Wahl ist dann wieder von „einfacher Komplexität", die Handlungen ermöglicht.

> Der Coachee findet so neue Ideen und Möglichkeiten, in seinem Heimatsystem mit komplexen, nicht-trivialen und lernenden Systemen umzugehen, die sich (s)einer direkten instruktiven Steuerung und klaren Prognose entziehen.

Coaching unterscheidet sich von Wissensvermittlung

Coaching unterscheidet sich damit – vielleicht zur Enttäuschung von manchen Ratsuchenden – von allen Formen der Wissensvermittlung wie *Expertenberatung, Training* oder *Mentoring.* Diese setzen entweder eine „harte" Wirklichkeit mit klaren präskriptiven Regeln voraus (also Rezepte, wenn auch komplizierte) oder sie tradieren, wie im Mentoring, die Regeln des „So machen wir es hier" als „best practices". Die unternehmenskulturellen Regeln beschreiben die bewährten und eingefahrenen Umgangsweisen des Unternehmens mit seinen weichen Wirklichkeiten, einschließlich der möglicherweise gefährlichen Einengungen dieser Innensicht.

Damit ergibt sich ein weiterer wichtiger Aspekt für das Coaching:

▨ *Coaching ist ein Pendeln zwischen Innensicht und Außensicht, ein Re-*   Coaching zwischen Kyber-
flektieren der alternativen Wahlmöglichkeiten und deren Auswirkun-   netik 1. und 2. Ordnung
gen (Kybernetik 1. Ordnung) sowie ein Reflektieren der Kriterien für
diese Wahl (Kybernetik 2. Ordnung). (SCHMIDT O.J.)

4.1.1
Die paradoxe Arbeit des Coachings

Was man nicht zu machen braucht, braucht man nicht auch noch gut zu machen.
K. BLANCHARD/W. ONCKEN/H. BURROWS (2001):
Der Minutenmanager und der Klammer-Affe

Diese allgemeinen Leitlinien sollen nun schrittweise konkretisiert werden. Situationen, in denen jemand um Beratung nachfragt, sind in dessen
Wahrnehmung von einer Kompliziertheit, die ihm eine zielorientierte
Handlungsperspektive geradezu unerreichbar erscheinen lässt. Im Umgang mit den seiner Meinung nach relevanten nicht-trivialen und lernenden Systemen wie Kollegen, Kunden oder Abteilungen ist für ihn eine
klare zielführende Strategie nicht ersichtlich. Vor allem sind die beteiligten Systeme außerhalb seiner Kontrolle. Um handlungsfähig zu werden,
*muss er daher die für ihn komplexe Komplexität auf eine einfache Kom-
plexität reduzieren.*[1]

▨ Coaching wird damit zum paradoxen Versuch, solche nicht steuer-
baren Prozesse doch noch zieldienlich zu beeinflussen.

Dies geht nach dem bisher Gesagten nur, wenn der gemeinsame Prozess
der Wirklichkeitskonstruktion, dieses *Joint Venture* aller Beteiligten, und
insbesondere die Implikationen der Beteiligung des Coachees, reflektiert   Coaching als „Spiel"
werden. *Damit rückt das Spielen mit der Kontingenz, mit den Mög-*   mit der Kontingenz
lichkeiten des Anders-Seins, ins Zentrum der Betrachtung.

▨ Der Coachee muss mit Hilfe des Coaches von einem beteiligten Beobachter 1. Ordnung vorübergehend zu einem beobachtenden Beobachter 2. Ordnung werden.

Nur wenn dies gelingt, erfüllt der Coachingprozess die schwierige Aufgabe, ohne ein Besser-Wissen des Coaches dennoch dem Coachee bei
der anstehenden Veränderungsnotwendigkeit hilfreich zu sein. In allen
anderen Formen wird Coaching bestenfalls zum Mentoring, letztlich
zum Zurückgreifen auf Rezepte aus der Vergangenheit. Deren Ange-

---

1   Siehe Abschnitt 2.2.2 „Wirklichkeit als Joint Venture: Harte und weiche Wirklichkeiten".

messenheit für die Gegenwart ist aber infolge des autonom ablaufenden externen Veränderungsprozesses meist eher zweifelhaft.

Innovatives Potenzial von Coaching

> Innovativ und kreativ ist nur die durch den Coachee zu entwickelnde Änderungsstrategie, indem er mittels der Veränderung der eigenen Beiträge auf das Resultat des Joint Ventures Einfluss nimmt, also auf die entstehende Wirklichkeit.

Ausschließlich der Coachee als Beteiligter und nicht der Coach als vermeintlich Wissender hat die erforderliche Innensicht und kann im Coachingprozess zugleich *als externer Beobachter seiner eigenen Beteiligung und seiner Randbedingungen* eine neue Strategie für sich entwerfen. Den Coachee dabei zu unterstützen und zu begleiten, ist die zentrale Aufgabe des Coaches.

Zielorientierung

> Diese Strategie ist dann wie alle unternehmerischen Maßnahmen nicht eine im klassischen Sinne steuernde Intervention, sondern *Chancen- und Risikomanagement* auf dem Weg zu einem erstrebten *Ziel.*

4.1.2
Ziel- und Auftragsklärung

Bei Luhmann *gibt es längst die Einsicht, die er von* Heinz von Förster *übernommen hat, dass Entscheidungen dann nötig sind, wenn sie unmöglich sind. Die Entscheidungsproblematik beginnt somit mit der Paradoxie, dass Entscheidungen genau dann nötig sind, wenn die Entscheidungslogik und die Entscheidungsverfahren, die die Betriebswirtschaftslehre zur Verfügung stellt, nicht mehr funktionieren.*
Günther Ortmann: *Organisation – ein Handlungsfeld mit Eigensinn*

Bedeutung der Zielorientierung

Damit wird deutlich, dass die Orientierung auf ein Ziel für einen solchen Prozess zentral ist. Nur eine hinreichend präzise Zieldefinition liefert Kriterien dafür, welche Unterscheidungen einen Unterschied machen und welche „erfahrungsgemäß" zu vernachlässigen sind. Dadurch wird zugleich entschieden, ob eine „Störung" als marginale Irritation abzufedern ist oder als Lern- und Veränderungschance genutzt werden kann und sollte.

Letztlich geht es um die Dynamik von Information und Exformation; anders formuliert, es geht um die *Festlegung von Makrozuständen, die durch verschiedene Mikroprozesse realisiert und erzeugt werden können.* Damit kann aber ein Makrozustand trotz seiner klaren Definition unter Umständen sehr unterschiedliche Fortsetzungen, also Auswirkungen, haben. Folglich muss auch ein *Makrozustand als Momentaufnahme eines erzeugenden (Mikro-)Prozesses* aufgefasst werden, dessen Weiterentwicklung abzuschätzen ist. Dies ist ein weiterer Unterschied zwischen

Expertenberatung und Prozessberatung. *Expertenberatung kann sich auf ein triviales Modell der Veränderung von Makrozuständen in dem Heimatsystem des Klienten stützen, Prozessberatung gerade nicht.*

> Jede durch den Coachee ins Auge gefasste Einflussnahme muss im Voraus auf ihre möglichen Auswirkungen in der systemischen Vernetzung einschließlich ihrer Rückkopplungen „abgeklopft" werden.

Die im Voraus betrachteten Auswirkungen

Gerade im Bereich weicher Wirklichkeiten ist dies unerlässlich, jedoch wegen der zu berücksichtigenden Zirkularität oft eine schwierige und risikoträchtige Entscheidung.

Andererseits wird durch die Einführung des Begriffs Makrozustand einer häufig propagierten Überpräzisierung der Definition des Zielzustandes – bis hin zu spezifischen Körpergefühlen wie sie etwa in den Beratungstechniken des Neurolinguistischen Programmierens (NLP) betrachtet werden – vorgebeugt. *Der Grad der Konkretisierung des Ziels ist selber dem Kriterium der Zieldienlichkeit unterworfen.*

Zirkularität der Zieldefinitionen

> Zieldefinitionen sind zirkulär zu sehen und geben dadurch der Polarität von *Zielorientierung* und *Chancenorientierung* den gemäßen Raum. Auf diese Weise wird zugleich die Spannung zwischen Spezifität und Flexibilität gewahrt. Das Ziel betrifft das Heimatsystem des Coachees.

Aus diesem Ziel für das Klientensystem muss dann eine Aufgabe für die gemeinsame Arbeit von Coach und Coachee im anstehenden Beratungsprozess abgeleitet werden. Dies wird als *Auftragsklärung* bezeichnet, die dem Coachingprozess Orientierung und Sinn gibt.

Auftragsklärung

Damit wird die oft nicht deutlich unterschiedene Reihenfolge für den Coachingprozess offensichtlich: *erst die Zieldefinition, dann die Auftragsklärung.*

Auftrag dient der Zielerreichung

Dabei ist es in der Regel so, dass die Zieldefinition nicht einfach vom Coachee benannt werden kann, sondern im Verlauf der Betrachtung der systemischen Vernetzung erst erarbeitet wird. Diese Arbeit an der Zieldefinition ist der primäre Auftrag, sozusagen der *Nullauftrag,* den der Coach vom Coachee allein dadurch bekommt, dass dieser Coaching wünscht. Erst wenn die Zieldefinition für das Heimatsystem klar ist – wenn auch nur vorläufig –, kann in der anschließenden *Auftragsklärung* festgelegt werden, was die Aufgabe des Coaches in dem Beratungsprozess ist. Seine Arbeit dient dazu, den Coachee zu unterstützen, sich seinem Ziel zu nähern. Das entscheidende Kriterium für einen Auftrag ist dessen Zieldienlichkeit für den Klienten.

Nullauftrag: Zielerklärung

Kriterien der
Coachingarbeit

> Für die Gestaltung der Arbeit von Coach und Coachee sind damit drei zentrale Kriterien maßgebend:
>
> ▪ *Zielorientierung* im Kontext des Heimatsystems des Coachees,
>
> ▪ *Lösungsorientierung* im Sinne einer Wiedererlangung der Handlungsfähigkeit unter den gegebenen komplexen Bedingungen,
>
> ▪ *Ressourcenorientierung* als Sondierung der zur Verfügung stehenden Mittel, um auf die komplexen Zirkularitäten gestaltend Einfluss zu nehmen.

4.1.3
Emotionalität im Coachingprozess

In den Buchwert der Aufmerksamkeit, die ich von jemanden beziehe, geht auch ein, wie viel die bezogene Seite ihrerseits bezieht. Die Beachtung derer, die reich an Beachtung sind, zählt mehr als die Beachtung seitens derer, die unscheinbar bleiben. Wenn ein Prominenter Augen macht, dann reagiert das Zählwerk anders, als wenn irgend jemand schaut. GEORG FRANK (1998): Ökonomie der Aufmerksamkeit

Die systemisch-konstruktivistische Grundlegung in ihrem metatheoretischen Charakter und von daher in ihrer sehr rational und distanziert erscheinenden Betrachtungsweise verführt bisweilen zu dem Missverständnis, der Coachingprozess selbst sei als ein rationaler und emotionsloser Prozess zu betrachten und durchzuführen. Dies wäre ein großer Irrtum, der auf zwei Missverständnissen beruht.

Erster Irrtum

Zunächst wird dabei übersehen, dass die Beteiligten an einem Coachingprozess Menschen sind, für die grundsätzlich das *Erleben von Beziehung* mit Gefühlen verbunden ist, also auch die Beziehung zwischen Coach und Coachee.

Bedeutung der Beziehung
im Coaching

> Da es im Coachingprozess um eine *Veränderung der Sicherheit gebenden Wirklichkeitskonstruktionen* geht, ist es um so wichtiger, dass die Beziehung, in der diese Arbeit geleistet werden soll, Gemeinsamkeit und Vertrauen, Orientierung und Halt verspricht.

Rapport und
Arbeitsbündnis

Von daher ist die *erste und durchgängig zu leistende Arbeit* von Seiten des Coaches, dafür zu sorgen, dass ein für diese Arbeit tragfähiger Kontakt *(Rapport)* hergestellt und gehalten werden kann. Es geht dabei nicht um eine tiefe, gleichsam freundschaftliche Beziehung, sondern um ein solides und verlässliches *Arbeitsbündnis*. Anders formuliert, es geht nicht um eine *face-to-face-Intimität,* wie sie beispielsweise in Liebes- und Freundschaftsbeziehungen erstrebt wird, sondern um eine zweite oft

Schulter-an-Schulter-
Intimität

nicht beachtete Form von Intimität, die *Schulter-an-Schulter-Intimität* (vgl. MOORE/GILLETTE 1992). Diese basiert auf einer gemeinsamen Zielausrichtung und auf wechselseitiger Verbindlichkeit und Verlässlichkeit. Da diese Art der Intimität im Laufe der Geschichte oft missbraucht wurde, etwa in ideologischen und vor allem militärischen Kontexten, hat das zu ihrer verbreiteten Nicht-Beachtung geführt. Dennoch scheint Schulter-an-Schulter-Intimität ein unverzichtbares Fundament der Coachingarbeit zu sein.

Ein zweiter Aspekt der emotionalen Betroffenheit im Coachingprozess ist die schon erwähnte *Umstrukturierung der bisher gültigen Wirklichkeitskonstruktionen.* Diese Wirklichkeit war der Boden der bisherigen Sicherheit, des Überlebens sozusagen, und jede Infragestellung dieses Standortes ist mit Verunsicherung und letztlich Angst verbunden. Sich dem zu stellen und damit umzugehen bedarf *des Muts, der Risikobereitschaft und der Hoffnung auf einen guten Ausgang.* Auch dies gilt es von Seiten des Coaches zu berücksichtigen und zu unterstützen.

Umgang mit Angst

Als dritter wichtiger Aspekt, der wie bei vielen Lernprozessen auch im Coaching eine bedeutende Rolle spielen kann, ist die in unserer Kultur tief verwurzelte Beschämung darüber, noch nicht perfekt zu sein, nicht alles „im Griff zu haben", also noch lernen zu können bzw. gar zu müssen. Neben der Entdeckerfreude und den neuen Möglichkeiten ist daher Lernen häufig auch mit einem Gefühl der Kränkung verbunden. Hinzu kommt eine bisweilen schmerzliche Vergangenheitsbewältigung, wenn der Coachee an die zurückliegenden Mühen und Entbehrungen denkt, die unter einer neugefundenen Perspektive rückblickend oft als überflüssig und vermeidbar erscheinen. Dass möglicherweise der zu dieser neuen Perspektive führende Lernprozess erst auf diese Weise möglich wurde, ist dann meist nicht so erlebensnah.

Blockade des Perfektionismus

> Diese *Befriedung bezüglich der eigenen Vergangenheit und Entwicklung* ist oft ein wichtiger emotionaler Aspekt der gemeinsamen Arbeit.

Schließlich sind auch die Themen des Coachings, etwa die Identität und die Bedeutsamkeit des Coachees in seinem Umfeld, seine emotional oft bewegenden Beziehungen dort und die Sorgen um die Zugehörigkeit, Gestaltungsfreiheit und Zukunftssicherung häufig von hoher emotionaler Brisanz.

Die bedeutsame Emotionalität im Coachingprozess

> *Coaching ist keinesfalls ein Geschehen in emotionaler Quarantäne.*

Das zweite der oben erwähnten Missverständnisse beruht auf der Nicht-Beachtung des Unterschieds zwischen rationaler, *theoretischer Begründung des Handelns ex post* und der nach völlig anderen Kriterien ablaufenden *Heuristik im Coachingprozess,* also des Erfindens neuer zieldienlicher Strategien. Hier liefert die Theorie bestenfalls – und durchaus

Zweiter Irrtum

Wissenschaftshistoriker unterscheiden zwischen dem, was sie den Kontext der Rechtfertigung nennen, und dem Kontext der Entdeckung, und das ist auch richtig so. Es gibt eine Logik der Rechtfertigung, die nicht von den politischen und gesellschaftlichen Ansichten derer abhängt, die die Ideen entwickeln. Aber wenn man fragt, warum manche Leute bestimmte Ideen haben und andere nicht, ... dann ist dafür die persönliche Seite sicher von großer Bedeutung.
(STEPHEN J. GOULD 1996, S. 79)

Innovation als innerer
Durchbruch

nicht zu verachten – eine Liste von denkbaren Möglichkeiten und Kriterien für die Wahl zwischen diesen Möglichkeiten. Manchmal aber ist die Liste leer, beide, Coach und Coachee, stehen am Ende einer Sackgasse, „Dead end", und müssen dem Schrecken vor dem „gähnenden Abgrund"[1], dem Chaos, standhalten. Dies sind die gleichsam „heiligen" Momente, in denen wirklich Neues entsteht, ein innerer Durchbruch. Es versteht sich von selbst, dass dieses Geschehen und die dadurch berührte Beziehung von Coachee und Coach in solchen Situationen von vielfältigen Gefühlen bewegt sind.

> Coaching ist damit sowohl ein emotional bedeutsamer als auch ein rational herausfordernder Prozess für beide Beteiligten.

4.2
Architektur des Coachingprozesses

So, wie Architekten Räume planen und dadurch Rahmen schaffen, in denen sich Unterschiedliches ereignen kann, so entwerfen wir als Berater soziale, zeitliche und räumliche Gestaltungselemente und Fixpunkte, die Prozesse vorstrukturieren. In diesem Sinn sind Architekturen Interventionen.
R. KÖNIGSWIESER/A. EXNER (1998): Systemische Intervention

Das von KÖNIGSWIESER/EXNER (1998) übernommene Bild der Architektur ist auch im Zusammenhang mit Coaching eine gute Metapher, sind doch mit der Architektur eines (Bau-)Werkes mehrere zu Parallelen anregende Festlegungen getroffen:

1. die Funktion bzw. Nutzung des angestrebten Ergebnisses (häufig ein An- oder Umbau),

2. die verdeckte Statik, die dem Ergebnis unter Berücksichtigung der zu erwartenden Umwelteinflüsse Stabilität und Beständigkeit verleiht,

3. eine Strategie, die die Umsetzung des Ergebnisses plant und koordiniert und an das schon Bestehende anschlussfähig macht.

Architektur des
Coachingprozesses

Im Falle von Beratung und Coaching ist das Beratungssystem mit einem Architekturbüro vergleichbar; hier werden

---

1   So die wörtliche Übersetzung des griechischen χαίνω (= klaffen, sich öffnen, sich auftun), von dem Chaos abgeleitet ist.

1. die *Ziele* des Kunden unter Berücksichtigung des *Kontextes* definiert,

2. die *Bewährung* in der Praxis durch Beachtung der *Wechselwirkungen mit der Umwelt* abgeschätzt und

3. die *Anschlussfähigkeit* an die spezifischen Randbedingungen des Klientensystems einschließlich seiner Vernetzungen gesichert.

In den Fällen, wo sich Coach und Coachee einig sind, dass diese Anschlussfähigkeit nicht durch eine Expertenlösung sichergestellt werden kann, sondern der aktiven Mitarbeit der Beteiligten bedarf, ist das *Design dieses Anschluss- und Umsetzungsprozesses* eine wichtige Aufgabe im Beratungssystem.

> Damit werden die Kommunikationen im Beratungssystem zu *Interventionen* für das Kundensystem, und dessen Reaktionen wiederum zu Interventionen für das Beratungssystem.
>
> Diese Form von *Beratung als Gestaltung eines wechselseitigen Interventionsprozesses* macht den Kern von Prozessberatung aus. Der relevante und zu fokussierende Prozess ist das *Kopplungsgeschehen* zwischen Beratungssystem und Kundensystem.

Der Beratungsprozess wird für den Coachee damit zum Modell des von ihm (mit-)zugestaltenden Transformationsprozesses in seinem Heimatsystem. Das *Lernen am Modell* bezieht sich dabei nicht auf die Inhalte, die ja von dem jeweils betroffenen System selbst (autopoietisch) zu gestalten sind, sondern auf *die Form der Einflussnahme auf diesen Gestaltungsprozess.*

Design der Umsetzung

Gestaltung von Interventionen

Beratung als wechselseitiger Interventionsprozess

Lernen am Modell

4.2.1
Der Spielraum der Veränderung

Zu glauben bedeutet, dass man weiß, dass man glaubt, und zu wissen, dass man glaubt, bedeutet, dass man nicht glaubt.
                                                              JEAN PAUL SARTRE

Die Definition des Zieles, zu dessen Erreichen der Beratungsprozess beitragen soll, ist mit den bisherigen Begriffen formuliert *eine Beschreibung eines erwünschten Makrozustandes für das Heimatsystems des Klienten.* Das bedeutet, dass durch die Selektionskriterien, was als relevant gilt *(Information)* und was nicht *(Exformation)*, *Spielräume* festgelegt werden, die die Toleranzbreite für zulässige konkrete Realisierungen definieren. Diese Toleranzkriterien bestimmen wesentlich, was für den Coachee als Wirklichkeit in den Blick und ins Erleben gerät. Folglich müssen der Coach und baldmöglichst auch der Coachee nicht die Beobachtungen des Coachees betrachten, seine Weltwahrnehmungen, sondern sein Beobach-

Beobachten als Setzung von Information und Exformation

ten selbst, den Prozess seiner Informations- und Exformations-Setzung. Dass dies in der Tat eine Setzung ist, eine Entscheidung, die sich nicht auf das entschuldigende Kriterium von richtig und falsch stützen kann, ist nach dem bisher Gesagten deutlich.

Beobachten des Beobachters

> *Die Kriterien des Beobachtens,* die sich im Spiel der Kontingenzen, in der Wahl von Relevanz und Irrelevanz und in den hypothetischen Veränderungen dieser Wahl zeigen, *stehen im Fokus der Aufmerksamkeit des Beratungsprozesses.*

Deshalb sind insbesondere die weiter unten behandelten hypothetischen Fragen ein zentrales Instrument der systemischen Beratung.[1]

Die Orientierung für das Spielen mit den Kontingenzen, den Möglichkeiten des Anders-Seins, liegt in der *Bewährung* durch erfolgreiche Zielankunft sowie in der *kommunikativen Anschlussfähigkeit* an die Gruppe der Beteiligten und Betroffenen.

Das Ringen um die Definition der relevanten „Ganzheit"

Letzteres ist der Kern des *Stakeholder-Ansatzes.* Da dieser Ansatz unter den Aspekten der Globalisierung so schwierig zu durchschauen und durchzuhalten ist, liegt die Versuchung einer unangemessenen Komplexitätsreduktion durch den einfacheren *Shareholder-Ansatz* so nahe. Dahinter steckt eine einseitige Entscheidung bezüglich der auf den unterschiedlichen Ebenen stattfindenden Auseinandersetzungen, *was die zu berücksichtigende Gesamtheit ist, die in all ihren Veränderungen als dynamische und für die jeweiligen Interessen relevante Einheit gesehen werden soll.* Diese unterschiedlichen Bewertungen führen zu Konflikten bezüglich der „richtigen" Wirklichkeit und folglich zu unterschiedlichen Beeinflussungsversuchen. Auch hier gilt, wer handelt, der handelt! Wie bei allen *Joint Ventures* sind sowohl *kooperative Interessen an der nur gemeinsam zu leistenden Wertschöpfung* als auch *konkurrierende Interessen bei der Mehrwertverteilung im Spiel.*

Es gibt keinen Ausstieg aus dem Spiel: Man kann nicht nicht spielen!

> Die Auseinandersetzung um die Wirklichkeit kann nach sehr unterschiedlichen Spielregeln geführt werden. *Ein Ausstieg aus dem Spiel der gemeinsamen Wirklichkeitskonstruktion bzw. eine einseitige Durchsetzung ist aber nicht möglich.*[2]

Damit werden die zwei Säulen sichtbar, auf denen die Prozesse von Wirklichkeitskonstruktion und Wirklichkeitsveränderung ruhen:

Kognitiv-erkenntnistheoretische Betrachtung

▪ Zum einen ist es die *kognitiv-erkenntnistheoretische Säule* der Selektion, Verknüpfung und Bewertung von Daten, also deren *Beschreibung, Erklärung und Bedeutungsgebung,*

---

1   Siehe Abschnitt 5.1 „Systemische Fragetechniken".
2   Vgl. das Axiom von Watzlawick (1969) „Man kann nicht nicht kommunizieren".

zum andern ist es die *sozial-kommunikative Säule* der wechselseitigen Verwobenheit dieser nur scheinbar individuellen Prozesse.

Sozial-kommunikative Verflechtung

In der Beratung gilt es, in diesem Geflecht den Spielraum der Beteiligung des Klienten unter den übergeordneten Bedingungen der Bewährung und der Zugehörigkeit auszuloten.

Wie mehrfach erwähnt, ist mit diesen kognitiven und sozialkommunikativen Prozessen stets eine *Bewertung* verbunden, im Prinzip eine Unterteilung in angenehme, erwünschte bzw. gefährliche und zu vermeidende Makrozustände.

Das bedeutet, mit jeder Wirklichkeitskonstruktion wird zugleich die Beziehung zu dieser Wirklichkeit als ein Gefühl erlebt.

Diese *gefühlte Beziehung* steuert die Aufmerksamkeit der Selektion und der Verknüpfung und damit die Konstruktion der resultierenden Wirklichkeit. Die jeweilige Wirklichkeitskonstruktion ist also weder von dem gefühlsmäßigen Erleben unabhängig – eine „reine Sachlichkeit" entlarvt sich als nicht realisierbare Illusion – noch ist die emotionale Bewertung von der eigenen kognitiven Konstruktion der Wirklichkeit zu trennen. Das emotionale Erleben ist folglich weder eine „objektivere" noch eine „subjektivere" Basis als die Kognition; *beide sind zirkulär miteinander verstrickt und bedingen und stützen sich gegenseitig.*

Gefühlte Beziehungen

Für die Praxis der Beratung heißt dies, dass beide Zugänge berücksichtigt werden sollten. Sowohl die Wirklichkeitskonstruktion mit ihren Selektionskriterien als auch die Bewertung mit ihren Bedeutsamkeitskriterien stehen zur Disposition; sie können und müssen hypothetisch verändert werden.

Da Interaktionen auf den beiden Fundamenten *Wirklichkeitskonstruktion* und *Handeln als Handel* beruhen, bedarf es sowohl der Kenntnis der Waren und deren Werte „im eigenen Laden" als auch der Waren und Werte der Handelspartner.

Erforderliche Kenntnis des Marktes

Der Markt für Verhalten in seinen vernetzten Bewertungen von Angebot und Nachfrage muss hinreichend genau eingeschätzt werden. *Das ist neben der Art der Wirklichkeitskonstruktion das zweite große Feld möglicher Einflussnahme.*

Zwar kann der Einzelne nicht den Markt bestimmen, so wie er auch die Wirklichkeitskonstruktionen als Joint Venture nicht alleine bestimmen kann, dennoch ist ein Marktteilnehmer eben nicht Opfer, sondern Händler.

Händler statt Opfer

4.2.2
Ausgangspunkt und Erwartung im Coaching

Wir tauschen nicht nur Information, sondern eben auch Aufmerksamkeit. Also geht es stillschweigend auch darum, die Aufmerksamkeit des Gesprächspartners für die eigene Person einzunehmen. Der Wert dieser Aufmerksamkeit kann wichtiger werden als der Neuigkeitswert der getauschten Information. Wenn wir aber Meinungen tauschen, um dabei Beachtung zu beziehen, geraten die Meinungen unter den Druck der Anpassung an diesen Zweck. Der Druck steigt mit dem Wert, den wir auf die Person des Partners legen.
GEORG FRANCK (1998): Ökonomie der Aufmerksamkeit

Ist-Soll-Diskrepanz:
Probleme und Vorhaben

Basis für die Inanspruchnahme von Coaching – und generell von Beratung – ist eine vom Kunden festgestellte *Ist-Soll-Diskrepanz* im Erleben von Makrozuständen, also eine Differenz zwischen der Beschreibung und Bewertung der gegebenen und der gewünschten Situation. Dabei lassen sich zwei Typen dieser Diskrepanz unterscheiden: *Probleme* mit dem Druck „weg von" und *Vorhaben* mit dem Sog „hin zu", letztlich *Leidensdruck* und *Sehnsucht*.

Einfluss von „Leidensdruck" bzw. „Sehnsucht" auf die Konstruktion von Wirklichkeiten

Von der Stärke dieser Kräfte hängt es ab, ob eine Veränderung gelingt oder stecken bleibt, da in der internen Kosten-Nutzen-Analyse diese Kräfte über Aufwand und Motivation entscheiden. Veränderungswünsche setzen voraus, dass die Ist-Situation deutlich schlechter bewertet wird als die Soll-Situation, also Leidensdruck bzw. Sehnsucht stark genug sind.

Je stärker aber die damit einhergehenden Gefühle sind, desto stärker werden dadurch auch die Selektionsprozesse der Wirklichkeitskonstruktion beeinflusst. So wird für die Ist-Situation meist nur beachtet, welche Kosten damit verbunden sind, gerechnet in der individuellen Währung des Betroffenen, wohingegen für die Zielsituation oft nur der erwartete Gewinn fokussiert wird. Unter dem Aspekt der Aktivierung und des Durchhaltevermögens bezüglich einer ins Auge gefassten Veränderung macht diese Einseitigkeit Sinn.

Stabilität von Problemen

Dennoch muss man sich auch fragen, wieso ein System dazu kommt, durch eigene aktive Rückkopplungsprozesse einen problematischen Zustand zu erhalten, der so viele Kosten verursacht. Man muss davon ausgehen, dass in der aktiven Aufrechterhaltung eines negativ erlebten und bewerteten Zustandes für das betroffene System ein kompensierender verdeckter Gewinn enthalten ist – nur so ist die Dauerhaftigkeit eines solchen Phänomens der weichen Wirklichkeit zu verstehen. Andernfalls würde das Prinzip der Autopoiese seinen Sinn verlieren. Das bedeutet, dass unter den Bedingungen des Systems – seiner *Wirklichkeitskonstruktion*, seiner *Bedeutungsgebung* und seiner *Markteinschätzung* – die Aufrechterhaltung des „Status quo" letztlich doch ein „gutes" Geschäft sein muss.

> Wir stoßen hier – wie bei jedem andauernden Problemerleben im Bereich der weichen Wirklichkeit – auf eine inhärente konstituierende Ambivalenz: *Kunden haben ihnen bekannte Gründe zur Veränderung und unbekannte Gründe zur Beharrung.*

Für den externen Berater ist damit die erste entscheidende Frage: *Wie muss man sich vorstellen, wie das „leidende" System die Welt sieht und bewertet, so dass das, was es tut, trotz der Kosten eine sinnvolle Lösung darstellt?*

Damit ist der Kern des *lösungs*orientierten Denkens benannt: *Was immer ein System tut, ist in seiner Sicht und Gewichtung eine möglicherweise ambivalente, aber letztlich tragfähige Lösung.*

Was immer ein System tut, ist im Rahmen seiner wahrgenommenen Optionen „ein gutes Geschäft"

Für die Beratung hat dies zwei gravierende Implikationen. Einmal muss der Coach auf die Suche gehen nach dem verborgenen Gewinn des Gegenwärtigen, zum andern darf diese Suche aber nicht als Verurteilung oder gar Zynismus von dem ratsuchenden System missverstanden werden. Ersteres ist wichtig, um für alternative Lösungen den jetzigen Gewinn berücksichtigen zu können und so „Rückfällen" vorzubeugen, Letzteres ist unabdingbar für das vertrauensvolle Arbeitsbündnis mit einem Klienten, der sich selbst als nicht mehr voll handlungsfähig erlebt und dem ein zynisches „Selber schuld!" kaum helfen würde.

Folgen für den Umgang mit Klienten

Dieser schmale Pfad zwischen *Wirkungslosigkeit durch Rückfall* und *Wirkungslosigkeit durch Rapportverlust* lässt sich nur bewältigen, wenn das anliegende Problem dahingehend gedeutet wird, dass die bisherigen Verfahren der Leistungserbringung infolge von internen oder externen Veränderungen nicht mehr greifen. Damit stellen sich dann zwei Fragen:

Zwischen Rückfall und Rapportverlust

1. *Warum „geschieht" das Problem, genauer: warum passiert keine angemessene verändernde Reaktion?*

2. *Was wäre eine angemessene Veränderung, um wieder entsprechende Leistungen zu ermöglichen?*

Setzt man voraus, dass die Lösung nicht im fehlenden „technischen" Know-how liegt, sondern in dem komplexen Prozess der gemeinsamen Wirklichkeitskonstruktion und in der Dynamik des Marktes für Verhalten, also in den vielfältigen kooperativen und konkurrierenden Interessen der Beteiligten, dann wird deutlich, *dass die gewünschten Veränderungen Veränderungen 2. Ordnung sein müssen: Sie müssen sich auf die Selektions- und Beurteilungskriterien beziehen.* Dort ist der nicht erkannte Gewinn verborgen und nur dort kann die Wahl von Information und Exformation geändert werden.

Erstrebte Veränderungen sind Veränderungen 2. Ordnung

Stabilisierung durch
„heimliche Spielregeln"

> Es geht um die Auseinandersetzung mit dem Nicht-Bekannten – nicht weil dieses unbekannt ist, sondern weil es im Gegenteil so selbstverständlich ist, dass es fraglos vorausgesetzt und tradiert wird. Erst die Hinwendung zu den „heimlichen Spielregeln" (SCOTT-MORGAN 1994) lässt auf externe Veränderungen neu und angemessen reagieren.

Wunsch nach Erlösung

Das betrifft natürlich auch die Beurteilung der Zielsituation. Die vom Klienten zu Beginn formulierte Zielvision ist häufig nicht einfach nur eine praktikable Lösung, sondern gleichsam eine „Erlösung von allen Übeln". Leicht werden nur erhoffte Gewinne gesehen und erforderliche Aufwendungen kaum betrachtet. Entsprechend wird ein Berater unterschwellig oft als „Heilsbringer" phantasiert, eine Erwartung, die von Expertenberatern gerne genutzt wird. Und – um dies deutlich zu betonen – es gibt keinen Grund, eine solche Expertenberatung abzulehnen, *wenn sie wirklich hilfreich sein kann*. Da dies aber in dem weiten Bereich weicher Wirklichkeit nicht möglich ist, muss in solchen Fällen wohl oder übel der beschwerlichere Weg der Prozessberatung gegangen werden.

> Die existenzentscheidenden Fragen von Organisationen und Unternehmen haben keine Expertenantworten. *Beratung ist in diesen Fällen nicht Wissensvermittlung, sondern Lernprozess.*

Beratung ist Lernen am
Rande des Chaos

Lernen 2. Ordnung aber, das die Sicherheit des Bekannten in Frage stellt, setzt die Bereitschaft voraus, an die Grenzen der bisherigen Erfahrung, ihrer Konzeptionalisierung und Bewertung zu gehen und sich dieser Verunsicherung zu stellen. Da jenseits der bisherigen Erfahrung Chaos droht, findet Lernen stets *am Rande des Chaos* statt, ein sicherlich sehr emotionaler Prozess.

Folglich geht es einem Klienten, wenn er sich auf einen solchen Prozess einlässt, zunächst oft schlechter und er entwickelt verständlicherweise das, was von Beratern dann *Widerstand* genannt wird.

Zum Verständnis von
„Widerstand" seitens der
Klienten

> Widerstand heißt aber nichts anderes, als dass der Klient sich vor den Bedrohlichkeiten an der Grenze seiner bisherigen Wirklichkeit schützen will. Er weicht zurück, weil er Angst hat, die Kontrolle zu verlieren.

Widerstand heißt damit aber auch, dass die Grenze tatsächlich kontaktiert wurde, jene schmale Zone, wo Lernen unausweichlich wird.

Die Formen des Widerstandes sind vielfältig, zum Beispiel „keine Zeit", „zu unpraktisch", „zu theoretisch", „den besonderen Bedingungen nicht angemessen", schlimmer als vorher". Für den Berater ist es in diesen Situationen wichtig, dies nicht persönlich zu nehmen: *Der Klient tut nichts gegen den Berater, sondern – berechtigterweise – etwas für sich.*

4.2.3
Anliegen und Anlässe des Coachings

(Im Coaching) geht es vorwiegend um Situationen, in denen der Betroffene sich angesichts der Erstmaligkeit eines Problems oder einer Aufgabe auf den Weg macht, unter Begleitung sein eigenes Potential zu benutzen, um die anstehende Aufgabe zu lösen. Dabei muss ein Manager etwas für ihn sehr Ungewohntes tun: Er muss auf schnelle Lösungen verzichten, er muss sich auf unsichere Prozesse einlassen, Unwägbarkeiten aushalten ...   WOLFGANG LOOSS *(1992): Coaching für Manager*

Wenn man die typischen Anlässe und konkreten Anliegen für Coaching betrachtet, zeigt sich als zentraler Wunsch, der zur Inanspruchnahme von Coaching führt, *in schwierigen und blockierenden Situationen entweder überhaupt wieder handlungsfähig zu werden (Probleme) oder die Effektivität der eigenen Handlungen zu verbessern (Vorhaben).* Insbesondere sind dies typische Kernsituationen wie

Die Wiedererlangung effektiver Handlungsfähigkeit

- individuelle Überlastungsgefühle,

- Schwierigkeiten in der Einschätzung und Beurteilung von Entscheidungssituationen,

- unklare Zieldefinitionen und Zukunftsszenarien bzw. nur vage definierte Erfolgskriterien,

- undurchschaute strategische Verbindungen zwischen der jetzigen Situation und der erstrebten Zielsituation und damit fehlende Handlungsoptionen,

- Konflikte zwischen einzelnen bzw. Gruppen von Beteiligten.

Diesen Situationen ist gemeinsam, dass sie eine sehr hohe Komplexität besitzen und in Prozesse weicher Wirklichkeitskonstruktion verwoben sind. Beispiele aus dem unternehmerischen Alltag sind etwa:

Komplexität und weiche Wirklichkeiten als Rahmenbedingungen blockierender Probleme

- Gewinnminderung,

- Verlust von Marktanteilen,

- Anstieg von Fehlzeiten bzw. von Unzufriedenheiten der Mitarbeiter,

- ineffektiver oder gar widersprüchlicher Umgang mit Stakeholdern,

- Konflikte in und zwischen Teams bzw. Abteilungen,

- fehlende Rollenklarheit und unsichere Führungskultur,

- unterschiedliche strategische Orientierung in der Leitung,

- technologischer Rückstand und latenter Widerstand gegen Veränderung,

▪ persönliche Probleme wie Spannungen zwischen Berufs- und Privatleben, unklare Karriereplanung, Stressbelastungen oder unangemessene Wirklichkeitskonstruktionen als ungeeignete innere Landkarten.

Je nach thematischem Schwerpunkt sind die – oft auch heimlichen Wünsche – an den Coach sehr unterschiedlich. Die Bandbreite reicht vom
Fachexperten über Mutmacher, Tröster, Moderator, Schiedsrichter bis
zum Ersatzmanager auf Zeit oder zum Sündenbock.

Für den Coach besteht in solchen Fällen leicht die Gefahr, auf diese „An-
sinnen" entweder emotional abwehrend zu reagieren oder der Versuchung zu erliegen, Antworten und Expertenurteile als Hilfe zu geben.

Beratung 1. Ordnung verhindert Lernen

Ein solcher Berater 1. Ordnung versucht dann, wie ein „parentifiziertes
Kind"[1], die Lücke im System auszufüllen. Dadurch verhindert er aber
die erforderlichen Lernprozesse im System und provoziert den Rückfall,
sobald er das System verlässt.

Beraterische Demut

Dabei geht es keinesfalls um missverstandene pädagogische Maßnahmen nach dem Motto „Die müssen selber drauf kommen, sonst haben sie
es nicht wirklich gelernt!" Es geht vielmehr um das Praktizieren *beraterischer Demut,* die die Ohnmacht des Externen erträgt und dennoch
durch Prozess- statt Inhaltsreflexion dem Kundensystem hilfreich wird.

Einbettung der erlebten Störungen in den spezifischen Kontext

Beratung heißt dann, wie Looss (1997) es formuliert, „eine Verbindung
herzustellen zwischen der vom Klienten empfundenen Störung und der
Gesamtsituation des Unternehmens, seiner Geschichte, den Irrtümern
und Entdeckungen, den Konflikten und bisherigen Lösungsversuchen".
Dass dies ein Externer nicht durch Antworten, sondern nur durch Fragen
und entsprechende Fokussierung von Aufmerksamkeit auf bisher Übersehenes leisten kann, ist deutlich.

Beobachtung 2. Ordnung als entscheidende Professionalität des Coachings

Interne Berater haben es da unter Umständen schwerer, da sie vermutlich
einen Großteil der Selbstverständlichkeiten des Unternehmens teilen und
damit zugleich auch den beschränkenden blinden Fleck. Wieder zeigt
sich hier die Bedeutsamkeit der *Beobachtung 2. Ordnung als die entscheidende Professionalität eines Beraters.* Als Prozessbeobachter
schaut er auf die Muster in Verhalten und Wahrnehmung des Klienten,
auf die unhinterfragte Tradition persönlicher und organisationaler Art,
sowie auf Rituale und Rückkopplungen und resultierende Ambivalenzen.

---

1   Zu diesem aus der Psychoanalyse stammenden Begriff siehe auch Looss (1989).

4.2.4
Die Problem-Auftrags-Paradoxie[1]

Wie immer auch die Ausgangslage ist: Der Coach muss stets beachten, dass er nicht die Probleme des Klienten direkt löst, sondern ihm hilft, seine Probleme selber zu lösen.
CHRISTOPHER RAUEN (1999): Coaching

Nach gängiger Auffassung ist die Berechtigung eines Beraters, sich in die „inneren Angelegenheiten" eines Systems „einzumischen", ausschließlich durch einen *Auftrag* des betroffenen Systems legitimiert. Dieser Auftrag wird gegeben, weil das System ein Anliegen hat. Üblicherweise entsteht so eine *problem*orientierte Auftrags- und Beraterdefinition. Die Aufgabe des Beraters ist nach dieser Ansicht dann, das Problem des Klienten zu verstehen

Dilemma der *problem*-orientierten Definition von Beratung

▨ durch Informationssammlung, etwa durch Interviews, und

▨ durch Analyse der Problemmuster, was womit wie verknüpft ist, also durch eine Ursache-Wirkungs-Analyse.

Eine Veränderung des auf diese Weise festgestellten Problemmusters geschieht dann, wenn mindestens ein zentrales Element in der problematischen Ursache-Wirkungs-Kette geändert wird, so dass sich die gewünschten Ergebnisse gleichsam „wie von selbst" ergeben. Letztlich steht dahinter ein lineares Maschinenmodell von Veränderung.

Dass dieses Modell für die hier zu behandelnden Thematiken nicht geeignet ist, ist von vielen Seiten beleuchtet worden. Im letzten Abschnitt wurde ein Aspekt besprochen, der eine besondere Rolle spielt, die *Ambivalenz des Kundensystems*[2] mit seinen guten Gründen für die Veränderung der Problemsituation, aber auch mit gewichtigen Gründen, wenn auch meist nicht bewussten, für die Erhaltung des Status quo.

Ambivalenz des Klientensystems

Nach der hier vertretenen Auffassung ist ein Problem, wie alle Elemente der Wirklichkeit, ein Konstrukt eines Beobachters, in diesem Fall also eines Beobachters, der etwas in seinem eigenen Heimatsystem als Problem definiert. Dieser ist an der Aufrechterhaltung des Status quo durch eigene stabilisierende Rückkopplungsprozesse beteiligt. Damit haben wir es mit zwei Aspekten desselben Systems zu tun: Einmal mit der Seite, die das Problem definiert, die mehr oder weniger explizit einen Unterschied bestimmt, wie es stattdessen sein soll. Diese *problem*definierende *Seite* eines Systems bezeichnen wir als *Soll-Seite.* Dem steht eine andere

Die *problem*definierende und die *problem*machende Seite eines Systems

---

1   Die Darlegungen dieses Abschnitts basieren wesentlich auf Veröffentlichungen und insbesondere Seminaren von GUNTHER SCHMIDT (o.J.), Heidelberg.

2   FRITZ SIMON spricht daher von dem AA-Prinzip des Beraters, „Anwalt der Ambivalenz" zu sein.

Unterscheidung zwischen
*problem*definierender und
*problem*machender Seite
eines Systems

Seite desselben Systems gegenüber, die nach Ansicht der Soll-Seite durch ihr Verhalten das gegenwärtige Problem erzeugt. Diese *problem*machende *Seite* nennen wir die *Ist-Seite* des Systems. Die Ist-Seite macht aus ihrer Sicht aber nicht ein Problem, sondern etwas – so die plausible Hypothese auf der Basis der Autopoiese –, was ihr aus irgendeinem Grund sinnvoll erscheint. Die Gründe dafür sind der Soll-Seite jedoch verborgen oder werden von ihr anders bewertet.

Ambivalenz als Konflikt
zweier Anteile innerhalb
eines Systems

> Die beobachtete Ambivalenz eines Problemsystems lässt sich also als *Koordinations- und Kommunikationskonflikt zweier Anteile desselben Systems* verstehen. In diesem Konflikt geht es letztlich um die leitende interne Wirklichkeitskonstruktion auf der Basis unterschiedlicher Selektionen und Gewichtungen.

Die Idee der Beratung, die in der Regel von der *problem*definierenden Seite kommt – nicht von der *problem*machenden Seite, da diese zunächst ja gar kein Problem hat –, ist damit schon vor jeder Interaktion eine Beziehung gestaltende Maßnahme. Anders formuliert, *schon die Idee von Beratung bzw. Coaching ist eine massive Intervention.*

Allein die Idee von Bera-
tung ist eine Intervention

Beratung als
Dreiecksverhältnis

Da es im System zwei Seiten der Ambivalenz gibt, eben die Ist- und die Soll-Seite, wird durch das Hinzukommen eines Beraters – selbst wenn es insgesamt nur zwei Personen sind – ein Dreiecksverhältnis etabliert, *bei der jede Seite des Klienten im Berater einen zusätzlichen Verbündeten sucht.*

Die Aufnahme von Beratung ist damit sofort eine Parteinahme für die *problem*definierende Seite und damit erst einmal wie eine Koalition gegen die *problem*machende Seite, für die das, was sie macht, ja eine Lösung für irgendetwas Wichtiges ist.

Lösungsorientierung als
Neutralitätsverlust

Die anstelle der früheren Defizitorientierung heute überall propagierte Lösungsorientierung[1] ist natürlich eine Lösung im Sinne der *problem*definierenden Seite. Damit wird die Ist-Seite unausweichlich in den Widerstand getrieben, will sie im Interesse des Gesamtsystems ihr als Lösung verstandenes Tun weiterhin aufrechterhalten.

> Dies ist die bei allen Ambivalenzen fundamentale Problem-Auftrags-Paradoxie: Indem wir einen *lösungs*orientierten Auftrag als Berater annehmen – und genau das ist unsere Aufgabe –, haben wir schon die Neutralität, die Unschuld des Externen, verloren. (SCHMIDT o. J.)

Für Beratung und Coaching heißt das Folgendes:

---

1   Vgl. vor allem die einflussreichen Arbeiten von DE SHAZER (1989, 1992).

Wir müssen als Berater so schnell wie möglich *für beide Seiten der Ambivalenz* glaubhaft die Rolle eines Beobachters 2. Ordnung einnehmen, um so „Mittler zwischen den Welten" zu sein. *Beratung ist Botschafterarbeit und letztlich Konfliktmanagement.*

Beratung als
Konfliktmanagement

4.2.5
Zusammenfassung und Orientierungen
für die Praxis des Coachings

Die wirkungsvollsten Interventionen sind solche, die „Herzen öffnen" und somit Strukturveränderungen tragen. Den Ausschlag gibt letztlich die Haltung, wenn wir eine Intervention setzen.   R. Königswieser/A. Exner (1998): Systemische Intervention

Bevor wir im nächsten Kapitel Struktur und Ablauf von Coachingprozessen im einzelnen beschreiben, sollen die bisherigen Ergebnisse zusammengefasst und auf praxisrelevante Orientierungen heruntergebrochen werden.

Systemisches Denken ist eine Antwort auf folgende Erfahrungen:

Zusammenfassender
Überblick

- *Komplexität:* Beschreibungen der bisherigen Art (lineare Ursache-Wirkungs-Ketten) stoßen an Grenzen; die Welt erweist sich als komplizierter als bisher angenommen.

- *Selbstreferenzialität:* Beschreibungen beeinflussen im Bereich „weicher" Wirklichkeit die Interaktion zwischen System und Beobachter und wirken damit auf den Beobachter und seine Beschreibung zurück.

- *Geschichtlichkeit, Nicht-Trivialität, Unvorhersehbarkeit:* Input/Output komplexer Systeme hängen nicht-linear zusammen, d.h. es kommt zu unerklärlichen und unvorhergesehenen Reaktionen. Interventionsfolgen sind für den Beobachter nur begrenzt kalkulierbar.

- *Operative Geschlossenheit, Unmöglichkeit instruktiver Interaktion:* Komplexe Systeme sind durch Instruktionen nicht eindeutig steuerbar. Man kann allerdings Impulse setzen, indem man für das System zur relevanten Umwelt wird. Dann können andere Sichtweisen zu einer veränderten Bedeutungszuschreibung anregen bzw. alternative Wirklichkeitsbeschreibungen nahe legen und damit möglicherweise andere Handlungsspielräume eröffnen.

- *Zieldienlichkeit:* Über Annahme oder Ablehnung einer Alternative entscheidet allein das betroffene System nach seiner Bewertung der Aus- und Rückwirkungen, letztlich nach der Einschätzung, ob dies „ein gutes Geschäft" ist oder nicht.

Daraus folgt:

- Systeme sind *Konstruktionen menschlichen Erkennens.*

- Etwas als ein System zu definieren, ist eine *zieldienliche Beschreibung* eines Beobachters.

- Systemtheorie ist eine Theorie über Beschreibungen, d.h. eine Theorie über „Theorien".

Systemtheorie ist folglich keine neue „Gegenstandstheorie", sondern eine Meta-Theorie, die es erlaubt, die Zieldienlichkeit unterschiedlicher Beschreibungen bezüglich ihrer *Interventionsmöglichkeiten* abzuschätzen.

Folgen für das Coaching

Für Beratung und Coaching hat das bedeutsame Auswirkungen. Ein Berater sollte seine Aufmerksamkeit auf folgende Aspekte konzentrieren:

- *Auf Beschreibungen statt auf Objektivität:* Es gibt nicht die Realität, sondern eine Vielfalt von Sichtweisen. Theorien haben keinen Abbildcharakter, sondern Orientierungswert. Systeme sind gegenüber fremder Sicht autonom.

- *Auf Vielfältigkeit einer Beschreibung statt auf Eindeutigkeit:* Statt „entweder – oder" gilt eher „sowohl – als auch".

- *Auf Vernetzungen von Unterscheidungen statt auf lineare Ereignisverknüpfungen:* Statt Ursache-Wirkungs-Beziehungen werden komplexe rekursive Bedeutungsgebungen berücksichtigt. Fixe Inhalte werden durch Prozesse der Bedeutungszuschreibung ersetzt.

- *Auf dynamische Prozessverläufe statt auf statische Strukturen:* Statt starrer Dinge werden dynamische Beziehungen betrachtet, durch die „Dinge" erst entstehen.

- *Auf „Lösungen mit Nebenwirkungen" statt auf Defekte:* Solange ein System lebt, sind alle Verhaltensweisen *Lösungsstrategien*, schlimmstenfalls unter schwierigen Randbedingungen.

- *Auf dynamische Muster statt auf statische Eigenschaften:* Interaktionen werden nicht durch überdauernde Eigenschaften, sondern durch autopoietische Muster erklärt.

Von der Situationsanalyse zur Prozessbetrachtung

Das bedeutet, dass ein Wechsel stattfindet *von diagnostisch orientierten* „*Was ist das?-Fragen*" *zu prozessorientierten* „*Wie geschieht das?-Fragen*", von „Warum geschieht das?" zu „Unter welchen Kontextbedingungen geschieht das?". Damit werden Objekte und deren Eigenschaften ersetzt durch Auswahlen und deren Beziehungen.

> Diese Veränderung von Situations- zu Prozessfragen ersetzt das Reden über „Dinge" durch Reden über „Wissen". Auf diese Weise steht der Beobachter im Mittelpunkt des Wirklichkeitsverständnisses.

„Wirklichkeit" ergibt sich aus dem erkennenden *Tun* und *Kommunizieren* des Beobachters, der – in Wechselwirkung mit seinen Interaktionspartnern – Unterscheidungen trifft und durch genau dieses Tun und Kommunizieren seinen Unterscheidungen Wirkung und damit Existenz verleiht. Da an diesem Prozess viele Partner beteiligt sind, bekommen solche Konstruktionen den Charakter des „Realen", des scheinbar unabhängig Existierenden, eben des „Objektiven".

„Wirklichkeit" als Ergebnis beobachteter Kommunikation

Die Kontextabhängigkeit solcher Konstruktionen ist einerseits ein Erschwernis, da nie endgültig klare Grenzen des relevanten Bereichs gezogen werden können. Andererseits ist, da komplexe, nicht-triviale Systeme autopoietisch und selbstreferenziell reagieren, eine Steuerung solcher Systeme von außen nicht direkt und instruktiv möglich, sondern nur *indirekt und induziert durch die Einflussnahme auf den gemeinsamen Kontext.*

Einflussnahme als Kontextsteuerung

> „Steuerung" komplexer Systeme ist ausschließlich Kontextsteuerung.

Damit kommt die Wahrnehmung des Klienten ins Spiel, die darüber entscheidet, was für den Klienten zu dem sich selbst erhaltenden System gehört und was irritierender, „störender" Kontext ist.

Komplexität von Wahrnehmung

Schaut man in etymologischen Wörterbüchern nach, so findet man zum Stichwort *wahr* die Bedeutungen *bewähren, bekräftigen, vertrauenswert, was einem zukommt,* ferner *wahren* im Sinne von *aufmerksam beachten, bewahren.* Interessanterweise ist auch das Wort *Ware* damit verwandt mit der Bedeutung *das, was man in Gewahrsam hat, dem man Aufmerksamkeit schenkt.*

Wahrnehmen hat also mit Interessen und Zielen des Wahrnehmenden zu tun. Etwas ist nicht wahr an und für sich, sondern drückt eine Beziehung aus. Was immer als wahr behauptet wird, wird von einem Beobachter behauptet. Wahr ist also nicht „richtig", sondern vertrauenswert, bewährt, für zielorientiertes Handeln brauchbar. Wahr-nehmen ist also *beobachter*abhängige

Wahrnehmung ist beobachterabhängig

> Kontaktaufnahme mit der Umwelt,

> Wahl eines relevanten Kontextes und

> Generierung von sich bewährenden Wissen, dem man vertrauen kann.

Die Kriterien für diese Wahrnehmung sind damit die im Coachingprozess zu betrachtenden Leitlinien des Klienten. Coaching – definiert als die professionelle Form individueller Prozessberatung im beruflichen Kontext, d.h. in dem Spannungsfeld *Organisation, Rolle/Funktion und Person* – wird damit über die Betrachtung der Konstruktion von Wirklichkeit hinaus auch deshalb zur Prozessberatung, weil die persönlichen Ziele des Klienten und die Anforderungen der Organisation an ihn als Funktionsträger vernetzt sind und diese unterschiedlichen Wahrnehmungen wenn möglich zu einer Integration geführt werden sollen. Damit empfiehlt sich erst recht die systemische statt einer individuum-zentrierten Sichtweise: *Kontext rangiert hier vor Psychologie.*

Kontext rangiert vor Psychologie

Schlussfolgerungen für den Coachingprozess

Für den Coachingprozess resultieren daraus folgende Orientierungen:

▨ *Der Coachingprozess hat als Aufgabe:*

   ▢ Beratung im Umgang mit nicht-trivialen, lernenden Systemen,

   ▢ Beratung im Umgang mit weicher Wirklichkeit, und

   ▢ Unterstützung bei der Erstellung einer „Handelskarte", also ein Reflektieren der „Marktbedingungen" für mögliche Handlungen.

▨ *Dazu sind durch den Coach folgende Erfordernisse sicher zu stellen:*

   ▢ ein häufiges Wechseln der Aufmerksamkeit zwischen Innensicht und Außensicht,

   ▢ die Einnahme der Position eines Beobachters 2. Ordnung durch den Coach und

   ▢ die Einladung an den Coachee, ebenfalls immer wieder in die Position eines Beobachters 2. Ordnung zu gehen.

▨ *Dazu muss ein tragfähiger Kontakt gestaltet werden, ein Arbeitsbündnis, das auf einer Schulter-an-Schulter-Intimität beruht, wobei die gemeinsame Blickrichtung fokussiert ist durch:*

   ▢ Zielorientierung,

   ▢ Lösungsorientierung,

   ▢ Ressourcenorientierung.

Auf diese Weise wird die erforderliche *Zuversicht* für die Zukunft und die *Befriedung* der Vergangenheit ermöglicht.

▨ *Gleichzeitig ist die immanente Ambivalenz im Sinne der Problem-Auftrags-Paradoxie zu berücksichtigen. Das bedeutet:*

   ein Verständnis der Ist-Situation als Problem und Lösung zugleich,

   das Verhindern einseitiger Koalitionen, um Widerstand und Rückfall zu vermeiden, und

   die Öffnung des Raums für die Balancierung von Zielorientierung und Chancenorientierung.

Bei allen intendierten Veränderungen gilt es, vor einer Entscheidung die vermutlichen Auswirkungen (Bewährung) und die Anschlussfähigkeit (Zugehörigkeit) zu überprüfen.

Für diese Aufgaben stehen Coach und Coachee typische Lösungsmöglichkeiten zur Verfügung:

   Abwägen von Ambivalenzen,

   Zielfindungsprozeduren,

   Veränderungen von Wirklichkeitskonstruktionen,

   Bilanzierung und Neueinschätzung von „Marktbedingungen" für Interventionen,

   Umstrukturierung organisatorischer Randbedingungen,

   Konfliktlösungsprozeduren.

Letztlich geht es um die Abgrenzung eines *Lösungssystems,* jener relevanten Gesamtheit, die für eine befriedigende Lösung gewonnen werden muss, und um das Erfinden von *Kontextinterventionen,* die das Lösungssystem am ehesten zu einer Veränderung in die gewünschte Richtung anregen.

Konstruktion eines Lösungssystems

4.3
Design von Struktur und Ablauf des Coachings

Alles beraterische Intervenieren muss durch das Nadelöhr der kommunikativen Interaktion (LUHMANN).   R. KÖNIGSWIESER/A. EXNER (1998): Systemische Intervention

Aus der beschriebenen systemisch-konstruktivistischen Grundhaltung ergibt sich für die Struktur und den Ablauf von Beratungs- und Coachingprozessen ein Know-how, das man als *systemische Beratungsexpertise* bezeichnen kann. Wie nicht anders zu erwarten, betrifft dieses Wissen den Aufbau solcher Prozesse und weniger den Inhalt.

Systemische Expertise

> Dabei ist zu unterscheiden zwischen der *logischen Struktur,* die sich relativ präzise aus der theoretischen Grundlegung ergibt, und der *zeitlichen Abfolge* entsprechender Phasen eines konkreten Prozesses.

Zirkularität von Struktur und Prozess

Die logische Struktur wird von dem zeitlichen Prozess wie ein Flussbett benutzt, wo sich Turbulenzen und Strudel, scheinbare Rückläufigkeit und Gegenströmungen bilden, wo Zonen des schnellen Fließens mit ruhigem Wasser wechseln und Details von Wirbeln umspielt werden. Anders formuliert: für den konkreten Ablauf ist die strenge Struktur Orientierung und nicht Rezept. Dennoch sollten die einzelnen Elemente der Struktur als Phasen des Prozesses durchlaufen werden, zumindest sollten die gewünschten Ergebnisse vorliegen, um so ein professionelles Beratungsniveau zu sichern.

4.3.1
Die logische Struktur der Prozessphasen

Ausgehend von einem Gesamtüberblick werden im Folgenden die einzelnen Phasen und ihre Aufgaben gemäß Abbildung 14 beschrieben.

„Aufbauorganisation" von Beratung

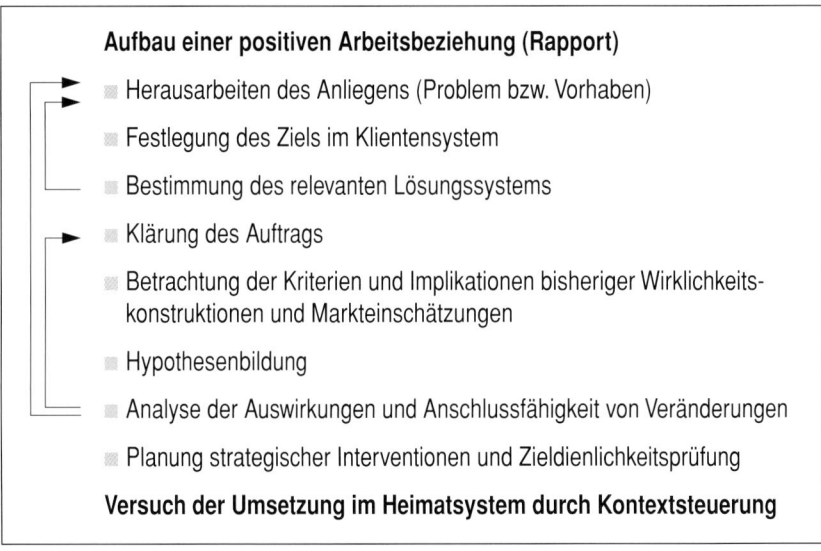

Abbildung 14: Überblick über die logische Struktur der Prozessphasen

Es dürfte klar sein, dass trotz dieser linearen Anordnung der Phasen der konkrete Prozess nicht linear, sondern schleifenförmig abläuft und immer wieder Phasen erneut durchlaufen werden müssen. Die in Abbildung 14 abgebildeten Schleifen sind die Hauptrückkopplungen.

Unter den einzelnen Prozessphasen wird Folgendes verstanden:

1. Aufbau einer positiven Arbeitsbeziehung als Rahmen

Die Kommunikationen im Beratungssystem sind als Interventionen in das Heimatsystem des Klienten angelegt. Dies setzt die Übereinstimmung über den Kontext als Beratung bzw. Coaching voraus. Damit wird das fundierende Arbeitsbündnis zwischen Coach und Coachee für die Wirksamkeit von Beratung zur alles entscheidenden Grundlage.[1] Einige Fragen sind daher zu klären:

▧ *Klärung des „Überweisungskontextes"*
Wie kommt der Klient gerade zu diesem Berater? Warum gerade jetzt? Welche Erwartungen sind damit verknüpft?
Wer sonst ist als Empfehlender („Zuweiser") noch an den Ergebnissen interessiert? Was erwartet der Zuweiser? Was bedeutet das für die Coachingarbeit? (Information? Rücksichtnahme? Abhängigkeiten?) Ist die Beratung angeordnet?

	Überweisungskontext

▧ *Welche Verflechtungen zwischen Coachee und Coach gibt es sonst noch?*
Wer ist man als Berater für den Klienten? Welches Image geht einem voraus? Welche anderen Aufgaben und Beratungen im relevanten Umfeld hat der Coach (jetzt und in absehbarer Zukunft)? Welche Verbindungen zu Vorgesetzten und Untergebenen bestehen? Welche Verbindungen zu anderen Stakeholdern?

Verflechtungen

▧ *Was sind die Regeln der Anschlussfähigkeit an den Klienten und an sein Heimatsystem?*
Was darf bzw. muss der Coach tun, was sollte er auf keinen Fall tun? Gibt es Unterschiede zwischen explizitem und implizitem Auftrag?
Welche Vorerfahrungen mit Beratung gibt es? Welche Erwartungen, Befürchtungen, „Fallstricke und Fettnäpfchen" sind verborgen?

Anschlussfähigkeit von Beratung

▧ *Was ist anerkennenswert und sollte benannt werden?*
Z.B. Würdigung der schwierigen Ausgangssituation, des Mutes zur Veränderung, der Bereitschaft, sich Unterstützung zu gestatten. Wie hat das System bisher überlebt, was sind die Ressourcen und Fähigkeiten? Wer hat was geleistet?

Wertschätzung

▧ *Was muss vorweg geklärt werden?*
Information geben über Möglichkeiten, Rahmen, Grenzen sowie Offenlegen eigener Ziele, Wünsche und Aufträge.

Rahmenbedingungen

---

1 Dies ist insofern eine wichtige Feststellung, da z.B. Akquisitionsgespräche für Coaching oder Beratung keine Beratungsgespräche sind und anderen Regeln (des Marketings und des Verkaufs) gehorchen.

Rapport

▨ *Wie kann der Coach schon zu Beginn Kompetenz und Vertrauens-
würdigkeit zeigen?*
Dies erreicht er z. B. durch relevante Fragen und angemessene Klärung des Rahmens. Kompetenz ist im Sinne der Schulter-an-Schulter-Intimität ein wichtiges Mittel zur Sicherung des Rapports.

Methoden:
Ankoppeln, Wertschätzen, Vertrauen aufbauen.

2. *Herausarbeiten des Anliegens*

„Weg von" oder „hin zu"

▨ *Handelt es sich um eine „weg von"- oder „hin zu"-Aufgabe (Problem oder Vorhaben)?*
Wie beschreibt der Klient das Anliegen, wie eventuell andere
(nach Einschätzung des Klienten)?
Gibt es relevante Unterschiede bei den Beschreibungen der einzelnen Beteiligten, für die Einschätzung der Ist-Situation, für die
Zielorientierung, für die Beratung?

Beschreibung der
Ist-Situation

▨ *Wie wird der Ist-Zustand beschrieben und erklärt?*
Wer definiert wen, was, wo, wann, warum, mit wem als Problem,
als Lösung? Was sind die Etikettierungen und welche Aufmerk-
samkeitsfokussierungen gehen damit einher?
Welche Erklärungen gibt es, selbst- oder fremdverantwortlich, gut
oder böse, gesund oder krank, Schuld, Pech, Weltlage, …? Welche
Unterschiede gibt es dabei?
Wann und wo tritt das Problem auf, wann und wo nicht? Wie hängen die Schlüsselvariablen zusammen? Welche Rückkopplungsschleifen gibt es? Was sind „harte", was „weiche" Wirklichkeiten?

Kosten

▨ *Was sind die Kosten des Ist-Zustandes?*
Wer ist dadurch wie betroffen bzw. belastet? Wer will was ändern?
Was passiert, wenn nichts passiert? Welche Notausgänge gibt es
(Krankheit, Kündigung, Selbstmord, …)? Wenn nichts geändert
wird, wo steht das System/der Klient in einem Jahr?

Nutzen

▨ *Hat die gegenwärtige Situation einen Nutzen für jemanden?*
Was könnte der Nutzen des Ist-Zustandes sein? Wer will was bei-
behalten? Wer „boykottiert" Veränderung?
Wer sieht das so, wer anders? Welche Schlussfolgerungen werden
daraus gezogen?

Methoden:
Fragetechniken, insbesondere zirkuläre Fragen, Skalierungsfragen und Ausnahmefragen[1].

---

1   Siehe dazu Abschnitt 5.1 „Systemische Fragetechniken".

3. Festlegung des Zielraums für das Kundensystem

▨ *Was soll erreicht werden? Was soll verhindert werden? Was soll*   Ziele
erhalten bleiben?
Was sind die wichtigen Ziele? Wer will das, wer will was anderes?
Bis wann soll das erreicht werden? Was bedeuten eventuelle
Unterschiede?
Welche bisherigen Lösungsversuche gab es?

▨ *Konkretisierung und Kontextualisierung*   Kontext
Woran wird erkannt, dass das Ziel erreicht wurde? Was ist dann?
(statt: was ist dann nicht?)
Wo, wann, wem gegenüber soll sich was im Verhalten ändern? Was
macht Sie „wettbewerbsfähig"? Was ist Ihr Kundennutzen?

▨ *Wer hat welchen Einfluss auf die Zielerreichung?*   Einflussnehmer
Was ist der Interessenbereich, was der Einflussbereich (vgl. Abbildung 15)? Was kann der Klient selber direkt tun, was kann er eventuell indirekt durch Kommunikation mit anderen erreichen, was ist
der „Schlecht-Wetter"-Bereich, dem man ausgeliefert scheint?
Welche Prozessdynamik, welche Prozessmuster gibt es? Wie wird
der Markt sich entwickeln?

▨ *Welche Ziele sind wichtig und dringlich?*   Prioritäten
Falls es mehrere Ziele gibt, eine Rangfolge festlegen. Verzicht auf
die Gleichzeitigkeit sich widersprechender Ziele.

▨ *Was sind die Kosten der Zielerreichung?*   Kosten der Lösung
Was sind die Nebenwirkungen? Welcher Verzicht muss in Kauf
genommen werden? Welche Kunden haben Sie, und wie denken
die über Sie?

Methoden:
Fragetechniken, insbesondere die Wunderfrage, aber auch nonverbale Techniken wie szenische oder bildhafte Darstellungen.

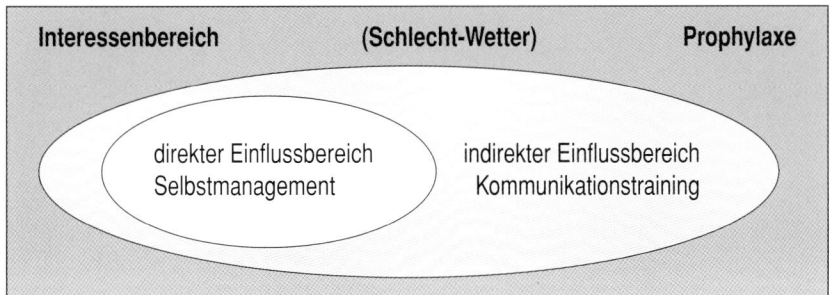

Abbildung 15: Einflussbereiche

4. Bestimmung des relevanten Lösungssystems

Bilanzierung

▨ *Bilanz der Kosten-Nutzen-Analyse für Ist- und Soll-Zustand*
Was ist der Nutzen des Problems und was sind die Kosten für die Lösung? Was waren Ihre Erfolge? Was waren Fehlschläge? Wieso? (Bewertung, Erklärung) Was waren bisherige Lösungsversuche? Waren diese eher zieldienlich oder Problem stabilisierend?

Hindernisse

▨ *Was hält davon ab, das Ziel nicht schon jetzt erreicht zu haben?*
Einwände, Überzeugungen, Gefühle, Erinnerungen, …? Auf was muss verzichtet werden, welche Konsequenzen müssen getragen werden? Welche zukünftigen Möglichkeiten sind bedroht oder vorgezeichnet? Was haben Sie bisher vernachlässigt oder nicht beachtet?
Wer ist bereit, diesen Preis zu zahlen, wer eher nicht?

Anschlussfähigkeit
der Lösung

▨ *Betrachtung und Abwägung dieser Auswirkungen der Zielerreichung: was ist das relevante Lösungssystem, für das eine Veränderung anschlussfähig sein muss?*
Wer ist betroffen, wer kann stören, wer sollte mitmachen?

Methoden:
„Querdenken", Betrachten von Vernetzungen und Rückkoppelungen.

5. Klärung des Auftrags

Lösbare Problem sind oft klein und dennoch für das Klientensystem bedeutsam.

Auftragsklärung

▨ *Nach der Definition des Ziels und des Lösungssystems: Was soll im Beratungssystem geschehen, das zur Zielerreichung beiträgt?*
Wer soll im Beratungssystem was tun? Was soll der Coach tun, was der Coachee? Was wird gemeinsam verabredet? Welche Themen sollen behandelt werden? Welche nicht?

Weitere Auftraggeber

▨ *Wer ist außer dem Klienten noch relevanter Auftraggeber? (Vorgesetzter?)*
Welche Randbedingungen sind zu berücksichtigen?

Methoden:
Definition und zieldienliche Verteilung von Aufgaben.

6. Kriterien und Implikationen bisheriger Einschätzungen

Vernetzung der „inneren"
Landkarten

▨ *Wie sind die individuellen Landkarten im relevanten Lösungssystem kommunikativ miteinander vernetzt?*

Wer reagiert auf wen? Wer beachtet wen? Wer vermutet bei wem welche Gewichtungen?

▨ *Wie werden die Veränderungschancen gesehen?*   Chancen der Veränderung
Welche Werte spielen für wen eine Rolle?
Welche Tauschgeschäfte sind interessant, welche Angebote eher kränkend, blockierend oder uninteressant?

▨ *Welche Wirklichkeitskonstruktionen werden bei diesen Gewich-*   Relevante Wirklichkeits-
tungen unterstellt?   konstruktionen
Gibt es Spielraum bei der Interpretation? Stehen genügend Informationen zur Verfügung? Wurde irgendetwas Wichtiges bisher nicht berücksichtigt?

Methoden:
Fragetechniken, insbesondere zur Konstruktion „weicher Wirklichkeiten".

7. Hypothesenbildung[1]

▨ *Wie wird die Stabilität des Ist-Zustandes erklärt?*   Die Erklärung der Stabilität
Welche stabilisierenden Rückkopplungsprozesse gibt es im System?   der Ist-Situation
Wie könnte man die Situation anders sehen, welche andere Konstruktion würde sie auch erklären?

▨ *Welche Interventionsmöglichkeiten bezüglich der Kontextsteue-*   Hypothesen für
rung bieten welche Hypothesen?   Interventionen
Welche Handlungsalternativen gibt es? Welche anderen Bewertungen würden auch Sinn machen? Welche Ressourcen und Kompetenzen können bei der Umsetzung helfen?

Methoden:
„Querdenken", Metaphern und „fremde" Lösungen, die zum „Spielen mit der Kontingenz" anregen.

8. Auswirkungen und Anschlussfähigkeit

Die zunächst hypothetisch durchgespielten Veränderungen von Wirklichkeitskonstruktionen und Gewichtungen müssen auf ihre Auswirkungen hin überprüft werden, zum einen wie weit sie sich vermutlich als zieldienlich erweisen werden, zum andern wie das Netz der Zugehörigkeiten dadurch jetzt und in Zukunft beeinflusst wird.

---

1   Zur ausführlichen Behandlung der Hypothesenbildung siehe Abschnitt 5.2 „Hypothesenbildung".

Aus- und Nebenwirkungen

▨ *Welche Auswirkungen hat welche Intervention? Bei wem?*
Wer gewinnt, wer verliert? Kurzfristig, langfristig?

▨ *Was ist anschlussfähig, was nicht?*
Was muss im „Marketing" getan werden? Welche Unterschiede gibt es zwischen dem Problemsystem und dem Lösungssystem, die für die Zielerreichung berücksichtigt werden müssen?

Interventionsdesign

Methoden:
„So tun, als ob" die Lösungen schon eingetreten seien, und deren Angemessenheit überprüfen.

9. *Planung einer strategischen Intervention*

▨ *Wer ist wie als Verbündeter zu gewinnen? Auf welche Plus- und Minus-Konten muss geachtet werden?*

▨ *Wie kann die Ambivalenz zwischen Veränderung und Beharrung beachtet werden?*

▨ *Wie ist ein schneller, motivierender Erfolg zu erreichen? Was ist erst langfristig zu erreichen?*

▨ *Was sind Kriterien für eine Revision der erarbeiteten Sicht- und Vorgehensweise?*

Methoden:
Eine neue Selektion und Entscheidung treffen, eine Setzung machen.

10. *Umsetzungen im Heimatsystem des Klienten als Ergebnis der Beratung und Rückmeldungen über die Auswirkungen*

Bilanzierung

▨ *Bilanzierung und Schlussfolgerungen*
Was hat sich im Verlauf des Coachings geändert? Wie hat sich das auf das Umfeld ausgewirkt? Sind die Ziele erreicht worden oder wurden sie modifiziert? Was bedeutet das, auch für die Zukunft?

Methoden:
Rückkopplung der mit der Setzung gemachten Erfahrungen auf die weitere Strategie.

Fünf zentrale Fragen

In schlagwortartiger Verkürzung geht es in einem sich wiederholenden Kreisprozess um fünf *zentrale Fragen*:

1. *Was soll erreicht werden? (Vision und Werte)*

2. *Woran ist ein Erfolg zu erkennen? (Erfolgsindikatoren)*

3. *Womit ist das Thema vernetzt? (Einflussfaktoren)*

4. *Wer sollte in dem Veränderungsprozess involviert sein? (Anschluss-fähigkeit)*

5. *Was sind die nächsten Schritte? (Zieldienlichkeit)*

Wer handelt, der handelt!

4.3.2
Die Ebenen der Intervention[1]

Die vom Coach formulierten Einladungen bzw. Angebote, die das Klientensystem zu einer Veränderung veranlassen sollen, können auf unterschiedliche Organisationsebenen dieses Systems zielen. Wir unterscheiden vier solcher Interventionsebenen:

Vier Ebenen der Intervention

1. Auf der *Ebene des situativen Handelns (to do)* geht es um Kommunikation und Kontakt. Dabei übernehmen Interaktionsregeln, Interaktionsmuster, Kommunikationskanäle und Rollenbeschreibungen die strukturierende Funktion.

   Situatives Handeln

   > *Methoden:* Auf dieser Ebene haben Interventionen die Form von Übungen, Aufgaben und konkretem Ausprobieren.

2. Dieses Handeln auf der ersten Ebene wird durch die *Ebene der Ressourcen und Kompetenzen (how to do)* ermöglicht. Dazu gehören neben den Fähigkeiten des Systems die orientierenden „inneren Landkarten" und Wirklichkeitskonstruktionen sowie die Hypothesen über die Bedingungen des Marktes für Verhalten.

   Ressourcen und Kompetenzen

   > *Methoden:* Hier ist das Spiel der Kontingenzen angesiedelt und damit die Wahl von Strategien. Interventionen sind hier Einladungen, die auf den Konstruktionsprozess der Wirklichkeiten Einfluss nehmen. Spezielle Methoden sind Regel- und Musterveränderungen, Rollenspezifizierung und „so tun als ob"-Interventionen.

3. Dieser Ebene übergeordnet ist die *Ebene der Werte und Kriterien (want to do),* die die Wahl von Information und Exformation steuern und damit für die gewählten Selektionen verantwortlich sind. Hier sind die Orientierungen für Wirklichkeitskonstruktionen und Ziele lokalisiert. Individuell geht es um Grundhaltungen und Visionen, organisational um die Organisationskultur.

   Selektionskriterien und Werte

   > *Methoden:* Interventionen betreffen hier die Wertewahl, die Prioritäten und Gewichtungen, und die Auswirkungen, die mit solchen Werteänderungen einhergehen.

---

1   Vgl. zum Folgenden die logischen Ebenen von DILTS (1993).

Identität und Sinn

4. Noch eine Stufe weiter ist die *Ebene der Identität und Sinngebung (chance to do)* angeordnet, die darüber entscheidet, ob eine ins Auge gefasste Änderung auf einer der Ebenen überhaupt eine Chance bekommt oder als die Identität gefährdend abgelehnt wird.

> *Methoden:* Veränderungen auf dieser Ebene sind eher selten, dafür aber langfristig orientiert und umfassend. Sie betreffen den Kern der Person bzw. bei Organisationen die Corporate Identity.

4.3.3
Auszug aus einem Coachinggespräch

Das Folgende ist ein leicht gekürzter Auszug aus einem Coaching-Gespräch mit dem geschäftsführenden Inhaber einer Filialkette. Der Inhaber hat vor kurzer Zeit ein Führungskräftetraining durchführen lassen, ist aber mit der Umsetzung durch die Filialleiterinnen nicht zufrieden und überlegt, einen weiteren Trainingsworkshop durchführen zu lassen.

Ausgangshypothese des Klienten: mehr desselben

> *Anliegen*

Klären des Anliegens

Klient: Wir haben ein Führungsprogramm gemacht für unsere Filialleiterinnen. Das lief sehr gut. Ich stelle jetzt aber immer wieder fest, die machen einfach die Punkte noch nicht ganz so, wie ich mir das vorstelle und wie wir das auch für das Unternehmen bräuchten. Wir sind wirtschaftlich zwar erfolgreich, aber auch in einer etwas angespannten Situation. Wir haben einen Kapitalgeber mit drin und können uns daher nicht zu viel Experimente leisten. Ich möchte einfach, dass die Instrumente hier so funktionieren und dass die ihren Job so machen, wie das vereinbart wurde.

Coach: Ja, das versteh ich. Was ist dann jetzt hier Ihr Anliegen?

Erste Zieldefinition

Klient: Ich würde da einfach gerne noch mal mit Ihnen sprechen, vielleicht habe ich ja da auch ein paar Sachen. Was kann ich tun, damit die das so machen, wie besprochen, eben die Führungsinstrumente einsetzen. Dass wir alle dann miteinander Erfolg haben.

Frage nach den Ambivalenzen des Systems

Coach: Haben Sie schon eine Idee, woran es liegt, dass die das nicht so tun?

Hypothesen des Klienten sind auf der Stufe Kybernetik 1. Ordnung, aber nicht ganz überzeugend für ihn

Klient: Ja, ich habe auch schon mit Verschiedenen darüber gesprochen. Das eine ist, die sind natürlich viel jünger, da gibt es immer wieder persönliche Sachen, da wechselt dann der Freund und so weiter, und dann haben die anderes im Kopf. Und das andere ist, dass die vielleicht doch noch mehr Training brauchen, um da richtig führen zu können. Aber das wollen die nicht so richtig, nicht noch einen Workshop …

Zielklärung

Coach: Wenn Sie sagen, die halten sich nicht an die vereinbarten und trainierten Führungsinstrumente, was ist Ihnen da am wichtigsten? Was würde sich ändern, wenn die das täten?

Klient: Ich denke, zwei Sachen. Sie würden zum Beispiel ihre ganzen Teamprozesse besser in den Griff kriegen. Sie würden viel schneller merken, wenn da was aus dem Ruder läuft, würden mit denen dann in ein Klärungsgespräch einsteigen, würden vielleicht auch einmal eine Mitarbeiterin austauschen und so weiter. Das ist ein Punkt, der besonders wichtig ist. Darauf hin würde die ganze Stimmung in der Filiale viel besser sein und das hätte natürlich auch kontinuierlichen Erfolg. Jetzt geht das so rauf und runter …

Zielklärung durch Überprüfen der Auswirkungen

Unterschiedsbildung

Coach: Es wird ja auf jeden Fall ein Spielraum sein, eine Variationsbreite, wie die mit diesen Instrumenten umgehen sollen. Ist Ihnen klar, wo die Grenzen sind; das heißt, wie entscheiden Sie, das ist noch im Rahmen, wie Sie es gerne hätten als Chef, und was ist nicht mehr im Rahmen, wo Sie sich sagen, da muss ich eingreifen. Haben Sie da für sich klare Kriterien, oder ist das ein Thema, worüber man noch mal reden müsste? Und dann vor allem auch die Frage, ist das den Filialleiterinnen klar?

Einführung einer neuen Hypothese, die die Beziehung zum Klienten betrifft

Kriterien der Wirklichkeitskonstruktion

Klient: (nachdenklich) Ich glaube, das ist eine gute Frage.

Frage nach der Rückkopplung: Joint Venture

Coach: Wenn ich eine der Filialleiterinnen fragen würde, wie sie das denn sieht, aus ihrer Perspektive, und die würde offen antworten, was vermuten Sie, würde die sagen?

Frage nach den Hypothesen der Beteiligten

Klient: Ja, ich vermute, die würde Ihnen vielleicht sagen, dass ich in manchen Situationen vielleicht auch ein bisschen zu viel erwarte von manchen Leuten.

Die Erwartung von der Erwartung

Coach: Dass Sie zuviel erwarten?

Klient: Ja, das habe ich schon mal gehört.

Coach: Also, dass Sie zu streng sind, zuviel Druck machen?

Klient: Dass die Ziele zu hoch sind.

Coach: Ah, dass die Ziele zu hoch sind. Gibt es noch etwas anderes, was die benennen würden? Würden die überhaupt ein Problem sehen, einen Konflikt?

Überprüfung, ob es ein gemeinsames Lösungsinteresse gibt

Klient: Doch, doch, das war auch schon am Ende dieser Ausbildung ein Thema …

Neue Hypothese auf
der Stufe Kybernetik
2. Ordnung

Coach: Also da sind sie sich einig, irgendetwas ist zwischen Ihnen als verantwortlichem Geschäftsführer und den Filialleiterinnen nicht so, wie es sein sollte.

Klient: Ja!

Neue Hypothese wird
vorsichtig übernommen
und ausgebaut

Coach: Sie sagen, die übernehmen die Führungsinstrumente nicht, führen die nicht konsequent durch, und die würden sagen, Sie setzen die Ziele zu hoch. Gäbe es noch etwas, was die als Erklärung sagen würden?

Klient: Also, was sie vielleicht auch sagen würden – das hat auch schon mal eine gesagt – erst läßt er uns machen und sagt, ihr sollt euch selbstständig entwickeln, und dann – wobei ich das nicht verstehe – aber dann, sagen die, greift er immer wieder ein.

Coach: Genau, da können Sie sehen, dass denen möglicherweise nicht ganz klar ist, wann Sie eingreifen, wo Sie eingreifen, wo der Spielraum aufhört und Sie sagen, jetzt ist eine Grenze überschritten.

Klient: (zögernd) Ja, das kann sein; manchmal ist mir das ja auch nicht ganz klar, absichtlich mache ich das nicht.

Neue Wirklichkeitskonst-
ruktion zur Erklärung der
Systemdynamik

Coach: Natürlich, klar. Könnte es denn sein, wenn wir diese Spur ein wenig weiter verfolgen, dass es dann gar nicht so sehr daran liegt, dass die etwas nicht so richtig umsetzen, sondern dass eher eine Unklarheit darüber besteht, zwischen Ihnen und den Filialleiterinnen, über die Spielregeln?

Klient: Vermutlich wohl, ja.

▨ *Hypothesenbildung*

Coach: Welche Auswirkungen hätte es, wenn in Ihrem Unternehmen zwischen Ihnen und Ihren Führungskräften darüber offen geredet würde, oder ist das eher ein Stil, wo man sagt, ach das reißt nur zu viel auf, das lassen wir lieber?

Klient: Was könnte denn passieren?

Prüfung der Auswirkungen
der neuen Hypothese und
Testen weiterer Kontext-
bedingungen

Coach: Nun ja, es könnte irgendjemand eine Kritik an Ihnen äußern, an Ihrem Führungsstil, nicht an Ihrer Person, wo Sie dann vielleicht denken würden, das ist ja fast dreist, weil das passt überhaupt nicht mit Ihrer eigenen Sicht und Ihren guten Absichten zusammen; und möglicherweise würden Sie dann mit einer bestimmten Brille auf diese Person gucken und die hat dann vielleicht weniger Chancen bei Ihnen?

Klient: (entschieden) Nein, ich glaube nicht! Das könnte ich schon aushalten!

Coach: Wir müssen ja unterscheiden, ob Sie es aushalten können oder ob die anderen glauben, dass Sie es ertragen können. Das erste können Sie für sich überprüfen und klar sagen „Das kann ich ertragen". Aber was vermuten Sie, würden Ihre Filialleiterinnen das auch so sehen, würden die Ihnen das zutrauen, oder würden die eher skeptisch sein?

Klient: (nachdenklich) Hm.

Coach: Mein Vorschlag ist, wenn Sie an diesen Gedanken näher herantreten wollen und möglicherweise ein Gespräch mit Ihren Filialleiterinnen darüber führen wollen, dass Sie überlegen, was dann dort besprochen werden sollte, und vor allem, was ein gutes Ergebnis eines solchen Gesprächs sein könnte. Und dann ist natürlich auch zu bedenken, ob die Filialleiterinnen an einem solchen Gespräch Interesse hätten oder – wie bei einem weiteren Trainingsworkshop – dem eher skeptisch gegenüber stehen. Wenn Sie die skeptisch einschätzen, dann stellt sich ja die Frage, was könnte denn die Bremse sein, was bedeutet deren Zögern.

> Vorbereitung der Auftragsklärung

Vielleicht ist es hilfreich, es einmal so zu sehen; das Zögern könnte ein Zeichen dafür sein, dass die Filialleiterinnen meinen, es läuft vieles wirklich gut, und das wollen wir nicht aufs Spiel setzen!

> Reframing

Klient: Ja, das ist ein wichtiger Gedanke.

▧ *Zusammenfassung*

Coach: Mir scheint deutlich geworden zu sein, dass die erste Idee, noch mehr Schulung, nicht unbedingt das optimale Mittel wäre, sondern dass es eher darum geht, dass in der konkreten Interaktion, in der Beziehung zwischen Ihnen und Ihren Filialleiterinnen, dass da eher Nachdenkens und vielleicht auch Gesprächsbedarf besteht.

> Bestärkung der neuen „weichen" Wirklichkeit

Klient: Ja, das könnte stimmen. Ich überlege mir das noch mal und melde mich dann bei Ihnen.

Fünftes Kapitel

Methoden des Coachings

Welche Handwerkszeuge stehen für Coaching-Gespräche nun zur Verfügung?

Systemisches Denken und technische Vielfalt

> Es dürfte deutlich geworden sein, dass systemisch-konstruktivistisches Coaching nicht primär über das beobachtbare Tun zu definieren ist. Entscheidend sind die durch Tun vermittelten, im eigentlichen Sinne aber nicht-beobachtbaren, in Coach und Coachee ablaufenden internen Verknüpfungen der Handlungen, in der Selektion und dem Design.

Insofern betont SIMON (1990) mit Recht, *dass man zwar systemisch denken, aber nicht systemisch handeln könne.*

Handlungstechniken lassen sich aus den unterschiedlichsten Bereichen übernehmen und anwenden, wenn sie sich im Sinne der bisherigen Überlegungen legitimieren lassen. Daher finden sich in einem als systemisch bezeichneten Coachingprozess auch Techniken und Tools, die aus anderen Schulen wie etwa Transaktionsanalyse (TA), neurolinguistischen Programmieren (NLP), Kommunikationstrainings bekannt sind.

> Alle Techniken sind Mittel zum Zweck. *Sie erhalten ihre Berechtigung durch ihre Brauchbarkeit als Instrumente zur Erzeugung und Veränderung zieldienlicher Wirklichkeitskonstruktionen und/oder deren Bedeutungsgebung.*

Wirklichkeitskonstruktion und Bedeutungsgebung

Wirklichkeitskonstruktion und Bedeutungsgebung basieren beide auf Selektionen von Information und Exformation und von deren Verknüpfungen (Daten) sowie von deren Bedeutungszuweisung (Werte). *Wirklichkeitskonstruktionen* sind die *Erklärungen* für die Dynamik des relevanten Geschehens, sind also Ordnungsfaktoren im Chaos, während die *Bedeutungszuweisungen* das relevante *Beziehungsnetz* in Form einer

Die „Handelskarte"

„Handelskarte"[1] repräsentieren und damit die entscheidenden Faktoren der unverzichtbaren Zugehörigkeit festlegen.

Probleme und Vorhaben, die beiden Anlässe für Beratung, sind solche bedeutsamen Wirklichkeitskonstruktionen. Damit lassen sich Beratung und Coaching im Kern darauf reduzieren, Anregungen für die Veränderung von Selektionen einschließlich deren Verknüpfungen zu geben.[2]

Selektionen von Daten und Bewertungen sind Aufmerksamkeit fokussierende Maßnahmen. Voraussetzung für eine Veränderung der Selektion ist damit eine Änderung der Aufmerksamkeitsfokussierung, die – wenn sie

---

1   Siehe Abschnitt 5.3 „Handelskarte".
2   Diese Beschreibung ist selbst – wie sollte es auch anders sein – ein Beispiel für Komplexitätsreduktion, also für „einfache Komplexität".

gelingt – von dem wahrnehmenden System nach seinen eigenen Regeln verarbeitet wird. Ziel aller beraterischen Kommunikation ist also primär, den Aufmerksamkeitsraum sowohl für die gegenwärtigen „Gegebenheiten" als auch für die zukünftigen „Möglichkeiten" zu „stören", so dass anderes „in den Blick" kommen kann. Genau dazu dienen die Techniken, von denen einige speziell mit dieser Orientierung im systemischen Feld entwickelt worden sind. Insbesondere zählen dazu:

- *Fragetechniken,*

- *Hypothesenbildung:* Spiel mit Kontingenz und Wirklichkeitskonstruktion,

- *„Handelskarte":* Verhalten als Ware auf einem Tauschmarkt,

- *„Unternehmerische" Perspektive:* die „managementorientierte" Kosten-Nutzen-Analyse von Aufwand und Ertrag von Handlungen.

Als Berater hat man eine gut gefüllte Werkzeugkiste und muss aus der jeweiligen Beratungssituation heraus entscheiden, welches Werkzeug und welche Technik in diesem Moment der Beratung zieldienlich sein könnte. Dabei sind zwei Aspekte zu berücksichtigen: Zum einen die eigene Vertrautheit mit dem Instrument, was neben einer entsprechenden Kenntnis insbesondere Übung und Praxis voraussetzt, und zum andern das Wissen um die Wirkungsweise und den Anwendungsbereich des betreffenden Werkzeugs.

Im Folgenden werden einige wichtige Methoden für zentrale Aufgaben erläutert, wobei besonders auf folgende Fragen geachtet wird:

- Für welche Prozessphase ist die jeweilige Methode geeignet?

- Auf welcher Interventionsebene setzt die Methode an?

- Betrifft die Methode eher den Bereich der Konstruktion von Wirklichkeit oder die Erstellung der „Handelskarte"?

Techniken der Aufmerksamkeitsfokussierung

5.1
Systemische Fragetechniken

Fragen als Interventionen

Fragen dienen im Allgemeinen zur Informationsgewinnung, etwa zur Erstellung von Hypothesen über die Verknüpfungsmuster von Interaktionen oder über die Wirklichkeitssicht der beteiligten Personen. In der systemischen Beratung werden Fragen dagegen primär als Interventionen verstanden. Da in jeder Frage implizit eine Aussage darüber enthalten ist, wie die Zusammenhänge auch gesehen werden können, werden dem Klienten andere Blickwinkel eröffnet und dadurch neue Ideen zur Veränderung „gesät"[1].

Zirkuläres Fragen

Eine besondere Rolle spielt das *zirkuläre Fragen* (SELVINI et al. 1977), das inzwischen fast ein Synonym für systemisches Arbeiten geworden ist. Solche Fragen thematisieren die Sichtweise, die ein Mitglied des Systems über die Beziehung zweier anderer Mitglieder hat. Auf diese Weise wird die wechselseitige Abhängigkeit der Wirklichkeitskonstruktionen und Bedeutungsgebungen offen gemacht. Ein Beispiel im Team könnte sein „Wie würde Ihr Kollege Ihre Beziehung zu Ihrem Chef beschreiben?" oder „Wenn der Ihre Beziehung anders sehen würde, würden Sie sich dann anders verhalten?" Die Mitglieder des Systems geben durch diesen „Tratsch in Anwesenheit der Betroffenen" ihre „inneren Landkarten" kund und können sie gegebenenfalls neu aufeinander abstimmen, was in Folge eine Veränderung der gemeinsamen Wirklichkeitskonstruktion bewirkt.

Generell stützt sich die Bedeutung des Fragens in der systemischen Beratung auf zwei Beobachtungen:

Die Unmöglichkeit instruktiver Kommunikation

1. Eine instruktive Kommunikation ist wegen der operativen Geschlossenheit lebender Systeme nicht möglich, d.h. eventuell beabsichtigte Anweisungen funktionieren nicht wie lineare Interventionen, sondern bestenfalls wie Angebote, die die Aufmerksamkeit des Systems beeinflussen. Diese *die Aufmerksamkeit verändernde Fokussierung der Selektion* von Daten und Gewichtungen, also von Wirklichkeitskonstruktionen und Bedeutungsgebungen, lässt sich aber einfacher und ohne Erregung von „Widerstand" durch Fragen erreichen.

Rekursive Vernetzung

2. Im Bereich weicher Wirklichkeiten stehen keine richtig/falsch-Kriterien zur Verfügung, sondern nur komplexe Zieldienlichkeitserwägungen. Diese basieren auf Abschätzungen zirkulärer Vernetzungen mit

---

1   Vgl. den Begriff des *Seeding* aus der Erickson'schen Hypnotherapie, vgl. z.B. PETER (1985).

anderen beteiligten und betroffenen Kommunikations- und Interaktionspartnern. Diese sind nur von einer angenommenen Innensicht und durch die Beantwortung entsprechender Fragen bewusst und entscheidbar zu machen.

Systemische Fragen eröffnen einen Rahmen, Wahrnehmungen von Wirklichkeiten und deren Bedeutsamkeit in einen entsprechenden Kontext zu stellen, um die bisher wirksamen stabilisierenden Konstruktionsbedingungen zu erklären und gegebenenfalls alternative Wahlmöglichkeiten zu entdecken bzw. zu erfinden. *Lösungsorientierte Fragen* bieten als Kontext Zieldienlichkeits- und Ressourcenüberlegungen an.

> Infragestellen bisheriger stabilisierender Kontextbedingungen

Fragen sind in allen Phasen der Beratung unverzichtbar und können auf jede der Interventionsebenen gerichtet sein. Im Folgenden werden Beispiele wichtiger Fragetypen aufgeführt.

> Spezielle Fragetypen

Fragen zum Zuweisungskontext: Hier wird das Umfeld betrachtet, das – obwohl nicht direkt beteiligt – dennoch indirekt wirksam sein kann. Sind Sie von sich aus gekommen? Wer ist an den Ergebnissen hier noch interessiert? Nehmen wir einmal an, ich frage X (z. B. den Kollegen), was er sich von dem Gespräch hier wünscht, was würde der sagen?
Was müsste hier geschehen, dass der Überweiser (z. B. der Vorgesetzte) mit dem Gespräch zufrieden ist? Wollen Sie das auch?

> Fragen zum Zuweisungskontext

Definitionen des Problems bzw. des Vorhabens: Klärung des Anliegens und Erklärung der bisherigen (Problem-)Stabilität.
Was steht im Vordergrund, von etwas Ungutem weg oder zu etwas hoffentlich Besseren hinzukommen? Sie sagen, X sei … Was tut X (wann, wo, wie, mit wem), wenn Sie sein Verhalten so bezeichnen? Wie sehen das andere? Wer sieht das anders? Welche Erklärung gibt es dafür? Wann war das letzte Mal, dass Sie gut miteinander klargekommen sind? (Ausnahme!) Welcher Unterschied besteht zwischen jetzt und der Ausnahmesituation?

> Definitionen des Problems bzw. des Vorhabens

Zielorientierte Fragen: Klärung von Zielen und Zwischenergebnissen sowie des Auftrages.
Was wäre für Sie ein gutes Ergebnis des heutigen Gesprächs? Nehmen wir an, das Gespräch ist beendet und Sie haben den Eindruck: „Das war ein hilfreiches Gespräch!" – Woran werden Sie/andere das merken? Was müsste hier geschehen sein? Was wäre für Sie/für andere ein erstes Anzeichen für eine positive Entwicklung? Was könnte hier heute dazu beigetragen werden?

> Zielorientierte Fragen

Was sind die wichtigsten Ziele? Sind die kompatibel? Welche Rangfolge bzw. Prioritäten gibt es? Was sind die Ziele (Werte) hinter den Zielen? Betreffen die Ziele primär harte oder weiche Wirklichkeiten? Wer ist beteiligt, wer betroffen? Was hat eine Zielerreichung sonst noch für Auswirkungen? Wie kann die Zielerreichung aufrechterhalten werden? Muss dann überhaupt etwas dafür getan werden oder organisiert es sich dann selbst?

Skalierungsfragen

Skalierungsfragen: Skalierungsfragen bieten einen Maßstab zur Messung von Veränderungen.

Nehmen wir an, „Null" ist der Zustand vor der Beratung, „Zehn" heißt, das Problem ist gelöst, wo befinden Sie sich heute? Wer würde das auch so einstufen, wer anders?

Wunderfrage

Wunderfrage: Die Wunderfrage zielt auf die Konkretisierung der Zielbedingungen.

Nehmen wir an, diese Nacht, wenn Sie schlafen, geschieht ein Wunder und morgen, wenn Sie aufwachen, ist Ihr Anliegen gelöst. Woran werden Sie merken, dass ein Wunder geschehen ist? Wer erkennt es sonst noch und woran? Gab es vergleichbare Situationen schon vorher? Nehmen wir an, 10 wäre der erwünschte Zustand (der Tag nach dem Wunder), 0 wäre die Situation vor der Beratung. Wo stehen Sie jetzt? Woran würden Sie/andere merken, dass Sie auf der Skala *zwei* (!) Punkte weitergekommen sind? Was wäre ein Fortschritt um *einen* (!) Punkt? Wenn Sie ein Kamerateam engagiert hätten, dies zu filmen, was wäre auf dem Film zu sehen?

Ausnahmefragen

Ausnahmefragen: Ausnahmefragen machen deutlich, dass schon jetzt kontextabhängige Unterschiede auftreten.

Wann war es das letzte Mal ein wenig anders/besser/schlechter/weniger schlecht? Was war da anders? Wann war der Wert auf der Skala das letzte Mal höher als zur Zeit? Wer hat da was wie anders gemacht? Was war noch anders? Welche Auswirkungen hatte das? Woran können andere das erkennen? Was tun andere Beteiligte dann, auf welche Weise? Mit welchen Auswirkungen? Wer müsste was tun, damit das öfters geschieht? Welchen Unterschied würde das machen?

Hypothetische lösungs-
orientierte Fragen

Hypothetische lösungsorientierte Fragen: Hypothetische Fragen sind „die" konstruktivistischen Fragen; sie spielen mit der Kontingenz.

Nehmen wir einmal an, Sie würden sich entscheiden, das nächste Mal anders zu reagieren, welche Auswirkungen hätte das? Was müsste passieren, dass X bereit wäre, anders zu reagieren? Was würde er dann tun/sagen/denken? Wer würde das am ehesten bemerken?

▓ *Zirkuläre lösungsorientierte Fragen:* Zirkuläre Fragen sind „die" systemischen Fragen; sie zielen auf das Joint Venture der weichen Wirklichkeitskonstruktionen und auf deren Stabilität ab. Dabei wird die Wirkung einer Interaktion zwischen zwei Beteiligten auf einen Dritten betrachtet.

Wie würde Ihre Frau/Ihr Vorgesetzter darauf reagieren, wenn Sie sich entscheiden würden, Ihre Angelegenheiten selber in die Hand zu nehmen? Wer wäre am meisten überrascht über Ihre Entscheidung? Welche Auswirkungen hätte es auf die Teamkollegen, wenn Sie und X sich entscheiden würden, friedlicher miteinander umzugehen? Nehmen wir einmal an, das Team würde sich entscheiden, kooperativer miteinander umzugehen, woran würde das der Vorgesetzte Y merken? Wie würde er reagieren? Welche Auswirkungen hätte das dann auf Z?

▓ *Überlebensfragen:* Überlebensfragen suchen „das Gute im Schlechten", also den verdeckten Gewinn der Ist-Situation.

Wie haben Sie das bisher ausgehalten? Wie sind Sie bisher mit dem Problem umgegangen? Was war dabei hilfreich? Was nicht? Wie haben Sie es gemacht, dass das Problem nicht schon viel schlimmer ist? Welche der Kraftquellen, die Ihnen da geholfen haben, könnten Ihnen auch in Zukunft am besten helfen?

Was ist möglicherweise sogar gut daran, dass es das Problem gibt? Was wäre anders, wenn das Problem weg wäre? Welchen Unterschied würde das machen?

▓ *Ressourcenorientierte Fragen:* Ressourcenfragen zielen auf die vorhandenen Fähigkeiten, die zur Lösung genutzt werden können.

Was können Sie gut? Was sind Ihre Hobbys? Welche Inhalte oder Lösungsmuster können Sie übertragen? Wie können Sie das ausbauen?

Was soll so bleiben, wie es ist? Was möchten Sie bewahren? Welche jetzigen Fähigkeiten könnten Sie nutzen?

▓ *Verschlimmerungsfragen/Status-quo-Fragen:* Verschlimmerungsfragen gehen davon aus, dass der, der etwas eskalieren kann, Teil des stabilisierenden Rückkopplungszirkels ist und damit nicht ohne Einflussmöglichkeiten.

Was müssten Sie/müsste X tun, dass die Situation sich verschlimmert? Nehmen wir an, die Situation bliebe so, wie sie jetzt ist, wie wäre das dann in fünf Jahren?

Was müssten Sie/müsste X tun nach einer weiteren Verbesserung der Situation, um den alten Zustand wieder herzustellen?

Marginalien:

Zirkuläre lösungs-orientierte Fragen

Überlebensfragen

Ressourcenorientierte Fragen

Verschlimmerungsfragen/ Status-quo-Fragen

5.2
Hypothesenbildung

Die Annahmen über die Umwelt bestimmen, wofür ein Unternehmen bezahlt wird. Die Annahmen über die Zielsetzung geben an, welche Ergebnisse eine Organisation für erstrebenswert hält; mit anderen Worten, sie zeigen auf, wo eine Organisation sich selbst im Spannungsfeld zwischen Wirtschaft und Gesellschaft einordnet. Die Annahmen über grundlegende Fähigkeiten schließlich bestimmen, in welchem Bereich eine Organisation herausragende Leistungen zeigen muss, um ihre Führung zu behaupten.
PETER F. DRUCKER (2000): Die Kunst des Managements

Eine Hypothese ist eine Annahme, ein „Vorurteil". Es wird eine Vermutung über noch unklare bzw. nicht bewiesene Sachverhalte beschrieben. Die Sachverhalte (Phänomene) einschließlich ihrer Herstellungsmechanismen, also die Wirklichkeitskonstruktion, werden in der Hypothese zueinander in Beziehung gesetzt. *Hypothesen schöpfen aus dem Spielraum der Kontingenz:*

Hypothesen schöpfen aus dem Spielraum der Kontingenz

▨ Hypothesen geben Antwort auf die Fragen: Warum? (Ursachen), Wozu? (Motive, Ziele, Absichten) und Wie? (Prozess der Erzeugung).

Hypothesen sollen Sinn stiften

▨ Aufgabe von Hypothesen ist es, Sinn zu stiften und Handlungen zu ermöglichen, indem sie wechselwirkende Zusammenhänge auswählen: man „versteht", warum und wie x geschieht. *Hypothesen „erklären", weil und indem sie Phänomene in Beziehung setzen.*

Hypothesen sollten falsifizierbar sein

▨ Hypothesen sollten falsifizierbar sein, da andernfalls nichts über ihre Bewährung in der „Wirklichkeit" ausgesagt werden kann und sie für die Wahl von Handlungsalternativen keine Hinweise geben. Andererseits sind Hypothesen, selbst wenn sie bestätigt werden, nicht wahr, sondern bestenfalls mehr oder minder nützlich.

Im Beratungsprozess sind Hypothesen als Leitideen zu verstehen, die die Interviewführung steuern. Sie sind der Hintergrund für Fragen des Beraters, die dem Coachee helfen sollen, die *Bedingungen seiner Wirklichkeitskonstruktionen und Bedeutungsgebungen* und deren Veränderungsmöglichkeiten greifbar zu machen.

Hypothesen als Anregungen zu „mentalen Experimenten"

Hypothesen sind nicht etwa das Ergebnis des „Besserwissens" des Coaches, sondern *Anregungen zu „mentalen Experimenten"* mit alternativen Beschreibungen, Erklärungen und Bewertungen.

Hypothesen dienen dazu, die komplexe Komplexität *auf verschiedene Weisen* auf eine einfache Komplexität zu reduzieren und diese an ihren Auswirkungen und ihrer Zieldienlichkeit zu testen.[1]

---

1   Wir unterscheiden uns damit von einer verbreiteten Meinung, nach der das Arbeiten mit Hypothesen ersatzlos gestrichen werden könnte; vgl. DE SHAZER (1992).

Eine systemische Hypothese unterscheidet sich von einer nicht-systemischen Hypothese dadurch, dass sie mehrere Elemente (Komponenten, Personen) des Systems bzw. seines Umfeldes zueinander in Beziehung setzt. Durch dieses Denken in Beziehungen wird beispielsweise das Verhalten einer Person primär aus den systemischen Wechselwirkungen erklärt, im Gegensatz zu einer individual-psychologische Hypothese, die das Verhalten einer Person primär aus den Eigenschaften der Person abzuleiten sucht.

Systemische Hypothesen knüpfen Netze

Die wichtigsten Hypothesenbereiche sind:

Komponenten von Hypothesen

▓ *Herkunft bzw. Kulturhintergrund,*

▓ *Vernetzung der Ereignisse aus Vergangenheit, Gegenwart und Zukunft,*

▓ *Geschichte des relevanten Problem- bzw. Lösungssystems,*

▓ *Situationen mit Untergebenen und Einfluss der Hierarchie,*

▓ *Handlungskontext,*

▓ *Zukunftsperspektiven,*

▓ *Beteiligung von Dritten wie Beratern, Kollegen, Kunden, Lieferanten.*

Hypothesen fokussieren die Aufmerksamkeit auf Zusammenhänge äußerer Art mit solchen innerer Art (Bedeutungsgebung: Absicht, Sinn, Ziel). In systemischer Beratung sollen Hypothesen nicht *problem*orientiert, vermeintlich objektiv-erklärend konstruiert werden, sondern *neue Möglichkeiten der Veränderung „erfinden".*

Hypothesen „erfinden" sinngebende Alternativen

▓ Die Wahl zwischen verschiedenen Hypothesen ist eine Frage der Zieldienlichkeit. (Wessen Ziel? Beobachter? Klientensystem? Beratungssystem?)

▓ Hypothesen erfinden gute Zusammenhänge, die ergebnisfördernd sind!

▓ *Nicht:* Wie wird die Gegenwart durch die Vergangenheit bestimmt (*ursachen*orientiert), *sondern:* Wie wird das „alte Muster" in der Gegenwart aufrechterhalten, welchen Sinn macht das heute, wofür ist das eine Lösung (*lösungs*orientiert).

Bei bei der Hypothesenbildung sind folgende *Hauptfragen* zu stellen:

Hauptfragen

▓ Hypothesen sollen nicht als „entweder – oder" gegeneinander gestellt werden, sondern im Sinne eines „sowohl – als auch" den Horizont der Vernetzung erweitern.

▨ Die Grundfrage lautet, wie das Problem (Symptom) in den Bezie-
hungskontext des Klienten passen könnte. Wie wird das Symptom
durch Interaktionen aufrechterhalten? Welches Symptom passt gut
zum Glaubenssystem der Institution? Welcher Gewinn (Lösung!) ist
im Jetzt-Zustand enthalten? Welcher Preis müsste für die Lösung bezahlt werden?

▨ Welche Wirkung bzw. Funktion hat es dort? Was wird auf diese Weise
ermöglicht? Welche Mechanismen erhalten das Problem aufrecht?
(Generierung)

▨ Warum sucht der Klient gerade jetzt Beratung? Welche Veränderungen sind eingetreten oder stehen bevor? Welche Aufgaben müssen
bewältigt werden? Ist die Anpassungs- und Regulationsfähigkeit des
Systems überfordert?

5.3
Handelskarte

Unter Handelskarte verstehen wir die „Spekulationen" darüber, welcher
Tauschwert für Verhalten (1. Markt für Verhalten) und für Aufmerksamkeit (2. Markt für Verhalten) – bezogen auf die verschiedenen Handelspartner – zu erwarten ist.

5.3.1
Reframing

Da die Bedeutung eines Ereignisses von dem Kontext, also dem spezifischen Rahmen abhängt, in dem es wahrgenommen wird, ändert sich die
interne Reaktion auf das Ereignis und die daraus resultierenden Verhaltensweisen, wenn sich die Bedeutung ändert.

Reframing

> Reframing ist die Fähigkeit, ein bestimmtes Ereignis oder Verhalten
> in einem neuen Rahmen (frame) zu sehen, wodurch die Bedeutung
> dieses Geschehens und damit dieses selbst sich ändert.

Bedeutung des Rahmens

Reframing ist eine der wirkungsvollsten und häufig benutzten systemischen Interventionstechniken. Diese Technik basiert auf folgenden
Prämissen:

- Jedes Verhalten macht Sinn, wenn man den Kontext kennt, den der Handelnde als relevant zugrunde legt.

- Im Bereich weicher Wirklichkeiten spielen nicht unterstellte „Eigenschaften" von Personen die zentrale Rolle, sondern der Kontext des „Joint Ventures" der Wirklichkeitskonstruktion.

- Jedes Verhalten ist nicht nur von diesem Kontext abhängig, sondern bestimmt diesen Kontext zugleich mit.

- Die Basis von Verhalten sind stets Fähigkeiten der Handelnden. Probleme entstehen, wenn Kontext und aktivierte Fähigkeiten nicht zueinander passen.

- Jeder scheinbare Nachteil für einen Teil des Systems zeigt sich an anderer Stelle des gleichen autopoietischen Systems als hypothetischer Vorteil.

In der Anwendung des Reframings werden zwei Varianten unterschieden, das *Bedeutungsreframing und das Kontextreframing.*

Bedeutungsreframing spielt mit der Kontingenz der Strukturierung und Bedeutungsgebung von Beobachtung. Die grundlegende Frage lautet: *„Wie könnte die Situation oder das Geschehen anders beschrieben und erklärt werden bzw. welche andere Bedeutung könnte man dem zuweisen?"* Damit wird die Eindeutigkeit der „Wirklichkeit" in Frage gestellt. Dies ist besonders bei vermeintlich „selbstverständlichen" Ursache-Wirkungs-Verknüpfungen oft von großer Wirkung. | Bedeutungsreframing

Kontextreframing beruht auf der Einsicht, dass praktisch alle Verhaltensweisen in irgendeinem Kontext sinnvoll sind. Fragen wie „Wann wäre dieses Verhalten nützlich?" oder „Wo wäre dieses Verhalten eine Ressource?" ziehen die einseitig negative Bewertung eines Verhaltens in Zweifel, indem nach einem dafür sinnvollen Kontext gesucht wird. Diese Fragen sind besonders hilfreich, wenn ein Coachee sich mit den Worten „Ich bin zu …!" verurteilt. | Kontextreframing

Eine wichtige Anwendung des Reframings ist die Arbeit mit sogenannten „Teilen".[1] Unter Teilen bzw. Anteilen eines Systems werden Subsysteme eines größeren Ganzen verstanden, von denen bisweilen jedoch der Eindruck entsteht, als ob sie gleichsam eigenständig handeln würden.

---

1   Vgl. dazu z.B. SCHWARTZ (1997) sowie die Ausführungen im nächsten Abschnitt.

5.3.2
Arbeit mit „Teilen"

Der Schritt von einem Erleben des „Es geschieht mir ..." *(Opferhaltung)* zu dem „Ich tue ..." *(Beteiligtenhaltung)* ist zwar häufig ein wichtiger Reframingschritt, wird aber der Gesamtperson nicht gerecht, da sie damit zu einseitig, zu sehr von Ambivalenzen frei gesehen wird. Die erreichte Reduktion von Komplexität wird mit einem Verlust an kreativer Spannung und Dynamik bezahlt. In solchen Fällen ist es oft zieldienlicher, ein *Teilemodell der Persönlichkeit* einzuführen.

> Die einzelnen Teile der Persönlichkeit, allgemeiner eines Systems, werden wie eigenständig handelnde Individuen bzw. Subsysteme „erfunden", die gemeinsam das übergeordnete System bilden.

Metaphorische Beispiele sind die *innere Familie* (ohne Hierarchie), die innere Firma (mit Hierarchie), die Tierpopulation eines *Ökosystems,* aber auch *Märchen, Mythen und Geschichten.* Die Interaktionen und Absichten der handelnden Personen (bzw. der sonstigen Wesen) geben den vielfältigen und momentan relevanten Ambivalenzen des Coachees oder seines Heimatsystems einen aufeinander bezogenen Zusammenhang und „bringen sie in Form".

Die Bedeutungsgebung dieser Ambivalenzen, etwa als „Terrorist", krank, schlecht oder fremd, wird vom Rahmen bzw. Kontext bestimmt. Dieser stellt das Gerüst zur Verfügung, wodurch etwas zu einer Ganzheit zusammengefasst wird, unterschieden vom „Rest der Welt".

> Eine solche zieldienliche Zusammenfassung von bisherigen inneren „Widersprüchen" bildet, wenn sie vom Coachee angenommen wird, eine mächtige Rahmenänderung und damit Bedeutungsveränderung und hat mit ziemlicher Sicherheit eine Verhaltensänderung zur Folge.

Die einzelnen Teile der Person oder des Systems werden so „erfunden", dass sie zwar eigene Absichten verfolgen, *trotz und gerade wegen ihrer individuellen Perspektive dennoch dem Gesamtwohl bzw. Gesamtüberleben des Systems dienen.* Sie sind also keine Saboteure. Ein Saboteur wäre kaum eine hilfreiche „Erfindung".

Auf diese Weise wird versucht, Widersprüche in einem übergeordneten Rahmen „aufzuheben", so dass alle relevanten Aspekte zu einer höheren Integration und Versöhnung beitragen können. Die zentrale kommunikative Technik ist die Unterscheidung zwischen *Verhalten* (wie) und *Absicht* (wozu).[1] Dem bewussten Erleben ist oft nur das abgelehnte Ver-

---

1   Dies wird besonders im NLP betont und verwendet.

Marginalien:

Teilemodell der Persönlichkeit

Einen kreativen Rahmen erfinden

„Teile" sind Spezialisten und stehen – trotz oder gerade wegen ihrer Widersprüchlichkeit – im Dienst des „Ganzen"

Unterscheidung von Verhalten und Absicht

halten, nicht aber das beabsichtigte Wozu bekannt. Erst die Motivation des gemeinsamen Wozu ermöglicht die systemische Einbettung in einen Gesamtzusammenhang.

Von außen hat man oft den Eindruck, dass die Entscheidungsinstanz, z.B. der „Chef" innerhalb der Person, abgedankt hat. Doch auch dahinter kann man eine positive Absicht sehen: Das Ich signalisiert auf diese Weise seine Solidarität mit *allen* seinen Teilen, aus der Befürchtung heraus, als Alternative nur die „Exkommunikation" eines Teils zu haben. Hinzu kommt, dass Teile oft relevanten Bezugspersonen nachgebildet zu sein scheinen, so dass zusätzlich noch externe Solidaritäten auf der Ebene der Werte und der Identität ins Spiel kommen.

Im unversöhnten Zustand äußert sich die Abdankung des Ichs als Übertragungs- und Projektionsprozess. Das jeweils bewusst akzeptierte Ich sagt zu gewissen Anteilen der eigenen Person, sie würden stören, sollten weg sein, seien defizitär, unreif, alte Muster oder kindliche Wiederholungen.

Arbeit mit Teilen als Reframingtechnik

In der Arbeit mit Teilen können folgende *einzelne Schritte* ausgemacht werden:

Schritte in der Arbeit mit Teilen

- Für das abgelehnte Verhalten/Erleben wird *ein* Teil des Klienten verantwortlich gemacht. Es gibt aber noch andere Teile, mindestens den, der in dem inneren Konflikt die *Soll*-Seite vertritt und die *Ist*-Seite als nicht o.k. definiert.

- Der Klient wird unterstützt, diese bisher unverbundenen oder feindlichen Gefühle als Teile zu externalisieren und bildhaft zu beschreiben: Wo steht welcher Teil (räumliche Anordnung, Aufstellen als Konstellation, Skulptur, mit Personen, Puppen, Tieren, Gegenständen)?

- Oft ist es günstig, eine Entscheidungsinstanz einzuführen (z.B. das Ich oder den „Chef"). Diese Instanz beschreibt die Teile (Größe, Alter, Geschlecht, Kleidung, Eindruck, Metapher) als wertzuschätzende Anteile der Familie oder Firma. Reicht es, mit nur zwei Teilen zu arbeiten, können diese sich auch wechselseitig beschreiben und ihre Vermutungen und Unterstellungen äußern.

- Sobald die Teile „präsent" sind, werden mit Hilfe aller bekannten systemischen Fragen zwischen den Teilen Kooperationsverhandlungen eingeleitet. Dies ist gleichsam ein Teamcoaching, bei dem es um Absprachen und Konfliktmanagement geht. Eventuell kann eine weise wohlwollende Instanz als Ratgeber eingeführt werden, etwa ein guter Freund oder Kunde, „der es mit allen Beteiligten gut meint". Ziel der Verhandlungen ist es, im Sinne der erwähnten *„Coopetition"* eine neue Handlungsfähigkeit zu erreichen.

Diese Vorgehensweise beruht auf einer *systemisch-konstruktivistischen Persönlichkeitstheorie,* die auf die konkrete Person jeweils neu zugeschnitten ist. Die Absicht ist, von dem beengenden Entweder/oder-Denken wegzukommen.

5.3.3
Perspektivenwechsel der Wahrnehmung und des Erlebens

Ein konstruktivistischer Grundgedanke ist, dass jede Person das Geschehen um sie herum auf der Basis ihrer „innere Landkarte" und des unterstellten äußeren Kontextes heraus wahrnimmt und verarbeitet. Dabei kann man drei prinzipielle Positionen der Wahrnehmung und des Erlebens unterscheiden (Abbildung 16):

Drei Wahrnehmungs-
positionen

1. Die *erste Position* ist die Perspektive des betroffenen Beobachters, der mit seinem gegenwärtigen Erleben assoziiert ist.

2. Die *zweite Position* ist die Perspektive der Wahrnehmung des Anderen, des Interaktionspartners.

3. Die *dritte Position* ist die Perspektive der Wahrnehmung eines außenstehenden neutralen Beobachters, der von dem Erleben in der ersten Position dissoziiert ist (Abbildung 17).

Die probeweise Übernahme dieser drei Positionen und das Spüren des damit verbundenen Erlebens ist eine sehr wirkungsvolle Technik für die

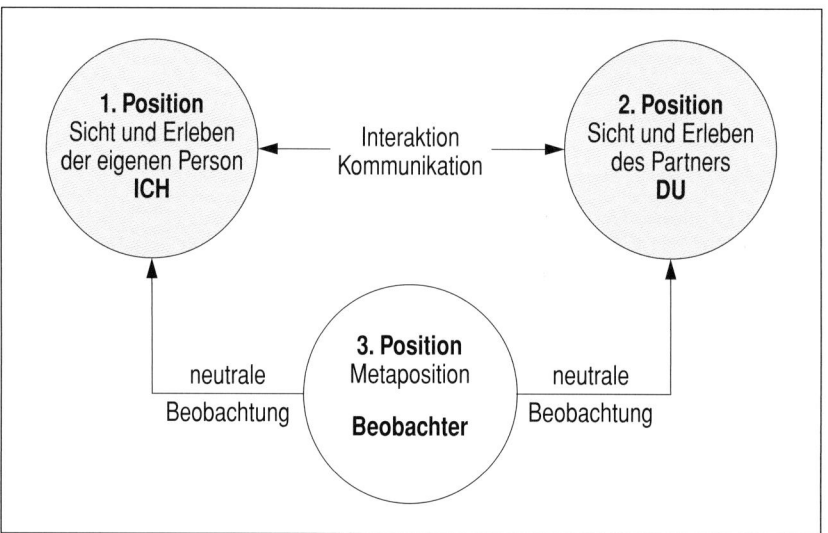

Abbildung 16: Wahrnehmungspositionen

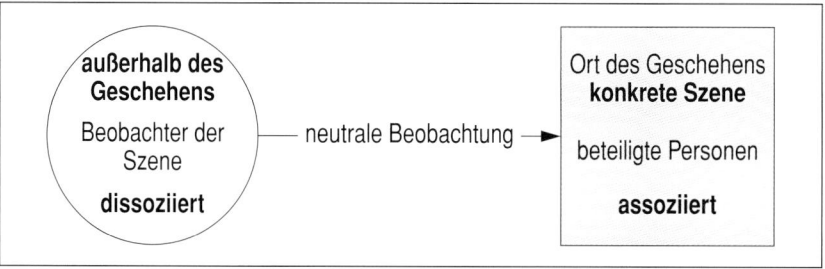

Abbildung 17: Art des Beteiligtseins an einem Geschehen

Wiedereinführung von Kontingenz.[1] Eine besondere Rolle spielt dabei der mehrfache Wechsel zwischen Innensicht (assoziiert) und Außensicht (dissoziiert), um die Relativität der jeweiligen Selektion und damit den kontingenten Charakter der gewählten Wirklichkeitskonstruktion zu erleben.

5.4
Spezielle Tools und Toys

5.4.1
Beachtung des Selbstwertgefühls

Menschen die Initiative abzunehmen und ihre Affen zu füttern und zu päppeln heißt nichts anderes, als sie gewissermaßen in Pflege zu nehmen, sprich: Dinge für sie zu tun, die sie selbst tun können ... Jedes Mal, wenn ein Mitarbeiter mit einem Problem zu mir kam und ich ihm eilfertig den Affen von den Schultern nahm, gab ich ihm im Grunde zu verstehen: ‚Du bist nicht fähig, dieses Problem zu lösen. Deshalb kümmere ich mich lieber selbst darum‘ ... Ein Affe ist der nächste Schritt, der getan werden muss.

K. Blanchard/W. Oncken/H. Burrows (2001):
Der Minutenmanager und der Klammer-Affe

Die Beachtung des Selbstwertgefühls ist ein zentrales Instrument für die Sicherung des Rapports und für die Herstellung der Schulter-an-Schulter-Intimität. *Optimal zu kommunizieren und zu kooperieren erfordert, das Selbstwertgefühl der Beteiligten zu achten.* Wird dieses verletzt, leidet die Kommunikation.

Das Selbstwertgefühl wird durch die Möglichkeit zur Selbsterhaltung und Selbstgestaltung bestimmt, also durch die Achtung der Identität und der Wirksamkeit.

Selbstwert durch Wirksamkeit und Sinnhaftigkeit

---

1 Diese Technik stammt ursprünglich aus dem NLP, wird dort aber häufig sehr „realistisch" interpretiert.

Jede Verletzung der verinnerlichten Gebote und Verbote schwächt das Selbstwertgefühl, wohingegen deren Anerkennung und Umsetzung es stärkt.

Beeinflusst wird das Selbstwertgefühl durch den Vergleich mit anderen und durch Beurteilungen durch andere. Alles, was Menschen tun, tun sie letztlich, um im Rahmen der für sie wichtigen Zugehörigkeit ihr Selbstwertgefühl zu verbessern, mindestens aber zu erhalten bzw. zu verteidigen.

> Gelingende Kommunikation stärkt das Selbstwertgefühl aller Beteiligten.

5.4.2
Differenzierung zwischen Beschreiben, Erklären und Bewerten

Auf diese von Simon (1990) betonte Unterscheidung wurde schon mehrfach zurückgegriffen. Wegen ihrer Bedeutsamkeit sei sie hier unter dem Aspekt des Fragen-stellens nochmals betrachtet. Die Konstruktion von Wirklichkeit lässt sich idealtypisch in drei Phasen unterteilen, die sich allerdings in einem zirkulären Prozess wechselseitig beeinflussen:

Drei Phasen in der Konstruktion von Wirklichkeit

Beschreiben

> *Selektion der Wahrnehmung:* Beschreibung
> Was will ich wahrnehmen? Wofür entscheide ich mich?

Erklären

> *Konstruktion von Zusammenhängen:* Erklärung
> Wie erkläre ich das Wahrgenommene? Welche Zusammenhänge mit anderen Phänomenen „sehe" ich?

Bewerten

> *Bedeutung für die Zukunft:* Bedeutungsgebung
> Welche Auswirkungen auf die Zukunft könnte das Wahrgenommene haben?

Beschreibung

Jeder Sachverhalt lässt sich auf unterschiedliche Weisen wahrnehmen und darstellen. Welches Bild entsteht, hängt davon ab, welche Unterscheidungen vollzogen und bezeichnet werden, d.h. welche definierenden Merkmale der Unterscheidung ein- oder ausgegrenzt werden.

> Unter Beschreibung wird die Auswahl der wahrgenommenen Phänomene und damit der getroffenen Unterscheidungen verstanden. Es geht um die Frage: Was?

Erklärung

Für die so beschriebenen Phänomene und Sachverhalte lassen sich unterschiedliche Wege ihrer Entstehung und Erhaltung annehmen.

> Erklärung meint die (Re-)Konstruktion eines erzeugenden Prozesses. Es geht um die Frage: Wie?

Sachverhalte werden durch einen Beobachter als positiv oder negativ, erwünscht oder unerwünscht, anzustreben oder zu vermeiden erlebt.   Bewertung

> Bewertung spiegelt die Beziehung solcher „Sachverhalte" zu den diversen von einer Person verfolgten Zielen wider. Da diese Ziele widersprüchlich sein können und in der Regel auch sind, entstehen Ambivalenzen in der Person. Es geht um die Frage: zieldienlich für welches Ziel?

Da Probleme auch Wirklichkeitskonstruktionen sind, die von einem oder mehreren Beobachtern erstellt werden, gilt das, was für Wirklichkeitskonstrukte im Allgemeinen gilt, auch für die Konstruktion von Problemen. In der Regel werden Probleme unter folgenden wertenden Kriterien konstruiert: Konstruktion von Problemen

- Übergeneralisierung (immer/überall/feste Eigenschaft),

- der Klient ist ohne Einfluss (Es passiert!),

- das Verhalten/Erleben ist unerwünscht/störend/schmerzlich,

- das Verhalten/Erleben hat keinerlei positive Bedeutung,

- wenn das Problem weg wäre, wäre alles gut.

Wenn diese Prämissen zutreffend wären, hätte man als Berater keine Chance, an einer Veränderung des Klientensystems mitzuarbeiten. Sobald es aber gelingt, zu diesen Annahmen Unterschiede einzuführen, ergeben sich neue Möglichkeiten, mit dem bisher als Problem Erlebten umzugehen. Das Problem verändert sich oder fällt in sich zusammen. Die Beratungsaufgabe ist folglich, diese fünf Punkte durch Unterschiedsbildungen „aufzuweichen", indem man z. B. diese Statik in interaktive erzeugende Prozesse „verflüssigt".

Unterschiede machen heißt, die festgelegten Wirklichkeitskonstruktionen in Frage zu stellen, Alternativen auf ihre Brauchbarkeit und Sinnhaftigkeit hin abzuwägen. Die Hauptunterscheidungsmöglichkeiten sind,

- *anders darüber zu reden (Variation),* z. B. über Lösungsaspekte, oder   Variation

- *über etwas anderes zu reden (Selektion),* z. B. über die erwünschte Lösung.   Selektion

Methoden dazu sind Fragen, Kommentare, Anregungen, Reframing-Angebote, Vorschläge, Metaphern und Geschichten.

5.4.3
Subsidiaritätsprinzip der Interventionsmöglichkeiten

Ziel aller Interventionen des Beraters ist die Anregung des Klienten zur Konstruktion anderer angemessenerer Wirklichkeitskonstruktionen.

1. Stufe von Erklärung: lineare Kausalität

Auf einer *ersten Stufe* der Interventionsmöglichkeiten, also des hypothetischen Angebots alternativer Wirklichkeitskonstruktionen, ist meist das Modell *linearer Kausalitätsbeziehungen* angemessen. Dies ist z.B. die Basis des alltäglichen Lebens, der klassischen Physik, der klassischen Biologie.

Für den Bereich menschlicher Interaktionen und erst recht für den Bereich sozialer Interaktionen führt Linearität jedoch nahezu zwangsläufig zu der Frage nach der Schuld: Wer oder was ist schuldig? Schuld ist dann entweder das Versagen eines Elementes in der Ursache-Wirkungs-Kette oder das Verharren eines Beteiligten in nicht angemessenen, alten Modellen, aus denen – bezogen auf die sich ändernde Gegenwart – ein inadäquates Verhalten abgeleitet wird. Bisweilen wird dann zwar geschaut, wofür ein „störendes" Verhalten oder Erleben wichtig ist, also seine *Funktion im Rahmen eines größeren Zusammenhangs* betrachtet. Das ändert aber nichts daran, dass in einem Defizit die Ursache für das Fehlverhalten des Systems gesehen wird.

2. Stufe von Erklärung: systemische Rückkopplungen

Auf der *zweiten Stufe* der Interventionsmöglichkeiten ist die Kybernetik 1. Ordnung anzusetzen: Der Berater betrachtet als neutraler, außen stehender Beobachter ein System und sieht, wie dort rekursive Prozesse sich wechselseitig beeinflussen und Regeln und Muster erzeugen. Das Ziel einer Intervention ist dann, auf der Ebene der Regeln und Muster Veränderungen zu bewirken (klassische kybernetisch-systemische Sichtweise), also das Kopplungsgeschehen zu beeinflussen.

3. Stufe von Erklärung: konstruktivistische Wirklichkeitsauffassung

Auf der *dritten Stufe* steht die Kybernetik 2. Ordnung: Die Trennung zwischen Beobachter und Beobachtetem lässt sich nicht aufrechterhalten; anders formuliert, das, was beobachtet wird, wird durch das Beobachten selbst (mit-)erzeugt. Die Prinzipien der klassischen Systemtheorie werden von dem Berater oder Klienten auf das System Berater-Klient selbst angewandt, so dass ein rekursives System entsteht: Die Beschreibung des Systems und damit das, was von dem System zur Kenntnis genommen werden kann, konstituiert das System und wird zugleich rückwirkend von dem so entstehenden System beeinflusst (konstruktivistisch-systemische Sichtweise).

Wieweit es darüber hinaus sinnvoll ist, noch weitere Stufen zu unterscheiden, etwa eine narrative Stufe der Metaphorik und des Geschichten Erzählens, sei hier nicht weiter verfolgt. Für die beraterisch relevante Frage, welches Interventionsmodell anzuwenden ist, wird deutlich, dass nicht die Wahrheit (welche?) das Kriterium der Wahl sein kann, sondern die jeweilige Zieldienlichkeit im Rahmen einer Zielabwägung.

Kriterium der Zieldienlichkeit

Zieldienlichkeit betrifft in diesem Zusammenhang immer auch das Ziel, das der Einflussnehmer, also der Coach, verfolgt. Dies ist das Prinzip der Verantwortung in der Beratung. Allerdings sollte dieses Ziel über den Auftrag des Klienten mit dem Ziel des Auftraggebers, des Coachees, verknüpft sein, da andernfalls wegen der operativen Geschlossenheit lebender System mit dessen „Widerstand" gerechnet werden muss.

> Nur wenn der Intervenierende es schafft, Teil der relevanten Umwelt des zu beratenden Systems zu sein, „sich strukturell anzukoppeln" und ein Feld wechselseitigen aufeinander Angewiesenseins zu schaffen, ist eine zielorientierte Einflussnahme möglich.

Damit wird die Auswahl des angemessenen Interventionsmodells selbst zu einer Frage der Zieldienlichkeit, was heißt, dass es unter Umständen in bestimmten kontextuellen Zusammenhängen (= Beschreibungen) sinnvoll sein kann, nicht unmittelbar das Modell der Kybernetik 2. Ordnung anzuwenden, sondern möglicherweise linear-kausal zu denken und zu handeln. Anders formuliert: Erst wenn eine Interventionstheorie niedriger Stufe nicht mehr angemessen und zieldienlich hilfreich ist, sollte eine höhere Stufe gewählt werden.

5.4.4
Gesetze der Kommunikation

Die Kenntnis der Kommunikationsgesetze bietet einen Fundus für viele Fragen, die die Abhängigkeit der Wirklichkeitskonstruktionen von dem Kommunizieren darüber deutlich machen können.

1. Man kann nicht *nicht* kommunizieren! (Watzlawick 1996)

Gesetze der Kommunikation

2. Die Bedeutung einer Kommunikation ist nicht die Intention des Senders, noch die Reaktion des Empfängers, sondern der resultierende zirkuläre Interaktionsprozess.

3. Die Verantwortung für gelingende Kommunikation liegt bei Sender und Empfänger zugleich.

4. Auf der *Mitteilungsebene* von Kommunikation werden neben dem Inhalt einer Kommunikation (*Inhaltsaspekt:* das, worüber der Sender informieren will) stets auch Informationen über die Beziehung der beteiligten Personen vermittelt (*Beziehungsaspekt:* das, was der Sender vom Empfänger hält bzw. wie er die gemeinsame Beziehung sieht).

5. Jede Kommunikation hat ferner einen *Selbstpräsentationsaspekt* (das, was der Sender von sich selbst mitteilt) und einen *Appellaspekt* (das, wozu der Sender den Empfänger veranlassen möchte) (BÜHLER 1934 und SCHULZ VON THUN 1981).

6. Neben der Kommunikation vom Sender zum Empfänger (Mitteilung) läuft gleichzeitig eine Kommunikation vom Empfänger zum Sender *(Feedback),* die die Mitteilung des Senders kommentiert.

7. Da jede Kommunikation vom Empfänger interpretiert werden muss, muss dieser sowohl filtern als auch ergänzen *(Konstruktionsaspekt).*

8. Zusätzlich zur Mitteilungsebene einer Kommunikation gibt es stets eine Ebene der *Metakommunikation,* die explizit oder implizit die Mitteilungsebene kommentiert.

9. Gelingende Kommunikation erfordert die angemessene Beachtung der verschiedenen kommunikativen und meta-kommunikativen Aspekte der Kommunikation.

10. Kommunikation findet immer in mindestens einem relevanten *Kontext* statt. Spielen mehrere Kontexte eine Rolle, erscheint die Kommunikation oft indirekt und mehrdeutig, schillernd.

5.4.5
Feste und lose Kopplung

Feste und lose Kopplung

Im Abschnitt 2.2.2 „Wirklichkeit als Joint Venture: Harte und weiche Wirklichkeiten" wurde aus der Sicht eines Wirklichkeit konstruierenden Beobachters der Unterschied zwischen harter und weicher Wirklichkeit eingeführt. SIMON hat in Anlehnung an LUHMANN (2000) eine damit eng zusammenhängende Unterscheidung eingeführt, die einen wesentlichen Aspekt so konstruierter Systeme beschreibt. Er unterscheidet zwischen *loser und fester Kopplung der Komponenten eines Systems.* Systeme mit sehr fester Kopplung werden als *Form* bzw. *Ding* bezeichnet, solche mit sehr loser Kopplung als *Medium.*[1]

---

1   Siehe Abschnitt 3.2.2 „Organisation als Dynamik und Konflikt".

Der Unterschied zwischen Ding und Medium ist die Möglichkeit des Mediums, sich den äußeren Bedingungen des Dings anzupassen, wogegen das Ding in dieser Beziehung infolge seiner inneren Bedingungen seine Form bewahrt. Die Elemente des Mediums sind eben loser gekoppelt als die Elemente des Dings.

Medium ist jeder gekoppelte Zusammenhang von Elementen, der sich einer Form anpassen kann. Form ist eine festere Kopplung von Elementen, die sich im Kontakt mit einem Medium behauptet. Damit handelt es sich bei dem Begriff Medium um eine dreigliedrige Relation: *was ist für wen Medium in Bezug auf was?* Ein System ist also für ein anderes System nicht durchgängig Medium, sondern immer nur in Bezug auf eine bestimmte Wirklichkeitsthematik.

Die grundsätzliche Frage im Kontakt zweier gekoppelter Zusammenhänge, also von Systemen, lautet: *Wer passt sich wem an, wer ist Form und wer ist Medium?* So gesehen ist die Frage der Kopplung für alle Formen der Beratung und des Coachings äußerst relevant. Die jeweils relativ lose gekoppelte Einheit wird für eine festere Form Medium. Wer oder was in Interaktionen einer Verformung mehr Widerstand entgegensetzt, also weniger interne Relationen verändert, ist die härtere Realität, hat mehr Dinglichkeit. Dies trifft auch für die Beeinflussung eines Systems durch eine Beschreibung von außen zu. Eine harte Wirklichkeit reagiert auf eine solche Beschreibung deutlich weniger als die weichen Wirklichkeiten. Damit gehört zu der Abschätzung der Chancen und Risiken einer Veränderung die Analyse hinzu, welches System in Bezug auf ein anderes beteiligtes bei der gegebenen Thematik eher Form oder Medium ist. Wessen Identität ist rigider, wessen Komponenten haben mehr Spielraum?

Form und Medium

Wer passt sich wem an?

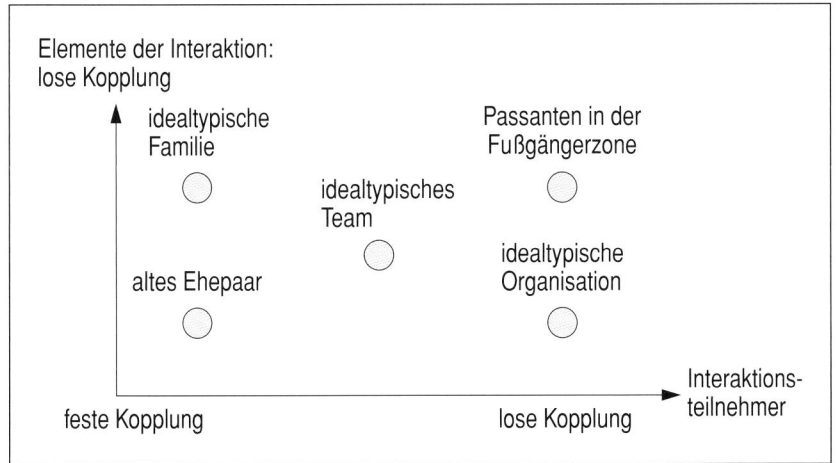

Abbildung 18: Systemische Kopplungen (nach SIMON)

Jedes konkrete soziale System findet im Schema, wie es in Abbildung 18 dargestellt ist, eine Position. Ein altes Ehepaar ist in der Regel eng aneinander gebunden und auch in seinen Interaktionen sehr „eingespielt", während eine idealtypische Familie mit kleinen Kindern ebenfalls auf der Personenebene eng verbunden ist, die Interaktionsabfolge aber immer für eine Überraschung gut ist.

Die idealtypische Organisation hingegen, die sich einem klar definierten Wertschöpfungsprozess verpflichtet weiß, ist in ihrem Arbeitsablauf klar strukturiert, also fest gekoppelt, wohingegen die Personen zumindest im Prinzip austauschbar sind.

Passanten in der Fußgängerzone haben die größte Freiheit, haben aber auch nur minimal miteinander zu tun. Ein Team ist deutlich enger gekoppelt, auch als eine Organisation, allerding auch weniger als eine Familie; die Interaktionen sind zwar zielorientiert, müssen aber infolge des Projektcharakters immer wieder neu organisiert werden.

Kopplungen werden als Loyalität und Zugehörigkeit erlebt

Es wird deutlich, dass die Beachtung dieses doppelten Kopplungsgeschehens für die Kooperationen solcher unterschiedlich gekoppelten Systeme wie etwa Team und Organisation oder Organisation und Familie große Bedeutung hat, insbesondere zum Verständnis und Umgang mit den immer wieder auftretenden Konflikten, die häufig auf den unterschiedlichen Kopplungen beruhen. Diese Kopplungen werden als Loyalitäten und Zugehörigkeiten erlebt.

Sechstes Kapitel

Resümee: Die Bedeutung des Coachings für Unternehmen

Durch die Worte werden die Bilder erklärt, aber wenn man die Bilder begriffen hat, kann man die Worte vergessen. Durch die Bilder werden die Ideen begründet, aber wenn man die Ideen begriffen hat, kann man die Bilder vergessen.   WANG PI

Added Value von Coaching

Betrachtet man gemäß dem marktwirtschaftlichen Modell Verhalten als Ware, dann stellt sich auch die Frage nach dem Wert des Verhaltens „Coaching". Was ist der Added Value, den ein Unternehmen durch Coaching gewinnt? Anders formuliert: Wann sollte ein Unternehmen daran denken, Coaching für seine Führungskräfte in Anspruch zu nehmen?

Coaching basiert auf der Freiwilligkeit des Coachees

Mit dieser Frage eröffnet sich sofort ein Problem. Wie dargelegt wurde, ist Coaching ein sehr persönliches Geschehen zwischen Coachee und Coach.[1] Das bedeutet aber, dass ohne die Zustimmung und die freiwillige und damit aktive Mitarbeit des Coachees ein Coachingprozess zur Farce würde. Andererseits ist es eben keine nur persönliche Angelegenheit, sondern es muss – erst recht, wenn die Kosten vom Unternehmen getragen werden – auch und primär ein Mehrwert für das Unternehmen zu erwarten sein.

Coaching erschöpft sich nicht in psychologischer Unterstützung

Als relevante Thematik des Coachings wurde von Anfang an das Spannungsfeld zwischen Organisation, Rolle bzw. Funktion und Person des Coachees definiert. Damit ist ein verbreitetes Missverständnis ausgeschlossen: Coaching erschöpft sich keinesfalls in einer psychologischen Unterstützung einer in eine Krise geratenen Person. Natürlich kann und sollte auch die persönliche Entwicklung des Coachees ein Ergebnis des Coachings sein, aber stets bezogen auf das Spektrum der Aufgaben, die im Rahmen der Organisation zu übernehmen sind.

In diesem Sinne ist Coaching durchaus Aktivierung brachliegenden Potenzials des Coachees und damit für das Unternehmen Performance Improvement. Es wird aber auch deutlich, dass Coaching nicht in die Nähe von Psychotherapie zu rücken ist.

Coaching ist kein „Nachhilfeunterricht"

Andererseits sollte Coaching auch nicht als „Nachhilfeunterricht" bezüglich von Aufgaben verstanden werden, die von dem Coachee aufgrund mangelnder Kenntnisse oder Fähigkeiten nicht zu meistern sind. Dies kann und wird in dem heutigen schnellen Wandel von Situationen und Anforderungen immer wieder vorkommen. Dann bedarf es aber der Weiterbildung bzw. eines Trainings, um wieder „auf der Höhe der Zeit" zu sein.

Letztlich ist es eine zentrale Managementfunktion, dafür zu sorgen, dass die Mitarbeiter und insbesondere die Führungskräfte das zur Bewältigung vorhersehbarer Veränderungen erforderliche Wissen und Können zur Verfügung haben. Für die Durchführung sind die Weiterbildungs-

---

1   Siehe Abschnitt 4.1.3 „Emotionalität im Coachingprozess".

und Personalentwicklungsabteilungen zuständig, *die Zielsetzungen sollten jedoch vorrangig aus der strategischen Planung der Unternehmensentwicklung abgeleitet sein.*

Ein solches Lernen setzt voraus, dass ein hinreichendes Wissen für die Bewältigung der anstehenden bzw. kommenden Anforderungen vorhanden ist, zumindest aber von Experten generiert und abgerufen werden kann. Es geht also wesentlich um „harte" Wirklichkeit. Wie in Teil 3 deutlich wird, betrachten viele Unternehmen die Unterstützung solchen Lernens, besonders wenn die Topmanager betroffen sind, als Coaching. Dies resultiert daraus, dass allein schon aus Zeitgründen die benötigten Kenntnisse sehr aufgaben- und personenspezifisch aufbereitet und vermittelt werden müssen. Hier ist bisweilen der Rat von Personen gefragt, die in ihrer Karriere schon vergleichbare Aufgaben bewältigt haben.

Schulung betrifft die „harte" Wirklichkeit

Es ist dann mehr eine Frage der betrieblichen Terminologie, ob man diese Art der Beratung und Schulung als Coaching bezeichnen will oder lieber als Mentoring. Auf jeden Fall ist es eine wichtige Aufgabe, die zu lösen ist. Dabei geht es nicht um kleinliche Begrifflichkeit, sondern um die Klarheit der zu leistenden Arbeit.

Wie wir gezeigt haben, hat das systemisch-konstruktivistische Denken inzwischen deutlich gemacht, dass in dem bisherigen Beratungsgeschehen eine Aufgabe verborgen war und gleichsam nebenbei mit erledigt wurde, die neuerdings zunehmend wichtiger wird. Es handelt sich um die Frage nach den Einflussmöglichkeiten auf das Joint Venture der Konstruktion „weicher" Wirklichkeit.[1] Dass und wieso diese Frage in komplexen vernetzten Systemzusammenhängen so beachtenswert geworden ist, war Thema von Teil 1. Dass dies erst heute deutlich geworden ist, liegt daran, dass diese Aufgabe bei weitgehend stabilen Umweltverhältnissen durch tradierte Wirklichkeitskonstruktionen scheinbar zum Verschwinden gebracht wurde. Als eigenständige Aufgabe wurde sie meist gar nicht erst wahrgenommen.

Coaching als Reflexion der Konstruktion „weicher" Wirklichkeit

Damit wird der Mehrwert des Coachings im hier verstandenen Sinne deutlich: Immer wenn ein Unternehmen in einer Welt agieren muss, die durch das interaktive Verhalten der beteiligten Stakeholder erst gebildet, sozusagen „ins Leben gesetzt" wird, ist die Beachtung und Beeinflussung dieses „Weltbildungsprozesses" eine unverzichtbare Aufgabe. Es geht, wie mehrfach ausgeführt wurde, um eine Beobachtung 2. Ordnung, die auf den Einfluss des Beobachtens auf das Beobachtete fokussiert.

Der Mehrwert des Coachings für Unternehmen

---

1   Vgl. Abschnitt 2.2.2 „Wirklichkeit als Joint Venture: Harte und weiche Wirklichkeiten".

Für die Beobachtung 1. Ordnung, die alltägliche Managementarbeit, also das Handeln in komplexen Zusammenhängen und die notwendige Reduktion auf „einfache Komplexität", ist dies der unvermeidbare „blinde Fleck". Dieser wird erst sichtbar, wenn man diesem Handeln gegenüber eine externe Perspektive einnimmt und die Kontingenz des „es könnte auch anders sein" in den Blick bekommt. Diese Perspektive ist für das aktive Handeln eher irritierend oder gar blockierend, muss dennoch aber in komplexen Zusammenhängen immer wieder eingenommen werden, um nicht die Orientierung zu verlieren, d.h. um eine Entscheidung treffen zu können über eine angemessene Reduktion der komplexen Komplexität auf einfache Komplexität.[1]

Notwendigkeit einer externe Perspektive

> Führungskräfte bei dieser Reflexion zu unterstützen, ist die anspruchsvolle Arbeit des Coachings. Der Gewinn ist der Zuwachs an Flexibilität und Entscheidungsfähigkeit, an sozialer Kompetenz im Umgang mit der Vernetztheit der Stakeholder und ein geschärfter Blick für Verantwortlichkeit, wenn das Kriterium der Richtigkeit – wie dies im Bereich weicher Wirklichkeiten der Fall ist – nicht mehr trägt.

Der zu erwartende Gewinn des Coachings

Erfolgskriterium für Coaching

Das Erfolgskriterium für Coaching ist der verbesserte Umgang des Coachees mit den relevanten Phänomenen seiner „weichen" Wirklichkeit. Allerdings wird das Controlling damit selber zu einer Beobachtung 2. Ordnung.

Voraussetzungen beim Coach

Welche Voraussetzungen braucht ein Coach für diese Unterstützungsarbeit? Da man es im Coaching mit Menschen zu tun hat, ist eine psychologische Kompetenz und Sensibilität wohl unverzichtbar. Allerdings ist damit leicht die Gefahr verbunden, die Anliegen des Coachees aus dem Spannungsfeld ihrer komplexen Vernetzungen zu lösen und stattdessen zu personalisieren. Es gilt aber die Regel, *Netz rangiert vor Psyche.*

Als weitere Kompetenz des Coaches ist eine Kenntnis des Handlungsfeldes des Coachees zu fordern, allerdings nicht als Experte, sondern nur so weit, dass der Coach sinnvolle Fragen nach den Kriterien der Beobachtungen und Erklärungen des Coachees stellen kann.

Wichtigste Fähigkeit eines Coaches

Damit zeigt sich, dass die wichtigste Fähigkeit des Coaches ist, in der Position eines Beobachters 2. Ordnung zu bleiben und den Coachee einzuladen, diese Position vorübergehend auch einzunehmen. Gerade deshalb kann eine „gute fachliche Expertise" des Coaches sogar hinderlich sein, weil die zweifache Gefahr besteht, erstens den blinden Fleck des

---

1   Siehe Abschnitt 2.3.2 „Der konstruierte Konstrukteur: Der Andere".

Coachees zu teilen, und zweitens der Versuchung zu erliegen, der „bessere" Manager zu sein und auf der „Rezeptebene" Ratschläge zu geben.[1]

Nur wenn Coaching unter einer externen und neutralen Perspektive des Coaches durchgeführt wird, kann der beträchtliche Mehrwert für Unternehmen und Coachee realisiert werden. Die Neutralität bezieht sich dabei sowohl auf die beteiligten bzw. betroffenen Personen als auch auf die ins Auge gefassten Lösungen und auf eine mögliche Veränderung oder Nichtveränderung überhaupt. Diese Neutralität ist ein Zeichen der Professionalität und nicht der Gleichgültigkeit des Coaches.

Bedeutung der Neutralität des Coaches

---

1   Eine („geknickte") Linienkarriere ist eben kein Garant für gutes Coaching.

Teil III

Coaching-Programme in der Praxis

Siebtes Kapitel

Implementierung von Coaching-Programmen in Unternehmen

7.1
Coaching – für Unternehmen geeignet?

Wie bereits erwähnt, ist das Wort Coaching vielfach zu einem Mode- und Schlagwort geworden ist. Für viele herkömmliche Konzepte und Ansätze, denen aus Marketing-Überlegungen heraus ein neues Kleid gegeben werden soll, muss dieser Begriff herhalten. Ein Mitarbeiter wird nicht mehr geführt, sondern gecoacht, der Vorgesetzte wird zum Coach – was immer dies heißen mag. Dies bedeutet vor allem, dass sich bisher keine einheitliche Begriffsdefinition und somit kein verbindlicher Gebrauch dieses Begriffes durchsetzen konnte. Unangenehm ist dabei, dass dadurch der Begriff Coaching oft unreflektiert verwendet wird, ohne dass genauer spezifiziert wird, was darunter verstanden wird oder was die grundlegenden Annahmen sind, die sich dahinter verbergen.

Begriffs-Wirrwarr

In den beiden ersten Teilen wurde eine praxisrelevante Fundierung des Coachings, insbesondere des Prozesscoachings, dargelegt. Dabei hat sich aus mehreren grundlegenden Überlegungen heraus gezeigt, dass eine systemisch-konstruktivistische Basis sich als sinnvoll und angemessen erweist. Im Folgenden soll – gerade im Hinblick auf die in diesem Teil dargestellten Fallstudien aus der Praxis – ein Überblick aus betriebswirtschaftlicher Sicht über die damit verbundenen Fragen gegeben werden.

Coaching und Performance

Damit stellt sich die ganz zentrale Problematik, nämlich die originär-betriebswirtschaftliche: Was kann mit Coaching eigentlich erreicht werden, insbesondere in Bezug auf die Performance? Damit tut sich ein weites Feld von Fragen auf, die im Rahmen dieses Buches kaum abschließend bearbeitet werden können, stellt sich doch die betriebswirtschaftliche Gretchen-Frage, mit welchen Maßnahmen der Erfolg eines Unternehmens erreicht oder zumindest unterstützt werden kann. Auch wenn wir nicht auf alle damit verbundenen Fragen eingehen können, so ist es doch möglich – gerade auf dem Hintergrund einer systemisch-konstruktivistischen Denkweise –, einige grundsätzliche Überlegungen anzustellen, die auf diese Frage zielen.

Fehler bei der Umsetzung von Coaching

Doch gerade dann, wenn man zum Schluss kommt, dass Coaching eine geeignete Methode ist, um den – wie auch immer definierten – Erfolg des Unternehmens zu unterstützen, stellt sich die Frage, wie Coaching im Unternehmen umgesetzt werden kann. Die Erfahrung hat uns gerade in den letzten Jahren gelehrt, dass viele neue Konzepte – zum Beispiel das Business Process Reengineering – bei ihrer Umsetzung in die Praxis häufig deshalb nicht funktionieren, weil man entweder essenzielle Regeln nicht beachtet hat oder die Rahmenbedingungen nicht richtig gesetzt wurden. Die folgenden Betrachtungen sollen helfen, solche

Umsetzungsfehler zu vermeiden und die betriebswirtschaftliche Essenz des Instruments Coaching zu verdeutlichen. Anschließend werden von verschiedenen Autoren und Autorinnen Fälle dargestellt, die aufzeigen, wie solche Coaching-Konzepte und umfassende Coaching-Programme von einzelnen Unternehmen implementiert worden sind. Dabei wird nochmals deutlich, wie vielfältig und heterogen das ist, was in der Praxis unter dem Label „Coaching" umgesetzt wird und sich teils erheblich von einem Prozesscoaching unterscheidet. Wir bezweifeln in keiner Weise die Bedeutsamkeit von Expertencoaching dort, wo dies möglich ist und benötigt wird, möchten aber nochmals darauf hinweisen, dass es in der betrieblichen Praxis entscheidende Bereiche gibt, die nur über Prozess-coaching einer Reflexion und Verbesserung zugänglich sind.

Damit stehen in diesem Kapitel die folgenden Fragen im Vordergrund und sollen zumindest ansatzweise beantwortet werden:

- Welche verschiedenen Aspekte gilt es beim Coaching zu beachten bzw. welche *Formen von Coaching* können unterschieden werden? (Abschnitt 7.2 „Der Coaching-Dschungel")

- Was bedeutet Performance Improvement Coaching, d.h. inwiefern dient Coaching zu Verbesserung des *Erfolgs?* Verbunden damit sind auch Fragen, welche die *Qualität* eines Coachings betreffen. (Abschnitt 7.3 „Performance Improvement Coaching")

- Wie kann Coaching im Unternehmen verankert werden, welche institutionellen *Rahmenbedingungen* sind zu beachten? (Abschnitt 7.4 „Umsetzung von Coaching im Unternehmen – Coaching-Programme")

7.2
Der Coaching-Dschungel

7.2.1
Die sechs W-Fragen des Coachings

Wie bereits in der Einleitung zu diesem Buch angedeutet, verbinden sich mit dem Begriff Coaching die unterschiedlichsten Inhalte und Konzepte. Deshalb ist es auch nicht weiter erstaunlich, dass sich in der Praxis, d.h. in der konkreten Umsetzung eines Coachings, die unterschiedlichsten Ansätze und Programme finden – ein Spiegelbild der Coachingliteratur!

Vielfalt der Coaching-Konzepte

Abbildung 19 zeigt dabei nicht nur die Vielfalt des Begriffes Coaching, sondern auch die Wandlung dieses Begriffes während der letzten 30 Jahre.

Um die einzelnen Konzepte voneinander abgrenzen zu können – und damit eine vernünftige Entscheidungsgrundlage für den geeigneten Einsatz eines Coaching-Konzeptes zu haben –, ist deshalb eine differenzierte Betrachtung der verschiedenen Ansätze notwendig. Eine solche kann mit Hilfe von sechs zentralen W-Fragen des Coachings vorgenommen werden:

Abgrenzung der Coaching-Ansätze

1. Was ist das Ziel eines Coachings?

2. Welches ist das Grundverständnis, die grundsätzliche Methode, die dem Coaching zugrunde liegt?

3. Woher kommt der Coach?

4. Wie viele Personen werden gleichzeitig gecoacht?

5. Welche Personen werden gecoacht?

6. Welches sind die Anlässe für ein Coaching?

Auf diese Fragen wird in den folgenden Abschnitten kurz eingegangen.

7.2.2
Was ist das Ziel eines Coachings?

Die erste Frage richtet sich auf die eigentliche Zielsetzung, die mit einem Coaching erreicht werden soll. Dabei können drei grundsätzliche Ausrichtungen unterschieden werden:

Grundsätzliche Coaching-Ausrichtungen

▨ *Defizitansatz:* Mit Hilfe des Coachings soll eine bestimmte aktuelle Problemsituation behoben werden. Die Probleme können vielfältiger Natur sein, wie sie weiter unten aufgeführt werden. Durch Unterstützung mit Coaching sollen die gesetzten Leistungsstandards erreicht werden können.

▨ *Präventivansatz:* Mit diesem Ansatz sollen bestimmte, als störend empfundene Verhaltensweisen oder Situationen in Zukunft verhindert werden.

▨ *Potenzialansatz:* In diesem Fall geht es nicht nur um die effektive Nutzung vorhandener, aber noch nicht ausgeschöpfter Potenziale, sondern oft sogar erst um deren Entdeckung. Es sollen neue Wege und Möglichkeiten aufgezeigt werden, solche Potenziale zu erschließen. Dieses Coaching wird häufig angewandt, wenn es um die Vorbereitung auf neue Aufgaben geht.

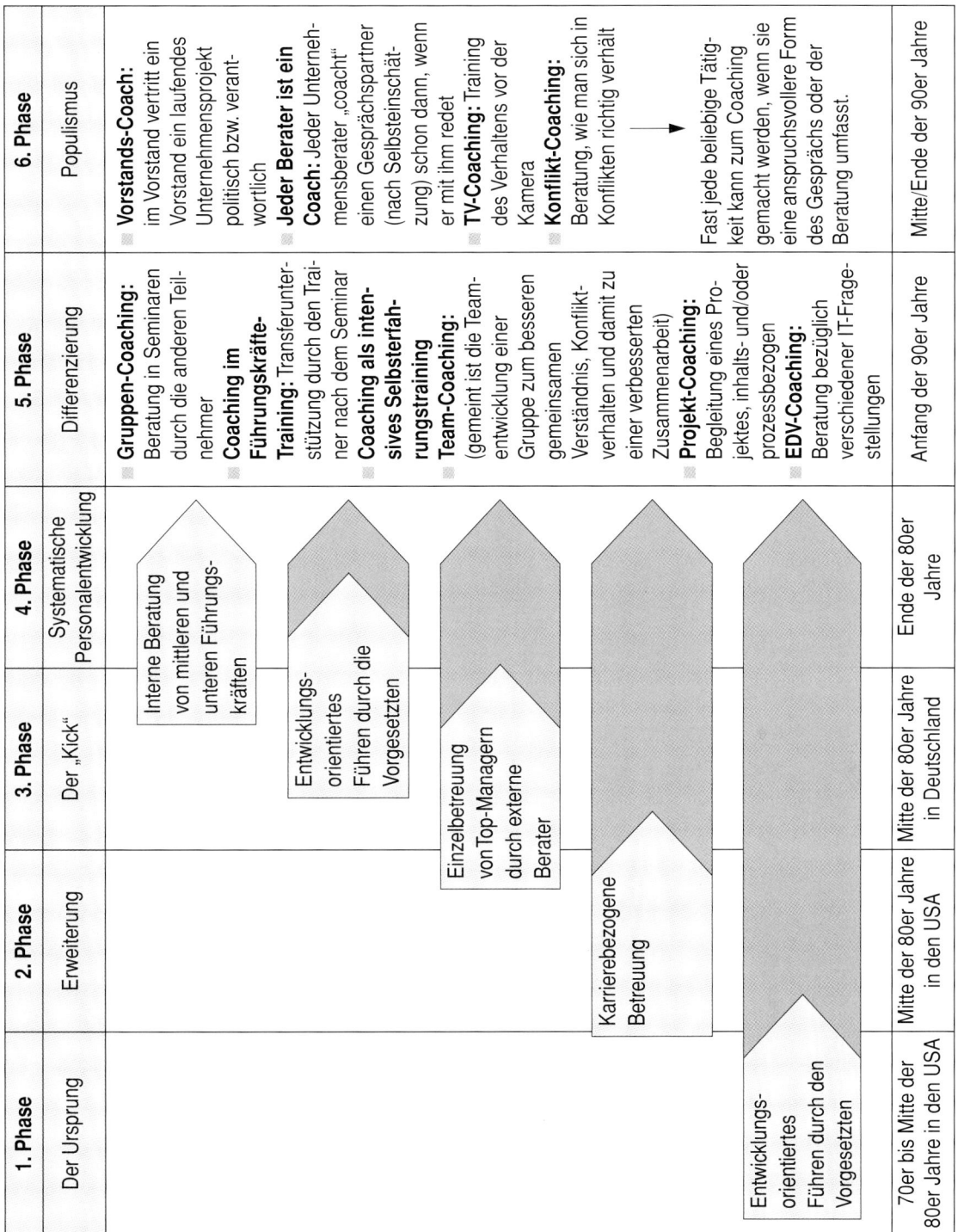

1. Phase	2. Phase	3. Phase	4. Phase	5. Phase	6. Phase
Der Ursprung	Erweiterung	Der „Kick"	Systematische Personalentwicklung	Differenzierung	Populismus
				Gruppen-Coaching: Beratung in Seminaren durch die anderen Teilnehmer **Coaching im Führungskräfte-Training:** Transferunterstützung durch den Trainer nach dem Seminar **Coaching als intensives Selbsterfahrungstraining** **Team-Coaching:** (gemeint ist die Teamentwicklung einer Gruppe zum besseren gemeinsamen Verständnis, Konfliktverhalten und damit zu einer verbesserten Zusammenarbeit) **Projekt-Coaching:** Begleitung eines Projektes, inhalts- und/oder prozessbezogen **EDV-Coaching:** Beratung bezüglich verschiedener IT-Fragestellungen	**Vorstands-Coach:** im Vorstand vertritt ein Vorstand ein laufendes Unternehmensprojekt politisch bzw. verantwortlich **Jeder Berater ist ein Coach:** Jeder Unternehmensberater „coacht" einen Gesprächspartner (nach Selbsteinschätzung) schon dann, wenn er mit ihm redet **TV-Coaching:** Training des Verhaltens vor der Kamera **Konflikt-Coaching:** Beratung, wie man sich in Konflikten richtig verhält Fast jede beliebige Tätigkeit kann zum Coaching gemacht werden, wenn sie eine anspruchsvollere Form des Gesprächs oder der Beratung umfasst.
70er bis Mitte der 80er Jahre in den USA	Mitte der 80er Jahre in den USA	Mitte der 80er Jahre in Deutschland	Ende der 80er Jahre	Anfang der 90er Jahre	Mitte/Ende der 90er Jahre

Arrow labels (left to right):
- Entwicklungsorientiertes Führen durch den Vorgesetzten
- Karrierebezogene Betreuung
- Einzelbetreuung von Top-Managern durch externe Berater
- Entwicklungsorientiertes Führen durch die Vorgesetzten
- Interne Beratung von mittleren und unteren Führungskräften

Abbildung 19: Entwicklung des Coaching-Begriffs (Böning 2002, S. 25)

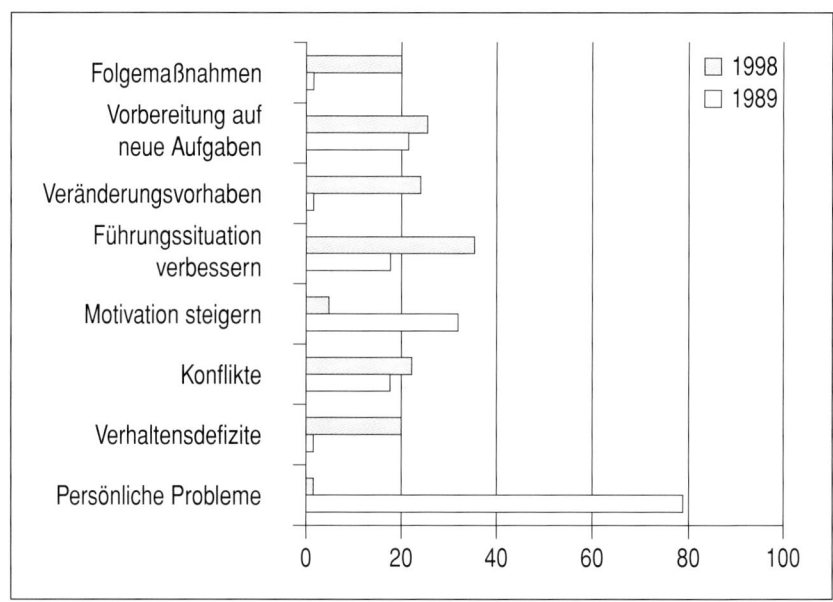

Abbildung 20: Coaching-Ziele (BÖNING 2002, S. 34)

In der Praxis sind die Grenzen zwischen diesen verschiedenen Ansätzen fließend. Oft wird mit einem Defizitansatz begonnen. Wenn sich aber einzelne Problemsituationen immer wiederholen, gleitet man in einen Präventivansatz über. Und nicht selten werden durch ein Coaching – vor allem mit dem Prozessansatz, wie im nächsten Punkt gezeigt wird – auch latente Potenziale sicht- und erschließbar. Abbildung 20 zeigt die Ergebnisse einer empirischen Erhebung über die wichtigsten Ziele beim Coaching, wobei die gleiche Erhebung 1989 und 1990 gemacht worden ist.[1]

7.2.3
Welches sind die Coaching-Methoden?

Mit der Coaching-Methode wird das prägende Grundverständnis und somit die grundsätzliche Arbeitsweise in einem Coaching-Prozess festgelegt. Dabei kann zwischen einem Experten- und einem Prozesscoaching unterschieden werden:

■ Beim *Expertencoaching* – auch Fachcoaching genannt – steht die inhaltliche Beratung im Vordergrund. Mit anderen Worten, Coach und Coachee erarbeiten gemeinsam eine Problemlösung, wobei der Coach aufgrund seiner großen Facherfahrung bzw. Fachexpertise Lösungs-

---

1   Allerdings lassen sich Ziele und Anlässe für ein Coaching nicht immer klar trennen (vgl. Abschnitt 7.2.7 „Welches sind die Anlässe für ein Coaching?").

vorschläge macht oder Ratschläge erteilt. Diese Form des Coachings setzt voraus, dass auf dem jeweiligen Beratungsfeld inhaltliches Expertenwissen überhaupt möglich ist und zur Verfügung steht. Wesentliche Anteile dieser Art des Coachings sind meist im Mentoring[1] und oft auch beim Coaching durch Führungskräfte enthalten.

Im Gegensatz dazu steht das *Prozesscoaching,* bei dem der Coach den Coachee darin unterstützt, in dem sich sehr komplex präsentierenden Beratungsfeld zieldienliche Orientierungen und Strukturierungen zu entwickeln. Dabei kann man wegen der komplexen Vielfältigkeit des zu betrachtenden Bereichs (z.B. Wie führt man richtig?) in der Regel nicht auf eine sichere und eindeutige Fachexpertise zurückgreifen. In der Beratung müssen folglich gemeinsam von Coachee und Coach eine zielorientierte Strategie konstruiert und die Folgen dieser Eigenbeteiligung in dem resultierenden komplexen Handlungsfeld abgeschätzt werden. Die systemisch-konstruktivistische Sichtweise, wie sie in Teil 1 geschildert wird, beschreibt die typischen Merkmale eines solchen Prozesscoachings.

Beim Experten- und Prozesscoaching handelt sich um zwei völlig verschiedene Ansätze, die entsprechend auch sehr unterschiedliche Arbeitsweisen im Coaching bedingen. In Teil 2 sind die wesentlichen Elemente und der Ablauf des Prozesscoachings dargestellt. Demgegenüber zeigt die Fallstudie Volkswagen ein Beispiel einer Ausrichtung auf Experten-

Experten- versus Prozesscoaching

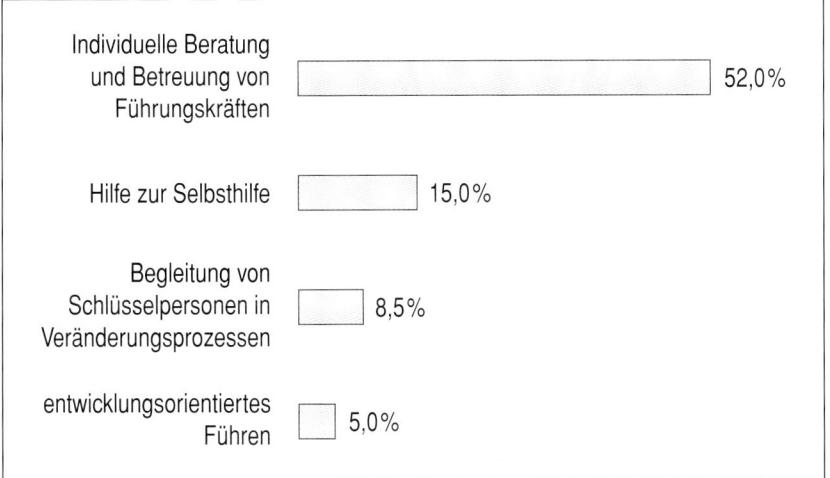

Abbildung 21: Grundverständnis von Coaching (Böning 2002, S. 32)

---

1   Zum Mentoring vgl. Teil 1, Abschnitt 3.2 „Der Kontext: Organisation als Markt".

coaching. In der Praxis steht zur Zeit noch stark die Expertenberatung (individuelle Beratung und Betreuung von Führungskräften) im Vordergrund (vgl. Abbildung 21).

7.2.4
Woher kommt der Coach?

Bei der Durchführung des Coachings kann auf interne oder auf externe Coaches zurückgegriffen werden:

▨ Beim *internen Coaching* übernimmt dies meistens die Personalentwicklung (man spricht auch von einem Stabscoaching) oder der Vorgesetzte (in diesem Fall spricht man von einem Liniencoaching).

▨ Bei einem *organisationsexternen Coaching* werden meistens freiberuflich tätige Coaches oder Unternehmensberatungen, die sich darauf spezialisiert haben, herangezogen.

Interne versus externe Coaches

Eine Studie von Böning (2002, S. 36) zeigt, dass 74 % der befragten Unternehmen, die ein Coaching nutzten, externe Berater einsetzten, 56 % hingegen interne Beauftragte. Damit wird klar, dass ein großer Teil der Firmen sowohl interne als auch externe Berater einsetzt. Vorgesetzten-Coaching wurde praktisch nicht ausgeübt. Die nachfolgenden Fallstudien bestätigen diese Resultate. Es wird aber deutlich, dass externe Coaches tendenziell häufiger eingesetzt werden, je stärker man sich an einem Prozesscoaching orientiert.

Berufliche Herkunft des Coaches

Neben der institutionellen Frage ist auch die berufliche Herkunft von Interesse. Gemäß einer Studie von Stahl/Marlinghaus (2000, S. 204) nannten 42 % der Coaches ein wirtschaftsbezogenes Studium, 7 % eine kaufmännische Lehre und 53 % ein Studium in einem psychosozialen Ausbildungsbereich, wobei 22 % über eine Mehrfachqualifikation verfügen. Zudem weisen 72 % der Coaches eine therapeutische Zusatzausbildung auf. Dies lässt natürlich auf die verwendeten Methoden schließen, wie in Abschnitt 7.2.8 „Weitere Fragen" deutlich wird. Neben der Ausbildung ist auch die Berufserfahrung von großer Bedeutung. Vor der Aufnahme ihrer Tätigkeit als Coach haben 61 % der Befragten im Management bzw. in einer Führungsfunktion gearbeitet, 65 % in der Personalentwicklung, 76 % in der Unternehmensberatung und 80 % als Psychologe oder Psychotherapeut. Die durchschnittliche Berufserfahrung der Befragten als Coach betrug 7,3 Jahre.

Berufserfahrung des Coaches

Wie eine Befragung von Personalverantwortlichen zeigt, wird die Wichtigkeit der verschiedenen Tätigkeitsfelder von Coaches unterschiedlich eingestuft. Dabei wird der Berufserfahrung als Coach bzw. der Tätigkeit

Praxisfeld/ Tätigkeitsbereich · Praxiserfahrung der Coaches	Einschätzung der Wichtigkeit durch Personalmanager[1] (n = 21)	Anteil der Coaches mit geforderter Praxiserfahrung[2] (n = 46)
Coaching	3,1	78%
Management/Führung	2,7	52%
Personalentwicklung	2,7	52%
Unternehmensberatung	2,0	59%
Psychologie/Psychotherapie	2,9	59%

1   5-stufige Antwortskala von 0 (völlig unwichtig) bis 4 (sehr wichtig)
2   Anteil der Coaches, welche die im Durchschnitt geforderte Praxiserfahrung in Jahren aufweisen

Abbildung 22: Praxiserfahrung von Coaches (STAHL/MARLINGHAUS 2000, S. 204)

als Psychologe oder Psychotherapeut die höchste Bedeutung zugemessen. Besonders aufschlussreich sind diese Ergebnisse, wenn man zusätzlich noch die von den Personalverantwortlichen minimal geforderte Berufserfahrung der von den befragten Coaches tatsächlich eingebrachten Erfahrung gegenüberstellt. Da die Coaches aus der Sicht der Personalverantwortlichen eine drei- bis vierjährige Berufserfahrung in möglichst allen Tätigkeitsfeldern aufweisen sollten, wird aus Abbildung 22 ersichtlich, dass nur etwa die Hälfte der befragten Coaches diese hohen Anforderungen auch tatsächlich erfüllen. Der Anteil der Coaches, die in allen Bereichen die geforderte Erfahrung aufweisen, beträgt sogar nur 17%. Allerdings kann man sich aus sachlichen Überlegungen fragen, ob es für ein erfolgreiches Coaching wirklich notwendig ist, dass Coaches diesen umfassenden Praxishintergrund aufweisen müssen, oder ob nicht sinnvollerweise im Einzelfall – auf dem Praxishintergrund des Coachees – eine entsprechende Anforderung formuliert werden sollte.

7.2.5
Wie viele Personen werden gleichzeitig gecoacht?

In der Mehrzahl handelt es sich bei der in der Praxis anzutreffenden Settings um ein Einzelcoaching, doch findet man auch das Gruppencoaching. Dabei kann es sich um ein Arbeitsteam, in der heutigen Zeit häufig um ein Projektteam handeln, oder aber seltener um eine zufällig zusammengestellte Gruppe. Letzterer Fall kommt zum Beispiel

auch in Ausbildungen vor, wo es darum geht, diese Methode kennen
zu lernen.[1]

Wie Abbildung 23 zeigt, sind die beiden Kriterien „mögliche Settings"
und „Herkunft des Coaches" nicht unabhängig voneinander. Ebenso
wird ersichtlich, dass bestimmte Instrumente nicht sinnvoll sind und dass
in der Tendenz ranghöhere Zielgruppen eher von externen bzw. unabhängigen Coaches beraten werden.

Setting / Herkunft des Coaches	Einzel-Coaching	Gruppen-Coaching
Externer Coach	Verbreitete und etablierte Variante, z. B. als Coaching für (Top-)Führungskräfte oder Freiberufler	Verbreitete und etablierte Variante für die Zusammenarbeit von Gruppen, z. B. als begleitende Maßnahme bei Teamentwicklungsprozessen
Interner Stabs-Coach	Beliebter werdende Variante der internen Personalentwicklung für Führungskräfte der mittleren bis unteren Ebene	Sich weiterentwickelnde Variante, da hier z. B. interne und externe Coaches zusammenarbeiten, insbesondere bei größeren oder vielen Gruppen
Vorgesetzter als Coach (Linien-Coach)	Ursprüngliche Variante, als Teil der entwicklungsorientierten Führungsaufgabe kommen nur rangniedere Mitarbeiter als Zielgruppe in Frage	Gehört i. d. R. nicht zu den Aufgaben einer Führungskraft, da es die Kompetenz und den Zeitrahmen übersteigt

Abbildung 23: Herkunft des Coaches und mögliche Settings (RAUEN
2002a, S. 71)

---

1   So wird das Gruppencoaching beispielsweise mit großem Erfolg im Lehrgang
    Betriebswirtschaft und Management, der von der SGO in Kooperation mit der EURO-
    PEAN BUSINESS SCHOOL Schloss Reichartshausen (D) durchgeführt wird, einge-
    setzt. Die Zielsetzung dieses Gruppencoachings ist dabei eine dreifache. Erstens geht
    es darum, Problemsituationen von Kursteilnehmern und -teilnehmerinnen zu bearbei-
    ten. Zweitens soll auch die Methode des Coachings gezeigt werden, die in einem vor-
    angehenden Modul als Konzept dargestellt worden ist. Dazu ist es nötig, dass man
    auch während des Coachingprozesses, vor allem aber auch nach Abschluss des Pro-
    zess eine reflexive Phase anschließt. Und drittens schließlich wird als Nebeneffekt die
    systemisch-konstruktivistische Sichtweise vermittelt, die dem Führungsverständnis
    in diesem Kurs zugrunde liegt.

7.2.6
Welche Personen werden gecoacht?

Interessant ist schließlich die Frage, wer überhaupt gecoacht werden kann oder soll. Grundsätzlich, d.h. von der Methode her, sind dem Coaching in Bezug auf die beiden Zielgruppen „gegenwärtige" oder „potenzielle Führungskräfte" keine Grenzen gesetzt. Wie Abbildung 24 zeigt, wird denn auch das Coaching auf den verschiedensten hierarchischen Ebenen eingesetzt.

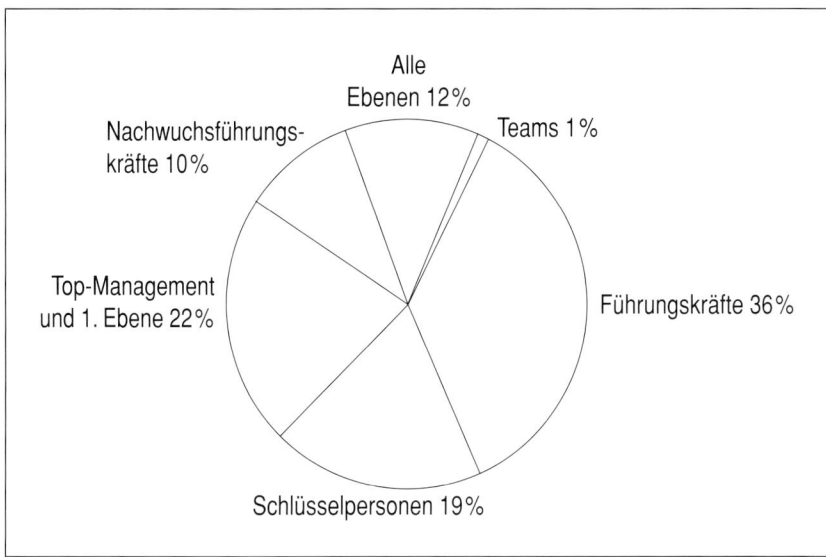

Abbildung 24: Zielgruppen des Coachings (BÖNING 2002, S. 35)

7.2.7
Welches sind die Anlässe für ein Coaching?

Schließlich bleibt noch die Frage zu klären, welches die Gründe für ein Coaching sein können. Vereinfacht ausgedrückt ist die Zahl der Anlässe so groß wie die Zahl der Probleme, die zur einer Verhaltensstörung, zu einer Leistungsminderung oder zu einem Leidensdruck führen. Abbildung 25 fasst die wichtigsten Coaching-Anlässe in der Praxis zusammen. Interessant ist die Beurteilung der fachlichen Beratung – und somit auch indirekt des Expertencoachings –, die als weniger bedeutsam eingestuft wird. Dies kontrastiert mit der Bewertung des Coachings als Führungstraining, d.h. dass das Coaching als eine wertvolle Methode zur Verbesserung der Führungsfähigkeiten eingestuft wird, insbesondere des Umgangs mit weichen und harten Wirklichkeiten.

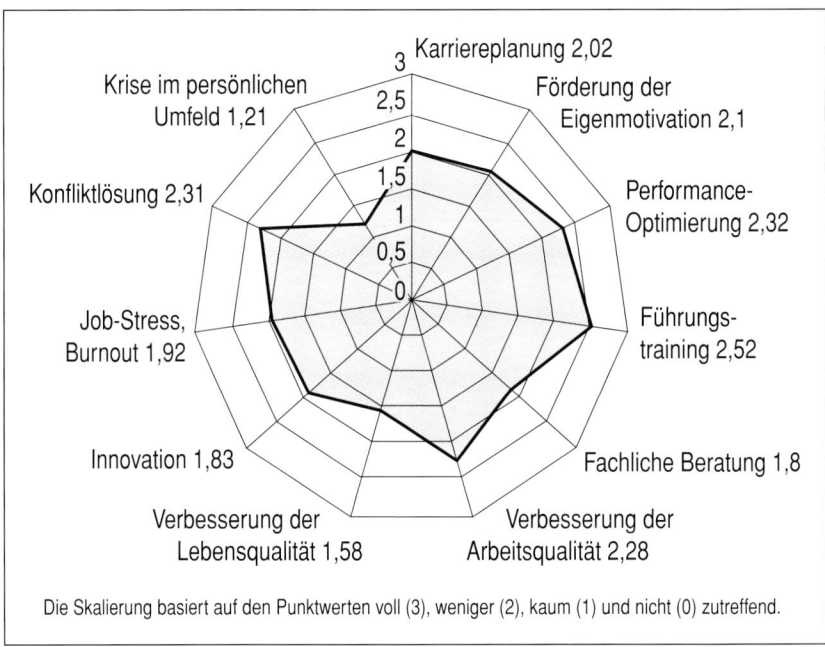

Abbildung 25: Coaching-Anlässe (Jüster/Hildenbrand/Petzold 2002, S. 52)

Coaching-Anlässe

Grundsätzlich können die Anlässe, die zu einem Coaching führen können, in drei Kategorien eingeteilt werden:

▦ *Individuelle Ebene:* Hier handelt es sich meistens um Probleme, die sich aus Überforderung, Stress oder Konflikten ergeben, oder es geht um die Vorbereitung auf neue Aufgaben und Herausforderungen.

▦ *Gruppenebene:* Im Mittelpunkt stehen Teamfindungsprozesse und -entwicklungen oder Teamkonflikte.

▦ *Organisationsebene:* Auf dieser Ebene geht es um Probleme, die in organisatorischen Strukturen und Prozessen und deren Veränderungen auftreten. Typische Beispiele sind Change Management-Prozesse oder Mergers&Acquisitions-Prozesse.

7.2.8
Weitere Fragen

Oft stellen sich im Rahmen des Coachings noch weitere Fragen, die vor allem für die operative Umsetzung von Bedeutung sind. Auf viele dieser Fragen wird in den nachfolgenden Fallstudien eingegangen. Eine Frage, **Dauer von Coaching** die immer wieder auftaucht, ist die Frage nach der *Dauer* von Coaching-

Prozessen. Grundsätzlich kann keine Norm angegeben werden, hängt doch sowohl die Anzahl der Sitzungen als auch der Zeitraum, über den sich ein Coaching erstreckt, vom Ziel, Problem bzw. Anliegen sowie von den allgemeinen Rahmenbedingungen ab. Trotzdem hat sich in der Praxis gezeigt, dass es sich in der Regel um zwei bis sechs einstündige Sitzungen handelt, die über einen definierten Zeitraum in mehr oder weniger regelmäßigen Abständen stattfinden. Außerdem hängt die Dauer stark von der eingesetzten Methode ab.

Interessant ist schließlich noch die Frage, mit welchen *Techniken* die Coaches arbeiten. Die Beantwortung dieser Frage lässt nämlich auch darauf schließen, welche Art von Coaching ausgeübt wird. Zudem gibt es wichtige Hinweise über die Ausbildung der Coaches. In einer Umfrage von STAHL/MARLINGHAUS (2000) wurden die Coaches nach den von ihnen eingesetzten Verfahren befragt. Dabei gaben 83 % der antwortenden Coaches an, dass sie in ihren Coaching-Sitzungen Techniken einsetzen, die eine spezielle Ausbildung voraussetzen. Zudem wurde auch deutlich, dass die Mehrzahl der Coaches mehrere Techniken gleichzeitig verwenden. Abbildung 26 gibt einen Überblick über die eingesetzten Techniken, wobei Mehrfachnennungen möglich waren. Daraus wird ersichtlich, dass der Großteil der eingesetzten Techniken aus dem Methodenrepertoire der Psychotherapie oder anderer therapeutischer Methoden stammt.[1] Dies überrascht um so mehr, als bei Coaching immer wieder betont wird, dass es sich nicht um eine therapeutisches Verfahren handelt und Coaches nicht in Versuchung geraten sollten, unter dem Setting von Coaching therapeutisch zu arbeiten. Die Autoren der Studie machen zudem darauf aufmerksam, dass nur ein geringer Teil der Befragten Supervisionstechniken einsetzen. Auch diese Tatsache überrascht, da Supervision und Coaching oft als einander sehr ähnlich betrachtet werden. Schließlich erstaunt auch die große Zahl der Nennungen unter Sonstiges, wo sich einige Verfahren tummeln, die zumindest im Zusammenhang mit Coaching als äußerst fragwürdig betrachtet werden müssen.

Coaching-Techniken

Supervision und Coaching

---

1   Nicht ganz eindeutig ist allerdings in Abbildung 26, was die Autoren unter systemischer Therapie verstehen. Im Text sprechen sie wiederum von systemischer Beratung und nennen in diesem Zusammenhang auch einige typische Instrumente dieses Ansatzes (z.B. Reframing). Daraus kann geschlossen werden, dass sie wahrscheinlich darunter – zumindest *auch* – die systemische Beratung verstehen, um so mehr, als diese nicht explizit in Abbildung 26 aufgeführt wird. (Vgl. STAHL/MARLINGHAUS 2000, S. 203 f.)

Coaching-Techniken	Nennung
Systemische Therapie bzw. Kommunikationstherapie	38%
Neurolinguistisches Programmieren (NLP)	36%
Gestalttherapie	29%
Transaktionsanalyse	24%
Psychoanalyse	20%
Verhaltenstherapie bzw. -modifikation	16%
Verfahren der Partner- und Familientherapie	9%
Zeit- und Selbstmanagementtechniken	9%
Psychologische Testverfahren und andere diagnostische Verfahren	9%
Gesprächstherapie	7%
Supervisionstechniken	7%
Sonstiges (Hypnose, Logotherapie, Bioenergetik, Psychodrama etc.)	56%
Anmerkung: Mehrfachnennungen	

Abbildung 26: Eingesetzte Coaching-Techniken (STAHL/MARLINGHAUS 2000, S. 203)

7.3
Performance Improvement Coaching

7.3.1
Was meint man mit Performance?

Als Betriebswirtschaftler die im Titel aufgeworfene Frage zu stellen, mag auf den ersten Blick etwas merkwürdig erscheinen, handelt es sich doch gemäß der gängigen Fachliteratur um die originäre betriebswirtschaftliche Zielsetzung. Doch auch beim Begriff Performance oder Erfolg gilt es – genauso wie beim Begriff Coaching – die Tatsache zu beachten, dass er sehr unterschiedlich und oft sehr unreflektiert gebraucht wird, gerade wenn es darum geht, diesen Erfolg zu erklären.

Bei einer differenzierten Betrachtung des Begriffs Performance bzw. Er-   Aspekte der Performance
folg sind folgende Aspekte zu betrachten:

▓ Erfolg kann in Anlehnung an die betriebswirtschaftlichen Zielkategorien (vgl. Abbildung 27) in verschiedenen *Dimensionen* gemessen
werden. Daraus wird insbesondere deutlich, dass der Gewinn oder die
Rentabilität lediglich Meta- bzw. Formalziele darstellen, die durch
das Resultat der erreichten Sachziele beeinflusst werden.

▓ Der Erfolg kann aufgrund der *zeitlichen* Betrachtung in kurz- oder
langfristig unterschieden werden. Wie die wirtschaftliche Entwicklung zu Beginn des 21. Jahrhunderts gezeigt hat, kann die Vernachlässigung des langfristigen Erfolgs zugunsten der kurzfristigen
Shareholder-Orientierung verheerende Auswirkungen haben, die bis
zum Niedergang einen einzelnen Unternehmens führen können.

▓ Aufgrund des *organisatorischen* Bezugs kann sich der Erfolg auf das
gesamte Unternehmen, einzelne Teilbereiche oder den einzelnen Mitarbeiter beziehen.

▓ Schließlich kann unter Berücksichtigung der *Managementebene* zwischen operativem und strategischem Erfolg unterschieden werden,
auch wenn diese Unterscheidung oft eng mit der zeitlichen Betrachtung zusammenhängt.

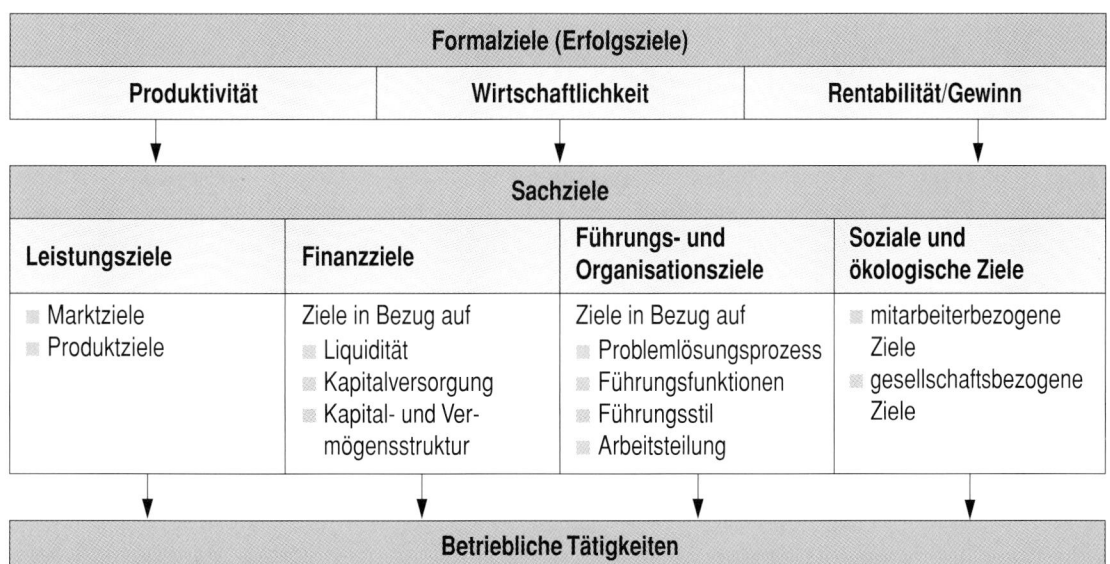

Abbildung 27: Betriebswirtschaftliche Zielkategorien (THOMMEN 2002, S. 112)

Diese Übersicht macht deutlich, dass es in der betrieblichen Praxis eine Vielzahl von Zielen gibt. Deshalb wird in der Literatur auch meistens von einem umfassenden Zielsystem gesprochen. Dieses zeichnet sich in der Regel dadurch aus, dass es durch verschiedenartige Zielbeziehungen gekennzeichnet ist. Diese können komplementär, konkurrierend oder indifferent sein.[1] Damit ist es aber sehr schwierig, einfache, d.h. monokausale Beziehungen zwischen der Leistung als Input und dem Erfolg als Output – wie auch immer diese beiden Größen definiert werden – herzustellen.

Unternehmen als komplexe Systeme

Da zudem diese Größen von einer Vielzahl von Faktoren beeinflusst werden, ist es auch sehr schwierig, monokausale Beziehungen zwischen Maßnahmen und Zielerreichung zu formulieren. Gerade aus systemisch-konstruktivistischer Sicht ist dies keine überraschende Feststellung, da es sich bei Unternehmen um komplexe Systeme handelt, die entsprechend auch die Eigenschaften solcher Systeme aufweisen. In unserem Zusammenhang heißt dies insbesondere, dass nicht-lineare Beziehungen vorliegen und dass der Entwicklungsprozess nur sehr beschränkt langfristig gesteuert werden kann.

> Die traditionelle betriebswirtschaftliche Literatur vernachlässigt oft – mehr oder minder stark – die Tatsache, dass nicht diese Maßnahmen, sondern der Prozess selbst, der durch diese Maßnahmen ausgelöst wird und der aufgrund seiner Eigendynamik (Emergenz) schlecht voraussagbar ist, einen viel stärken Einfluss ausübt.

Coaching und Mitarbeiter-Performance

Aufgrund dieser Überlegungen wollen wir uns auf die Frage konzentrieren, wie die Performance des Mitarbeiters verbessert werden kann und ob Coaching die geeignete Methode ist. Da diese Frage als zentrale Themenstellung der Personalentwicklung betrachtet werden kann, wird in einem ersten Abschnitt untersucht, warum es dieser Bereich häufig nicht geschafft hat, die Performance des Mitarbeiters zu erhöhen. Dies lässt dann wesentliche Rückschlüsse auf das Coaching zu. Anschließend wird auf das Performance Improvement Management eingegangen, das versucht hat, die Mängel der klassischen Personalentwicklung zu überwinden. Allerdings hat auch dieser Ansatz einige Mängel aufzuweisen, denen mit einem Coaching begegnet werden kann.

---

1   Zur Darstellung der verschiedenen Zielbeziehungen vgl. Thommen (2002), S. 116ff.

7.3.2
Warum die Personalentwicklung versagt hat

Auch wenn sich die Personalentwicklung in den letzten Jahren unter dem Druck der gesamtwirtschaftlichen Entwicklung ebenfalls verändert hat, so musste sie sich doch lange Zeit einige Kritik gefallen lassen. Diese zielte auf die Problematik, dass die Personalentwicklung sehr nach Innen gerichtet war, statt sich auf ihren Markt, die Mitarbeiter und Mitarbeiterinnen, auszurichten. Dies führte dazu, wie SCHOLZ (2000, S. 3) ironisch feststellt, dass das gängige Modell der Personalentwicklung früher als „Personalabteilung als ‚bittstellender' Weihnachtsmann" bezeichnet werden konnte. Diese Kultur führte insbesondere zu folgenden Entwicklungen und Problemen der Personalentwicklung:

Probleme der Personalentwicklung

◾ Es erfolgte keine oder nur eine *ungenügende Bedarfsabklärung* sowohl auf Unternehmens- als auch auf Mitarbeiterseite. Grundsätzlich sollten die Personalstrategie und somit auch die Personalentwicklungsmaßnahmen aus der Unternehmensstrategie abgeleitet werden oder zumindest mit dieser in Einklang stehen.[1] Dies wurde aber häufig nicht beachtet, stattdessen wurden vor allem die individuellen persönlichen Bedürfnisse der Mitarbeiter berücksichtigt. Unterstützt wurde diese Ausrichtung auch dadurch, dass Weiterbildung oft ein Fringe Benefit darstellte, der einen zusätzlichen Anreiz bilden sollte. Dies führte nicht selten dazu, dass eine große und vielfältige Palette an Weiterbildungsaktivitäten angeboten wurde, die zum Teil nichts mehr mit der betrieblichen Leistung zu tun hatte. Doch das dadurch entstandene große Angebot kam der Personalentwicklungsabteilung entgegen. Dadurch konnte sie sich ein eigenes „Königreich" aufbauen, das die Wichtigkeit im Unternehmen zeigen sollte.

Ungenügende Bedarfsabklärung

◾ Nicht erstaunlich ist auf diesem Hintergrund, dass die Personalentwicklung durch eine *schwache ökonomische Ausrichtung* gekennzeichnet war. Durch die fehlende Marktorientierung fand auch keine Bewertung der Leistung statt, die eigentliche Wertschöpfung für das Unternehmen blieb fragwürdig. Deshalb erfolgte vermehrt der Ruf nach einem effektiven Controlling und der Ausgestaltung der Personalabteilung als Wertschöpfungscenter.[2] Nicht zufällig wurden denn auch viele Personalfunktionen aufgrund einer wirtschaftlichen Überprüfung einem Outsourcing unterzogen.

Schwache ökonomische Ausrichtung

---

1   Zur Diskussion des Verhältnisses zwischen Unternehmens- und Personalstrategie vgl. SCHOLZ (2000), S. 91 ff.
2   Vgl. dazu WUNDERER/VON ARX (1998).

Ungeeignete Methoden

░ Zu diesen Schwachpunkten kam noch hinzu, dass oft *ungeeignete Methoden* eingesetzt wurden. Häufig wurden Seminare von der Stange eingekauft, mit Frontalunterricht die Kursteilnehmer berieselt. Im Vordergrund standen Off-the-job-Maßnahmen, On-the-job-, Near-the-job- oder Parallel-to-the-job-Maßnahmen hatten nur eine untergeordnete Bedeutung.

Diese Haltung hat sich in den letzten Jahren grundlegend geändert und wird sich noch weiter ändern. Nach WUNDERER/DICK (2000, S. 135) umfasst deshalb die Personalentwicklung „Konzepte, Instrumente und Massnahmen der Bildung, Steuerung und Förderung der personellen Ressourcen von Organisationen, die zielorientiert geplant, realisiert und evaluiert werden. Sie zielt auf die Erhaltung, Entfaltung, Anpassung und Verbesserung des Arbeitsvermögens der Human Ressourcen." In einer Studie, die sich mit den Entwicklungstrends im Personalmanagement im Jahre 2010 auseinandersetzt, kommen WUNDERER/DICK (2000, S. 134f.) zudem zu folgenden Einsichten:

Personalentwicklung der Zukunft

░ *Selbstentwicklung wird zur Normalität:* Mitarbeitende werden in Zukunft wesentlich mehr Verantwortung für ihre eigene Entwicklung übernehmen müssen.

░ *On-the-job-Entwicklung rückt in den Vordergrund:* Die wertschöpfungsintensiven On-the-job-Konzepte werden die heute dominierenden Into-the-job-Entwicklungen verdrängen. Die Autoren erwähnen explizit, dass unter anderen Konzepten auch das Coaching eine bedeutende Rolle spielen wird.

░ *Strukturelle Personalentwicklung wird wichtiger:* Aufgrund der steigenden Ansprüche der Mitarbeitenden und erhöhter Arbeitsanforderungen wird eine lern- und motivationsfördernde Gestaltung der Arbeitssituation an Bedeutung gewinnen.

░ *Mehr Personalentwicklung für Führungsnachwuchs und Nichtführungskräfte:* Mit zunehmender Komplexität und Variabilität der Arbeitsinhalte, drohendem Arbeitskräftemangel sowie erhöhten Ansprüchen an die Arbeit bekommen beide Gruppen eine höhere Aufmerksamkeit.

░ *Vorgesetzte als zentrale Personalentwickler:* Führungskräfte werden sich zukünftig stärker als Personalentwickler betätigen als bisher. Auch hier nennen die Autoren als wichtige Aufgabe neben anderen explizit das Coaching.

- *Förderung der Lernmotivation als Personalentwicklungsaufgabe:* Die Lernmotivation erscheint insbesondere bei Mitarbeitenden auf der ausführenden Ebene und bei Führungskräften als förderungsbedürftig.

- *Personalentwicklungsmaßnahmen werden begrenzt outgesourct:* Im Jahre 2010 werden immer noch die Hälfte der Personalentwicklungsmaßnahmen im Unternehmen selbst erstellt, auch wenn sie aufgrund der Konzentration der Kernkompetenzen und unzureichender interner Spezialkenntnisse vermehrt zugekauft werden.

Aufgrund dieser zukünftigen Entwicklungen erstaunt es auch nicht, dass nun SCHOLZ statt vom „bittstellenden Weihnachtsmann" von der Personalabteilung als „Mitarbeiter als freier Unternehmer in der Champions League" spricht! Eine solche Einstellung verlangt aber auch nach neuen Ansätzen und Methoden. Dass das Coaching diese Anforderungen erfüllt, wird im Abschnitt 7.3.4 „Die bessere Antwort: Performance Improvement Coaching" dargelegt.

7.3.3
Die Antwort: Performance Improvement Management

Die zahlreichen Herausforderungen innerhalb wie auch außerhalb der Organisationen äußern sich in den letzten Jahren in einem enormen Leistungsdruck auf die Unternehmen. Dies erfordert eine intensivere Betrachtung des Faktors *Leistung* und seiner Rolle für die Wettbewerbsfähigkeit und den Erfolg der Unternehmen. In weniger turbulenten Zeiten konnten es sich Unternehmen noch erlauben, sich auf *ein* zentrales Leistungsverbesserungsfeld zu konzentrieren. Üblicherweise wurde in der Vergangenheit jeweils auf die aktuell und zahlreich propagierten Managementansätze und -konzepte zurückgegriffen, die jedoch oft eine klare Ausrichtung im Sinne der Unternehmensstrategie und eine angemessene Integration der Mitarbeiter vernachlässigten, was negative Konsequenzen auf Leistungssteigerung und Mitarbeitermotivation zur Folge hatte. Da die Leistung des Unternehmens vorwiegend von der „Ressource" Mensch abhängt, stellt sich die Frage, wie die Leistungen auf der Mitarbeiterebene mit den betrieblichen Strukturen und Prozessen verknüpft werden können, um eine Maximierung der gesamten Unternehmensleistung zu erreichen. Die Einleitung entsprechender Maßnahmen fällt zwar in den Kompetenzbereich der Personalentwicklung, die in Abschnitt 7.3.2 „Warum die Personalentwicklung versagt hat" aufge-

Bedeutung des Faktors Leistung

zeigten Entwicklungen lassen jedoch Effizienz und Effektivität einge-
leiteter Personalentwicklungsmaßnahmen bezweifeln.

Als Antwort auf diese Problematik entwickelte sich in den USA der
Management-Ansatz Human Performance Technology (HPT), der eine
umfassende Systematik zur Leistungsverbesserung im Unternehmen auf
individueller und organisationaler Ebene beinhaltet, wobei das Besondere die systematische Verknüpfung der einzelnen Ebenen und das Messen der Veränderungen durch Leistungsverbesserungsmaßnahmen darstellt. (BARTSCHER 1999, S. 362) Vor dem Hintergrund der zunehmenden
Kritik an Beitrag und Messbarkeit von Personalentwicklungsmaßnahmen im gesamtunternehmerischen Kontext ist dann in enger Beziehung
zum HPT-Ansatz das *Konzept des Performance Improvement Management (PIM)* entstanden. Dieses wirft die Frage nach der grundsätzlichen
Existenzberechtigung der bisherigen Personalentwicklung auf bzw. for-
dert eine modifizierte Form der Personalentwicklung als Funktion des
Personalmanagements in Zukunft.

Der PIM-Ansatz hat seine Wurzeln in den USA und wird dort schon seit
über 35 Jahren von Beratern und Unternehmen zur Verbesserung von
Leistungen in Organisationen angewandt. Zu Beginn der PIM-Bewe-
gung lag der Schwerpunkt auf der effektiven Vermittlung von Fachwissen durch „programmed instructions". In Form von Training bzw. anderen klassischen Weiterbildungsmaßnahmen sollten dabei – meist abseits
des Arbeitsplatzes – erforderliches Wissen, notwendige Konzepte und
Regeln vermittelt werden, um die Leistung der Mitarbeiter zu steigern.
Bald mussten die Vertreter des PIM jedoch lernen, „that there are some-
times large gaps between what someone thinks learners need to know
and what they actually need to know; … that in addition to the well-
known gap between performing-in-training and performing-in-the work-
place, there is a gap between knowing how to do things right and
knowing the right things to do." (DEAN 1997, S. 11 ff.) Diese Erkenntnisse stellten einen bedeutenden Schritt in der Entwicklung des PIM-
Ansatzes zu seinem heutigen Verständnis dar.

Mangelnde Übereinstim-
mung von Lerninhalten
und Anforderungen

Die Entdeckung einer mangelnden Übereinstimmung von Lerninhalten und Anforderungen in der Praxis sowie die des fehlenden Transfers von Trainingsinhalten auf den Arbeitsplatz rückten die Bedeutung des täglichen Arbeitsumfelds als Ort effektiven Lernens in den
Mittelpunkt des Interesses. Betrachtet man die dem PIM-Ansatz zu-
folge bedeutende Rolle des Arbeitsumfelds im Leistungserstellungsprozess, so wird deutlich, dass sich durch die Bereitstellung eines
guten Arbeitsumfelds viele mitarbeiterorientierte Maßnahmen erüb-
rigen.

Leistungsverbesserung
auf individueller und
organisationaler Ebene

Als Konsequenz stellen Training und klassische Personalentwicklungsmaßnahmen lediglich untergeordnete Instrumente des PIM-Ansatzes dar, weshalb sie in vielen PIM-orientierten Unternehmen der USA meist nur noch eine unterstützende Funktion einnehmen. (GAST 1998, S. 14)

Je mehr Erfahrungen die Unternehmen mit dem PIM-Ansatz sammelten, desto häufiger wurde er als Prozess erkannt, der die Leistungssteigerung der gesamten Organisation, deren Prozesse und der einzelnen Mitarbeiter umfasst. Mit seinem ganzheitlichen Ansatz lieferte er einen wesentlichen Beitrag zu der Ziel- und Strategieverwirklichung wie auch der Kulturänderung des gesamten Unternehmens.

PIM als ganzheitlicher Ansatz

Der PIM-Ansatz betrachtet somit aus einer ganzheitlichen Perspektive den Leistungserstellungsprozess und betont die Notwendigkeit der *systematischen* Verbindung aller Elemente durch ein effizientes System sowie die Abstimmung der Instrumente untereinander im Sinne eines Gesamtprogramms.

Des Weiteren wird er als *multidisziplinäres* Forschungsfeld verstanden, denn „performance improvement draws from a number of different but closely associated areas of study to develop and adapt the theories and practices necessary for a high-performing workforce that works in productive workplaces where employees perform meaningful work." (DEAN 1997, S. 10) PIM schöpft demnach konsequenterweise aus einer Vielzahl verschiedener Theorien und Instrumente. Diese Offenheit gegenüber anderen Disziplinen zeigt, dass sich PIM selbst als offenes System versteht und folglich im Grunde seinen systemischen Charakter betont.

PIM als multidisziplinäres Forschungsfeld

Die *Ziele* dieses Ansatzes lassen sich aus den folgenden *Kernfragen* des PIM ableiten (THOMMEN/MÜLLER 2000, S. 29):

Kernfragen des PIM

1. Welche Veränderungen sind durchzuführen, um den Leistungsbeitrag der Mitarbeiter zum Erreichen der Unternehmensziele zu sichern bzw. zu erhöhen?

2. Wie sind die interdependenten Beziehungen zwischen der Mitarbeiterleistung, den Arbeitsprozessen sowie den Organisationsstrukturen zu analysieren und welche Möglichkeiten bestehen zur Planung und Durchführung geeigneter Maßnahmen individueller Leistungsverbesserung?

3. Welche Werkzeuge sind anwendbar, um den Erfolg der Maßnahmen zu messen und zu bewerten?

Hauptziel des PIM

Das zentrale Ziel des PIM stellt somit die Leistungssteigerung bzw. Ergebnisorientierung des Unternehmens dar. Die optimale Ausschöpfung der Mitarbeiterleistung und -potenziale sind in diesem Zusammenhang sowohl Instrument als auch Ziel; neben der Leistungssteigerung sollen auch die Organisationsstruktur und -kultur verbessert sowie die Erreichung strategischer Unternehmensziele unterstützt werden. Insgesamt zielt PIM somit auf die Sicherung des Erfolgs und der Wettbewerbsfähigkeit des Unternehmens auf dem Markt ab.

Interventionen im Rahmen des PIM

PIM zeichnet sich durch eine Vielzahl von Instrumenten, sogenannten *Interventionen* aus, die einen messbaren Beitrag zum Unternehmenserfolg leisten und zu den gewünschten Leistungssteigerungen führen sollen. Unter Interventionen werden dabei zielgerichtete Beeinflussungsprozesse zur Veränderung des Verhaltens der Mitarbeiter im Prozess der Leistungserstellung und/oder des Umfelds der Leistungserbringung verstanden. (GAST 1998, S. 14) Interventionen dienen der konkreten Leistungs*steuerung* und *-steigerung*, wobei das Besondere in der *Messung* der daraus resultierenden Veränderungen liegt. Die von dem PIM-Ansatz angestrebte Beseitigung von Hindernissen guter Leistung erfolgt durch die Definition und anschließende Implementierung von Interventionen. Beispiele für solche Interventionen sind Maßnahmen, welche

- „die Bereitstellung von Ressourcen und den Zugang zu ihnen verbessern,

- die fachliche und soziale Leistungsfähigkeit des Mitarbeiters erhöhen,

- zu einer Verdeutlichung der aktuellen und erwarteten Leistungen und Ziele beitragen,

- eine bessere Versorgung mit relevanten Informationen sicherstellen,

- effektivere Anreize für das Erreichen von Leistungszielen schaffen." (THOMMEN/MÜLLER 2000, S. 29)

Behavior Engineering Model

Ausdruck dieser Denkweise ist das „Behavior Engineering Model" von GILBERT (1996), das ein umfassendes Modell zur Darstellung der Stellschrauben zur Beeinflussung des Leistungserbringungsprozesses und somit der Leistung selbst darstellt (Abbildung 28).

Aufgaben-, Prozess- und Organisationsebene

Ein wichtiges Basismodell des PIM-Ansatzes stellt das von RUMMLER/BRACHE entwickelte *3-Ebenen-Modell* dar. Die drei Ebenen sind:

	Reiz	Reaktion	Konsequenzen
Umwelt (Leistung untersteigende Faktoren)	**Information**	**Ressourcen**	**Anreize**
	▪ Beschreibung, welche *Performance* erwartet wird ▪ Klare und relevante Hinweise, wie die Arbeit zu erledigen ist ▪ Relevantes und häufiges Feedback zur Angemessenheit der *Performance*	▪ Werkzeuge, Mittel, Zeit und Materialien, die geeignet sind *Performance* Bedarf zu erfüllen ▪ Zureichendes Personal ▪ Organisierter Arbeitsprozess	▪ Angemessene finanzielle Anreize ▪ Nicht-monetäre Anreize ▪ Aufstiegsmöglichkeiten ▪ Klare Konsequenzen schwacher *Performance*
Individuum (individuelle Fähigkeiten zur Leistung)	**Wissen**	**Fähigkeiten**	**Motive**
	▪ Systematisch gestaltetes Training, um Bedürfnissen beispielhafter *Performer* gerecht zu werden ▪ Möglichkeit zu trainieren	▪ Positionen und Mitarbeiter aufeinander abstimmen ▪ Gute Auswahlprozesse ▪ Flexible Planung, abgestimmt auf die maximale Leistungsfähigkeit der Mitarbeiter ▪ Künstliche Hilfsmittel oder visuelle Hilfen zur Unterstützung der Mitarbeiter	▪ Anerkennung der Bereitschaft der Mitarbeiter, sich um verfügbare Anreize zu bemühen ▪ Erfassung der Mitarbeitermotivation ▪ Einstellung von Mitarbeitern, um den Realitäten der Arbeitswirklichkeit zu entsprechen

Abbildung 28: Behavior Engineering Model nach GILBERT (1996, S. 88) (nach LORENZ 2001, S. 60, und GAST 1998, S. 15)

▪ die *Aufgabenebene* (Job/Performer level),

▪ die *Prozessebene* und

▪ die *Organisationsebene.*

Leistung wird auf allen drei Ebenen erstellt; um eine optimale Leistungsverbesserung zu erzielen, müssen Leistungsprobleme auf *allen* Ebenen im Unternehmen erfasst und Kernstellen herausgearbeitet werden, bei denen Performance Improvement-Maßnahmen die größtmögliche Wirkung entfalten können. (BARTSCHER/WITTKUHN 2000, S. 41)

Zentral ist nun die Aussage, dass die Ziele auf der Aufgabenebene auf die Ziele der Prozesse und auf die Ziele der Organisation bzw. Organisationseinheiten abgestimmt werden müssen. Ebenso müssen die Ziele der Prozesse auf die Ziele der Organisation bzw. Organisationseinheiten ausgerichtet werden.

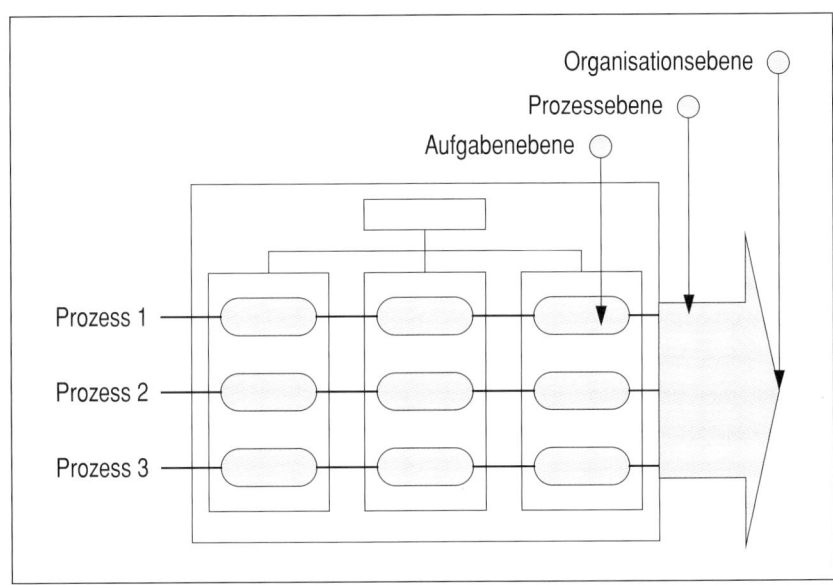

Abbildung 29: Abstimmung von Aufgaben-, Prozess- und Organisationsebene (WITTKUHN 2001, S. 40)

Wie Abbildung 29 zeigt, bedarf es neben dieser vertikalen Betrachtung
auch einer horizontalen Ausrichtung. „Jede Performance-Ebene lässt
sich als ein eigenes Performance-System beschreiben, das ein Subsystem zum Gesamtsystem aller aneinander ausgerichteten Performance-
Ebenen bildet. Dieses Subsystem besteht wiederum aus Elementen, die
in ihrem Zusammenspiel auf das zu erreichende Ziel ausgerichtet werden müssen." (WITTKUHN 2001, S. 41)

Aufgrund dieser knappen Darstellung des Performance Improvement-
Ansatzes kann keine abschließende Beurteilung gegeben werden. Trotzdem kann in der Tendenz Folgendes festgehalten werden:

Beurteilung des   ▨ Diesem Ansatz kommt das Verdienst zu, der Entwicklung des Mit-
PIM-Ansatzes   arbeiters eine wertschöpfungsorientierte Perspektive zugrunde zu
                       legen.[1]

---

1   Stellvertretend kann in diesem Zusammenhang GILBERT (1996, S. 61) genannt wer-
    den, der ein Performance Audit mit folgenden Schritten systematisiert:
    1. gewünschten Nutzen identifizieren,
    2. Anforderungen ausfindig machen,
    3. exemplarische Performance festlegen,
    4. exemplarische Performance messen,
    5. typische Performance messen,
    6. Potenzial für Performance-Entwicklung kalkulieren,
    7. Performance-Potenzial in ökonomischen Nutzen umwandeln.

▨ Positiv hervorzuheben ist auch das Bemühen, die eine ungenügende Leistung der Mitarbeitenden nicht nur auf individuelle Eigenschaften und Fähigkeiten zurückzuführen, sondern die institutionellen Rahmenbedingungen einzubeziehen.

▨ Gerade die Art der Wertschöpfungsorientierung, wie sie zum Beispiel im Modell von GILBERT (1996) zum Ausdruck kommt, zeigt aber mit aller Deutlichkeit, dass dieser Ansatz immer noch von einem monokausalen, linearen Denken ausgeht. Aufgrund einer festgestellten Abweichung (Soll-Ist-Gap) werden erfolgsversprechende Interventionen ausgewählt, die dann zu einem entsprechenden Output bzw. Return on Investment führen sollen.

Damit wird zwar deutlich, dass das Performance Improvement Management wesentliche Mängel der klassischen Personalentwicklung behoben hat, gleichzeitig aber durch die sehr starke ökonomische Ausrichtung einer anderen Gefahr erliegt, nämlich der Vereinfachung oder Unterschätzung des Prozesses, der zwischen Input und Output (Leistung) stattfindet.

Gefahr der Vereinfachung

Jeder Versuch, unternehmerisches Handeln zu einem messbaren Rechenspiel zu machen, scheidet das Unvorhersehbare, die Störung aus dem Wirtschaftsleben aus und geht damit an der Realität vorbei. TIMON BEYES 2002, S. 32

7.3.4
Die bessere Antwort: Performance Improvement Coaching

Somit bleibt die Frage, inwiefern Coaching die im Titel (provokativ) gesetzte Aussage zu erfüllen vermag. Vorerst muss einschränkend festgehalten werden, dass Coaching sich nicht im gleichen Sinn als umfassender Ansatz wie die Personalentwicklung oder das Performance Improvement Management versteht. Coaching ist zunächst ein Instrument, das in bestimmten Situationen oder Problemstellungen optimale Wirkung erzielen kann. Sinnvoll ist es deshalb zuerst zu fragen, welches diese Fälle sind. Anschließend kann dann geprüft werden, ob mit dieser Methode auch eine Performance-Improvement, d.h. eine Leistungsverbesserung erzielt werden kann.

Als Ausgangspunkt zur Beantwortung dieser Fragen lohnt es sich zu überlegen, welche *Managementfähigkeiten* von Führungskräften verlangt werden und wie diese gefördert werden können. Wie Abbildung 30 zeigt, können grundsätzlich fünf Management-Kompetenzen unterschieden werden (THOMMEN 2000, S. 344):

Management-kompetenzen

Fachkompetenz

▨ *Fachkompetenz:* Aktuelles Fachwissen zur konkreten Bewältigung der konkreten betrieblichen Sachaufgaben in den verschiedenen Funktionsbereichen eines Unternehmens (z.B. Marketing-, Finanz-, Logistik- oder Personalaufgaben).

Methodenkompetenz

▨ *Methodenkompetenz:* Unabhängig von bestimmten Sachaufgaben ist die Kenntnis bestimmter betriebswirtschaftlicher Methoden und Instrumente notwendig, um die gestellten Aufgaben erfüllen zu können (z.B. Projekt- und Zeitmanagement, Planungs- und Entscheidungsmethoden).

Sozialkompetenz

▨ *Sozialkompetenz:* Im Umgang mit anderen Menschen, Gruppen oder der Gesellschaft als Ganzes braucht ein Manager spezifische Fähigkeiten, um erfolgreich zu sein (z.B. kommunikative, interkulturelle oder ethische Kompetenzen).

Systemkompetenz

▨ *Systemkompetenz:* Mit der zunehmenden Vernetzung und Komplexität erhöht sich auch die Anforderung, einerseits das System Unternehmen und dessen Veränderung über die Zeit zu verstehen und andererseits das Unternehmen in einem größeren Systemzusammenhang zu sehen, um die Einflüsse der Umwelt auf das Unternehmen und umgekehrt die Einflüsse des Unternehmens auf die Umwelt zu erkennen und beeinflussen zu können. Dazu gehören beispielsweise neben Kenntnissen über volkswirtschaftliche, politische oder rechtliche Entwicklungen auch das Wissen über die Merkmale und das Funktionieren von Systemen ganz allgemein.

Wahrnehmungs-
strukturierungskompetenz

▨ *Wahrnehmungsstrukturierungskompetenz:* Die meist unüberschaubare Zahl unternehmerischer Handlungsmöglichkeiten bedingt, dass Führungskräfte Komplexitätsreduktionen vornehmen müssen, um handlungsfähig zu bleiben. Eine Selektion bedeutet aber immer auch eine Interpretation, eine Bewertung einer bestimmten Situation. Damit findet aber automatisch eine Wirklichkeitskonstruktion statt. Wahrnehmungsstrukturierungskompetenz heißt deshalb, sich dieser Wirklichkeitskonstruktion bewusst zu sein und diese immer wieder kritisch zu reflektieren und auf ihre Zieldienlichkeit zu hinterfragen. Diese Fähigkeit, Wahrnehmungen sinnvoll zu strukturieren, ist eine elementare Voraussetzung für die Wandlungsfähigkeit.

Wie mit Abbildung 30 auch zum Ausdruck gebracht werden soll, stehen diese verschiedenen Management-Kompetenzen in engem Zusammenhang zueinander, manchmal können sie nicht voneinander getrennt werden oder weisen starke Schnittstellen auf. Diese Differenzierung verschiedener Kompetenzen macht auch deutlich, dass die Schwerpunkte der bisherigen Personalentwicklung wie auch des Performance Improve-

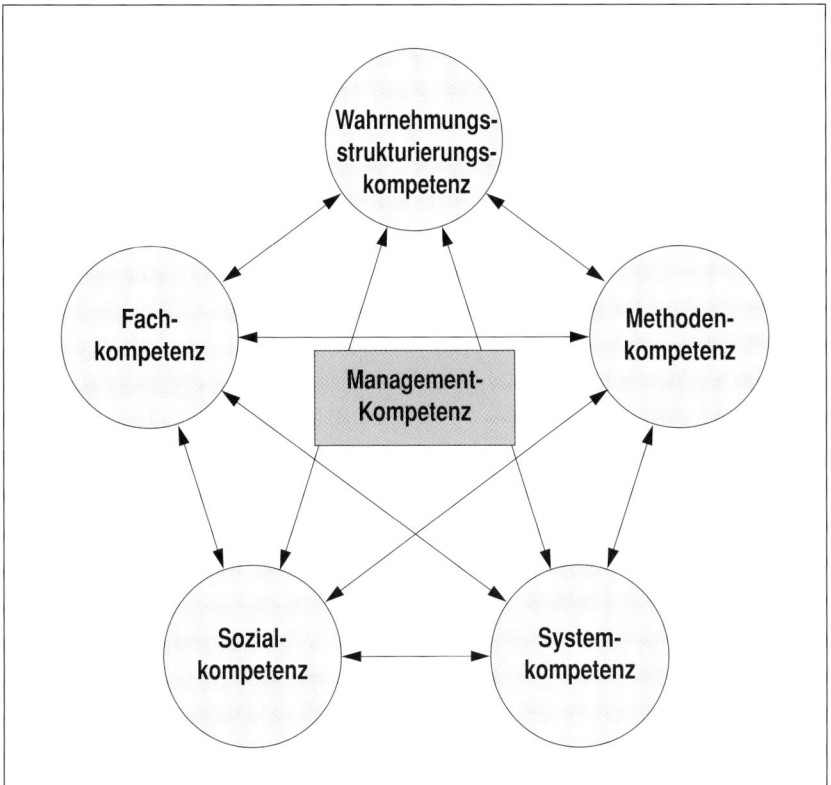

Abbildung 30: Übersicht Management-Kompetenzen (nach T‍HOMMEN 1995, S. 18)

ment Managements vor allem auf der Entwicklung der Fach-, Methoden- und Sozialkompetenzen lagen. Die Auseinandersetzung mit der System- und Wahrnehmungsstrukturierungskompetenz wurde vernachlässigt. Dies aber nicht in erster Linie deshalb, weil man diese nicht sehen wollte, sondern nicht sehen *konnte.*

Die Entwicklung der System- und Wahrnehmungsstrukturierungs- kompetenz bedeutet eben auch eine Abkehr vom klassischen Para- digma des linearen Denkens und damit der einfachen (ökonomischen) Input-Output-Beziehungen. Die Beschäftigung mit der System- kompetenz hätte automatisch auch zur Aufgabe bisheriger Denk- und Erklärungsmuster betriebswirtschaftlicher Ansätze führen müssen. Gerade in diesem Sinne stellt das systemisch-konstruktivistische Coaching *ein innovatives Instrument der Personalentwicklung* dar, das im bisherigen Instrumenten-Koffer keinen Platz gefunden hat.

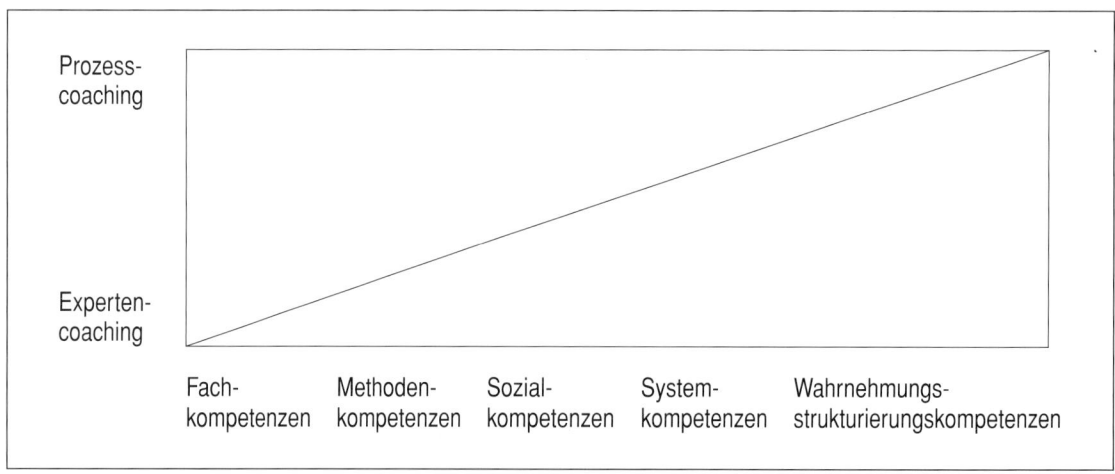

Abbildung 31: Abgrenzung Experten- und Prozesscoaching

Auch die wirtschaftlichen Entwicklungen in den letzten Jahren haben aber mit aller Deutlichkeit gezeigt, dass viele Phänomene mit dem Modell des „Homo oeconomicus" bzw. einfacher linearer Input-Output-Beziehungen nicht mehr erklärt werden können.[1] Systemisch-konstruktivistisches Coaching bietet in diesem Sinne eine hervorragende Alternative in Ergänzung zu den bisherigen Instrumenten, die sich der bereits genannten Kompetenzen annehmen. Allerdings – und dies macht die Sache nicht einfacher – ist doch nicht jedes Coaching für die Förderung des System- und Wahrnehmungskompetenzen bzw. zur Lösung von komplexen Problemen geeignet. Wie schon mehrfach erläutert, bleibt diese Aufgabe in erster Linie dem Prozesscoaching vorbehalten.

Abgrenzung Experten- und Prozesscoaching

Versucht man abschließend eine Differenzierung zwischen Experten- und Prozesscoaching mit Hilfe der fünf Managementkompetenzen vorzunehmen, so kann man in der Tendenz eine Darstellung wählen, wie sie in Abbildung 31 wiedergegeben wird.

Auch aus einer Lernperspektive kommt man zu einem ähnlichen Resultat. Bei einer dynamischen Betrachtung der Entwicklung der Managementfähigkeiten stellt sich nämlich die Frage, wie der Lernprozess verlaufen muss, damit eine Führungskraft erfolgreich ist. Wie bereits an mehreren Stellen erwähnt, kann dabei zwischen einem Anpassungsler-

---

1   So ist es beispielsweise auch kein Zufall, dass im Jahre 2002 der Nobelpreis für Wirtschaftswissenschaften erstmals nicht Vertretern der klassischen Ökonomie zugesprochen worden ist, sondern Wissenschaftlern, die sich mit den psychologischen Eigenschaften von wirtschaftlichem Handeln beschäftigt haben.

nen (Single-loop-Learning), einem Veränderungslernen (Double-loop-Learning) und Prozesslernen unterschieden werden.[1]

Diese Differenzierung macht unmissverständlich deutlich, dass mit einem Expertencoaching vor allem das Single-loop-learning verbessert wird, während mit dem Prozesscoaching das Double-loop- und Prozesslernen unterstützt wird. Insbesondere die wichtige Funktion des *Verlernens,* d.h. der Aufgabe bisheriger Verhaltens- und Denkmuster (vgl. Abbildung 32), kann nur mit letztgenanntem Ansatz erreicht werden.

Zum Schluss stellt sich die Frage, wie nun die Performance des Coachings, insbesondere eines Prozesscoachings gemessen werden kann. Bei der Beantwortung dieser Frage darf man nun nicht den gleichen Fehler machen, den man anderen zum Vorwurf macht, und selber wieder in das Paradigma des linearen Denkens zurückfallen und einfache Input-Output-Relationen zwischen Coaching und Leistung formulieren. Dass dies auch betriebswirtschaftlich – und nicht nur aufgrund systemisch-konstruktivistischer – Überlegungen nicht sinnvoll ist, wurde bereits in Abschnitt 7.3.1 „Was meint man mit Performance?" dargelegt. Diese Feststellung soll jedoch kein Freibrief sein, sich dieser wichtigen Frage zu entziehen.

Messung des Erfolgs eines Coachings

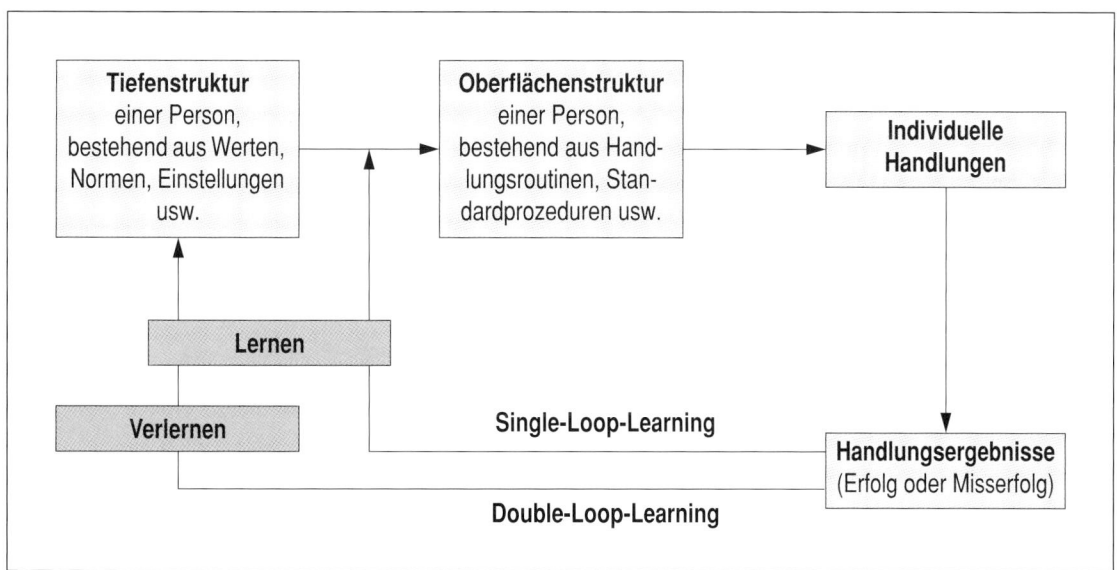

Abbildung 32: Lernen als Verlernen

---

1 Zu den verschiedenen Lernformen vgl. die Einleitung am Anfang des Buches, Abschnitt „Personal Change Management durch Coaching", sowie Teil 1, Abschnitt 2.2.2 „Wirklichkeit als Joint Venture: Harte und weiche Wirklichkeiten".

Strukturqualität

Personelle Strukturqualität (Coach)
- Fachliche Qualifikation
  - Wirtschaftliches/psychologisches Wissen
  - Coaching-Erfahrung/Spezialisierung (Arbeitsschwerpunkte)
  - Betriebs-/Führungserfahrung
  - Feldkompetenzen
  - Philosophische Kenntnisse
- Methodenkompetenz
  - Methodenvielfalt
  - Transparenz und Erklärbarkeit der Methoden
  - Handlungskonzept
  - Diagnostische Kompetenz (Symptomkenntnisse aus dem klinisch-psychologischen Bereich)
  - Fähigkeit, Organisationsmuster zu erkennen
  - Kommunikationsfähigkeiten
  - Selbstreflexion
  - Kognitive Fähigkeiten (analytisches und vernetztes Denken)
- Beziehungskompetenzen
- Persönliche Qualifikation
- Supervision, Intervision
- Fortbildung
- Ausbildungsweg (Studium – psychotherapeut. Zusatzausbildung/ Beraterausbildung – Feldkompetenzen)
- Professionsgemeinschaft/Kooperation (Netzwerk, Verband etc.)

- Referenzen
- Praxis

Klient
- Freiwilligkeit
- Veränderungsbereitschaft
- Bereitschaft zur aktiven Mitarbeit u. zeitl. Aufwand
- Selbstregulationsfähigkeit/Wohlbefinden
- Problembewusstsein
- Bereitschaft, Emotionen zuzulassen
- Verantwortungsübernahme

Beziehung
- Passung (persönliche, berufliche)
- Vertrauen
- Akzeptanz
- Sympathie
- Solitär-Beziehung
- Offenheit
- Gleichwertigkeit
- Ehrlichkeit

Unternehmen
- Transfermöglichkeiten
- Bereitschaft zur Auseinandersetzung (keine Funktionalisierung)
- Ziel verhandeln (keine Zielvorgaben)
- Passung zwischen Coach und Unternehmen (keine Diskrepanz)

Prozessqualität

- Inhalte des Erstgesprächs: Klärung des Anliegens/Problems, Situationsschilderung, Zielformulierung, Zielkonkretisierung, Erwartungsklärung, Tabuzonen
- Problempräzision (keine vorschnellen Lösungen)
- Coach sollte klären, ob Coaching die geeignete Maßnahme ist und er der geeignete Coach (Beachtung von Art des Anliegens, Klientenvoraussetzungen, eigene Kompetenzen, mögliche Beziehungsetablierung, Unternehmensbedingungen)
- Transparenz bzgl. professioneller Orientierung (Menschenbild, theoretische Basis, Werte, Coaching-Definition)
- Transparenz der Vorgehensweise (Information über Arbeitsintensität, Anforderungen an den Klienten durch z.B. Falldarstellung)
- Formaler und psychologischer Vertrag (Spielregeln der Zusammenarbeit, Schweigepflicht, Honorar)
- Regelungen bei Absage, Abbruch
- Klärung von Interessenvertretung/Berichterstattung

- Information/Verhandlung über Dauer des Prozesses, Anzahl, Häufigkeit und Dauer der Sitzungen
- Festlegung eines Zeitrahmens
- Begleitung an den Arbeitsplatz
- Aufzeigen der Grenzen von Coaching
- Dauer von Coaching, 2–6 Sitzungen, Zeit zum Transfer zwischen den Sitzungen
- Mitbestimmung des Klienten
- Methoden transparent machen und erklären
- Interventionen wählen, die zur Erlebenswelt der Zielgruppe passen
- Flexibilität der Vorgehensweise
- Methoden klienten- (Persönlichkeit, Abneigungen, Bevorzugungen bestimmter Methoden), situations-, zeit-, problem-, ziel-, wirkungsbezogen einsetzen
- Zwischenresümees (prozessbegleitende Evaluation)
- Abschlussresümee (summative Evaluation)

Ergebnisqualität

- Zielerreichung
- Zufriedenheit
- Emotionale Entlastung
- Erweiterung und Flexibilisierung des Handlungsrepertoires (erhöhte Problembewältigungskompetenz)

- Zunahme an Bewusstheit/Verantwortung
- Einstellungsveränderung (z.B. kognitive Umstrukturierung, wenn Probleme über Handlungsebene nicht lösbar)

Abbildung 33: Struktur-, Prozess- und Ergebnisqualität im Coaching (HESS/ROTH 2001, S. 141 ff.)

Ein möglicher Ansatz aus diesem Dilemma ist die Differenzierung zwischen Struktur-, Prozess- und Ergebnisqualität: Man betrachtet nicht nur das Ergebnis des Coachingprozesses, sondern gleichzeitig auch, wie dieses Ergebnis zustandekommt:

Prozess- statt Ergebnisorientierung

- Bei der *Strukturqualität* betrachtet man die allgemeinen Rahmenbedingungen, welche die Voraussetzungen für das Coaching bzw. den Coachingprozess bilden. Sie bilden eine wesentliche Grundvoraussetzung, damit ein Coaching mit großer Wahrscheinlichkeit erfolgreich ist.

Strukturqualität

- Die *Prozessqualität* umfasst den gesamten Coachingprozess, wie er in Teil 2 ausführlich beschrieben worden ist.

Prozessqualität

- Die *Ergebnisqualität* zielt auf das eigentliche Resultat, den Erfolg des gesamten Coachingprozesses. Selbstverständlich darf – um es nochmals zu betonen – keine einfache Return on Investment Überlegung angestellt werden. Im Vordergrund steht vielmehr die Frage, ob die Ziele, die sich der Klient und die Organisation, in der das Coaching stattfindet, gesetzt haben, erfüllt worden sind. Damit ist auch gleichzeitig gesagt, dass die Zielerreichung nur im jeweiligen Beratungskontext beurteilt werden kann. Deshalb ist es auch wichtig, dass die Kontextbedingungen zwischen (externem) Coach, auftraggebender Organisation (z. B. Personalabteilung) und Klient (Coachee) abgestimmt und klar definiert werden, damit nachträglich keine Missverständnisse über die Zielerreichung oder die Qualität des Coachings entstehen können.[1]

Ergebnisqualität

Aufgrund einer empirischen Expertenbefragung gelangen HESS/ROTH zu einer Aufschlüsselung der Struktur-, Prozess- und Ergebnisqualität, wie sie in Abbildung 33 dargestellt ist. Damit ergibt sich ein differenziertes Bild der Qualitätsziele, an denen entsprechend die Performance des Coachings gemessen werden kann.

---

1   Vgl. dazu insbesondere LOOSS/RAUEN (2002), S. 136.

7.4
Umsetzung von Coaching im Unternehmen – Coaching-Programme

7.4.1
Coaching im Managementsystem eines Unternehmens

Entscheidet sich ein Unternehmen, Coaching seinen Mitarbeitenden an-zubieten, so stellt sich eine Reihe von Fragen, die beantwortet werden müssen, um Coaching möglichst effizient und effektiv werden zu lassen. Der erste Bereich umfasst alle Fragen, die im Wesentlichen mit der Ziel-setzung und Methodik, d.h. der Art des Coachings zusammenhängen. Diese Thematik wird im Abschnitt 7.2 „Der Coaching-Dschungel" be-handelt. Hat sich das Unternehmen dann auf eine bestimmte Ausrichtung festgelegt, so hat es dafür zu sorgen, optimale Rahmenbedingungen für den Einsatz von Coaching zu schaffen. Diese Institutionalisierung des Coachings im Unternehmen muss sich auf die wesentlichen Elemente eines Managementsystems beziehen, das in der Regel die Strategie, Struktur und Kultur umfasst (vgl. Abbildung 34). Entsprechend diesen drei Elementen stehen für das Coaching folgende Rahmenbedingungen im Vordergrund:

Institutionalisierung
des Coachings

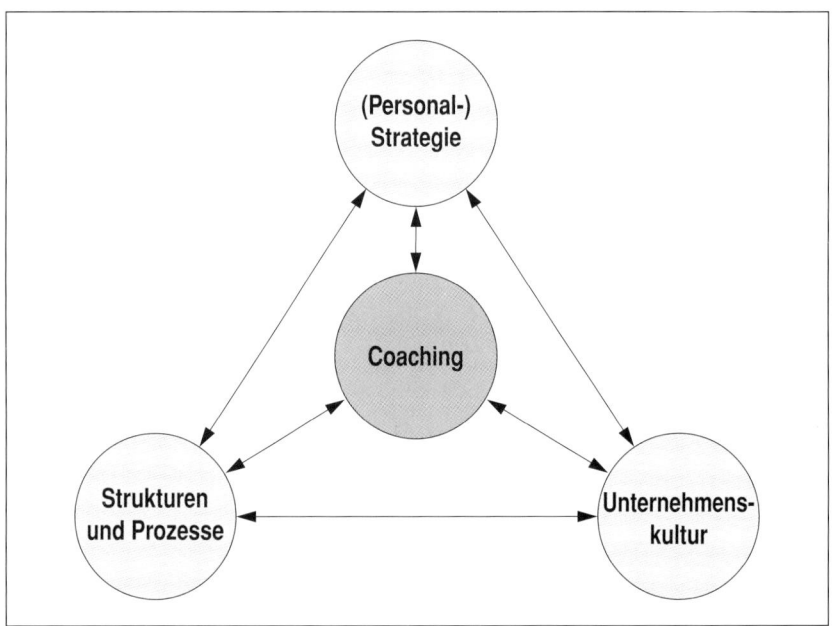

Abbildung 34: Managementsystem und Coaching

▨ *Strategische Voraussetzungen:* Es muss geklärt werden, welche personalstrategischen Ziele mit einem Coaching verfolgt werden sollen.

Strategie

▨ *Strukturelle Voraussetzungen:* Es stellt sich die Frage, welche organisatorischen Einheiten des Unternehmens für die einzelnen Aufgaben bzw. Phasen bei der Implementierung eines Coaching-Programms verantwortlich sind.

Struktur

▨ *Kulturelle Voraussetzungen:* Schließlich muss überprüft werden, ob die vorhandene Unternehmenskultur für ein Coaching-Programm überhaupt geeignet ist oder allgemein ob Coaching einer bestimmten Unternehmenskultur bedarf, damit es überhaupt sinnvoll eingesetzt werden kann.

Kultur

Wie Abbildung 34 zeigt, hängen diese drei Bereiche eng miteinander zusammen und beeinflussen sich gegenseitig. Sie sollen im Folgenden noch etwas genauer betrachtet werden.

7.4.2
Strategische Voraussetzungen

Bei den strategischen Voraussetzungen für ein Coaching geht es um die Klärung der grundlegenden Ausrichtung der Personalstrategie, ja sogar um die (unternehmens-)philosophische Frage, welches Menschen- bzw. Mitarbeiterbild man seinem unternehmerischen Denken und Handeln zugrunde legen will. Wie bereits dargelegt,[1] kann diese übergeordnete Frage nicht aus dem Coaching selbst abgeleitet werden, sondern muss aus der allgemeinen Personalstrategie – die ihrerseits wiederum auf der Unternehmensstrategie basiert[2] – hergeleitet werden. Von Bedeutung sind vor allem die folgenden Fragen:

Strategische Fragen

▨ Welche Ziele werden mit den Personalentwicklungsmaßnahmen im Allgemeinen und mit Coaching im Speziellen verfolgt? Geht es beispielsweise um die persönlichen Bedürfnisse der Mitarbeitenden, um die Employability (Arbeitsmarktfähigkeit) oder um die Interessen des Unternehmens?

Ziele der Personalentwicklung

▨ Soll individuelles Lernen mit organisationalem Lernen verbunden werden bzw. werden von einer persönlichen (Verhaltens-)Veränderung auch organisationale Veränderungen erwartet?

Individuelles und organisationales Lernen

---

1   Vgl. dazu insbesondere Abschnitt 7.3.2 „Warum die Personalentwicklung versagt hat".

2   Zum Verhältnis zwischen Unternehmensstrategie und Personalstrategie vgl. SCHOLZ (2000), S. 91 ff.

Management-
Kompetenzen

▓ Welche Management-Kompetenzen sollen beim Mitarbeiter gefördert werden?

Mitarbeiterentwicklung

▓ Wie kann zur Entwicklung der Mitarbeiter beigetragen werden, welche Instrumente und Maßnahmen werden als sinnvoll erachtet?

7.4.3
Strukturelle Voraussetzungen

Bei der strukturellen Gestaltung des Coachings geht es um zwei grundlegende Fragen, entsprechend der klassischen Unterscheidung in eine Aufbau- und Ablauforganisation: Einerseits geht es um die Festlegung der Verantwortlichkeiten einzelner Stellen im Unternehmen und andererseits um die Gestaltung des Gesamtprozesses eines Coaching-Programms. Ein solcher Prozess kann in der Regel in folgende Phasen unterteilt werden:

Initiierung

1. *Initiierung eines Coachings:* In einer ersten Phase müssen die ersten Vorüberlegungen für die Einführung eines Coaching-Programms angestellt werden. Insbesondere sind dabei folgende Fragen zu klären (vgl. WREDE 2002, S. 254):

    ▓ Welches sind die Gründe oder Anlässe, die dazu geführt haben, sich für ein Coaching-Angebot zu entscheiden?

    ▓ Welchen Personengruppen im Unternehmen soll Coaching angeboten werden?

    ▓ Welche Resultate verspricht man sich durch die Einführung von Coaching?

    ▓ Wie sind die Interessen und Erwartungen im Unternehmen an das Coaching?

    ▓ Welche Ressourcen werden notwendig sein? Werden sie überhaupt zur Verfügung gestellt werden?

    ▓ Welche Gefahren könnten mit der Einführung von Coaching verbunden sein?

Konzept

2. *Erstellen eines Coaching-Konzepts:* Anknüpfend an die erste Phase werden die bereits aufgeworfenen Fragen vertieft und zu einem konkreten Coaching-Konzept ausgearbeitet. Dabei geht es im Wesentlichen um die Bearbeitung der sechs W-Fragen des Coachings, wie sie bereits in Abschnitt 7.2 „Der Coaching-Dschungel" dargestellt worden sind. Dazu gehört aber auch, dass ein definitives Budget aufgestellt wird und die Aufgaben zugewiesen werden.

3. *Umsetzung des Coaching-Konzepts:* In einer nächsten Phase erfolgt die eigentliche Implementierung des Coaching-Programms. Dieses umfasst vorerst einmal die Auswahl und Betreuung der Coaches als auch der Coachees, aber auch die administrative Umsetzung des Programms in personeller, räumlicher und zeitlicher Hinsicht. Umsetzung

4. *Evaluation des Coachings:* Am Schluss steht die Beurteilung des Coaching-Programms. Wie bereits erläutert,[1] geht es dabei nicht nur um die Evaluation der Ergebnisse als solche, sondern auch um die Betrachtung des Gesamtprozesses, also letztlich um die Frage, wie die Resultate zustande gekommen sind. Die Evaluation kann von verschiedenen Personen vorgenommen werden, häufig steht im Mittelpunkt die Beurteilung durch den Coachee. Für eine ausführliche Evaluation mit einem ausführlichen Evaluationsbogen kann auf die Fallstudie „Das Julius Bär Coaching Center" verwiesen werden. Evaluation

Bei der zweiten strukturellen Frage ist zu klären, wer für das Coaching-Programm verantwortlich ist und wer die verschiedenen Ansprechpartner sind. Dabei kommen in erster Linie die folgenden Stellen in Frage:

▨ Von der Sache her ist das Coaching am besten bei der *Personalabteilung* angesiedelt, doch stellen sich oft Probleme im Zusammenhang mit der – zumindest wahrgenommenen – Unabhängigkeit dieser organisatorischen Einheit, da diese auch für die Personalbeurteilung, -beförderung und -entlohnung (mit-)verantwortlich ist. Diese Problematik wird etwas abgefedert, wenn eine unabhängige Stelle Personalabteilung

▨ *Personalentwicklung* für das Coaching zuständig ist, doch können sich aufgrund der fachlichen – und meist auch organisatorischen Nähe zur Personalabteilung – ähnliche Probleme ergeben. Deshalb wird oft die Lösung einer organisatorisch Personalentwicklung

▨ *ausgegliederten, unabhängigen Stelle* gewählt, welcher ausschließlich das Coaching-Programm übertragen wird. Unabhängige Stelle

In den am Schluss dieses Teil dargestellten Fallstudien zeigt sich, dass in der unternehmerischen Praxis alle Lösungen vorkommen, ja sogar Kombinationen vorgenommen werden.[2]

---

1 Vgl. dazu Abschnitt 7.3.4 „Die bessere Antwort: Performance Improvement Coaching", insbesondere auch Abbildung 33, wo eine Struktur-, Prozess- und Ergebnisqualität unterschieden wird.

2 Vgl. dazu z. B. die Fallstudie „Das Julius Bär Coaching Center".

7.4.4
Unternehmenskulturelle Voraussetzungen

Eine überragende Bedeutung bei der Gestaltung eines Coaching-Programms kommt der Unternehmenskultur zu, da sie als grundlegende Werte und Einstellungen eines Unternehmens auch die Strategie und Struktur maßgeblich beeinflusst, insbesondere aber die Akzeptanz im Unternehmen und die grundsätzliche Ausrichtung des Coachings. Dabei können unter Berücksichtigung der beiden Aspekte „Art des Coachings" und „Akzeptanzgrad des Coachings" vier verschiedene Coaching-Kulturen unterschieden werden (vgl. Abbildung 35):

Coaching-Kulturen

Nachsitz-Kultur

▨ *Nachsitz-Kultur:* In dieser Kultur kommt Coaching zum Einsatz, wenn fachliche Defizite festgestellt werden. Mit Hilfe des Coachings soll es dem Mitarbeitenden möglich gemacht werden, die gesetzten Leistungsstandards zu erreichen. Die Akzeptanz dieses Coachings ist jedoch tendenziell gering, weil es demjenigen verordnet wird, der die geforderte Leistung nicht (selber) erbringen kann, sondern als Folge davon auf fremde Hilfe angewiesen ist.

Therapie-Kultur

▨ *Therapie-Kultur:* Coaching wird oft als neuer Begriff statt Therapie verwendet, um eine unangenehme Situation (für den Betroffenen) so angenehm wie möglich zu machen und somit eine Stigmatisierung zu verhindern – was letztlich aber doch nicht gelingt. Ein Coaching nimmt in Anspruch, wer persönliche Probleme hat, die er nicht selber lösen kann. Oft gehen die Mitarbeiterkollegen davon aus, es handle sich um psychologische Probleme, die von einer Fachperson, einem psychologisch geschulten Therapeuten, „behandelt" werden müssen.

Performance-Kultur

▨ *(Kurzfristige) Performance-Kultur:* Der Coachee soll zu Höchstleistungen motiviert und geführt werden. Das Leistungspotenzial soll mit Hilfe eines Coaches (auch als Vorgesetzter) voll ausgeschöpft, Fähigkeiten sollen gefördert werden. Dies geschieht vor allem durch Weitergabe von Wissen und Erfahrungen des Coaches an den Coachee,

Integrationsgrad / Coachingmethode	tiefe Akzeptanz	hohe Akzeptanz
Prozesscoaching	Therapie-Kultur	Lern- und Veränderungskultur
Expertencoaching	Nachsitz-Kultur	(kurzfristige) Performance-Kultur

Abbildung 35: Kulturtypen des Coachings

damit dieser von den positiven Erfahrungen und Erfolgen des Coaches profitieren kann. Die Leistung des Individuums wird dadurch gesteigert, weil es seine bisherigen Aufgaben noch besser bewältigen kann. Dies führt dann auch zu einer unmittelbaren Erhöhung des Unternehmenserfolgs. Dieses Coaching weist eine hohe Akzeptanz auf, weil es schließlich der Verbesserung des Unternehmenserfolges dient und ältere Führungskräfte als Vorbilder in das Programm als Coaches oder Mentoren integriert.

Lern- und Veränderungskultur: Diese Kultur stellt bewusst das Nachdenken, das Infragestellen, die Selbstreflexion in den Vordergrund. Dies ermöglicht sowohl dem Individuum als auch der Organisation als Ganzes zu lernen – im Sinne eines Double-loop-Lernens[1] – und sich zu verändern und weiterzuentwickeln. Diese Kultur nimmt aber bewusst in Kauf, dass Irritationen auftreten und das Resultat dieses Veränderungsprozesses offen, nicht bekannt ist. Die Akzeptanz von Coaching ist hoch, weil Selbstbewusstsein und Selbstverantwortung der Mitarbeitenden gefördert und hoch eingeschätzt werden. Zudem ist diese Kultur durch eine offene und transparente Kommunikation gekennzeichnet.

> Lern- und Veränderungskultur

Damit dürfte deutlich geworden sein, dass ein Prozesscoaching im Sinne der *systemisch-konstruktivistischen Methode* einer Lern- bzw. Veränderungskultur bedarf. Diese fördert die (Selbst-)Reflexion und das Ausprobieren neuer Verhaltensweisen. Irritationen werden nicht nur in Kauf genommen, sondern sind sogar erwünscht, um organisationale Entwicklungsprozesse zumindest zu initiieren und damit auch organisationales Lernen zu unterstützen. Dies bedeutet aber auch, dass eine bestimmte Unternehmenskultur nicht nur eine wichtige Voraussetzung für ein Prozess-Coaching ist, sondern dass – gerade aus systemisch-konstruktivistischer Sicht – durch das Coaching selbst auch wieder ein Einfluss (Rückkopplung) auf die Unternehmenskultur ausgeübt wird. (LOOSS/RAUEN 2002, S. 138) Da damit dem einzelnen Mitarbeiter viel Vertrauen geschenkt wird – aber selbstverständlich das Unternehmen bzw. das Top-Management auch Vertrauen in die Organisation als Ganzes hat –, handelt es sich um eine ausgesprochene *Vertrauenskultur.*

> Vertrauenskultur

---

1   Zum Double-Loop-Lernen vgl. die Einleitung am Anfang des Buches, Abschnitt „Personal Change Management durch Coaching", sowie Teil 1, Abschnitt 2.2.2 „Wirklichkeit als Joint Venture: Harte und weiche Wirklichkeiten".

Offene Informations- und
Kommunikationspolitik

Abschließend muss in diesem Zusammenhang nochmals die Bedeutung einer offenen Informations- und Kommunikationspolitik hervorgehoben werden. Es gilt, den Mitarbeitenden rechtzeitig das Ziel von Coaching klar zu machen, damit keine falschen Vorstellungen entstehen bzw. bestehende Vorurteile abgebaut werden können. Dazu gehört auch, dass in Informationsveranstaltungen Gelegenheit gegeben wird, noch offene Fragen zu klären und möglicherweise vorhandene Bedenken auszuräumen. Wichtig ist aber ebenso, dass das Top-Management das Coaching-Programm unterstützt und dies den Mitarbeitenden auch immer wieder kommuniziert – eine wichtige Voraussetzung für die Bildung einer offenen Kommunikationskultur.

Fallstudie

Das Julius Bär Coaching Center

Monique Bär, Christine Böckelmann

1
Ein Kurzportrait

Vom Familienunter-
nehmen zur
börsenkotierten AG

Der Grundstein der heutigen Julius Bär Gruppe wurde im Jahre 1890 gelegt. Damals wurde das Bankhaus Julius Bär als kleines Familienunter-
nehmen gegründet. Dank steten Wachstums wurde das Unternehmen
1974 in eine AG umgewandelt und 1980 börsenkotiert. Aus der Privat-
bank wurde eine Publikumsgesellschaft, wobei der Einfluss der Familie
Bär bis heute groß geblieben ist. Das Innehaben operativ führender Funktionen bereits in der vierten Generation sowie die Beteiligung und das
Engagement der Familie prägen die Unternehmenskultur wesentlich mit.

Heute konzentriert sich die Julius Bär Gruppe auf die Vermögensverwal-
tung für private und institutionelle Anleger. Ergänzende Dienstleistungen werden im Brokerage sowie im Wertschriften- und Devisenhandel
angeboten. Neben dem Hauptsitz in Zürich ist die Gruppe heute unter
anderem in den Finanzzentren Genf, Frankfurt, London, Paris, Mailand,
Madrid und New York vertreten.

Starkes
Personalwachstum

Von 1995–2000 wuchs das Unternehmen sehr stark. Die betreuten Kun-
denvermögen verdoppelten sich, und die Zahl der Mitarbeitenden
erhöhte sich im gleichen Zeitraum von 1500 auf weltweit rund 2400. Ursache des starken Wachstums waren die Börsenboomjahre, in denen sich
das Kerngeschäft stark vergrösserte und eine Expansion in neue Geschäftsfelder stattfand. Damit verbunden wurden vor allem im Ausland
verschiedene neue Standorte erschlossen. Auch in Zürich – dem Hauptsitz, wo früher eine Mehrheit der Mitarbeitenden praktisch unter einem
Dach tätig war – verteilt sich Julius Bär neu auf mehrere Standorte, was
eine spartenübergreifende Zusammenarbeit und persönliche Kommunikation teilweise erschwert.

Formulierung einer neuen
Unternehmenskultur:
Professional, Servant and
Family Leadership

Die expansive Entwicklung hatte einen nachhaltigen Einfluss auf die
Struktur und Kultur der Julius Bär Gruppe. Das enorme Wachstum war
nur möglich, indem sehr viele Mitarbeiterinnen und Mitarbeiter aus verschiedensten Unternehmen mit unterschiedlichsten Kulturen rekrutiert
wurden, was eine enorme Integrationsleistung erforderlich machte. Dies
führte dazu, dass eine neue Unternehmenskultur formuliert wurde, die
auf den drei Säulen „Professional, Servant and Family Leadership" sowie dem Gedanken einer starken Gemeinschaft basierte. Sie sollte die
Grundlage bilden, um die sich rasch verändernden Rahmenbedingungen
zu meistern.

Die eher unerwarteten negativen wirtschaftlichen Entwicklungen im
Jahre 2001 führten zu erneuten massiven Veränderungen im Unternehmen. Anfang Juni wurde ein Personalstopp angeordnet, kurze Zeit später

kam es zu ersten Entlassungen – dies erstmals überhaupt in der Geschichte des Unternehmens. Ein Schock für viele. Der Pressekonferenz
im August mit der Bekanntgabe eines schlechten Halbjahresergebnisses
folgten weitere Entlassungen. Zudem kam es zu Frühpensionierungen
und Umstrukturierungen. Eine große Unsicherheit, Desorientierung und
Nervosität bei den Mitarbeitenden waren die spürbare Folge. War ein
Jahr zuvor noch das rasante Wachstum und die Integration der neuen
Mitarbeitenden ein zentrales Thema gewesen, stellte sich nun plötzlich
die umgekehrte Frage, nämlich wie mit Entlassungen und dem neuen
Klima der Unsicherheit umgegangen werden sollte. Auch die Frage der
Kommunikation und Mitarbeiterinformation gewann sprunghaft an Be-
deutung.

*Erste Entlassungen,
Unsicherheit und
Desorientierung*

Seit Mitte 2003 hat sich die Situation im Unternehmen nun wieder beruhigt, nötige Umstrukturierungen haben stattgefunden und eine Neuausrichtung konnte vorgenommen werden.

2
Wie die Coachingidee entstanden ist

Die Idee, bei Julius Bär Coaching anzubieten, entstand im Jahr 2000,
d.h. noch während der Phase des großen Unternehmenswachstums.
Zusammenfassend formuliert präsentierte sich die Ausgangslage damals
folgendermaßen:

▓ Veränderte Rahmenbedingungen, neue Geschäftsfelder und Ausrichtungen führten zu vielen Umstrukturierungen.

▓ Die rasch gestiegene Mitarbeiterzahl mit unterschiedlichsten Kom-
munikationskulturen und Arbeitsstilen erforderte eine enorme Integrationsleistung.

▓ Verschiedene Führungsstile sowie der Generationenwechsel der operativ tätigen Familienmitglieder führten zu Verunsicherungen und
Unklarheiten bei den Mitarbeitenden.

Eine wichtige Herausforderung war, die neu formulierte Unternehmenskultur mit Leben zu füllen und im Alltag umzusetzen. Zunächst wurde
ein Gesamtausbildungskonzept erstellt und neue Führungsgrundsätze
definiert. Es war klar, dass bei den Mitarbeitenden in Bezug auf diese
Grundsätze ein „Shared Understanding" erzielt werden musste. Um dies
zu erreichen, entstand die Idee einer Seminarweiterbildung in den Be-

*Gesamtausbildungs-
konzept und neue
Führungsgrundsätze*

reichen Selbstreflexion, Selbstmanagement, Soziales Bewusstsein und Sozialkompetenz. Diese Ausbildungserfahrung wollte man einem verhältnismäßig breiten Kreis zugänglich machen, d. h. es sollten alle Führungskräfte von den Vizedirektoren an aufwärts daran teilnehmen können. Das Seminar war als Initialschritt gedacht. In einer zweiten Phase sollte der Transfer in die Führungspraxis begleitet werden.

Seminar-Weiterbildung für Führungskräfte

In Zusammenarbeit mit dem International Institute for Management and Development (IMD) in Lausanne wurde ein speziell auf die Julius Bär Gruppe zugeschnittenes sechstägiges Leadership-Seminar entwickelt. Dieses wurde in den Jahren 2000 und 2001 von etwa fünfhundert Führungskräften durchlaufen. Alle Teilnehmerinnen und Teilnehmer wurden während des Seminars zusätzlich in Gruppen- und Einzelcoachings betreut.

Transfer in die Praxis durch Coaching

Nun stellte sich die Frage, wie der Transfer in die Führungspraxis angegangen werden konnte. Die Vorgaben waren klar, ging es doch darum, die Unternehmenskultur im Alltag zu verankern, d. h. die Eigenverantwortung aller zu steigern, individuelle Fähigkeiten zu fördern und eine offene Kommunikationskultur zu unterstützen. Die Wahl fiel auf Coaching – doch weshalb? Coaching kann als wirksames Instrument der Personalentwicklung eingesetzt werden. Coaching ist eine maßgeschneiderte, partnerschaftlich gestaltete, zielorientierte Maßnahme, die auch hilft, eine Feedbackkultur zu etablieren. Coaching setzt ein bestimmtes Führungsverständnis und Menschenbild voraus und zielt auf eine Kultur der Transparenz, der Kommunikation und der Entwicklungsorientierung. Unabdingbare Voraussetzung für erfolgreiches Coaching ist Selbstmotivation, Eigenverantwortung und Selbstorganisation – und genau dies sollte für die neue Unternehmenskultur angestrebt werden.

Weiter sprachen auch zeitliche und finanzielle Aspekte für den Einsatz von Coaching. Im Vergleich zu Seminaren ist Coaching kostengünstig, transferorientiert, kann punktuell und effizient eingesetzt werden und erfordert nur kurze Absenzen am Arbeitsplatz.

Ziele des Coachingangebots

Mit dem Coachingangebot wurden verschiedene Ziele angestrebt. Auf der Ebene des *Gesamtunternehmens* waren dies:

▨ Bewältigung und Steuerung des Wandels,

▨ Verbesserung des Arbeitsklimas und der Mitarbeitermotivation,

▨ Förderung des „Servant and Professional Leadership"-Gedankens innerhalb der Gruppe,

▨ Gewährleistung von Vertiefung, Transfer und somit Nachhaltigkeit der IMD Leadership Seminare.

Auf der Ebene der *Ausbildung* und des *Personaldienstes* waren es:

▨ Förderung des Transfers bestehender Weiterbildungselemente in die Praxis,

▨ Vernetzung und optimierte Nutzung bestehender Leistungen des Personaldienstes,

▨ Unterstützung des Personaldienstes bei ihren Personalentwicklungsaufgaben,

▨ ein näheres Zusammenführen von Ausbildung und Personaldienst, um Synergien zu erzielen.

Für die *Mitarbeitenden* wollte man:

▨ individuelle Weiterbildung und Entwicklung ermöglichen,

▨ Nachhaltigkeit in Bezug auf den Transfer von Gelerntem in den Arbeitsalltag erzeugen,

▨ Eigenverantwortung und eine Fehler- und Feedbackkultur fördern,

▨ Unterstützung im Umgang mit Belastungssituationen gewährleisten,

▨ Entwicklungs- und Weiterbildungsmöglichkeiten für alle bieten, die intrinsisch motiviert sind.

Als Nebenziele des Coachingangebotes erhoffte man sich eine Verbesserung des Arbeitsklimas und somit eine möglicherweise höhere Identifikation der Mitarbeitenden mit dem Unternehmen. Ferner sollte diese Dienstleistung mithelfen, die Fluktuationsrate zu reduzieren und das Image zu verbessern.

Aufgrund dieser Überlegungen wurde innert kurzer Zeit das Julius Bär Coaching Center (JBCC) konzipiert. Die Projektidee wurde vom Verwaltungsratspräsidenten begrüßt und unterstützt. Eine mit dem Unternehmen vertraute externe Person, die seit geraumer Zeit im Coachingbereich tätig ist, wurde beauftragt ein Konzept zu erarbeiten. Sie erstellte dies in enger Zusammenarbeit mit den Ausbildungsverantwortlichen sowie mit den Verantwortlichen des Personaldienstes des Standortes Zürich (vgl. Abbildung 36, S. 255).

3
Anforderungen an Coaching als Element der Julius Bär Personalentwicklung

3.1
Was soll unter Coaching verstanden werden?

Klärung des
Coachingverständnisses

Da die Heterogenität der theoretischen Ansätze im Bereich des Coachings groß ist, kommt ein Unternehmen nicht darum herum, für sich zu klären, wie das eigene Coachingverständnis aussieht.

Personal versus
Persönlichkeit

Coaching will ein Element der Personalentwicklung des Unternehmens sein. Damit stellt sich zunächst die Frage, was unter dem Begriff des *Personals* verstanden wird: Neben der Haltung, dass es hier um die Menschen „ohne Ansehen der Person" geht (NEUBERGER 1994), d.h. „nur" um diejenigen Aspekte, welche für die Arbeitstätigkeit im Unternehmen eingesetzt werden, gibt es durchaus auch die Ansicht, dass es hier eigentlich um die *Persönlichkeit* der Mitarbeitenden geht, da diese in Dienstleistungsbetrieben der wesentliche Schlüssel zum Unternehmenserfolg darstellt (BECK/SCHWARZ 1997). Ein Praxisbericht ist kaum der Ort, sich auf eine theoretische Diskussion darüber einzulassen, welche Haltung hier die adäquatere sei. Ohne große Unsicherheit kann jedoch behauptet werden, dass Angebote der Personalentwicklung in einem Spannungsfeld stehen zwischen dem Anliegen des Unternehmens, sein *Personal* entwickeln zu wollen, und der z.T. implizit unterstellten Intention, damit auf die Entwicklung der *Persönlichkeit* der Mitarbeitenden zu zielen. Dieses Spannungsfeld trifft für Coaching im besonderen Maße zu, steht es doch zum einen in der Nähe psychosozialer Beratungsformen, bei welchen die Persönlichkeit im Zentrum steht, und ist zum anderen gleichzeitig ein betriebliches Instrument zur Förderung von Führungskräften, wodurch der Personalaspekt, d.h. die Anliegen des Unternehmens, fokussiert wird. Weiter muss angemerkt werden, dass Coaching zwar in der Nähe psychosozialer Beratungsformen steht, ein Unternehmen sich dadurch jedoch nicht das Recht herausnehmen darf, *primär* auf die Persönlichkeitsentwicklung der Mitarbeitenden abzuzielen, da dies in Bezug auf sein Personal im Grunde genommen übergriffig ist (einmal abgesehen davon, dass es auch unternehmerisch betrachtet kaum haltbar ist).

Die Tatsache, dass Persönlichkeitsförderung nicht die Aufgabe eines Unternehmens ist, obwohl sich Persönlichkeitsförderung zumeist positiv für das Unternehmen auswirkt und Personalförderung nicht betrieben werden kann, ohne die Persönlichkeit der Mitarbeitenden zu berücksichtigen, ist in der Praxis ein interessantes Spannungsfeld. Dies soll im Folgenden anhand von Themenfeldern deutlich gemacht werden, welche für das Julius Bär Coaching Center (JBCC) bearbeitet werden mussten:

- Top-down vorgegebene versus freiwillige Coachings (vgl. Abschnitt 3.2),

- Schweigepflicht versus Offenheit (vgl. Abschnitt 3.3),

- Themenwahl für Coachings (vgl. Abschnitt 3.4),

- Kundenkreis (vgl. Abschnitt 3.5),

- Unternehmensinterne versus untenehmensexterne Beraterinnen und Berater, einzelne Coaches versus institutionalisierte Coachinggruppe (vgl. Abschnitt 3.6).

3.2
Top-down vorgegebene versus freiwillige Coachings

Wenn es bei Coachings um Anliegen des Unternehmens in Bezug auf sein Personal geht, dann sollten Coachings auch top-down vorgegeben werden können. Coaching ist jedoch eine *Beratungs*form und damit vom Ansatz her (wie andere Beratungsformen auch) als grundsätzlich freiwillig zu betrachten. Damit lässt sich die Frage stellen, ob ein top-down vorgegebenes Coaching überhaupt ein Coaching sein kann.

Coaching als freiwillige Beratung und als Führungsinstrument

Hinter der Freiwilligkeit als Grundlage von Beratung steht die anthropologische These, dass sich jeder Mensch letztlich selbst entwickeln muss. Und: Entwickeln *wollen* muss sich jeder ebenfalls selbst (auch was die Fähigkeiten betrifft, die jemand in seine Profession einbringt). Entwicklung kann nicht von jemandem gegeben und nicht angeordnet werden, sie ist selber zu erarbeiten. Sicher gibt es die Möglichkeit, Entwicklungen anzustoßen resp. zu Coachingprozessen zu motivieren (z.B. mit der Aussicht auf betriebliche Karrierechancen). Zu starke Motivierungsmaßnahmen führen jedoch zu einem Problem, welches nicht erst seit SPRENGER (2000) bekannt ist und sich in der Formel „alle Motivation ist keine Motivation" ausdrücken lässt (vgl. BECKER 1998). Anders formuliert: Extrinsisch motivierte Handlungen führen kaum zu überdauernden Veränderungen, da sie schließlich nur noch beim Vorliegen der externen Verstärker ausgeführt werden und nicht aus Eigenmotivation. Idealerweise finden Coachings daher selbstinitiiert statt. Ist damit Coaching als unternehmerisches Instrument der Führungsentwicklung letztlich eine Fiktion?

Entwicklung als persönlicher Prozess

Grenzen der Motivation

Coaching ist grundsätzlich
freiwillig

Für die Konzipierung des Julius Bär Coaching Centers waren in Bezug auf diese Problemlage folgende Überlegungen handlungsleitend: Grundsätzlich wird davon ausgegangen, dass ein Coaching freiwillig in Anspruch genommen wird und niemand dazu gezwungen werden kann. Ein instrumentelles Coaching top-down kann nicht angemessen sein und ist aus Gründen der Motivationslage vermutlich auch nicht sehr wirkungsvoll. Es ist jedoch klar, dass diese Freiwilligkeit keine „reine Freiheit" sein kann. Mitarbeitende sind erwerbswirtschaftlich von ihrem Arbeitgeber abhängig und werden sich dadurch unter Umständen mit Dingen einverstanden erklären, die sie eigentlich gar nicht möchten, um sich innerhalb des Unternehmens nicht in Schwierigkeiten zu bringen oder sich Aufstiegschancen zu verbauen. Freiwilligkeit ist für ein Coachingangebot also eine Art idealtypische Voraussetzung. Um sich dieser anzunähern, ist es wichtig, entsprechende Aufklärungsarbeit zu leisten, indem Beraterinnen und Berater Vorgesetzte auf das Thema aufmerksam machen.

Ratsuchende:
▨ Besucher
▨ Klagende
▨ Kunden

Im Alltag wird es so sein, dass auch mit nicht ganz freiwilligen Kundinnen und Kunden gerechnet werden muss. Ein Coaching Center, welches einen Versorgungsauftrag des Unternehmens hat, kann es sich kaum leisten, Mitarbeitende als Kunden abzuweisen, bei welchen sich herausstellt, dass sie nicht ganz freiwillig kommen (dies kann sich allenfalls ein privates externes Beratungsunternehmen erlauben). Gemäß Ansatzpunkten von DE SHAZER (1989) können Ratsuchende jedoch in einer Art Gedankenfigur in die drei Gruppen „Besucher", „Klagende" und „Kunden" eingeteilt werden, womit sich ein Weg öffnet, wie auch mit nicht ganz freiwilligen Kundinnen und Kunden ein Coaching durchgeführt werden kann:

▨ *Besucher* sind Menschen, die in eine Beratung geschickt werden und daher nicht ganz freiwillig anwesend sind. Sie formulieren weder konkrete Probleme noch Ziele. Als Folge davon erhält der Berater oder die Beraterin keinen eigentlichen Auftrag. Eine Beratungsstrategie ist hier die Metakommunikation über mögliche Probleme, Ziele und Aufträge Dritter. Als Beispiele: Wer kam warum auf die Idee, dass Sie etwas von mir wollen sollen? Haben Sie eine Idee, warum Herr oder Frau XY möchte, dass wir miteinander ins Gespräch kommen? Wenn wir jetzt einmal unterstellen, dass er/sie es wirklich gut meint, was könnten wir dann zusammen Sinnvolles tun, damit es Ihnen tatsächlich gut geht? Wenn Sie den Umstand, dass Sie jetzt schon einmal hier sind, für ein eigenes Anliegen nutzen wollten, was könnte das am ehesten sein?[1]

---

1   Vgl. dazu Bamberger (1999).

- *Kläger* kommen zwar häufig freiwillig in die Beratung, sie verorten den Ansatzpunkt für mögliche Entwicklungen jedoch nicht bei sich selber, sondern in ihrem Umfeld. Entsprechend formulieren sie zwar konkrete Probleme, jedoch keine Ziele, zu deren Erreichung sie selbst etwas beitragen könnten. So erhält der Berater oder die Beraterin oftmals keinen Auftrag oder einen solchen, der andere Menschen oder strukturelle Gegebenheiten verändern soll. Als Strategie schlägt DE SHAZER hier vor, zuzuhören und beim Erarbeiten von Lösungen zurückhaltend zu sein, die Klienten anzuerkennen und zu würdigen sowie Beobachtungsfragen zu stellen (z.B.: Was soll sich an Ihrer Situation auf keinen Fall verändern?).

- *Kunden* sprechen konkrete Probleme an und formulieren Ziele, zu deren Erreichung sie gerne etwas beitragen möchten. Die Beraterin oder der Berater erhält damit einen Auftrag.

Neben nicht ganz freiwilligen Kundinnen und Kunden wird es auch die umgekehrte Situation geben, welche dann so aussieht, dass ein Mitarbeiter ein Coaching möchte, der Vorgesetzte dazu jedoch keine Einwilligung gibt. Wenn die Gründe für eine Ablehnung für die Mitarbeiterin oder den Mitarbeiter nicht nachvollziehbar und akzeptabel sind, dürfte sich hinter einer solchen Situationen potenziell ein Konflikt verbergen. Weiter kann es sein, dass eine Mitarbeiterin sich nicht getraut, ein Thema bei den Vorgesetzten anzusprechen, und daher auch keine Unterstützung erhält. Für beide Situationen ist es wichtig, eine *zeitlich begrenzte* Möglichkeit für die anonyme Inanspruchnahme einer Beratung zu bieten, welche primär der Situationsklärung dient. Ein Berater oder eine Beraterin übernimmt hier eine Triagefunktion, indem er den Ratsuchenden dabei unterstützt, die nächsten Schritte anzugehen. Coachings, welche sich allenfalls später ergeben (sei es für den Vorgesetzten oder für den Mitarbeitenden), sollten nicht von der gleichen Beraterin oder dem gleichen Berater übernommen werden, da dies mit einer vorgängig neutralen Triagefunktion kaum wirklich vereinbar sein dürfte.

Anonyme Kurzzeit-beratung

Soweit einige Überlegungen zum Thema top-down vorgegebene versus freiwillige Coachings. Für das Julius Bär Coaching Center haben sich daraus folgende konzeptuelle Grundlagen ergeben:

Konzeptuelle Grundlagen

- Da es sich bei Coaching um eine Beratungsform handelt und Entwicklungsprozesse nicht vorgegeben werden können, ist Coaching ein grundsätzlich freiwilliges Element der Personalentwicklung. Entsprechend soll Coaching auch nicht als extrinsischer Motivator für Führungskräfte missbraucht werden. Ziel sind selbstinitiierte Beratungsprozesse.

▨ Der Aufklärungsarbeit bei den Vorgesetzten muss in Bezug auf diese Grundthese ein besonderes Gewicht beigemessen werden.

▨ Freiwilligkeit heißt nicht, dass nicht auch top-down zu Coachings motiviert werden soll. Ein Motivationsdruck steht jedoch in der Gefahr, zu Anpassungsleistungen von Mitarbeitenden zu führen, welche nichts mehr mit Freiwilligkeit zu tun haben. Entsprechend sorgfältig ist damit umzugehen.

▨ Wenn Mitarbeitende als nicht ganz freiwillige Kundinnen und Kunden ins Coaching kommen, werden sie als „Besucher" oder „Kläger" betrachtet. Damit können sich Wege öffnen, die Situation für Entwicklungsprozesse fruchtbar zu machen.

▨ Mitarbeitende, welche aus irgendwelchen Gründen eine anonyme Beratung möchten, d.h. eine Beratung, für welche keine Einwilligung des Vorgesetzten vorliegt, können diese in einem begrenzten Rahmen in Anspruch nehmen. Die Beraterinnen und Berater übernehmen bei solchen Kurzzeitberatungen primär eine Triagefunktion, welche es dem Ratsuchenden ermöglichen soll, die nächsten Schritte in Angriff zu nehmen. Auf eine klare Rollentrennung in Bezug auf nachfolgende Coachingaufträge muss sorgfältig geachtet werden.

3.3
Schweigepflicht versus Offenheit

Ein zweites Themenfeld, welches sich aus dem Spannungsfeld zwischen Personal- und Persönlichkeitsentwicklung ergibt, ist die Frage nach Anonymität oder Offenheit in Bezug auf Themen und Inhalte des Coachings.

Geschützter Beratungsraum

Um in Coachings individuelle Arbeitsanliegen thematisieren zu können, muss die Gewähr bestehen, dass es sich um einen geschützten Beratungsraum handelt. Was in einem Coaching besprochen wird, gehört in den Schutz beraterischer Schweigepflicht. Coaching als Personalentwicklungsinstrument des Unternehmens hingegen erfordert eine gewisse Offenheit, damit Steuerung möglich wird und Erkenntnisse in die Entwicklung innerhalb des Unternehmens einfließen können. Innerbetriebliches Coaching kann keine reine Privatsache sein, auch wenn es sich um individuelle Beratungen handelt.

Coaching im Dienst der Unternehmensentwicklung

Schweigepflicht und klare Zielvereinbarung mit Vorgesetzten

Für das Julius Bär Coaching Center wurden hierzu folgende Überlegungen angestellt: Mitarbeitende können sich in der Regel nur auf ein Coaching einlassen, wenn ihnen die Sicherheit der Schweigepflicht der Beraterinnen und Berater gewährt wird. Ansonsten wird es kaum möglich sein, individuelle Themen zu bearbeiten und Entwicklungsprozesse zu begleiten. Eine professionelle Beratung kann auf die Voraussetzung der Schweigepflicht nicht verzichten. Vorgesetzte, welche ihre Personalentwicklung steuern müssen und zudem den Einsatz finanzieller Mittel für Coachings verantworten, benötigen jedoch klare Angaben über das Ziel der Beratungen. Coachings können nicht von den unternehmerischen Zielen abgekoppelt werden, was im Konzept berücksichtigt werden muss. Weiter besteht ein Interesse des Gesamtunternehmens, unabhängig von konkreten Personendaten Angaben über Themenfelder zu erhalten, welche in den Beratungen thematisiert werden und für die Entwicklung des Unternehmens relevant sind. Um diese Anforderungen zu erfüllen, wurden folgende konzeptuellen Grundlagen gelegt:

Konzeptuelle Grundlagen

▨ Der Coachingprozess steht unter Schweigepflicht. Wie bei anderen Beratungsformen auch, sind die Beraterinnen und Berater verpflichtet, Informationen vertraulich zu behandeln und nur mit vorheriger Einwilligung des Ratsuchenden weiterzugeben.

▨ Kontakte zwischen Coaches und Vorgesetzten werden in jedem Fall mit den Ratsuchenden abgesprochen. Zu Beginn eines Coachings werden die angestrebten Ziele im Dreieck zwischen Vorgesetzten, Coachees und Beratenden offen vereinbart. Idealerweise wird bereits geklärt, in welcher Form Ergebnisse an Vorgesetzte zurückgemeldet werden.

▨ Die Evaluation von Coachingprozessen dient nicht nur der Qualitätssicherung in Bezug auf die einzelne Beratung. Rückmeldungen zu angestrebten Zielen sowie zu Themen und Inhalten werden zu „Wetterberichten" an die Unternehmensführung zusammengefasst. Nach Möglichkeit wird angestrebt, auch übergreifende Angaben zur Frage machen zu können, in welchen Sparten tendenziell zu welchen Themen Coachings stattfinden.

3.4
Themenwahl für Coachings

Ebenfalls im Spannungsfeld zwischen Personal- und Persönlichkeitsentwicklung steht die Frage, um welche Themen es in einem Coaching gehen soll und wie diese festgelegt werden.

Für das Julius Bär Coaching Center wurde dazu folgende Positionierung vorgenommen: Coaching ist keine „kleine Psychotherapie" und auch keine psychosoziale Beratung im engeren Sinne. Themen, welche primär die Persönlichkeit von Mitarbeitenden betreffen, gehören nicht in ein Be-

Coaching ist keine
Psychotherapie

ratungsangebot, welches im Rahmen des Unternehmens stattfindet. Dies nicht in erster Linie aus finanziellen Gründen, sondern vor allem, um die Mitarbeitenden in ihrem Privatraum zu schützen. Coaches verfügen zudem oft nicht über eine Beratungsqualifikation für diese Themenfelder.

Es ist zu vermuten, dass Mitarbeitende kein Coaching beanspruchen wollen, weil sie befürchten, dass es sich um eine Art Psychotherapie handelt, bei der es um pathologische Aspekte geht. Im Zentrum von Coachings stehen jedoch Rollen- und Funktionsaspekte in Bezug auf die zu leistende Arbeit. Dies muss innerhalb des Unternehmens klar kommuniziert werden.

Themenaufträge von Vorgesetzten

Da es sich bei Coaching um eine Personalentwicklungsmaßnahme des Unternehmens handelt, muss es möglich sein, Themen top-down einzubringen. Aufgrund der primären Freiwilligkeit von Beratungen gibt es hier allerdings eine Grenze: Anliegen können von Vorgesetzten zwar formuliert, es kann jedoch selbstverständlich niemand gezwungen werden, diese in einem Beratungssetting auch zu bearbeiten.

Konzeptuelle Grundlagen

Konzeptuell wurde diese Grundhaltung folgendermaßen umgesetzt:

- Beraterinnen und Berater klären im Rahmen eines Erstgesprächs ab, ob ein Coaching für die anstehenden Themen das richtige Angebot ist. Im Sinne eines sogenannten „qualifizierten Verweises" (ERTELT/ SCHULTZ 1997) übernehmen sie nur Beratungen, für die sie qualifiziert sind und deren Anliegen dem Leistungsauftrag des Unternehmens entsprechen.

- Ist ein Coaching für die anstehenden Themen nicht adäquat, liegt es in der Verantwortung der Beraterinnen und Berater, Hinweise für andere Unterstützungsformen zu geben, welche sinnvoll sein könnten.

- Beraterinnen und Berater übernehmen keine „versteckten" Aufträge von Vorgesetzten, welche im Coaching bearbeitet werden sollen. Wie bereits erwähnt, werden die angestrebten Ziele im Dreieck zwischen Vorgesetzten, Coachees und Beratenden *offen* vereinbart.

3.5
Kundenkreis

Coaching nur für Führungskräfte?

Coaching ist ein klassisches Unterstützungsangebot für Führungskräfte. Auf den ersten Blick scheint es daher klar zu sein, wer Coaching in Anspruch nehmen darf: Führungskräfte natürlich! Gegen diese einfache Lösung in Bezug auf die Frage nach dem Kundenkreis sprechen allerdings zwei Sachverhalte: Zum einen erschweren flache Hierarchien sowie eine unterschiedliche Anzahl von Hierarchiestufen in verschiedenen Unternehmensbereichen eine klare Beantwortung der Frage, wer genau als Führungsperson „coachingberechtigt" ist und wer nicht. Zum anderen widerspricht die Grenzziehung zwischen Coachingberechtigten und Nicht-Coachingberechtigten dem Ziel, dass Coaching selbstinitiiert, d.h. eigenmotiviert stattfinden soll. Es kann nicht von außen bestimmt werden, wer die Eigenmotivation zu einem begleiteten Entwicklungsprozess haben darf und wer nicht.

Allenfalls gäbe es die Lösung, dass bestimmten Personengruppen ein Coaching finanziert wird und anderen nicht. In diesem Fall ergibt sich allerdings das Problem, dass es sich bei den nicht durch das Unternehmen finanzierten Beratungen auch nicht mehr um Coachings handelt, welche notwendigerweise im Dienst des Unternehmens stehen. Das Unternehmen würde damit auf Einfluss verzichten und einen Teil von gesteuerter Personalentwicklung aus der Hand geben.

Steuerung über Finanzierung?

Weiter ist zu berücksichtigen, dass der Begriff des Coachings in der Geschichte der Beratungsformen traditionellerweise nur für die Unterstützung von Führungskräften gebraucht wird, während bei der berufsbezogenen Beratung von Mitarbeitenden von Supervision gesprochen wird. In einem Coachingkonzept muss geklärt sein, welche Haltung in Bezug auf diese Begriffsdifferenzierung eingenommen wird, damit daraus keine falschen Annahmen über den Kundenkreis entstehen.

Differenzierung von Coaching und Supervision?

Für das Julius Bär Coaching Center wurde in Bezug auf diesen Themenbereich vorläufig folgende Haltung eingenommen:

Konzeptuelle Grundlagen

- Grundsätzlich sind alle Mitarbeitenden berechtigt, ein Coaching in Anspruch zu nehmen.

- Entsprechend steht auch die Möglichkeit der anonymen Kurzzeitberatung für alle Mitarbeitenden offen. Längere Beratungen erfordern in jedem Fall die Zustimmung durch die Verantwortlichen.

- Auf eine begriffliche Differenzierung zwischen Supervision und Coaching wird verzichtet. Der Begriff des Coachings wird für alle Beratungen, welche innerhalb des Unternehmens stattfinden, verwendet.

- Damit das Unternehmen trotz des umfassenden Kundenkreises des JBCC die Kontrolle über das Budget behält, werden Stundenobergrenzen für die Beratungsprozesse festgelegt.

3.6
Unternehmensinterne versus unternehmensexterne Beraterinnen und Berater, einzelne Coaches versus institutionalisierte Coachinggruppe

Woher kommen die Beraterinnen und Berater, welche die Coachings durchführen? Sind dies Angestellte des Unternehmens, einzelne Freelancer oder Mitarbeitende einer Beratungsfirma, mit welcher das Unternehmen einen Vertrag abschließt? Die einzelnen Varianten haben Vor- und Nachteile. Nachfolgend einige Überlegungen, die dazu für das Julius Bär Coaching Center gemacht wurden.

Das Wahrnehmen eines Beratungsmandats erfordert eine möglichst neutrale und unabhängige Position. Sind die Coaches intern angestellt, kann dies eine objektive Beratung der Mitarbeitenden erschweren, da Insidern oft eine reflexive Haltung in Bezug auf das Geschehen im Unternehmen verwehrt bleibt. Für die Durchführung von Coachings eignen sich also primär externe Beratungsfachleute. Völlig unabhängige externe Coaches (wenn es denn solche überhaupt gibt) haben jedoch vier Nachteile:

Nachteile externe Beraterinnen und Berater

▨ Als erstes besteht die Gefahr, dass wichtige allgemeine Erkenntnisse aus den Beratungen nicht ins Unternehmen zurückfließen.

▨ Zweitens wird es kaum möglich sein, dass sich unter den Beraterinnen und Beratern mit der Zeit eine gemeinsame Beratungshaltung und Übereinstimmung mit dem unternehmensinternen Beratungskonzept ergibt. Dies kann dazu führen, dass in ähnlichen Situationen verschiedene Coaches so unterschiedlich handeln, dass von einem Julius Bär Coaching Center kaum mehr die Rede sein kann und entsprechend auch keine gemeinsame Strategie erkennbar ist.

▨ Drittens haben freiberufliche Coaches selbstverständlich ein Erwerbsinteresse, wodurch vielleicht da und dort Beratungsaufträge akquiriert werden, die aus Unternehmenssicht nicht immer absolut notwendig sind, sondern im Bereich des „nice to have" liegen.

▨ Viertens fehlt externen Coaches häufig unternehmensspezifisches Wissen, welches für ein effektives Coaching wichtig wäre.

Externer Coachingpool

Um die Vorteile von externen Beraterinnen und Beratern zu nutzen und deren Nachteile zu minimieren, bietet sich die Form eines Pools externer Coaches an. Ein externer Coachingpool gewährleistet Verbindlichkeit, und zwar sowohl unter den einzelnen Beratenden als auch in Bezug auf das Unternehmen, und ermöglicht eine Steuerung der Beratungsaufträge. Weiter kann hier die gemeinsame konzeptuelle Arbeit und der Austausch unter den Beraterinnen und Beratern in den Auftrag der Coaches integriert werden. Trotzdem bleiben die Coaches vom Unternehmen unabhängig, da sie nicht von diesem angestellt sind.

Damit der Coachingpool einen gewissen Institutionalisierungsgrad erhält, benötigt er eine Leiterin oder einen Leiter. Diese Person kann wichtige Funktionen übernehmen, wenn sie selber keine Beratungsaufträge ausführt:

Leitung des Coachingpools

- Sie kann als Nahtstelle zwischen Unternehmen und Beraterinnen und Beratern fungieren, indem sie Ansprechperson sowohl für die Unternehmensleitung als auch für die einzelnen Coaches ist.

- Sie kann die Entwicklung des Coachingpools steuern und die Sitzungen über das unternehmensinterne Beratungskonzept leiten.

- Sie kann die Führung in Bezug auf die Etablierung und Positionierung des Coachingangebotes innerhalb des Unternehmens übernehmen und die entsprechende interne Kommunikation koordinieren.

- Sie kann die Zuweisung von Beratungsanfragen übernehmen, wodurch Aufträge nicht „zufällig" an einen bestimmten Coach gelangen, sondern gemäß spezifischer Arbeitsschwerpunkte sinnvoll zugeteilt werden.

- Sie kann für eine möglichst gleichmäßige Verteilung der Aufträge unter den Beraterinnen und Beratern sorgen, wodurch weniger die Gefahr besteht, dass ein nach „schweizerischer Verhaltensnorm" gerne tabuisiertes Thema, nämlich die Konkurrenz unter freiberuflich Tätigen, die Zusammenarbeit beeinträchtigt.

Kaum erwähnt werden muss, dass die wichtigste Grundlage in Bezug auf die Beraterinnen und Berater deren fachliche Qualifikation und persönliche Integrität ist. Ein Konzept kann noch so durchdacht sein, die Qualität eines Coaching Centers ist primär abhängig von den Fachpersonen, die dafür arbeiten. Bleibt also noch die Frage, wie groß sinnvollerweise ein Coachingpool ist: Nun, er sollte nur so groß sein, dass ein persönlicher Austausch und Kontakt unter den externen Beraterinnen und Beratern noch stattfinden kann und die Coaches sich über regelmäßige Aufträge mit dem Unternehmen verbunden fühlen. Er sollte aber nicht so klein sein, dass keine genügend große Anzahl verschiedener fachlicher Schwerpunkte mehr darin vertreten sein kann und die einzelnen Coaches plötzlich den größten Teil ihres Erwerbseinkommens über einen Coachingpool beziehen. Dann wären es nämlich im Grunde genommen nicht mehr unabhängige externe Beratende, sondern mit der Zeit faktisch Angestellte des Unternehmens.

Größe des Coachingpools?

4
Wie sieht das Konzept aus?

4.1
Konzeptidee und erste Schritte

Unter Berücksichtigung aller Vorüberlegungen wurde folgende *Konzeptidee* formuliert:

„Unter dem Julius Bär Coaching Center (JBCC) ist ein Dienstleistungszentrum innerhalb der Julius Bär Gruppe zu verstehen, welches Coaching in verschiedenen Formen anbietet. Das Center bildet ein Bindeglied zwischen Ausbildung und Personaldienst. Es unterstützt und vernetzt die Aufgaben beider Einheiten und bietet dem Linienmanagement eine professionelle Unterstützung.

Das Center verfügt über ein Team von externen Coaches, die entsprechend den Anfragen situativ eingesetzt werden können und im Auftragsverhältnis arbeiten. Die Einsätze werden vom zuständigen Personaldienst bzw. der Ausbildungsabteilung sowie der Leitung des JBCC koordiniert. Personaldienst und Ausbildungsabteilung sind (je nach Art des Coachings) die internen Anlaufstellen, welche die Anfragen entgegennehmen, die Notwendigkeit für eine Beratung prüfen und das weitere Vorgehen initiieren. Für Mitarbeiter/innen in Problemsituationen wird zudem eine externe Anlaufstelle eingerichtet, damit die Möglichkeit einer „Bärunabhängigen" ersten Beratung besteht. Für diese Kurzberatung haben die Mitarbeiter/innen somit die Wahl, ob sie sich an den zuständigen Personaldienst oder an eine externe, neutrale Person wenden möchten."

Einjährige Pilotphase
    Aus dieser Konzeptidee und einem Kostenvoranschlag wurde ein Antrag für eine einjährige Pilotphase an die Konzernleitung formuliert. Im Dezember 2000 wurde der Antrag angenommen und das Projekt konnte begonnen werden.

Ein Jahr war nicht viel Zeit, galt es doch Strukturen aufzubauen, geeignete Leute zu suchen, viel unternehmensinterne Kommunikation über das Angebot zu leisten und erst noch Erfahrungen mit der eigentlichen Arbeit zu sammeln. Da es sich um die Etablierung einer neuen Dienstleistung handelte, die ins Unternehmen integriert, jedoch ausschließlich von externen Personen angeboten werden sollte, hatte die Vertrauensbildung oberste Priorität. Besonders wichtig war sie in Bezug auf die Mitarbeitenden des Personaldienstes und den für die Ausbildung Verantwortlichen, war das JBCC doch ein neues Element in deren Tätigkeitsfeld, mit dem sie zusammenarbeiten mussten (vgl. Abbildung 36). Weiter wurde es als äußerst wichtig erachtet, von Beginn an ein positives Coachingverständnis zu vermitteln.

Bevor es in Abschnitt 5 um die ersten Erfahrungen mit dem Konzept geht, werden in den folgenden Abschnitten die Bausteine der konkreten Umsetzung beschrieben.

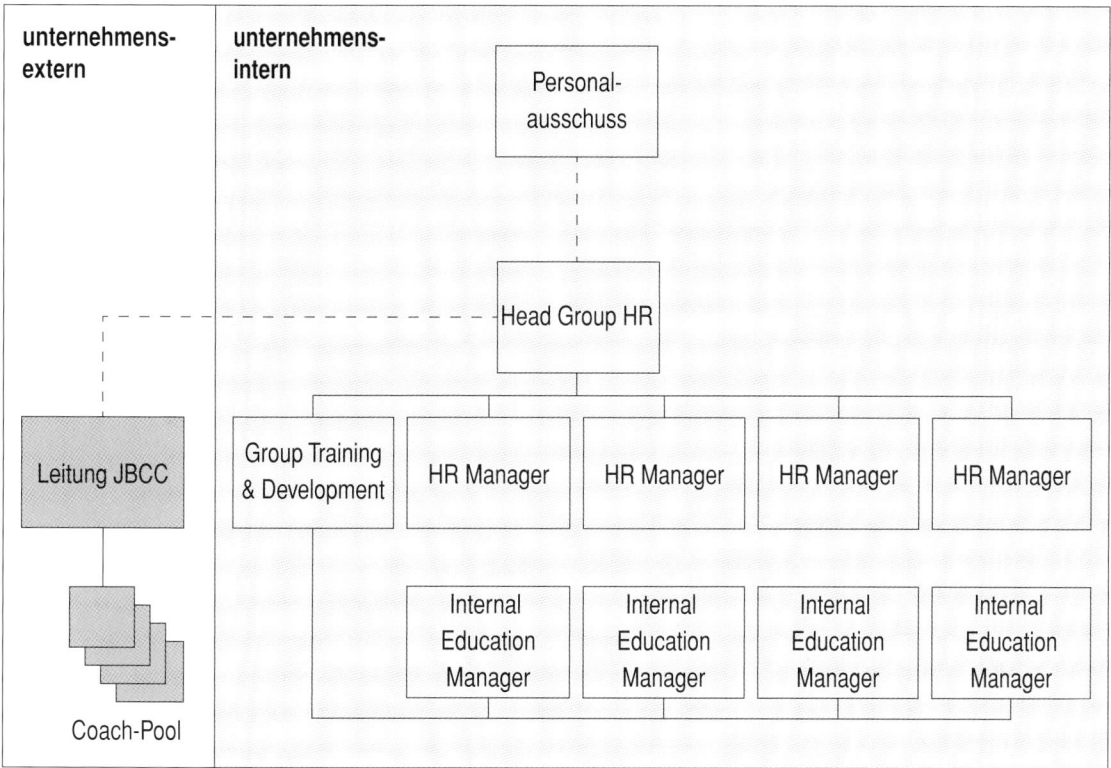

Abbildung 36: Personalentwicklungsbereiche und Organisatorische Angliederung des Julius Bär Coaching Centers

4.2
Rahmenbedingungen und Kostenstruktur

Entsprechend dem Ziel, die Selbstverantwortung zu fördern und die intrinsische Motivation zu unterstützen, können die Mitarbeitenden aller Führungsstufen Coaching beanspruchen. Coaching bei Julius Bär beruht auf Freiwilligkeit; Vertraulichkeit und Diskretion haben oberste Priorität. Die Coaches des JBCC unterstehen der Schweigepflicht und dürfen keine Auskünfte über den Verlauf von Coachingprozessen geben, es sei

Coaching für alle

Freiwilligkeit und Schweigepflicht

denn, der Coachee gebe dazu die Einwilligung. Zudem wurde von den Coaches eine Schweigepflichtsvereinbarung in Bezug auf betriebliche Daten vertraglich unterzeichnet.

Zeitliche Begrenzung des
Beratungsangebots

Die Dauer eines Einzelcoachings wurde auf sechs bis acht Sitzungen à 1,5 bis 2 Stunden festgelegt. Die Kosten werden den einzelnen Profitcenters verrechnet. Die Coaches sowie die Leitung des JBCC arbeiten in vertraglich vereinbartem Stundenlohn. Der Overhead des JBCC, bestehend aus Sitzungsgeldern für die Coaches und dem Stundenlohn der Leitung, wird dem Human Resource Bereich verrechnet.

4.3
Angebotspalette

- Einzelcoaching
- Teamcoaching
- Gruppenmoderation
- Anonyme Kurzzeitberatung
- Info-Line

Das Angebot des JBCC umfasst Einzelcoachings, Teamcoachings, Gruppenmoderationen sowie die Möglichkeit einer anonymen Kurzzeitberatung (vgl. Abbildung 37). Die Coachings müssen von den jeweiligen Vorgesetzten bewilligt werden. Mit der Kurzzeitberatung besteht für alle Mitarbeitenden in beruflichen Problemsituationen jedoch die Möglichkeit, sich von einem der Coaches anonym und kostenfrei maximal drei Stunden beraten zu lassen. Eine Situationsklärung und die Einleitung weiterer Schritte sollten in dieser Zeit erreicht werden können. Für dieses Angebot wurde die „Coaching Center Info Line" mit eigener Nummer intern aufgeschaltet. Weiter ist die Leitung des JBCC einmal wöchentlich am größten Standort anwesend, wodurch Anliegen auch persönlich besprochen werden können.

Die Idee, eine anonyme Kurzzeitberatung anzubieten, ist aus dem Anliegen heraus entstanden, dass ein Unternehmen in dieser Größe eine neutrale soziale Anlaufstelle haben sollte. Nach intensiven Diskussionen kam man zum Schluss, dass eine soziale Anlaufstelle wohl etwas antiquiert sei. Hingegen ist eine in ein Coachingangebot integrierte Info-Line mit der Möglichkeit, eine Kurzzeitberatung zu beanspruchen, mit einer fortschrittlichen Unternehmenskultur viel besser vereinbar.

4.4
Leitung

Nahtstelle zwischen
Personalverantwortlichen
und Coaches

Die Leitung des JBCC ist Nahtstelle zwischen Personalverantwortlichen und Coaches und damit Ansprechpartnerin für beide. Kommunikation über alle Bereiche hinweg ist ein wesentlicher Bestandteil ihrer Aufgabe. Durch die Beratung des Personaldienstes bei allfälligen Fachfragen und

Abläufen unterstützt die Leitung des JBCC die Integration der neuen Dienstleitung in das Unternehmen. Des weiteren ist sie zuständig für die unternehmensinterne Kommunikation über das JBCC und für die Vertretung dieses Dienstleistungsangebotes in den relevanten Gremien. Selber führt die Leitung des JBCC keine Coachings durch, sie bearbeitet jedoch mit den Coaches aktuelle Themen, leitet Sitzungen des Coachingpools und betreut gelegentlich die Info-Line. Zu ihren Aufgaben gehört außerdem das Überprüfen des Rechnungswesens.

Eine wichtige Aufgabe ist die Beratung von Mitarbeitenden in Bezug auf Coachinganfragen. In einem Erstgespräch klärt sie ab, worum es geht, und vermittelt geeignete Coachingfachleute aus dem Pool. Bei Bedarf weist sie Ratsuchende auch an eine andere Beratungseinrichtung weiter. Die Leitung des JBCC kennt die Expertengebiete der einzelnen Beraterinnen und Berater und verfügt über genügend Fach- und Menschenkenntnis, um der Triageaufgabe gerecht werden zu können. Durch den regelmäßigen Austausch mit allen in das JBCC Involvierten bewahrt sie sich einen Überblick über das Voranschreiten des Projektes.

Triageaufgabe

4.5
Abläufe

Anfragen für Coachings können entweder über die zuständigen Personalverantwortlichen oder auch direkt an die Leitung des JBCC gerichtet werden (vgl. Abbildung 37). Wie aus der Aufgabenbeschreibung der Leitung des JBCC hervorgeht, werden Ratsuchende an einen geeigneten Coach vermittelt, welcher die Zielsetzung des Coachings im Detail klärt.

Anfragen an Personalverantwortliche oder an Leitung des JBCC

Es wurde entschieden, mit der Frage nach dem Zeitpunkt des Einbezugs der Vorgesetzten situativ umzugehen. Dies bedeutet, dass die Einschätzung, wann der Vorgesetzte für die Zielformulierung oder im späteren Prozess des Coachings einbezogen wird, der Einschätzung der Coaches in Absprache mit den Coachees überlassen ist.

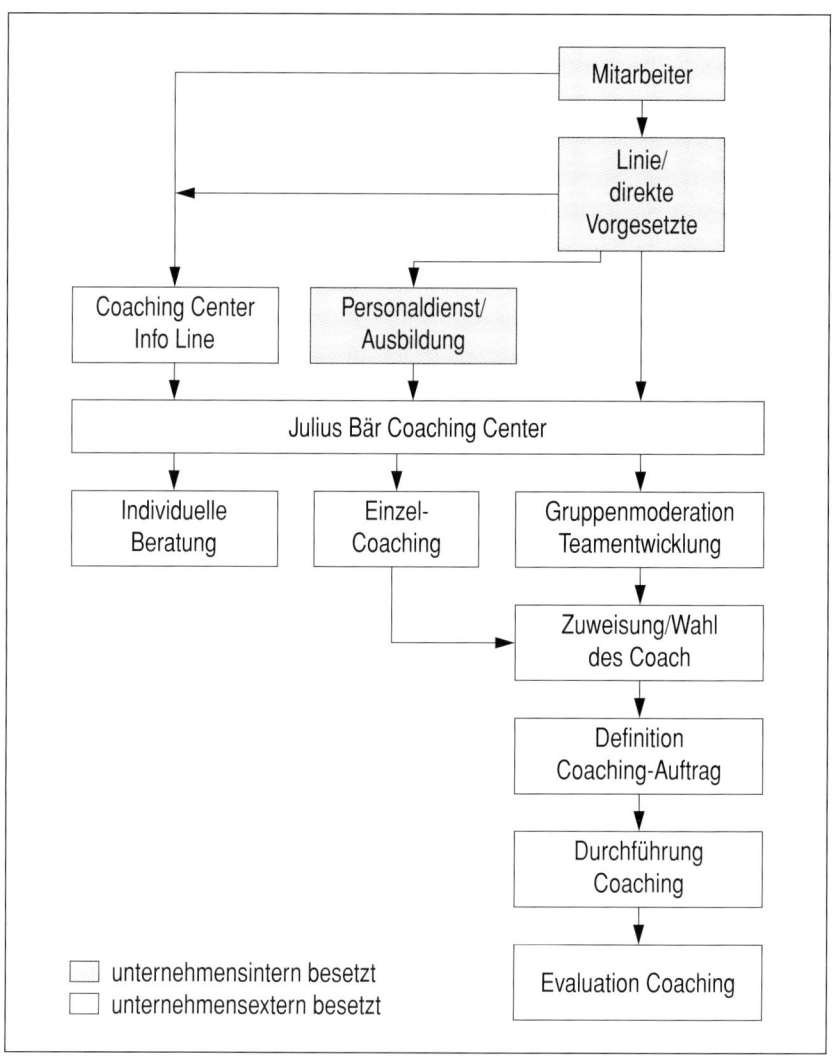

Abbildung 37: Vorgehen bei Coaching/Beratungs-Bedarf

4.6
Auswahl der externen Coaches und Zusammensetzung des Coachingpools

Für die Pilotphase wurde die Anzahl der Coaches, welche im JBCC Pool mitarbeiten, auf acht festgelegt. Die Auswahl der Coaches oblag der Leitung des JBCC. Grundanforderung war ein hoher Standard an Professionalität. Es sollten vier Frauen und vier Männer sein, die über reiche Berufs- und Lebenserfahrung verfügen. Persönliche und methodische Kompetenzen, einen fundierten Ausbildungshintergrund, Coachingerfahrungen, Führungserfahrung, Feldkompetenz in der Finanzwelt und ein entwicklungsorientiertes Menschenbild mussten gegeben sein. Entscheidend für die Auswahl waren aber auch die speziellen Expertengebiete der Coaches, die ganz auf die Bedürfnisse der Julius Bär Gruppe ausgerichtet sein sollten. Es wurde Wert darauf gelegt, Spezialisten und Spezialistinnen für Führungsfragen, Teamentwicklung, Konfliktmanagement, Burnout, berufliche Standortbestimmung, Laufbahnfragen sowie Pensionierung zu finden. Dank einer Vision und klaren Vorgaben, einem großen Netzwerk, Intuition und glücklichen Zufällen wurden die Coachingfachleute innerhalb weniger Wochen gefunden. Für spezielle Situationen und Kriseninterventionen wurde eine Psychologin ins Team aufgenommen.

Expertengebiete:
- Führungsfragen
- Teamentwicklung
- Konfliktmanagement
- Burnout
- berufliche Standortbestimmung und Laufbahnfragen
- Pensionierung
- Krisenintervention

4.7
Arbeit im Team

Die Idee, als Freelancer in einem Coachingteam für ein Unternehmen mitarbeiten zu können, war für die angefragten Coaches verlockend. Es wurde darin eine Möglichkeit gesehen, trotz freiberuflicher Tätigkeit in einem kontinuierlichen Team arbeiten zu können. Wichtig für die Zusage zu diesem Pilotprojekt war aber auch die Chance, in der Beratungsarbeit mehr Nachhaltigkeit zu erzielen, indem an das Management Anregungen für relevante Entwicklungsthemen des Unternehmens formuliert werden können.

Teamarbeit und Nachhaltigkeit der Beratungsarbeit

Im ersten Jahr fanden einige Teamsitzungen statt. Der Zweck dieser Treffen war in der ersten Phase die Beziehungsgestaltung im Team, denn die meisten Coaches kannten sich noch nicht. Später ging es vor allem darum, das Vorgehen in Beratungssituationen aufeinander abzustimmen und die Beratungshaltung sowie die Expertengebiete der einzelnen Coaches kennenzulernen. Zentral war auch, das Unternehmen, seine Anliegen, Herausforderungen und Kultur kennenzulernen, um firmenspezifische Kompetenzen zu entwickeln.

Teamsitzungen

Bereits in der ersten Sitzung des Teams war der Head Group Human Resources Gastreferent im JBCC (vgl. Abbildung 36, S. 255). Sein persönliches Erscheinen machte deutlich, wie stark die unternehmensinterne Unterstützung des Projektes war. Er erläuterte die Entwicklung und Aufbauorganisation des Unternehmens, zeigte Themenkreise und Herausforderungen auf und stellte sich einer angeregten Diskussion. Zudem wurden Pressemeldungen über das Unternehmen im Lichte der Coachingarbeit besprochen. Dieses Treffen war eine wesentliche Grundlage für die weitere Aufbauarbeit. Gemeinsam wurden Abläufe und Strukturen besprochen und die Inhalte sowie das Vorgehen in Bezug auf die Öffentlichkeitsarbeit erarbeitet und festgelegt.

Workshops mit Personaldienst und Ausbildungsverantwortlichen

Neben den Teamsitzungen fanden Workshops mit den Mitarbeitenden des Personaldienstes und den Verantwortlichen des Ausbildungsbereiches statt. War das Konzept des JBCC mit den Vorgesetzten des Personaldienstes und der Ausbildung erarbeitet worden, galt es nun, deren Mitarbeitende in die Etablierung der Strukturen mit einzubeziehen und ihre Erfahrungen einfließen zu lassen. Neben dem gegenseitigen Kennenlernen war dabei die Rollenklärung der verschiedenen Funktionen, die Positionierung des JBCC im Unternehmen sowie das Image des Coachingangebots besonders wichtig.

4.8
Einführung der neuen Dienstleistung und unternehmensinterne Kommunikation

Coaching soll bei Julius Bär ein freiwilliges Element der Personalentwicklung sein. Angestrebt werden selbstinitiierte Beratungsprozesse. Der internen Kommunikation über das Angebot wird eine große Wichtigkeit beigemessen. Sie soll in erster Linie darauf abzielen, ein positives Coachingverständnis zu vermitteln. Daneben werden die konkreten Möglichkeiten des neuen Angebots sowie die Vorgehensweise kommuniziert.

Vermittlung positives Coachingverständnis

Top-down-Approach durch Präsentationen

Für eine erste Phase wurde der „Top down Approach" gewählt. Über Präsentationen bei Vorgesetzten wurden die Motivation für ein eigenes Coaching Center kommuniziert, das Konzept und die Angebotspalette vorgestellt sowie Informationen zum Vorgehen bei einem Coachingbedarf gegeben. Außerdem wurde eine breite Diskussion zum Thema Coaching als Personalentwicklungsmaßnahme lanciert. Die Präsentationen erstreckten sich über einen Zeitraum von drei Monaten. Die erste Runde fand in allen Spartengeschäftsleitungen sowie bei allen Abteilungen der Corporate Functions statt. Anwesend waren jeweils eine Vertretung aus dem Personaldienst, eine aus der Ausbildung sowie die Leitung

Abbildung 38: Unternehmensinterne Präsentation des Coaching Centers

des JBCC. Diese Zusammensetzung sollte ein gemeinsames Vorgehen manifestieren. Anschließend wurden Präsentationen auf der Stufe der Departements-, Bereichs- und Abteilungsleitungen durchgeführt. Diese sind näher bei den Mitarbeitenden als die Spartenleiter und dadurch auch eher Gesprächspartner bei Coachinganfragen. Bei diesen Präsentationen waren daher jeweils auch ein bis zwei Coaches anwesend.

Ausschlaggebend für dieses Vorgehen war die Idee, das oberste Linienmanagement direkt zu begrüßen, sie mit den Hintergründen des Coachingangebots vertraut zu machen und auf Fragen einzugehen. Gleichzeitig wurde aber auch hervorgehoben, dass es nicht darum geht, sie ihrer Funktion in Bezug auf die Mitarbeiterführung zu entbinden. Im Gegenteil: Coaching soll sie in dieser Funktion unterstützen.

In einer nächsten Phase wurde ein Artikel über das Julius Bär Coaching Center formuliert, der sich an die Mitarbeitenden richtete. Er wurde mit einem Vorwort des Chief Executive Officer eingeleitet und allen im Raume Zürich Tätigen direkt zugestellt. Mit diesem Schritt war das JBCC drei Monate nach dem Startschuss offiziell lanciert. Weitere drei Monate später erschien in der internen Zeitung „Together" ein Interview mit der Leitung des JBCC zu ersten Erfahrungen.

Informationsschriften

4.9
Evaluation

Zur Evaluation wurden auf der Grundlage bestehender Instrumente Fragebögen für Einzel- und Teamcoachings entwickelt (Pestalozzianum 2000, vgl. Anhang). Auf die Anonymität der Rückmeldungen wird großen Wert gelegt. Der Grad der Zielerreichung und die Möglichkeit der Umsetzung des Coachings im Arbeitsalltag werden am Ende jedes Coachingprozesses sowohl durch den Coachee als auch durch den Coach beurteilt. Zudem werden Daten zur Beziehung zwischen Coachee und Coach erhoben, da die Beziehungsqualität in Beratungsprozessen ein zentraler Wirkfaktor ist (vgl. z.B. MUTZECK 1997).

Qualitätssicherung und Feedback für Unternehmensführung

Die Evaluation dient nicht nur der Qualitätssicherung und -entwicklung der JBCC Dienstleistung. Sie soll es auch ermöglichen, der Unternehmensführung relevante Themenkreise im Sinne eines „Wetterberichtes" zurückmelden zu können.

5
Erste Erfahrungen

Bei der Darstellung der ersten Erfahrungen mit dem Julius Bär Coaching Center geht es in einem ersten Teil um die Dynamik, welche veränderte Rahmenbedingungen während der Projektphase auslösten. Dann folgen einige Gedanken zur Bewährung der gesetzten Strukturen. Der dritte Teil beschreibt die Verankerung des Coaching Centers im Unternehmen, der vierte die Erfahrungen im Coachingteam. Abschließend werden einige quantitative und qualitative Evaluationsergebnisse dargestellt.

5.1
Stark veränderte Rahmenbedingungen

Wie in Abschnitt 1 erwähnt, brachten die wirtschaftlichen Entwicklungen im Jahre 2001 große unternehmensinterne Veränderungen mit sich. Das Coachingteam geriet dadurch mitten in der Aufbauphase in eine heikle Situation.

Heikle Aufgaben für das Coachingteam

Einerseits brauchten die Personalverantwortlichen professionelle Unterstützung im Umgang mit der für sie ungewohnten Entlassungswelle. Andererseits wurden die Coaches gebeten, nach Entlassungsgesprächen auf Stand-by zu sein, um die Personen bei Bedarf auffangen und begleiten zu können. Statt der ursprünglich angestrebten Positionierung im Sinne einer proaktiven, potenzialerweiternden Unterstützung lief das Coaching Center nun plötzlich Gefahr, Trouble Shooter und Entlassenen-Auffangbecken zu werden – ein Image, das man später kaum mehr loswerden würde. Durch den Beizug einer Outplacementfirma, welche einerseits die Entlassenen begleitete und andererseits Workshops für Führungskräfte zum Thema „Überbringen von schlechten Nachrichten" durchführte, konnte dieser unerwünschten Entwicklung entgegengewirkt werden. Den Beteiligten wurde deutlich, wie wichtig es gerade in einer Aufbauphase ist, darauf zu achten, in welchen Situationen das Coachingteam zum Einsatz kommen soll und wann nicht.

Möglicherweise als Folge dieser Ereignisse nahmen die Coachinganfragen sprunghaft zu. Im Unterschied zu den ersten Coachings, welche zumeist entwicklungsorientierten Charakter hatten, ging es in den nun stattfindenden Prozessen eher um die Unterstützung bei Angst, Unsicherheit und stressbedingten Konflikten. Auch wurden besonders viele berufliche Standortbestimmungen abgerufen.

Deutlicher Anstieg der Coachinganfragen

Die Welle der Verunsicherung klang Anfang 2002 wieder etwas ab, vielleicht auch bereits aus Gewöhnung an die neuen Verhältnisse. Die veränderten Rahmenbedingungen und die Entlassungen warfen jedoch neue Fragen auf: Was ist die eigentliche Aufgabe des JBCC? Wozu lässt sich das JBCC instrumentalisieren? Wo liegt die Abgrenzung zum Outplacement? Die Auseinandersetzung mit diesen Themen forderte das Coachingteam, sich nochmals deutlich zu positionieren, und war für die Klarheit bei der Aufgabenbestimmung letztlich von Vorteil.

5.2
Die Bewährung der Strukturen

Die Strukturen des Julius Bär Coaching Centers haben sich sehr bewährt. Als besonders bedeutsam erwies sich die Funktion der Leitung als Nahtstelle zwischen den Coaches und den Personalverantwortlichen, als Ansprechperson für individuelle Anliegen von Mitarbeitenden sowie als Verantwortliche für den Entwicklungsprozess des Projektes. In den Sitzungen des Coachingteams konnten zum einen viele Detailfragen geklärt werden, zum anderen war die gemeinsame Reflexion über die Rolle des JBCC im Unternehmen für die einzelnen Coaches in ihrer Arbeit sehr unterstützend. Nicht zuletzt trug wohl auch die Beziehungspflege nach den Sitzungen dazu bei, dass das Coachingteam sehr bald zu einer positiven gemeinsamen Ausstrahlung gelangte.

Bewährung der Strukturen in der Praxis

Entlastung durch klare
Vorgaben

Respektierung von Ver-
traulichkeit und Diskretion

Sowohl für die Personalverantwortlichen als auch für die Beraterinnen und Berater waren die Rahmenbedingungen in Bezug auf die maximale Stundenzahl für Coachings sowie in Bezug auf die Honorare von Anfang an klar. Damit musste keine Energie für aufwändige Aushandlungen der Rahmenvorgaben aufgewendet werden, was entlastend war und für ein Gefühl der Sicherheit sorgte. Die zugesicherte absolute Vertraulichkeit und die Wahrung von Diskretion, was die Inhalte der Coachings anbelangt, wurde von allen Seiten respektiert. Vorgesetzte, die sich über den Verlauf des Coachingprozesses erkundigen wollten, wurden angehalten, dies direkt beim Coachee zu tun.

Auch einige anonyme Kurzzeitberatungen innerhalb des Unternehmens fanden statt. Der Ablauf wurde so organisiert, dass der Name nur der Leitung des JBCC und dem Coach bekannt war und Rechnungen lediglich mit einer Nummer versehen weitergeleitet wurden.

5.3
Verankerung des Coaching Centers im Unternehmen

Im Bezug auf die Verankerung des Coaching Centers im Unternehmen lag im ersten Jahr das Hauptaugenmerk auf zwei Herausforderungen: Zum einen galt es, ein Verständnis dafür zu vermitteln, was Coaching sein kann, zum andern ging es um eine klare Positionierung des Coaching Centers im Dreieck zwischen Personaldienst und Ausbildung.

Verankerung des
Coachingverständnisses
im Unternehmen

Ein Coachingverständnis in einem Unternehmen zu verankern ist ein langer Weg. Nach den ersten Projektjahren sind aber die ersten Schritte gemacht. In der ersten Phase – also der Zeit der Präsentationen und Ankündigung der neuen Dienstleistung – waren die Stimmen aus den Reihen der Linienvorgesetzten unterschiedlich. Die einen freuten sich über diesen Schritt, andere äußerten sich skeptisch. Sie hatten Bedenken, ob Coaching zur bestehenden Unternehmenskultur passe und räumten der Idee wenig Chancen ein. Die Art und Weise, wie die einzelnen Unternehmensbereiche auf das neue Angebot reagierten, machte deutlich, wie unterschiedlich die einzelnen Subkulturen waren. So bejahte beispielsweise eine relativ junge, innovative und aufstrebende Fondsgesellschaft, welche einen sehr offenen, feedbackorientierten Kommunikationsstil pflegt, in besonderer Weise ein entwicklungsorientiertes Coachingverständnis. Hingegen war die Aufnahme der Coachingidee in einer schon lange sehr beständig bestehenden Sparte eher zurückhaltend. Kundenorientierte Bereiche sowie Bereiche, in denen die spartenübergreifende Zusammenarbeit sehr bedeutsam ist, reagierten tendenziell positiv.

Mit der Etablierung des Coaching Centers beteiligte sich ein neuer Akteur an der Personalentwicklung des Unternehmens. Waren bisher der Personaldienst sowie die Ausbildung primär zuständig, mussten nun die Aufgabenfelder neu definiert und verteilt werden. Die Zeit für die dafür eingesetzten Workshops erwies sich als eine gute Investition. Besonders wichtig war dabei das bereits im ersten Treffen aufgeworfene Thema der gegenseitigen Rollenklärung. Einige mögliche Phantasien: Das JBCC als „graue Eminenz" im Hintergrund, als Reparaturwerkstätte oder gar als Gruppe von „Rosinenpickern"? Der Personaldienst und die Ausbildung als „leicht verstaubte Truppe", die dringend einen „Innovationskick" benötigt? – Das gemeinsame Klären der Zusammenarbeit sowie die Auseinandersetzung über das unterschiedliche Beratungsverständnis trug zur Vertrauensbildung bei. Nach der anfänglichen Haltung, dass letztlich alle beraten und die Coaches nicht viel anderes machen als bisher der Personaldienst, konnten mit der Zeit die Unterschiedlichkeiten der Rollen und Funktionen (und auch der Ausbildungshintergründe) verdeutlicht werden. Mehr und mehr wurde realisiert, welche Beratungsmöglichkeiten innerhalb des Unternehmens liegen und ab wann ein professionelles Coaching von außen angezeigt ist.

Als zu Beginn des Projektjahres ein Subteam des Personaldienstes für sich ein Teamcoaching in Anspruch nehmen wollte, stand man dem Anliegen zunächst positiv gegenüber, erhoffte man sich doch dadurch eine gute „PR-Wirkung" für das Coaching Center. Im weiteren Verlauf zeigte sich jedoch, dass dies nicht ganz unproblematisch war, ist doch der Personaldienst strukturell gesehen ein Partner des Coachingteams, was mit einer Klientenrolle kaum vereinbar ist. Rollenunklarheiten und Missverständnisse waren die Folge, die erneut angegangen werden mussten. Trotzdem: Interviews mit Mitarbeitenden des Personaldienstes am Ende des ersten Jahres ergaben, dass das Coaching Center für ihre Arbeit sehr unterstützend und vor allem auch entlastend ist. Nicht nur können rasch und zuverlässig kompetente Coaches vermittelt werden, es wird auch der kontinuierliche Gesprächsaustausch und die Zusammenarbeit mit den Beratungsfachleuten geschätzt.

Eher schwierig war es, die Verantwortlichen der Ausbildung in das neue Gesamtkonzept der Personalentwicklung mit den neuen Aufgabenverteilungen einzubinden. Dies, weil bisher einzelne Coachings von diesen Personen initiiert worden waren und kaum Bereitschaft bestand, das Angebot an das Coaching Center abzugeben. Verständlicherweise wollte man auch weiterhin mit den in der Ausbildung bekannten Coaches zusammenarbeiten.

Positionierung im Dreieck zwischen Personaldienst und Ausbildung

Partner kann man nicht professionell coachen

Inzwischen hat sich das sehr geändert. Das Unternehmen hat entschieden, dass die Ausbildungsabteilung für die gesamten Ausbildungskurse zuständig ist, während das JBCC die Rolle eines „Provider of First Choice" für den gesamten Beratungs- und Entwicklungsbereich übernimmt – eine Verantwortungsteilung, welche hoffentlich zu mehr Klarheit führen wird.

5.4
Coachingteam intern

Kennenlernen von Vision, Werten und Strategie der Julius Bär Gruppe

Ein zentraler Eckpfeiler des JBCC ist, dass ein Team von acht externen Personen eine vom Unternehmen unterstützte Dienstleistung anbietet. Damit war klar, dass sich die Coaches zunächst ein gemeinsames Verständnis über Vision, Werte und Strategie der Julius Bär Gruppe erarbeiten mussten. Sie taten dies an einigen Teamsitzungen mit Hilfe verschiedener Informationskanäle (z. B. Schrift zur Unternehmenskultur, Interviews mit dem Leiter des Personaldienstes, dem Verwaltungsratspräsidenten und Vertretern des Legal Departments).

Teamkultur

Weiter war das Entwickeln einer Teamkultur, welche die individuellen Verschiedenheiten der einzelnen Coaches unterstützt, wichtig. Vor dem Beginn des Coaching Centers kannten sich lediglich einzelne Coaches persönlich. Diese „Fremdheit" behinderte die Teambildung keineswegs. Sie trug vermutlich vielmehr positiv dazu bei, von Beginn an eine große Offenheit und gegenseitige Unterstützung in Bezug auf die Arbeit zu ermöglichen. Die große Heterogenität des Coachingteams in Bezug auf Alter, Wirkungsfelder und Expertenthemen unterstützte den Aufbau einer wertschätzenden Teamkultur ebenfalls, wurde doch dadurch die Möglichkeit der Konkurrenz unter den Beraterinnen und Beratern massiv verringert. Zudem wurde viel Wert auf Teampflege gelegt, indem nach Sitzungen gemeinsame Essen oder Aktivitäten stattfanden, welche wesentlich zur guten Stimmung beitrugen.

Auftragsverteilung

Die Triage- und Zuteilungsfunktion der Leitung des Coachingteams sorgte dafür, dass kein „Gerangel" um die Auftragsakquirierung entstehen konnte. Dieses System hatte jedoch auch eine schwierige Seite. Bereits nach wenigen Vermittlungen war es so, dass einige Coaches den Mitarbeitenden des Personaldienstes, den Vorgesetzten und Coachees bekannt waren und andere noch nicht. Dies führte einerseits dazu, dass die Leitung bei Abklärungsgesprächen gebeten wurde, einen bestimmten Coach zuzuteilen. Andererseits gaben zufriedene Coachees die Namen ihrer Coaches weiter, was zu Direktanfragen führte. Mit Nachdruck musste noch einmal auf das Prinzip hingewiesen werden, dass der Erstkontakt über die Leitung des Coaching Centers laufen muss. Weiter kamen die Coaches durch ihre verschiedenen Expertengebiete unterschiedlich oft zum Einsatz. Hier galt es klarzustellen, dass nicht die gleiche Einsatzhäufigkeit, sondern das Thema und die Persönlichkeit der Kunden bei der Auswahl ausschlaggebend sind. Damit leben zu können, setzt bei den Beraterinnen und Beratern einiges an Akzeptanz und Glauben an das Konzept voraus.

5.5
Evaluation: Quantitative und qualitative Ergebnisse

Im Pilotjahr 2001 fanden 17 Einzelcoachings, 7 Teamentwicklungen sowie 5 anonyme Beratungen statt. Die Einzelcoachings dauerten durchschnittlich knapp acht Stunden (mit einer Streuung von 3 bis 12,5 Stunden), die Teamcoachings im Durchschnitt 11,4 Stunden. Die Info-Line wurde von 24 Personen beansprucht. Im Jahr 2002 wurden 28 Einzelcoachings und 2 Teamentwicklungen durchgeführt, 2003 waren es 26 Einzelcoachings und 4 Teamentwicklungen.

Anzahl durchgeführter Beratungen

Die in den Einzelcoachings bearbeiteten Themen lassen sich in drei Gruppen einteilen:

Themen in Einzelcoachings

1. Beziehungsgestaltung, Kommunikation und Rollenverhalten, Verhalten in Konfliktsituationen.

2. Persönliches Selbstvertrauen/Auftrittskompetenzen.

3. Standortbestimmungen, Reflexion der Berufsbiographie und Entwicklung neuer beruflicher Perspektiven (z.T. in Verbindung mit Fragen nach Weiterbildung und Stellenwechsel).

Die Zielerreichung in den Beratungen wurde sowohl von den Coachees als auch von den Coaches zwischen den Wertpunkten 7 und 10 eingeschätzt (auf einer Skala von 0 bis 10). Bei der Frage, wie gut die Arbeit im Coaching ins Arbeitsfeld umgesetzt werden konnte, streuten die Antworten zwischen den Wertpunkten 5 und 10, wobei der Schwerpunkt wiederum im Bereich zwischen 8 und 10 lag. Obwohl angemerkt werden muss, dass Dienstleistungen im Beratungssektor in der Regel generell vorwiegend positiv beurteilt wurden (unter anderem, weil hier die Kundinnen und Kunden selber stark am Gelingen des Prozesses beteiligt sind, vgl. STAUSS/HENTSCHEL 1994), können diese Ergebnisse als äußerst ermutigend bewertet werden. Mittelfristig muss jedoch sicher die Nachhaltigkeit der Coachings überprüft und allenfalls eine externe Evaluation mit anderen Instrumenten eingesetzt werden. Besonders geeignet wäre hier vermutlich die Critical Incident Technik (vgl. z.B. BITNER et al. 1989).

Einschätzungen

Nach Aussagen der Beraterinnen und Beratern kam es vor, dass Vorgesetzte vereinzelt versuchten, Führungsaufgaben an Coaches zu delegieren oder sogar unangenehme Führungsentscheidungen wie Entlassungen oder Nichtbeförderungen über ein Coaching zu kommunizieren. Weiter war festzustellen, dass sich Teamcoachings generell als problematischer erwiesen als Einzelcoachings, denn die Planung und Begleitung einer zielgerichteten Entwicklung war durch die vielen Reorganisationsprozesse zum Teil schwierig oder gar unmöglich. Von einer proaktiven Entwicklungsperspektive konnte mitunter kaum mehr die Rede sein. Im Vordergrund musste vielmehr die Begleitung der Menschen in ihrer schwierigen Situation stehen.

Teamcoachings problematischer als Einzelcoachings

Einzelnen Bemerkungen auf den Evaluationsbögen war zu entnehmen, dass an der Verankerung der Coachingidee weiter gearbeitet werden muss. Die Unterstützung eines Coachinganliegens durch die Vorgesetzten war nicht überall gegeben. Zu diesem Thema wurden allerdings noch keine systematischen Daten erhoben.

Um unabhängigere Ergebnisse zu erhalten, als dies durch Fragebögen möglich ist, welche durch das Coaching Center selber eingesetzt werden, ist für 2004 eine externe Evaluation durch ein Hochschulinstitut geplant. Neben der Überprüfung der Nachhaltigkeit der Coachings soll durch eine Parallelevaluation in einem anderen Unternehmen versucht werden, auch etwas über die Wirkung des spezifischen Organisationsmodells des Julius Bär Coaching Centers zu erfahren.

6
Ausblick

Im Februar 2002 entschied der Personalausschuss, das Projekt nach dem ersten Jahr weiterzuführen und auszubauen. Diese Entscheidung erlaubte es, den Blick nach vorne zu richten. Folgende Entwicklungsschritte stehen seither im Vordergrund:

▨ *Strukturen und Öffentlichkeitsarbeit:* Eine eigene Homepage wurde auf dem Intranet des Unternehmens aufgeschaltet. Dadurch haben die Mitarbeitenden die Möglichkeit, individuell Informationen zum Thema Coaching, den Abläufen sowie den Beraterinnen und Beratern abzurufen. Ferner wurden in loser Folge namentlich unterzeichnete Erfahrungsberichte von Coachees veröffentlicht. Durch die Installierung einer JBCC Mail-Box konnte die sehr aufwändige Präsenz an der Telefon-Info-Line verringert werden.

▨ *Qualitätsmanagment:* Wie bereits erwähnt, soll die Evaluation mit eigenen Fragebogeninstrumenten durch eine externe Evaluation ergänzt werden, um Näheres über die Nachhaltigkeit der Coaching-prozesse zu erfahren. Angestrebt wird zudem eine Verbesserung des jetzt eingesetzten Fragebogens.

▨ *Gesamt-Personalentwicklungskonzept:* Ein Steuerungsausschuss, be-stehend aus Vertreterinnen und Vertretern des Personaldienstes, der Ausbildung und des JBCC, hat in Übereinkunft mit der Konzern-leitung die Aufgabe übernommen, das Gesamt-Personalentwick-lungskonzept für das Unternehmen neu zu definieren. Coaching soll ein integrierender Bestandteil dieses Konzeptes sein. Entscheidend wird sein, dass aus den drei Bereichen ein sich gegenseitig unterstüt-zendes Ganzes wird und Klarheit über die verschiedenen Rollen und Kompetenzen besteht.

Der Weg, den das Julius Bär Coaching Center eingeschlagen hat, hat sich bewährt. Obwohl zu Beginn des Projektes die Reaktionen sehr unter-schiedlich waren und von Zweifel, Skepsis und Ablehnung bis zu Neu-gier und Veränderungswille reichten, heben heute alle Befragten die positiven Auswirkungen der neuen Dienstleistung hervor. Zudem hat eine Sensibilisierung stattgefunden: Das Bewusstsein, dass es keine rein „sachorientierte" Führung geben kann, sondern vielmehr Fragestellun-gen der Beziehungsgestaltung beachtet werden müssen, hat sich bei Füh-rungskräften und Mitarbeitenden verstärkt. Dies auch in der Hektik des operativen Alltags zu verankern, ist jedoch noch ein langer Weg.

Die Aufbauphase des JBCC hat von allen Beteiligten eine hohe Flexibi-lität gefordert, um mit der teilweise rollenden Planung und Umsetzung des Projektes Schritt halten zu können. Learning by doing und perma-nente Reflexion der Dinge waren unabdingbar. Dass dies möglich war, ist Ausdruck einer großen Stärke des Projektes.

Anhang: Evaluationsinstrumente

(Die Antwortfelder wurden für die Wiedergabe innerhalb dieses Artikels verkleinert)

Evaluationsbogen von
Einzelcoachings
(Teilnehmer)

Julius Bär Coaching Center (Coachee)	**Feedbackformular Einzelcoaching**

Um unsere Entwicklungsmassnahmen noch besser auf Ihre Bedürfnisse anpassen zu können, sind wir auf Ihr Feedback angewiesen. Wir bitten Sie deshalb, das durchgeführte Coaching zu beurteilen.
Besten Dank für Ihre Mitarbeit!
Ihre Daten werden absolut vertraulich behandelt! (Die Beraterinnen und Berater unterstehen der Schweigepflicht!)

Coaching-Nr.	
Funktion	
Sparte	
Zeitraum von/bis (Monat / Jahr)	
Coach	
Datum	

1.   Welche Ziele wurden für das Einzelcoaching vereinbart?

1.1   Zu Beginn?

1.2   Haben sich diese Ziele im Verlaufe der Arbeit verändert?

☐ nein   ☐ ja

Wenn ja, welches waren die neuen Ziele?

2.   Zufriedenheit mit der Zielerreichung

Haben Sie Ihrer Meinung nach die gewünschten Ziele erreicht?	1	2	3	4	5	6	7	8	9	10	n/a
nicht erreicht = **1**; erreicht = **10** kann keine Aussage machen = **n/a**											
Ihre Beurteilung											

2.1.   Was hat die Zielerreichung gefördert oder behindert?

2.2.   Haben sich veränderte Arbeitsbedingungen im Umfeld auf die Zielerreichung ausgewirkt?

☐ nein   ☐ ja
Wenn ja, welche?

3.   **Themen im Coaching**

Nachfolgend finden Sie 3 Themenbereiche, welche in einem Coaching von Bedeutung sein können. Uns interessiert, **wie wichtig und bedeutungsvoll** diese Bereiche für Sie aus Ihrer Sicht als Berater/Beraterin im Coaching waren und **wieviel Zeit** sie beanspruchten. Bitte bringen Sie die Themenbereiche in eine Rangfolge, welche ihre Bedeutung für Sie widerspiegelt. Sie können dazu neben die Themenbereiche die Rangwerte 1 bis 3 setzen. Wenn der Themenbereich im Coaching kein Thema war, setzen Sie bitte eine 0.

Rangwert pro Themenbereich 1 = dieser Bereich war im Coaching am wichtigsten 3 = dieser Bereich war am unwichtigsten 0 = dieser Bereich war kein Thema	**Wichtigkeit**	**Zeitlicher Aufwand**
Gestaltung der (Führungs-)Rolle, eigene Berufsidentität, persönliche Voraussetzungen und Ressourcen		
Fachliche Kompetenzen und Wissen		
Zusammenarbeit mit Vorgesetzten		
Anderer Themenbereich, nämlich		

4.   **Umsetzung ins Arbeitsumfeld**

Wie gut konnten Sie das Coaching in Ihr Arbeitsfeld umsetzen?

4.1.   Standortbestimmung, eigene Berufsidentität, persönliche Voraussetzungen und Ressourcen, eigene (Führungsrolle)

Standortbestimmung, eigene Berufsidentität, persönliche Voraussetzungen und Ressourcen, eigene (Führungsrolle) kein Transfer möglich = **1**; sehr guter Transfer möglich = **10** Bereich war kein Thema = **n/a**	1	2	3	4	5	6	7	8	9	10	n/a
Ihre Beurteilung											

4.2.   Beziehungsgestaltung

Beziehungsgestaltung? kein Transfer möglich = **1**; sehr guter Transfer möglich = **10** Bereich war kein Thema = **n/a**	1	2	3	4	5	6	7	8	9	10	n/a
Ihre Beurteilung											

4.3.   Fachkompetenz und Wissen

Fachkompetenz und Wissen? kein Transfer möglich = **1**; sehr guter Transfer möglich = **10** Bereich war kein Thema = **n/a**	1	2	3	4	5	6	7	8	9	10	n/a
Ihre Beurteilung											

4.4.   In einem anderen Themenbereich...

Themenbereich	

In dem oben umschriebenen Themenbereich? kein Transfer möglich = **1**; sehr guter Transfer möglich = **10** Bereich war kein Thema = **n/a**	1	2	3	4	5	6	7	8	9	10	n/a
Ihre Beurteilung											

Kommentar zur Umsetzung ins Arbeitsumfeld

5.   Methoden und Arbeitsweise im Coaching

Wie beurteilen Sie die eingesetzten Methoden und die Arbeitsweise im Coaching? überhaupt nicht hilfreich = 1; sehr hilfreich = 10 kann keine Aussage machen = **n/a**	1	2	3	4	5	6	7	8	9	10	n/a
Ihre Beurteilung											

Kommentar

6.   Beziehungsqualität

Wie schätzen Sie das Vertrauensverhältnis zwischen Ihnen und Ihrem Berater / Ihrer Beraterin ein? sehr schlecht = 1; sehr gut = 10 kann keine Aussage machen = **n/a**	1	2	3	4	5	6	7	8	9	10	n/a
Ihre Beurteilung											

Kommentar

7.   Bemerkungen zu schwierigen Beratungssituationen und Konflikten

8.   Zufriedenheit mit dem Coaching (Gesamtbeurteilung)

Wie zufrieden sind Sie mit dem Coaching? sehr unzufrieden = 1; sehr zufrieden = 10 kann keine Aussage machen = **n/a**	1	2	3	4	5	6	7	8	9	10	n/a
Ihre Beurteilung											

Kommentar

9.   Allgemeine Bemerkungen und Besonderes

10.   Haben Sie Wünsche und Anregungen in Bezug auf das Julius Bär Coaching Center?

Bitte einsenden an jbcc@juliusbaer.com

In Anlehnung an: Pestalozzianum, Personal-, Team- und Organisationsentwicklung

Julius Bär Coaching Center	Feedbackformular Einzelcoaching (Coach)

Evaluationsbogen von
Einzelcoachings (Coach)

Coaching-Nr.	
Funktion	
Sparte	
Anzahl Coachingstunden	
Zeitraum von/bis (Monat / Jahr)	
Coach	
Datum	

1.   Welche Ziele wurden für das Einzelcoaching vereinbart?

1.1   Zu Beginn?

1.2   Haben sich diese Ziele im Verlaufe der Arbeit verändert?

☐ nein   ☐ ja

Wenn ja, welches waren die neuen Ziele?

2.   Pauschale Einschätzung der Zielerreichung

Hat der Coachee die Ziele erreicht?	1 2 3 4 5 6 7 8 9 10 n/a
nicht erreicht = **1**; erreicht = **10**	
kann keine Aussage machen = **n/a**	
Ihre Beurteilung	

2.1.   Was hat die Zielerreichung gefördert oder behindert?

2.2.   Haben sich veränderte Arbeitsbedingungen im Umfeld auf die Zielerreichung ausgewirkt?
Wenn ja, welche?

3.   Themen im Coaching

Nachfolgend finden Sie 3 Themenbereiche, welche in einem Coaching von Bedeutung sein können.
Uns interessiert, **wie wichtig und bedeutungsvoll** diese Bereiche für Sie aus Ihrer Sicht als
Berater/Beraterin im Coaching waren und **wieviel Zeit** sie beanspruchten. Bitte bringen Sie die
Themenbereiche in eine Rangfolge, welche ihre Bedeutung für Sie widerspiegelt. Sie können dazu
neben die Themenbereiche die Rangwerte 1 bis 3 setzen. Wenn der Themenbereich im Coaching
kein Thema war, setzen Sie bitte eine 0.

Rangwert pro Themenbereich	Wichtigkeit	Zeitlicher Aufwand
1 = dieser Bereich war im Coaching am wichtigsten,		
3 = dieser Bereich war am unwichtigsten,		
0 = dieser Bereich war kein Thema		
Gestaltung der (Führungs-)Rolle, eigene Berufsidentität, persönliche Voraussetzungen und Ressourcen		
Fachliche Kompetenzen und Wissen		
Zusammenarbeit mit Vorgesetzten		
Anderer Themenbereich, nämlich		

4.   Beziehungsqualität

Wie schätzen Sie das Vertrauensverhältnis zwischen Ihnen als Berater / Beraterin und dem Coachee ein? sehr schlecht = **1**; sehr gut = **10** kann keine Aussage machen = **n/a**	1	2	3	4	5	6	7	8	9	10	n/a
Ihre Beurteilung											

Kommentar

5.   Bemerkungen zu schwierigen Beratungssituationen und Konflikten

6.   Ihre Zufriedenheit mit der eigenen Arbeit

Wie sind Sie mit Ihrer eigenen Arbeit zufrieden? sehr schlecht = **1**; sehr gut = **10** kann keine Aussage machen = **n/a**	1	2	3	4	5	6	7	8	9	10	n/a
Ihre Beurteilung											

Kommentar

7.   Allgemeine Bemerkungen und Besonderes

Bitte einsenden an Bitte einsenden an jbcc@juliusbaer.com

In Anlehnung an: Pestalozzianum, Personal-, Team- und Organisationsentwicklung

Julius Bär Coaching Center	Feedbackformular Teamentwicklung (Coachee)

Evaluationsbogen für
Teamcoachings
(Teilnehmende)

Um unsere Entwicklungsmassnahmen noch besser auf Ihre Bedürfnisse anpassen zu können, sind wir auf Ihr Feedback angewiesen. Wir bitten Sie deshalb, das durchgeführte Coaching zu beurteilen.
Besten Dank für Ihre Mitarbeit!
Ihre Daten werden absolut vertraulich behandelt! (Die Beraterinnen und Berater unterstehen der Schweigepflicht!)

Coaching-Nr.	
Funktion	
Sparte	
Zeitraum von/bis (Monat / Jahr)	
Coach	
Datum	

1. Welche Ziele wurden für das Teamcoaching vereinbart?

1.1   Zu Beginn?

1.2   Haben sich diese Ziele im Verlaufe der Arbeit verändert?

☐ nein   ☐ ja

Wenn ja, welches waren die neuen Ziele?

2. Zufriedenheit mit der Zielerreichung

Haben Sie Ihrer Meinung nach die gewünschten Teamziele erreicht?	1	2	3	4	5	6	7	8	9	10	n/a
nicht erreicht = **1**; erreicht = **10**											
kann keine Aussage machen = **n/a**											
Ihre Beurteilung											

2.1.   Was hat die Zielerreichung gefördert oder behindert?

2.2.   Haben sich veränderte Arbeitsbedingungen im Umfeld auf die Zielerreichung ausgewirkt?

☐ nein   ☐ ja

Wenn ja, welche?

3.   Themen in der Teamentwicklung

Nachfolgend finden Sie 3 Themenbereiche, welche in einem Coaching von Bedeutung sein können. Uns interessiert, **wie wichtig und bedeutungsvoll** diese Bereiche für Sie aus Ihrer Sicht als Berater/Beraterin im Coaching waren und **wieviel Zeit** sie beanspruchten. Bitte bringen Sie die Themenbereiche in eine Rangfolge, welche ihre Bedeutung für Sie widerspiegelt. Sie können dazu neben die Themenbereiche die Rangwerte 1 bis 3 setzen. Wenn der Themenbereich im Coaching kein Thema war, setzen Sie bitte eine 0.

Rangwert pro Themenbereich 1 = dieser Bereich war im Coaching am wichtigsten 3 = dieser Bereich war am unwichtigsten 0 = dieser Bereich war kein Thema	Wichtigkeit	Zeitlicher Aufwand
Teamkultur (Zusammenarbeit, Kommunikation, Beziehungsqualitäten, Werte, Umgang mit Konflikten)		
Teamstrategie (Ziele)		
Teamstruktur (Funktionen, Rollen, Hierarchien, Führungsfragen, Informationsfluss, Arbeits- und Ablauforganisation)		
Anderer Themenbereich, nämlich		

4.   Beziehungsqualität

4.1.   Vertrauensverhältnis

Wie schätzen Sie das Vertrauensverhältnis zwischen BeraterIn und Team ein? sehr schlecht = 1; sehr gut = 10 kann keine Aussage machen = n/a	1	2	3	4	5	6	7	8	9	10	n/a
Ihre Beurteilung											

Kommentar

4.2.   Beziehungsqualität im Team vor dem Coaching

Wie haben Sie die Beziehungsqualität im Team vor dem Coaching eingeschätzt? sehr schlecht = 1; sehr gut = 10 kann keine Aussage machen = n/a	1	2	3	4	5	6	7	8	9	10	n/a
Ihre Beurteilung											

Kommentar

4.3.   Beziehungsqualität im Team nach dem Coaching

Wie haben Sie die Beziehungsqualität im Team nach dem Coaching eingeschätzt? sehr schlecht = 1; sehr gut = 10 kann keine Aussage machen = n/a	1	2	3	4	5	6	7	8	9	10	n/a
Ihre Beurteilung											

Kommentar

5.   **Zufriedenheit (Gesamtbeurteilung)**

Wie zufrieden sind Sie mit dem Coaching? sehr unzufrieden = **1**; sehr zufrieden = **10** kann keine Aussage machen = **n/a**	1	2	3	4	5	6	7	8	9	10	n/a
Ihre Beurteilung											

Kommentar

6.   **Bemerkungen zu schwierigen Beratungssituationen und Konflikten**

7.   **Allgemeine Bemerkungen und Besonderes**

8.   **Haben Sie Wünsche und Anregungen in Bezug auf das Julius Bär Coaching Center?**

Bitte einsenden an jbcc@juliusbaer.com

In Anlehnung an: Pestalozzianum, Personal-, Team- und Organisationsentwicklung

Evaluationsbogen für
Teamcoachings (Coach)

Julius Bär Coaching Center **(Coach)**	**Feedbackformular Teamentwicklung**

Coaching-Nr.	
Funktion	
Sparte	
Anzahl Coachingstunden	
Zeitraum von/bis (Monat / Jahr)	
Coach	
Datum	

1.   Welche Ziele wurden für das Teamcoaching vereinbart?

1.1   Zu Beginn?

1.2   Haben sich diese Ziele im Verlaufe der Arbeit verändert?

☐ nein   ☐ ja

Wenn ja, welches waren die neuen Ziele?

2.   Pauschale Einschätzung der Zielerreichung

Hat das Team die Ziele erreicht? nicht erreicht = **1**; erreicht = **10** kann keine Aussage machen = **n/a** **Ihre Beurteilung**	1 2 3 4 5 6 7 8 9 10 n/a

2.1.   Was hat die Zielerreichung gefördert oder behindert?

2.2.   Haben sich veränderte Arbeitsbedingungen im Umfeld auf die Zielerreichung ausgewirkt?

☐ nein   ☐ ja

Wenn ja, welche?

3.   **Themen in der Teamentwicklung**

Nachfolgend finden Sie 3 Themenbereiche, welche in einem Coaching von Bedeutung sein können.
Uns interessiert, **wie wichtig und bedeutungsvoll** diese Bereiche für Sie aus Ihrer Sicht als
Berater/Beraterin im Coaching waren und **wieviel Zeit** sie beanspruchten. Bitte bringen Sie die
Themenbereiche in eine Rangfolge, welche ihre Bedeutung für Sie widerspiegelt. Sie können dazu
neben die Themenbereiche die Rangwerte 1 bis 3 setzen. Wenn der Themenbereich im Coaching
kein Thema war, setzen Sie bitte eine 0.

Rangwert pro Themenbereich 1 = dieser Bereich war im Coaching am wichtigsten 3 = dieser Bereich war am unwichtigsten 0 = dieser Bereich war kein Thema	**Wichtigkeit**	**Zeitlicher** **Aufwand**
Teamkultur (Zusammenarbeit, Kommunikation, Beziehungsqualitäten, Werte, Umgang mit Konflikten)		
Teamstrategie (Ziele)		
Teamstruktur (Funktionen, Rollen, Hierarchien, Führungsfragen, Informationsfluss, Arbeits- und Ablauforganisation)		
Anderer Themenbereich, nämlich		

4.   **Beziehungsqualität**

4.1.   Vertrauensverhältnis

Wie schätzen Sie das Vertrauensverhältnis zwischen BeraterIn **und Team ein?** sehr schlecht = **1**; sehr gut = **10** kann keine Aussage machen = **n/a**	1	2	3	4	5	6	7	8	9	10	n/a
Ihre Beurteilung											

Kommentar

4.2.   Beziehungsqualität im Team vor dem Coaching

Wie haben Sie die Beziehungsqualität im Team vor dem **Coaching eingeschätzt?** sehr schlecht = **1**; sehr gut = **10** kann keine Aussage machen = **n/a**	1	2	3	4	5	6	7	8	9	10	n/a
Ihre Beurteilung											

Kommentar

4.3.   Beziehungsqualität im Team nach dem Coaching

Wie haben Sie die Beziehungsqualität im Team nach dem **Coaching eingeschätzt?** sehr schlecht = **1**; sehr gut = **10** kann keine Aussage machen = **n/a**	1	2	3	4	5	6	7	8	9	10	n/a
Ihre Beurteilung											

Kommentar

5.   **Zufriedenheit (Gesamtbeurteilung)**

Wie zufrieden sind Sie mit dem Coaching? sehr unzufrieden = **1**; sehr zufrieden = **10** kann keine Aussage machen = **n/a**	1	2	3	4	5	6	7	8	9	10	n/a
Ihre Beurteilung											

Kommentar

6.   **Bemerkungen zu schwierigen Beratungssituationen und Konflikten**

7.   **Allgemeine Bemerkungen und Besonderes**

Bitte einsenden an jbcc@juliusbaer.com

In Anlehnung an: Pestalozzianum, Personal-, Team- und Organisationsentwicklung

Fallstudie

Die Schweizerische Post – Coaching zur Unterstützung von Veränderungsprozessen

Silvia Bürgin Brand[1]

1   Diese Fallstudie wurde mit der Unterstützung von Fritz Schmutz und Corinne Camenzind von der Schweizerischen Post erarbeitet. Als Personalleiter war Fritz Schmutz in der Konzernleitung Post für das Projekt Coaching verantwortlich. Corinne Camenzind ist Co-Leiterin des Zentrums für Beratung und Coaching, das das Coaching-Angebot seit Abschluss des Projektes weiterführt.

Einleitung

Im 1997 hat die Schweizerische Post ein umfangreiches Coaching-Programm gestartet, das drei Jahre dauerte und an dem mehr als 1500 Personen beteiligt waren. Coaching wurde eingesetzt, um die Führungskräfte und (Führungs-)Teams bei der Bewältigung von neuen und anspruchvoller gewordenen Aufgaben und Situationen zu unterstützen. Im Kontext einer strategischen Neuausrichtung spielte Coaching eine wichtige Rolle bei der Entwicklung der Unternehmenskultur.

In dieser Fallstudie wird zuerst das Umfeld erläutert, in dem das Projekt Coaching initiiert wurde. Dann werden die Ziele und die Merkmale des gewählten Vorgehens präsentiert. Was Coaching dem Unternehmen und den Teilnehmenden gebracht hat, wird anhand der bei den Beteiligten durchgeführten Erfolgskontrolle dargestellt. Es werden auch die Schwierigkeiten beschrieben, die im Laufe des Projektes aufgetreten sind. Als Schlussfolgerung werden Erfolgsfaktoren für den wirksamen Einsatz von Coaching identifiziert. Diese werden im weiteren Angebot von Coaching bei der Post angewendet.

1
Ausgangslage

In den neunziger Jahren haben sich die Herausforderungen für die Schweizerische Post markant verschärft. Im Trend der Liberalisierung der Postmärkte in Nordamerika und Europa hat sich der politische Auftrag der Post verändert, indem sie aufgefordert wurde, die Rentabilität stark zu steigern und gleichzeitig den Service Public und die Dienstleistungen bei guter Qualität sicherzustellen.

Aus einer sehr schwierigen finanziellen Lage mit mehreren Hundert Millionen Defizit heraus ist es der Schweizerische Post gelungen, im Jahr 2000 einen Konzerngewinn von 118 Millionen zu erwirtschaften (Nettoumsatz von rund 6 Milliarden CHF). Folgende Zahlen ermöglichen einen Einblick in die Größe und Vielfalt des Unternehmens:[1] Der Personalbestand umfasst rund 44 600 Einheiten. Jährlich werden 130 Millionen Pakete und 2,9 Milliarden Briefe innerhalb der Schweiz befördert. Es werden rund 2,2 Millionen Kundenkonti betreut (Postfinance) und 94 Millionen Personen über 83 Millionen Kilometer transportiert

---

1   Gemäß Geschäftsbericht 2000 der Schweizerischen Post.

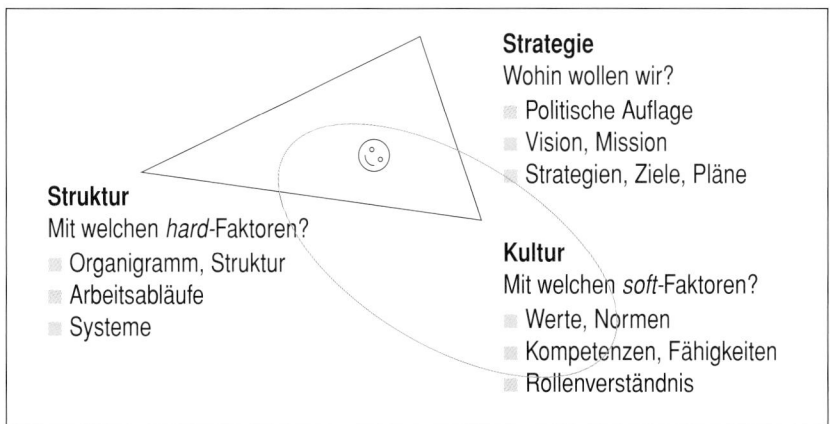

Abbildung 39: Umfeld Projekt Coaching

(Postautodienst). Mit yellowworld hat sich die Post seit dem Jahr 2000 auch im E-Commerce positioniert.

In den neunziger Jahren machte sich von verschiedenen Fronten Druck bemerkbar. Die Entwicklung der Rahmenbedingungen der Postmärkte hat neuen, international aktiven Konkurrenten den Zugang zu lukrativen Marktsegmenten ermöglicht. Parallel dazu ist die Nachfrage der Kundschaft anspruchsvoller geworden. Die Kunden haben ein differenziertes und flexibles Angebot erwartet, das ihren unterschiedlichen Bedürfnissen entsprach. Auch die Entwicklung der Technologie hat eine laufende Anpassung erfordert (z. B. Einfluss der Informatik in der Sortierung und Logistik, Sendungsverfolgung (Track & Trace), E-Commerce, usw.)

Verändertes Umfeld

Um diesem veränderten Umfeld gerecht zu werden, startete die Post einen tief greifenden Veränderungsprozess, der alle Dimensionen des Unternehmens betraf: Die Post gab sich neue Strategien, passte ihre Strukturen und Prozesse an und traf langfristige Maßnahmen zur Entwicklung der Unternehmenskultur (vgl. Abbildung 39).

Die Überlegungen, die zum Einsatz eines Coaching-Programms führten, waren sehr eng mit der Vorbereitung der Umstrukturierung gekoppelt. Mit dem Projekt „Change Post" wurden im Jahr 1998 die historisch gewachsenen „Kreispostdirektionen" aufgelöst und für ihre Resultate verantwortliche Geschäftsbereiche neu geschaffen (Briefpost, Paketpost, Expresspost, Postfinance, Poststellen und Verkauf, Postauto usw.). Diese Umstrukturierung bewirkte eine verstärkte Dezentralisierung, eine Optimierung der Verarbeitungsprozesse und eine Neugestaltung der Verkaufsorganisation. Dies bedingte wiederum eine wesentliche Entwicklung der Unternehmenskultur (Kundenorientierung, Kosten- und Ertragsbewusstsein, Eigeninitiative, Umgang mit Unsicherheit). Neue

Einsatz Coaching-Programm

Führungskompetenzen und Fähigkeiten wurden erforderlich. Man sprach von einem „Mind Change".

Weitere Maßnahmen

Das Angebot von Coaching war eine der Maßnahmen, die begleitend zum Wandel getroffen wurden. Der Einsatz von Coaching richtete sich vor allem an die Führungskräfte, die als Erste durch den Wandel gefordert und vor neue Aufgaben gestellt wurden. Nebst dem Einsatz von Coaching wurden weitere mehrjährige Programme lanciert: eine Weiterbildungsoffensive, eine Hilfestellung für Mitarbeitende, die direkt von der Umstrukturierung betroffen waren (Arbeitsmarktzentrum zur Vermittlung und Unterstützung der Mitarbeitenden) sowie administrative Pensionierungen.

2
Ziel und Zweck des Coaching-Programms

Die Schweizerische Post startete im 1997 das Projekt Coaching, um die Entwicklung der Unternehmens- und Führungskultur gemäß der neuen strategischen Ausrichtung zu fördern. Der nunmehr stete Wandel des Umfeldes erforderte von allen Mitarbeitenden ein hohes Maß an Veränderungsbereitschaft und -vermögen.

Mit dem Projekt Coaching setzte sich die Post folgende Ziele:

Ziel des Coaching-Programms

- Verankerung der neuen Ausrichtung der Post auf allen Führungsstufen,

- Unterstützung der Führungskräfte und (Führungs-)Teams bei der Bewältigung dieses Wandels (begleitendes Coaching vor Ort),

- gezielte Erhaltung und Entwicklung von Verhaltenskompetenzen (im Bereich Führungs-, Sozial- und Selbstkompetenzen),

- kontinuierliche Übergabe des Projektes an die Personalfachstellen, indem das entsprechende Know-how aufgebaut wird.

Praxisorientierung

Im gewählten Ansatz wurde Coaching als eine praxisbezogene Unterstützung verstanden, mit der herausfordernde Situationen aus dem beruflichen Umfeld systematisch bearbeitet und optimiert werden. Dieses Vorgehen war gekennzeichnet durch Ziel-, Lösungs-, Ressourcen- und Erfolgsorientierung.

Coaching wurde als die geeignete Entwicklungsmaßnahme gesehen, um die Veränderung der Verhaltensweisen zu unterstützen, und zwar indem an konkreten Fragestellungen der Führungskräfte im Arbeitsumfeld gearbeitet wurde. Es ging darum, neue, praxistaugliche Lösungen zu finden und auch umzusetzen. Es war nicht die Absicht, mittels Coaching Schulungsmaßnahmen zu ersetzen. Vielmehr war das Ziel, vorhandenes oder in Schulungen neu erworbenes Wissen in die Praxis umzusetzen. Mittels Coaching sollte auch die Bereitschaft gefördert werden, den Wandel aktiv mitzuleben und mitzugestalten. Es sollten Wege gefunden werden, mit Unsicherheit, Widerstand oder widersprüchlichen Erwartungen umzugehen. Mittels Coaching sollten die einen ermutigt werden, ihre Aktivitäten als Pioniere weiterzutreiben und ihr Potenzial zu entfalten, und die anderen sollten auf dem Weg zur Entdeckung von neuen Verhaltensweisen begleitet werden. Zusammenfassend ging es darum, Führungskräfte und (Führungs-)Teams bei der erfolgreichen Umsetzung von neuen Unternehmensstrategien sowie bei der Bewältigung von neuen Aufgaben zu unterstützen.

3
Ablauf und Maßnahmen im Projekt Coaching

Das Projekt Coaching bestand aus vier sich zeitlich überschneidenden Modulen, die sich an unterschiedliche Zielgruppen richteten (vgl. Abbildung 40). Den Führungskräften und den Teams wurde Coaching in einem „Top-down"-Ansatz angeboten. Dank diesem Verfahren wurde sichergestellt, dass eine Führungskraft ihre Coachingerfahrung in das Coaching-Angebot für die nachfolgenden Führungsstufen in der eigenen Linie einbringen konnte.

Top-down-Ansatz

Als erstes kamen die Mitglieder der Konzernleitung und die Leiter der Bereiche in den Genuss von Coaching. Somit konnte die oberste Leitung dieses neue Instrument testen und sich eine Meinung bilden darüber. Es handelte sich vorwiegend um situationsbezogene Coachings (Vorbereitung von Entscheidungen, von schwierigen Verhandlungen) oder entwicklungsorientierte Coachings bei Standortbestimmungen. Im zweiten Modul nahmen die meist neu zusammengestellten Geschäftsleitungen der Geschäfts-, Funktions- und Servicebereichen an einem Teamcoaching teil. Im dritten Modul arbeiteten die Coaches je nach Fragestellung mit dem Leiter oder dem ganzen Team von zentralen Funktionen (z.B. Marketingabteilung), von den regionalen Leitungen der Geschäftsbereiche (z.B. Region West der Paketpost) oder von Verkaufsregionen. Und schließlich richtete sich das vierte Modul an Leiter oder ganze Teams aus dezentralen Einheiten wie Poststellen, Paketzentren oder Briefzustellregionen.

Modul 1

Modul 2

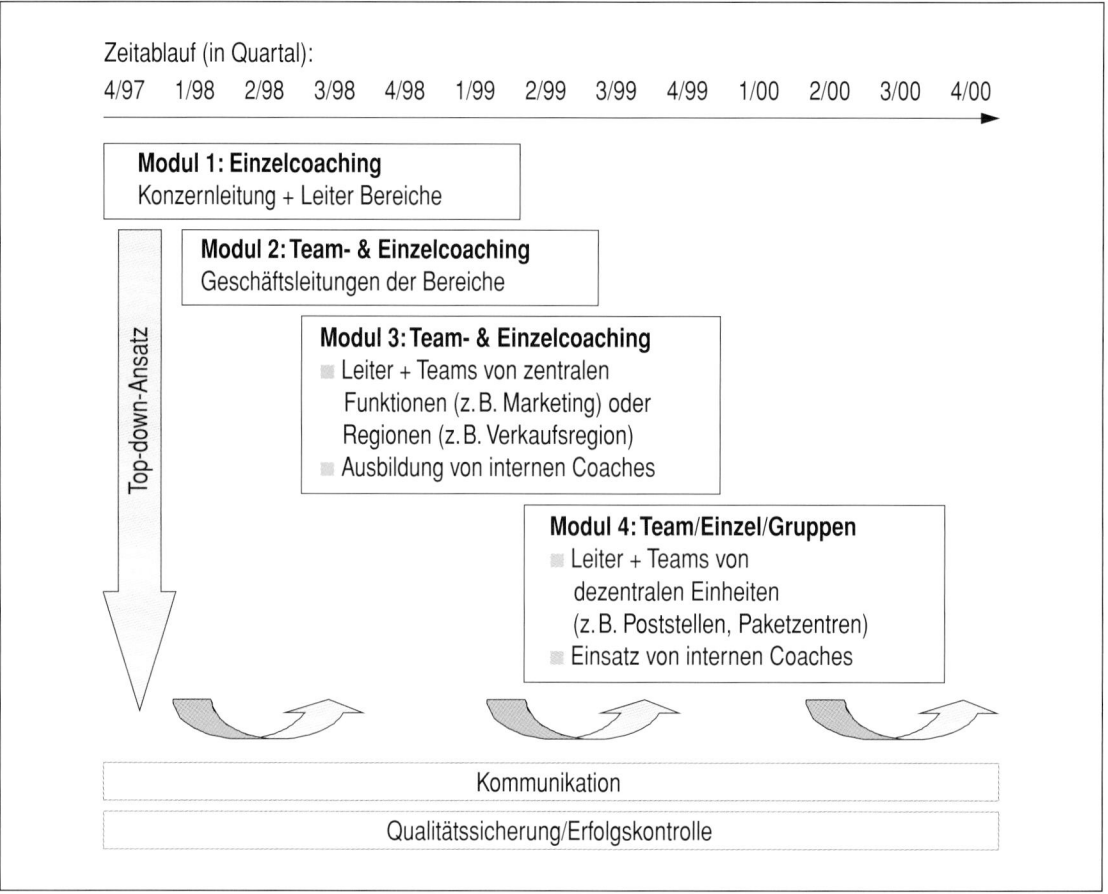

Abbildung 40: Ablauf Coaching-Projekt

Modul 3 + 4   Für die Zielgruppen der Module 3 und 4 wurden folgende Themenkreise im Hinblick auf die Neuausrichtung der Post als Leitplanken festgelegt:

- Entwicklung der Fähigkeit, im Team zu arbeiten (Teamorientierung/ Teamgeist),

- Praxisumsetzung der Kundenorientierung,

- Praxisumsetzung der Ziel- und Erfolgsorientierung,

- Förderung des gegenseitigen Vertrauens zwischen Führung und Mitarbeitenden,

- Förderung der Kooperation zwischen den Bereichen sowie zwischen den zentralen und regionalen Einheiten.

Innerhalb dieses Rahmens wurde die konkrete Zielsetzung für jedes Coaching individuell definiert.

Es wurden unterschiedliche Formen von Coaching eingesetzt, je nach Situation und Zielsetzung:

- Einzelcoaching,

- Teamcoaching (Coaching von Führungs-, Arbeits- oder Projektteams, die zusammen arbeiten und eine gemeinsame Zielsetzung haben) oder

- Gruppencoaching (Coaching einer Gruppe von Personen mit ähnlicher Funktion und gemeinsamen Fragestellungen; z.B. die Leiter(innen) der Poststellen einer Verkaufsregion).

In den drei Jahren (September 1997–Dezember 2000), in denen das Projekt Coaching lief, wurden rund 215 Coachings durchgeführt (68 Einzelcoachings und 145 Team- oder Gruppencoachings), an denen mehr als 1500 Personen aus verschiedenen Geschäftsbereichen, aus dem Betrieb und der Administration sowie aus unterschiedlichen Hierarchiestufen beteiligt waren.

Für die Durchführung der Coachings setzte die Post sowohl externe als interne Coaches ein. Die externe Beratungsfirma, die die Post bei der Konzeption, der Planung und der Umsetzung des Projektes unterstützt hatte, stellte 15 externe Coaches zur Verfügung. Im Hinblick auf den Einsatz von Coachings in den dezentralen Einheiten wurden rund 30 postinterne Mitarbeitende aus unterschiedlichen beruflichen Tätigkeitsfeldern ausgebildet. Diese Ausbildungen fanden in deutscher und französischer Sprache in Ausbildungsstätten statt, die in der Schweiz für das Training von Coaches anerkannt sind.

Interne und externe Coaches

Zusätzlich nahmen rund 40 Führungskräfte an einer Ausbildung mit dem Titel „Coaching-Instrumente in der Führungspraxis" teil. Sie lernten dabei, welche Coaching-Instrumente eine Führungskraft mit ihren Mitarbeitenden erfolgreich anwenden kann.

Für die laufende Beurteilung des Projektes wurden folgende Instrumente eingesetzt:

- *Qualitätssicherung des Coaching-Angebotes:* d.h. Überprüfung der wichtigsten Voraussetzungen für ein erfolgreiches Coaching. Dazu gehören Anforderungsprofile für Coaches, Beraterberichte der Coaches und Supervision der Coaches.

Projekt-Beurteilung

- *Erfolgskontrolle der Coachings:* d.h. Überprüfung der Wirkung von Coaching. Grundlage für die Erfolgskontrolle der Coachings bildete – neben dem Einholen von mündlichen Feedbacks durch das Projektteam – ein Fragebogen, der durch die Teilnehmenden am Ende der

Coachings (oder nach ca. 5–6 Sitzungen) ausgefüllt wurde. Anhand dieses Fragebogens konnten Aussagen über die Zufriedenheit mit dem Coaching, über den empfundenen Nutzen sowie über den Zielerreichungsgrad erfasst werden. Zusätzlich wurden im Coaching-Prozess Lernprotokolle und Skalierungsmethoden durch die Coaches eingesetzt.

Die Konzernleitung der Post sowie die betroffenen Fachstellen wurden aufgrund dieses Beurteilungsverfahren regelmäßig informiert.

Kommunikation

Die *Kommunikation* bezüglich Coaching verlief am Anfang des Projektes – vor allem während der Module 1 und 2 – sehr gezielt, innerhalb von Fach- und Entscheidungsgremien oder in bilateralen Gesprächen. Die Information rund um das Projekt wurde zu Beginn eher zurückhaltend betrieben, da nur ein kleiner Kreis von Personen beteiligt war und weil Coaching zu diesem Zeitpunkt in der Presse als „Nachhilfe für führungsschwache Manager" dargestellt wurde. Im Verlauf des Projektes wurde eine breitere Information jedoch unumgänglich. So wurde eine Informationsmappe erstellt und den verschiedenen Zielgruppen sowie den Personalfachleuten zugestellt.[1] Für das breitere Publikum wurde ein Faltblatt geschaffen, eine Seite auf dem Intranet der Post aufgeschaltet und Erfahrungsberichte in der Personalzeitung publiziert. In den Modulen 3 und 4 wurden zudem Führungskräfte, die selber an einem Coaching teilgenommen hatten, in die Kick-off-Sitzungen von neuen Zielgruppen eingeladen, um über ihre Erfahrung zu berichten und Fragen zu beantworten. Diese Diskussionen haben sich als das effektivste Mittel für die Kommunikation rund um das Coaching erwiesen.

Der Aufbau von Know-how zum Thema Coaching bei postinternen Mitarbeitenden wurde durch verschiedene Maßnahmen gefördert. Die Personalfachstellen der großen Geschäftsbereiche waren im Projektteam aktiv an der Gestaltung der Module beteiligt. Für die zentrale Abteilung der Personalentwicklung wurde zu Beginn des Projektes ein Workshop zum Thema Coaching organisiert. Der Transfer von Wissen und Erfahrung an die beteiligten internen Stellen sowie an die internen Coaches wurde von der externen Beratungsfirma sichergestellt. Mit diesen Maßnahmen wollte die Post die Kontinuität des Veränderungsprozesses nach Abschluss des Projektes gewährleisten.

---

1   Inhalt der Informationsmappe: Informationen zum Coaching, zur Rolle des Coaches, zu den Situationen, in welchen Coaching die geeignete Maßnahme ist und zum Coaching-Angebot der Post.

4
Merkmale des Vorgehens

Das Vorgehen, das bei der Schweizerischen Post gewählt wurde, war durch gewisse Merkmale gezeichnet wie den Top-down-Ansatz, die Vielfältigkeit der Formen von Coaching oder den Einsatz von externen und internen Coaches. Im Verlaufe des Projektes kamen die Vor- und Nachteile dieser Merkmale klarer zu Tage. Diese Erkenntnisse wurden laufend für die Konzeption des jeweils nächsten Moduls berücksichtigt, so dass das Projekt innerhalb des ursprünglichen Konzepts mehrmals anpasst wurde.

Ständige Anpassungen

4.1
Top-down-Vorgehen

Ein wesentliches Merkmal des Vorgehens bei der Post war der Top-down-Ansatz. Die Wahl dieses Ansatzes ist mit dem Kontext der strategischen Neuausrichtung der Post und der Absicht, diese auf allen Stufen der Führung zu verankern, in Verbindung zu bringen.

Dieses Vorgehen barg Vor- und Nachteile. Der Start mit der Spitze des Unternehmens hatte Symbolcharakter: Die oberste Leitung ging mit gutem Beispiel voran. So konnte dem Eindruck entgegen gewirkt werden, dass nur „die unten" sich verbessern müssten, während „die oben" sich raushielten. Vorteilhaft war bei diesem Vorgehen auch, dass die obere Leitung eigene Erfahrungen mit dem Coaching machen konnte und klarer sah, wie und wo Coaching bei den ihnen unterstellten Stellen eingesetzt werden konnte. Ein weiterer Vorteil des Top-down-Vorgehens bestand darin, dass es sich an eine ganze Zielgruppe richtete. Am Coaching nahmen sowohl jene mit viel Potenzial teil als auch jene, die mit großen Herausforderungen konfrontiert waren. Somit konnte die Hemmschwelle, an einem Coaching teilzunehmen, überwunden werden.

Vor- und Nachteile

Der Zeitbedarf beim Top-down-Ansatz war jedoch erheblich, da die Zielgruppen zeitlich gestaffelt gecoacht wurden. Der Zeitpunkt, an dem eine Zielgruppe betreut wurde, war durch die geplanten Module vorgegeben und stimmte nicht immer mit dem effektiven Bedarf dieser Zielgruppe überein. Die Ausgangslage war je nach Geschäftsbereich unterschiedlich, weil der Veränderungsprozess hin zur Neuausrichtung mehr oder weniger fortgeschritten war. Auch die als Schwerpunkt festgelegten Themenkreise (Fähigkeit, im Team zu arbeiten, Kundenorientierung, Ziel- und Erfolgsorientierung) stimmten nicht immer mit den konkreten Fragestellungen der einzelnen Zielgruppen überein.

Diese Erkenntnisse hatten zur Folge, dass der Top-down-Ansatz nicht strikt verfolgt wurde und dass die Prioritäten bezüglich Zielgruppen, Zeitpunkt und Themenkreisen innerhalb der Geschäftsbereiche individuell angepasst wurden. Coaching eignete sich nicht als flächendeckende Maßnahme mit standardisierten Zielen für eine breite Zielgruppe (z.B. alle Poststellen, alle Briefzustellregionen). Coaching konnte nicht einer ganzen Zielgruppe „überstülpt" werden, sondern musste auf die spezifischen Bedürfnissen der Beteiligten maßgeschneidert werden. Da Coaching die aktive Mitarbeit der Teilnehmenden voraussetzt, sollte an den Fragestellungen gearbeitet werden, bei denen die Teilnehmenden einen direkten Nutzen sehen und/oder einen spürbaren Leidensdruck erleben. Die Teilnehmenden haben dann ein direktes Interesse an einer Verbesserung und sind bereit, diese Veränderung mitzugestalten.

Berücksichtigung spezifischer Bedürfnisse

Das Projekt war gefordert, ein Gleichgewicht zwischen zwei zum Teil widersprüchlichen Erwartungen bzw. Vorgaben zu finden: Es musste sich einerseits an den globalen Strategien des Unternehmens Post ausrichten und mittels Coaching einen Beitrag zur Unternehmensentwicklung in diese Richtung leisten. Andererseits mussten die Coachings sehr individualisiert und maßgeschneidert auf die Fragestellungen der Teilnehmenden eingehen, weil sonst die aktive Mitarbeit nicht sichergestellt war.

Widersprüchliche Erwartungen

4.2
Vielfältigkeit der Formen von Coaching

Im Projekt Coaching wurden verschiedene Formen von Coaching (Einzel-, Team- und Gruppencoaching) angewendet. Im Verlauf des Projektes hat sich herausgestellt, dass die Form des Coachings nicht pro Zielgruppe vorgeschlagen werden konnte, sondern je nach Situation und Fragestellung individuell festgelegt werden musste. Auch wurden gewisse Kombinationen zwischen den verschiedenen Formen gewählt. Ein Einzelcoaching mit dem Teamleiter konnte vor Beginn eines Teamcoachings durchgeführt werden. Umgekehrt wurden gewisse Teamcoachings durch Einzelcoachings von bestimmten Teammitgliedern ergänzt. Als Vorbereitung einer Veränderung, die mehrere Organisationseinheiten betraf, wurde ein Gruppencoaching mit den Leitern dieser Einheiten durchgeführt, das dann je nach Bedarf durch Einzel- oder Teamcoachings in diesen Einheiten ergänzt wurde. Dank dieser Vielfältigkeit konnte gezielter auf die verschiedenen Situationen der Zielgruppen eingegangen werden.

4.3
Einsatz von externen und internen Coaches

Die Post setzte externe und interne Coaches ein. Sie arbeitete eng mit einer externen Beratungsfirma zusammen, die für die Vermittlung von insgesamt 15 externen Coaches und die Sicherung von deren Qualität verantwortlich war. Durch die Arbeit mit einem einzigen Partner konnte die Post einen einheitlichen Coaching-Ansatz und ein übereinstimmendes Verständnis der übergeordneten Zielsetzung des Projektes sicherstellen.

Zusammenarbeit mit externen Beratern

Die postinternen Coaches stammten aus unterschiedlichen Tätigkeitsfeldern (z.B. Personalfachleute aus der Zentrale, aus den regionalen Leitungen der Geschäftsbereiche oder aus Briefzentren sowie Poststellenleiter(innen)). Sie übernahmen Coaching-Aufträge im Teilpensum, als Ergänzung zu ihrer angestammten Funktion. Mit dem Einsatz von internen Coaches wollte die Post sicherstellen, dass das Know-how zur Begleitung von Veränderungsprozessen auch innerhalb des Unternehmens aufgebaut wurde und auch später zur Verfügung stehen würde.

Im Laufe des Projektes kristallisierten sich folgende Erkenntnisse über den Einsatz von externen und internen Coaches heraus.

Vorteile des Einsatzes von internen Coaches:

Interne Coaches

- Praxisnähe, einfacherer Zugang zu den Teilnehmenden,
- Unternehmenskenntnisse, Fachwissen,
- Sprache der Beteiligten bekannt,
- geringere Kosten,
- die erworbenen Fähigkeiten als Coach können auch im Rahmen der üblichen Tätigkeit eingesetzt werden (ohne formalen Coaching-Auftrag).

Vorteile des Einsatzes von externen Coaches:

Externe Coaches

- Distanz (stehen ganz außerhalb des Systems),
- können als „externe Profis" von einem Glaubwürdigkeitsvorschuss profitieren,
- spezifisches Wissen oder Fähigkeiten, die bei den internen Coaches nicht vorhanden sind (z.B. spezifische Fachkenntnisse, Krisenmanagement).

Voraussetzungen für den
Einsatz von Coaches

Folgende Voraussetzungen für die erfolgreiche Arbeit von Coaches – sowohl interne wie externe – bekommen beim Einsatz von internen Coaches eine besondere Bedeutung, da die internen Coaches Teil des Unternehmens sind:

▨ Garantie der Vertraulichkeit und der Unabhängigkeit (nicht Bestandteil des Systems sein),

▨ Fähigkeit, die Werte und Rituale des Unternehmens zu reflektieren (keine Unternehmensblindheit),

▨ Verfügbarkeit. Da die internen Coaches die Coaching-Aufträge neben ihrer üblichen Funktion durchführten, war die mangelnde zeitliche Verfügbarkeit ein Hindernis zum vermehrten Einsatz von internen Coaches.

Die Erfahrung im Projekt zeigte, dass je nach Situation und Fragestellung eher externe bzw. interne geeigneter waren. Allerdings zeichnete sich keine Faustregel ab. In gewissen Situationen hat sich auch eine Kombination von internen und externen bewährt.

5
Was wurde erreicht? Erfolgskontrolle

Der Nutzen des Projektes Coaching kann auf drei Ebenen unterschiedlich betrachtet werden:

▨ aus Sicht der Teilnehmenden (Was hat ihnen Coaching gebracht?),

▨ auf der Stufe des Unternehmens Post (Was ist der Beitrag zur Unternehmensentwicklung?) und

▨ bei den Personaldiensten (Wie wurde das Angebot von Coaching aufgenommen?).

5.1
Aus Sicht der Teilnehmenden

Instrumente der
Erfolgskontrolle

Auf der Ebene der Teilnehmenden wurden verschiedene Instrumente zur Erfolgskontrolle eingesetzt (vgl. Abschnitt 3 „Ablauf und Maßnahmen im Projekt Coaching"). Folgende Ergebnisse resultieren aus den Frage-

1. Ist Coaching das geeignete Mittel für die Zielerreichung?

Ja	71%
Zum Teil	22% (in Ergänzung mit weiteren Maßnahmen)
eher nicht	7%

2. Beurteilung des Verhältnisses zwischen Aufwand und Ertrag

gut–sehr gut	50%
i.O.	36%
nicht optimal	14%

3. Ich wurde angeregt, alternative Handlungsmöglichkeiten umzusetzen

Trifft zu	92%
Trifft nicht zu	8%

4. Ich habe mit den erarbeiteten „Lösungen" Erfolg gehabt

Trifft zu	72%
Trifft nicht zu	28%

5. Ich kann mit meinem Coach effizient zusammenarbeiten

Trifft zu	100%

Abbildung 41: Auswertung der Einzelcoachings

bögen, die durch die Teilnehmenden am Ende der Coachings (oder nach ca. 5–6 Sitzungen) ausgefüllt wurden.

Der für die Beurteilung von *Einzelcoachings* eingesetzte Fragebogen überprüfte einerseits die Kriterien, die für die Qualität der Arbeit des Coaches besonders relevant waren. Andererseits wurden auch die Zufriedenheit und der Nutzen aus Sicht der Teilnehmenden untersucht. Die Auswertung der Fragebögen zeigt eine positive Beurteilung bezüglich der Qualität der Coaching-Prozesse und eine hohe Zufriedenheit der Teilnehmenden mit den Einzelcoachings (vgl. Abbildung 41, am Beispiel der Zielgruppen der Module 1 und 2)[1]. Im Einzelcoaching steht der Kunde im Mittelpunkt, das Vorgehen ist auf seine individuellen Bedürfnisse zugeschnitten und er kann rasch von konkreten Resultaten profitieren. Deshalb fällt auch das Verhältnis zwischen Aufwand (insbesondere investierte Zeit) und Ertrag (empfundener Nutzen) sehr positiv aus.

Einzelcoaching

Die meistgenannten Antworten zur offenen Frage, was Einzelcoaching den Teilnehmenden gebracht hat:

Nutzen von Einzelcoaching

---

1   33 Fragebögen ausgewertet; Rücklauf 82%.

▨ herausfordernde Situationen besser verstehen und neue, alternative Handlungsmöglichkeiten erarbeiten und ausprobieren,

▨ die Möglichkeit, mit einer „neutralen Person" Situationen zu besprechen (Sparring-Partner),

▨ Verbesserung der Arbeitsmethodik (auch Prioritäten setzen, delegieren),

▨ Sicherheit in den Entscheidungen, die Akzeptanz der Entscheidungen besser gewährleisten, Stärkung des Durchsetzungsvermögens,

▨ Stressreduktion, mehr Gelassenheit, „in großen Belastungssituation die Ruhe bewahren",

▨ Kommunikation mit Mitarbeitenden und Vorgesetzten verbessern.

Teamcoaching

Der für die Beurteilung von *Teamcoaching* eingesetzte Fragebogen wurde nach den ersten Erfahrungen stark gekürzt. Er bestand aus einem ersten Teil mit generellen Fragen zum Coaching und einem zweiten Teil zur Beurteilung des Zielerreichungsgrades. Abbildung 42 fasst die wichtigsten Aussagen nach Auswertung der Fragebögen der Zielgruppe im Modul 3 zusammen.[1]

Nutzen von Teamcoaching

---

1. Ist Coaching das geeignete Mittel für die Zielerreichung?

Ja	77%
Zum Teil	20% (in Ergänzung mit weiteren Maßnahmen)
eher nicht	3%

2. Beurteilung des Verhältnisses zwischen Aufwand und Ertrag

gut–sehr gut	39%
i. O.	34%
nicht optimal	27%

3. Würden Sie aufgrund Ihrer Erfahrung Coaching weiterempfehlen?

Ja	76%
Mit Vorbehalt	15%
eher nicht	9%

4. Wie zufrieden sind Sie mit Ihrem Coach?

zufrieden	75%
teils/teils	16%
nicht zufrieden	9%

Abbildung 42: Auswertung der Teamcoachings

---

1   127 Fragebögen ausgewertet; Rücklauf 40%.

Die meisten Teilnehmenden der Zielgruppe im Modul 3 finden, dass Teamcoaching die geeignete Maßnahme war, um ihre Ziele zu erreichen, und würden es auch weiterempfehlen.

Die Teilnehmenden berichten, dass sie mittels Coaching an folgenden Zielen gearbeitet und auch eine Verbesserung erreicht haben:

- effizientere Teamsitzungen, effizientere Entscheidungsprozesse, größeres Verantwortungsbewusstsein im Team („Ich bin überzeugt, dass echte Teamarbeit bessere Ergebnisse bringt als die beste Einzelleistung"),

- offenere Kommunikation im Team (miteinander sprechen, gegenseitige Erwartungen klären, Umgang mit Kritik),

- größere Veränderungsbereitschaft (Umgang mit Änderungen, diese anpacken und im Team nutzen),

- Förderung der Kundenorientierung (Bedürfnisse von internen und externen Kunden berücksichtigen und Lösungen finden),

- in vielen Teams wurde auch die Problematik „Zentrale – Region" bearbeitet (Missverständnis, gegenseitige Sündenbock-Syndrome).

Die Resultate bezüglich Zielerreichungsgrad sind schwieriger zu interpretieren. Die Mittelwerte liegen meistens zwischen 60 % und 90 %, bei wenigen Zielen unter 40 %. Diese Angaben ermöglichen jedoch keine generellen Schlussfolgerungen. Sie mussten in einer Diskussion im betroffenen Team ausgewertet werden.

Zielerreichungsgrad

Zu bemerken ist, dass der Zugang zu den Teamcoachings meistens über die Sachebene entstand (wir wollen unsere Ziele besser erreichen, wir wollen ein Problem lösen), seltener über die Beziehungsebene (z.B. wir wollen besser miteinander kommunizieren). Jedoch wurde bei den Feedbacks vor allem der Nutzen auf der Beziehungsebene herausgestrichen.

In 70 Poststellen wurden unter dem Namen „Verkaufsorientierte Teambildung (VTB)" Teamcoachings mit dem Ziel durchgeführt, Verbesserungen im „Verkauf" (besser auf die Kundenwünsche eingehen, Verkaufsaktionen planen) und in der „Zusammenarbeit im Team" (im Team Lösungen finden, vertrauensvolle Atmosphäre schaffen) zu erreichen. Die Auswertung der Erfolgskontrolle zeigt, dass die Zufriedenheit der Teilnehmenden eher gering war (vgl. Abbildung 43).[1]

Teamcoaching in den Poststellen

---

1   70 Poststellen; 305 Fragebögen ausgewertet; Rücklauf 52,5 %.

---

1. Wie zufrieden waren Sie allgemein mit den VTB-Sitzungen?

57%   eher zufrieden bis sehr zufrieden
43%   eher nicht zufrieden bis gar nicht zufrieden

2. Würden Sie VTB weiterempfehlen?

48%   „eher ja" bis „ja, ganz sicher"
52%   „eher nein" bis „nein, sicher nicht"

3. Wie hoch war Ihre Motivation zur Teilnahme?

72%   eher motiviert bis sehr motiviert
28%   eher nicht motiviert bis überhaupt nicht motiviert

4. Wie beurteilen Sie das Verhältnis zwischen Aufwand und Ertrag?

43%   eher gut bis sehr gut
57%   eher schlecht bis sehr schlecht

Abbildung 43: Auswertung Teamcoaching „Verkaufsorientierte Teambildung VTB"

Konkrete Resultate

In gewissen Teams konnten konkrete Resultate erreicht werden:

- mehr Sicherheit im Verkauf, Vorurteile gegenüber Kunden abbauen,

- mehr auf die Kunden eingehen, die Kunden abholen,

- mehr Dialog im Team, mehr Gespräche untereinander, sich Feedbacks geben,

- Neuerungen werden zum Teil positiver angegangen.

Prozess der kleinen Schritte

Die „Verkaufsorientierte Teambildung" wurde von mehreren Teilnehmenden als ein kleiner Schritt auf dem Weg zur Zielerreichung gesehen, „Wunder sollten aber nicht erwartet werden". Vor allem die Erwartungen beim Thema „Verkauf" konnten nur teilweise erfüllt werden und eine Steigerung der Verkaufszahlen wurde nur in wenigen Fälle nachgewiesen. Die Bedürfnisse der Teilnehmenden hätten hier wahrscheinlich mit einer Verkaufsschulung besser abgedeckt werden können.

Fördernde und hemmende Faktoren

Interessante Hinweise gibt diese Erfolgskontrolle zu den Faktoren, die die Teilnehmenden als fördernd oder hemmend für das Coaching empfunden haben (vgl. Abbildung 44). Als großer hindernder Faktor wurden in erster Linie fehlende personelle und zeitliche Ressourcen erwähnt. Zudem hat sich die Unsicherheit über die Zukunft der Poststellen (Restrukturierung des Netzes, Neugestaltung der Prioritäten in den Aufgaben, Schließungen usw.) als demotivierend und lähmend ausgewirkt.

Was waren fördernde Faktoren?

- Coach, der offene Atmosphäre schafft
- Mitarbeitende haben sich aktiv eingesetzt
- Schon vor VTB ein gutes Team
- Zeit und Gelegenheit, neue Ideen am Stand auszuprobieren

Was waren hemmende Faktoren?

- Zu wenig Zeit und zu wenig Personal
- Unsicherheit über Zukunft der Post und des Poststellennetzes
- Verkauf noch zu wenig verankert, um mit VTB aufbauen zu können
- Zu abstrakt, zu wenig konkrete Vorschläge und Tipps
- VTB hat nicht einem echten Bedürfnis entsprochen
- Zeitpunkt der VTB-Sitzungen nach Arbeitstag ist ungünstig

Abbildung 44: Einflussfaktoren bei der „Verkaufsorientierten Teambildung VTB"

Die Erkenntnisse zu den fördernden und hemmenden Faktoren werden im Abschnitt 6 „Wo lagen die Schwierigkeiten?" weiter ausgeführt.

In Bezug auf die Zielsetzung des Projektes Coaching kann festgestellt werden, dass ein Beitrag zur „gezielten Erhaltung und Entwicklung von Verhaltenskompetenzen" sowie zur „Unterstützung der Führungskräfte bei der Bewältigung des Wandels" geleistet worden ist:

Zusammenfassend: Was wurde aus Sicht der Teilnehmenden erreicht?

- Verhaltenskompetenzen wurden entwickelt (Arbeitsmethodik, Entscheidungsfähigkeit, Kommunikationsfähigkeit usw.).

- Neue Lösungen wurden erarbeitet, ausprobiert und auch umgesetzt (dank der Außensicht des Coaches und aber auch aufgrund der Tatsache, dass man bei der Umsetzung „am Ball geblieben ist").

- Die Teilnehmenden haben ein Vorgehen kennen gelernt, um mit neuen oder schwierigen Situationen umzugehen (das im Coaching erprobte Vorgehen kann in künftigen Situationen durch die Teilnehmenden selbstständig angewendet werden).

5.2
Auf Stufe des Unternehmens

Entwicklung der
Unternehmenskultur

Auf der Konzernstufe lag das Interesse darin zu beurteilen, inwiefern Coaching dazu beigetragen hat, „die Neuausrichtung auf allen Stufen der Führung zu verankern". Die Indikatoren zu dieser Entwicklung wurden jedoch nicht durch das Projekt Coaching selber geliefert, sondern durch weitere Quellen wie die Umfragen bezüglich Personal- und Kundenzufriedenheit oder die Auswertungen im Rahmen des Zielvereinbarungsprozesses (Management by Objectives). Dank der Beobachtung dieser Indikatoren konnte die Leitung der Post überprüfen, ob sich die Teamorientierung, die Kundenorientierung oder die Führungsqualität innerhalb der Post verbessert haben und ob noch Lücken bestehen. Diese Indikatoren zeigten aber nicht auf, ob die Entwicklung auf das Projekt Coaching, auf eine weitere Maßnahme oder sogar auf eine Veränderung im Umfeld zurückzuführen war.

Kosten-Nutzen-Relation

Die Konzernleitung war daran interessiert zu wissen, wie der Vergleich zwischen erreichten Resultaten und Kosten des Projektes Coaching ausfällt (eine Art „Return on Investment" (ROI)). Eine solche Zahl konnte ihr jedoch nicht geliefert werden. Die Kosten des Projektes waren zwar bekannt, aber eine quantifizierte Aussage bezüglich Gewinnzuwachs dank Coaching konnte nicht gemacht werden. Die Entwicklung im Verhalten der Beteiligten (vgl. Abschnitt 5.1 „Aus Sicht der Teilnehmenden") könnte durchaus eine positive Auswirkung auf die finanziellen Kennzahlen der Post haben, indem zum Beispiel die Produktivität der Mitarbeitenden gesteigert wurde, richtige Entscheidungen getroffen oder Verkaufszahlen erhöht wurden. Aber auch hier konnte keine direkte Kausalität zwischen dem Projekt Coaching und der Entwicklung der Kennzahlen hergestellt werden.

Die Beurteilung von Indikatoren auf der Ebene des Unternehmens Post dient als Steuerung für künftige Entscheidungen, weniger zur Erfolgskontrolle eines Projektes.

5.3
Bei den Personaldiensten

Einsatz Personaldienst

Das Ziel „mittels Know-how-Aufbau das Projekt Coaching kontinuierlich an postinterne Mitarbeitende zu übergeben" wurde erreicht. Bereits der letzte Teil des Projektes wurde durch die Personaldienste (in den jeweiligen Bereichen und auf Konzernstufe) durchgeführt und die Projektleitung konnte sich zurückziehen. Sichergestellt wurden:

- kompetente Beratung der Linie bei Anfragen,

- fundierte Beurteilung, wann Coaching die richtige Maßnahme ist (Nutzen und Grenzen von Coaching),

- Weiterführung des Coaching-Angebots.

Im Rahmen des Projektes Coaching konnte das Know-how nicht nur bei den Personaldiensten, sondern auch bei den internen Coaches und den Entscheidungsträgern aufgebaut werden, so dass „Coaching" nun an vielen Stellen bekannt ist und die Anfragen aus Eigeninitiative eintreffen.

6
Wo lagen die Schwierigkeiten?

Aufgrund der mündlichen und schriftlichen Feedbacks der Teilnehmenden sowie dank der Rückmeldungen der Coaches konnten noch folgende Schwierigkeiten identifiziert werden, die sich in gewissen Fällen auch hinderlich auf den Ablauf der Coachings ausgewirkt haben. Entsprechend wurden Maßnahmen erarbeitet, um mit diesen Schwierigkeiten umzugehen oder ihnen entgegenzuwirken.

6.1
Die Erwartungen an das Coaching sind sehr hoch

Es gab immer wieder Situationen, in welchen die Erwartungen der Teilnehmenden nicht mit den effektiven Möglichkeiten und Grenzen des Coachings übereinstimmten. Die eingesetzten Kommunikationsmaßnahmen (vgl. Abschnitt 3 „Ablauf und Maßnahmen im Projekt Coaching") konnten dies nicht beheben. In diesen Fällen wurde einerseits Enttäuschung gegenüber den erreichten Resultaten verursacht und andererseits Coaching in ungeeigneten Situationen eingesetzt.

Die Zielgrößen wurden manchmal zu ambitiös formuliert und hatten zu große und unrealistische Erwartungen geweckt. Manchmal gaben vage Formulierungen Spielraum für widersprüchliche Erwartungen, die dann schließlich enttäuscht wurden. Diese Problematik stellte sich nicht, wenn die Zielsetzung sehr konkret formuliert wurde und die Beobachtungskriterien zur Erfolgsmessung anfänglich festgelegt wurden.

Klare Ziele und Erfolgsmessung

Beispiele von Situationen, in denen die Erwartungen, die an das Coaching gestellt wurden, nicht erfüllt werden konnten:

▨ Fehlbesetzung einer Stelle wieder gutmachen,

▨ mit Teamcoaching den Chef den Wünschen des Teams gemäß verändern,

▨ unangenehme Entscheidungen vermeiden oder diese dem Coach übertragen,

▨ Informationsdefizite nachholen (es bleibt Aufgabe der Linie, ausreichend und zeitgerecht über Strategie oder Unternehmensentscheidungen zu informieren),

▨ Ersatz für Verkaufs- oder Führungsschulungen bei Zielgruppen, die nicht über das nötige Grundwissen verfügen.

Eine gute Kommunikation, die die Möglichkeiten und Grenzen des Coachings immer wieder klärt, und eine saubere Situationsabklärung vor Beginn der Coachings waren notwendig, um dieser Schwierigkeit entgegenzuwirken.

6.2
Im Coaching machen die Teilnehmenden die „Arbeit", nicht der Coach

Prozess- statt Expertencoaching

Der Ansatz des Coachings setzt voraus, „dass die Kunden die Experten für die Lösung sind". Das heißt, dass alle Beteiligten maßgeblich an der Erbringung der Leistung mitarbeiten. Der Erfolg des Coachings hängt also davon ab, inwiefern die Teilnehmenden sich aktiv an der Erarbeitung und der Umsetzung der „Lösung" beteiligen.

In den Fragebögen zur Beurteilung des Teamcoachings wurde öfters erwähnt, dass vom Coach mehr „Lösungen", „Tips und Tricks" oder eine „straffere Führung" der Coaching-Meetings erwartet werden. Ein Teamcoaching-Teilnehmer formulierte es so: „Generell habe ich das Coaching als etwas „lahm" empfunden. Es fehlt an einer aktiven Unterstützung, an wirklichem Input." Als Empfehlung zur Verbesserung der Arbeit des Coaches äußerte sich eine weitere Person: „Vom Coach wünschte ich mehr direkte Einflussnahme und das Treffen von Entscheidungen". „Der Coach sollte vermehrt selber Verbesserungsvorschläge machen, nicht das Team nach diesen suchen lassen."

Diese Haltung war eher dort vorhanden, wo das Coaching angeordnet worden war. Die eher „konsumorientierte" Haltung ging mit der Rollenvorstellung eines Coaches einher. Diese Teilnehmenden sahen den Coach als einen „studierten und erfahrenen Experten", der die Situation analysiert und dem Team dann sagt, was gemacht werden soll. Wahrscheinlich waren einige Teilnehmenden auch durch die im Coaching erwartete Eigeninitiative überrascht. Die Art, wie im Coaching gearbeitet wird, ist ganz anders als die Erfahrungen aus Schule oder Arbeitswelt. Erst müssen möglicherweise erfolgreiche Erfahrungen mit dieser Art gemacht werden, bevor sie voll akzeptiert ist.

Um dieser Schwierigkeit entgegenzuwirken, waren Kommunikationsmaßnahmen gefragt, die einerseits die Rolle des Coaches klärten und andererseits Erfolgsberichte zu Situationen, mit denen sich künftige Teilnehmende identifizieren können, liefern.

Kommunikationsmaßnahmen

6.3
Zeitdruck: Tagesgeschäft versus langfristiger Nutzen

Die zeitliche Investition, die für Coaching bereitgestellt werden muss, zeigte sich immer wieder – vor allem aber im Teamcoaching – als störender Faktor. Die Einstellung der Teilnehmenden wurde stark durch den Termindruck anderer Tagesgeschäfte beeinflusst. „Es könnte mit Coaching Gutes erreicht werden. Wir haben aber im Moment weder Zeit noch genügend Personal, um uns wirklich darauf einzulassen. Das Coaching wird immer in die monatliche Geschäftsleitungssitzung integriert, die an sich schon zu lang ist." Das Projekt Coaching fand in einer sehr anspruchsvollen Zeit für die Führungskräfte statt. Die Post befand sich in einem Umstrukturierungsprozess, die Bereiche waren im Auf- bzw. Umbau, viele Veränderungsprojekte liefen gleichzeitig ohne zusätzliche Personalressourcen. Die Führungskräfte waren intensiv mit operativem Tagesgeschäft beansprucht und hatten manchmal den Eindruck, dass sie „im Job" für das Unternehmen mehr leisten könnten als durch die Teilnahme an einem Teamcoaching. „Wegen der hohen zeitlichen Belastung war eine Konzentration auf die im Teamcoaching behandelten Themen oft schwierig. Ich hatte manchmal beinahe ein schlechtes Gewissen wegen der Priorisierung". Dieser Eindruck war im Teamcoaching noch ausgeprägter, denn je nach Thema fühlten sich die Teilnehmenden unterschiedlich stark betroffen.

Tagesgeschäfte wichtiger als Coaching

Die Zeitspanne, bis konkrete Resultate spürbar sind, wurde oft unterschätzt. Unter dem Druck des Tagesgeschäftes war die Bereitschaft nicht immer vorhanden, Zeit zu investieren, zumal der Nutzen nicht unmittelbar spürbar war. Zwischen den Anforderungen des Tagesgeschäftes und der zu investierenden Zeit für einen langfristigen Nutzen des Coachings bestand folglich ein Konflikt.

Ungeeignete Settings

Das gewählte Setting für die Durchführung der einzelnen Meetings im Teamcoaching war nicht immer optimal. Bei Führungsgremien wurde das Coaching oft in die ordentlichen Meetings (z.B. Geschäftsleitungssitzungen) integriert. Dies hatte den Vorteil, dass die Daten schon reserviert und alle Mitglieder anwesend waren. Zusätzlich konnten diese Sitzungen reelle Teamsituationen liefern, die dann bearbeitet werden konnten. Diese Form barg aber auch gewisse Nachteile. In den ordentlichen Meetings war die Traktandenliste oft überladen, die Sitzungen dauerten demnach tendenziell länger als geplant. Somit blieb für die Coaching-Sequenz oft nicht viel Zeit übrig. Außerdem waren die Teilnehmenden voll im Tagesgeschäft. In der kurzen Zeit, die dem Coaching gewidmet wurde, konnte die für die Reflexion erforderliche Distanz nicht geschaffen werden.

Coaching als Zusatzbelastung

In den dezentralen Einheiten war es schwierig, die Meetings im Teamcoaching während der ordentlichen Arbeitszeiten durchzuführen, ohne den Betrieb zu stören (z.B. Teams in Poststellen oder Paketzentren). Deshalb fanden die Coaching-Meetings „als Mehrarbeit" außerhalb der üblichen Arbeitszeit statt. Es hat sich aber herausgestellt, dass die Teilnehmenden nach einem langen Arbeitstag müde und wenig motiviert waren mitzuarbeiten.

Diese Überlegungen zum Zeitdruck stellten die Fragen nach dem geeigneten Zeitpunkt und der geeigneten Form für die Durchführung von Coachings. Die zeitliche Optimierung konnte am besten erreicht werden, wenn die Teilnehmenden den Zeitpunkt selber bestimmen konnten. Was die Form anbelangt, so mussten individuelle Lösungen gefunden werden, um Freiräume für das Coaching zu schaffen. Eine Möglichkeit war, eine Kombination zu finden, die auch längere Sequenzen außerhalb der betriebseigenen Gebäude stattfanden (z.B. für den Start), vorsah.

Schaffen von Freiräumen für das Coaching

6.4
Aus Sicht der Teilenehmenden: Es muss etwas laufen!

Angesichts des oben erwähnten Zeitdrucks war die Nachfrage nach „Resultatorientierung im Coaching", nach „zielstrebigem Suchen von Lösungen", nach „Effizienz" und nach der „Bearbeitung von wichtigen und brennenden Themen" verständlich. Diese Nachfrage ist jedoch auch mit der Kultur der Post verknüpft, in der das Primat des Handelns gelebt wird („Ärmel hoch und ran an die Arbeit"). So entstand in gewissen

Teams, vor allem im Betrieb, der Eindruck, dass nicht genügend läuft. Man fragte sich, „Was soll all die Diskutiererei bringen?".

Die Herausforderung für den Coach bestand darin, die Teilnehmenden relativ rasch konkrete Erfolgserlebnisse erfahren zu lassen, um die Bereitschaft aufzubauen, sich mit langfristigeren Themen zu befassen oder sich auf eine reflektierende Arbeit auf Ebene der Denkhaltung (z. B. Wertvorstellungen und Annahmen, die das Handeln beeinflussen) einzulassen.

Rasche Erfolgserlebnisse wichtig

6.5
Hinderliche Rahmenbedingungen im Umfeld

Die Coachings fanden in einem betrieblichen Umfeld statt, das den Ablauf und das Resultat des Coaching-Prozesses beeinflusste. Die Wechselwirkung zwischen gewissen Rahmenbedingungen im betrieblichen Umfeld und den am Coaching beteiligten Personen wurde in folgenden Situationen als erschwerend für den Erfolg des Coachings empfunden.

Um zielgerichtet und zukunftsorientiert zu arbeiten, brauchen Personen oder Teams Unternehmensstrategien oder für sie relevante Ziele und Meilensteine, an denen sie sich orientieren können. Am Beispiel der Teamcoachings in den Poststellen (Verkaufsorientierte Teambildung) konnte festgestellt werden, wie sich die Unsicherheit im betrieblichen Umfeld sehr hemmend auf den Coaching-Prozess auswirkte. Diese Teamcoachings fanden in sehr unruhigen Zeiten statt (Unsicherheiten bezüglich Zukunft des Poststellennetzes, nicht ganz optimale Kommunikation über die Auflösung der 40 Verkaufsregionen, negative Schlagzeilen in der Presse, Führungswechsel in der Leitung). Unklarheiten und widersprüchliche Einflüsse führten dazu, dass die Teams intensiv mit Fragen zu ihrer Zukunft und ihrer Rolle beschäftigt waren. Sie erwarteten vom Coach Antworten, die er ihnen nicht liefern konnte (und die die Linie selber auch noch nicht geben konnte). Ein großer Zeitanteil der Coaching-Meetings wurde für Klagen und unproduktive Diskussionen über die Entscheidungen der Leitung verbraucht. In diesem unklaren Umfeld war es auch schwierig, Ziele zu formulieren, die motivierend für die Teilnehmenden waren. Sicher konnten die Coachings den Teilnehmenden helfen, mit dieser schwierigen Situation besser umzugehen. Die ursprünglich festgelegte Zielsetzung (Verbesserungen im Verkauf) und die darauf ausgerichteten Erwartungen konnten jedoch nicht befriedigt werden.

Formulierung von Meilensteinen

Eine aufschlussreiche Darstellung für die Wechselwirkungen zwischen Unternehmen (betriebliche Rahmenbedingungen) und Individuum (Teil-

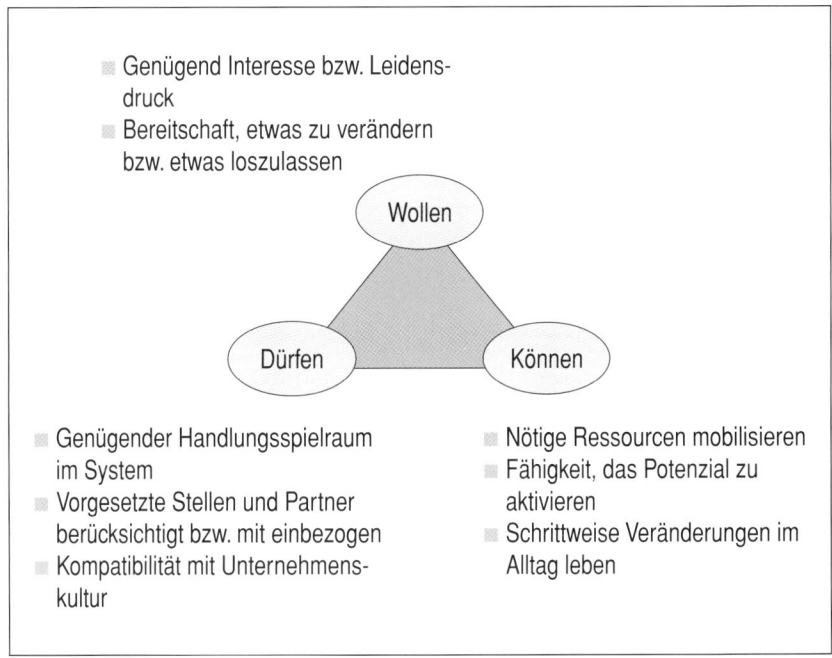

Abbildung 45: Wechselwirkende Voraussetzungen im Handeln
(angepasst nach SERVATIUS 1994, zitiert in BUNER/HANKOVSZKY 2000, S. 8)

nehmende am Coaching) liefert die Abbildung 45 anhand der Unterscheidung zwischen Wollen, Können und Dürfen. Diese Darstellung kann sehr gut im Kontext von Coaching angewendet werden, um wichtige Voraussetzungen für den Erfolg von Coaching zu identifizieren.

Mobilisierung von
Ressourcen

Die Umsetzung der im Coaching erarbeiteten Lösungen setzte voraus, dass gewisse Ressourcen mobilisiert werden konnten. Dabei handelte es sich nicht nur um Fähigkeiten seitens der Teilnehmenden, sondern auch um genügend Personal, Zeit und Entscheidungskompetenzen. In den Fällen, in denen diese Voraussetzungen nicht erfüllt waren, lief das Coaching Gefahr, bei „aufbauenden Worten" und „guten Absichten" steckenzubleiben und wenig Auswirkungen in der Praxis zu haben.

Notwendiger Handlungs-
spielraum

Ein erfolgreiches Coaching setzte auch einen gewissen Handlungsspielraum bei den Einzelpersonen oder den Teams voraus. In gewissen Fällen wurde dieser Handlungsspielraum leider durch die Teilnehmenden selbst eingeschränkt, insbesondere durch Glaubenssätze wie „Das dürfen wir nicht" oder „Die Leitung soll sich zuerst klar dazu äußern, was sie von uns will". Dies war vor allem in dezentralen Einheiten der Fall, in denen die Kultur noch stark durch Obrigkeitsgläubigkeit und hierarchische Dienstwege geprägt war. Es kam aber auch vor, dass der Handlungsspielraum durch die nächsthöheren Hierarchiestufen eingeschränkt wurde, indem die im Coaching erarbeiteten Maßnahmen zurückgeschraubt wurden. Es stellte sich manchmal auch die Frage, ob die im Coaching entwickelten Lösungen nicht zu progressiv und dadurch nicht mehr mit der Unternehmenskultur kompatibel waren.

Die im Coaching bewirkten Veränderungen hatten Auswirkungen auf das unmittelbare Umfeld der Person bzw. des Teams. Sie konnten positive Reaktionen aber auch Widerstand auslösen. Deshalb mussten Wege gefunden werden, um die „Geschäftspartner" und insbesondere die vorgesetzten Stellen in den Coaching-Prozess miteinzubeziehen. Es wurden zum Beispiel regelmäßige Feedback-Schlaufen mit den vorgesetzten Stellen eingeführt, in denen der Fortschritt im Coaching, aber auch die Unterstützungswünsche an die Leitung thematisiert wurden.

Auswirkungen auf Umfeld

6.6
Komplexität der Erfolgskontrolle

Bei der Erfolgskontrolle ging es darum, die Übereinstimmung zwischen Erwartungen und dem Schlussresultat zu überprüfen. Die Umsetzung der im Abschnitt 3 „Ablauf und Maßnahmen im Projekt Coaching" beschriebenen Maßnahmen zur Erfolgskontrolle wurde durch Probleme erschwert, die sich sowohl bei der Zielformulierung als bei der Erfassung der Resultate stellten.

Probleme der Erfolgs-kontrolle

Eine (zu) allgemeine und unpräzise Formulierung der Zielsetzung in den Coachings führte meistens zu Schwierigkeiten bei der Beurteilung des Zielerreichungsgrades. Unter dem Zeit- und Handlungsdruck wurden öfters die konkrete Formulierung sowie die Festlegung von Mess- und Beobachtungskriterien zu Gunsten von Lösungssuche und Handeln zurückgesetzt. Hinter vagen Zielformulierungen konnten sich aber auch Interessenkonflikte verstecken, die noch nicht thematisiert werden konnten.

Unklare Zielsetzung

Es stellte sich manchmal heraus, dass die zu Beginn des Coachings vereinbarten Ziele nicht ganz der eigentlichen Fragestellung entsprachen. Im Laufe des Coachings kam das Team oder die Einzelperson zur Einsicht, dass die effektive Zielsetzung sich auf einer anderen Ebene befand. Wurde die Zielvereinbarung dann nicht angepasst, entstanden Unklarheiten bei der Zielbeurteilung.

Keine Übereinstimmung Problem–Zielsetzung

Eine weitere Schwierigkeit bestand in der Frage, zwischen welchen Personen die Zielformulierung stattfinden soll: zwischen Auftraggeber(in) bzw. vorgesetzter Stelle und Coach oder zwischen Teilnehmenden und Coach? Im Projekt Coaching waren gewisse Themenkreise als Zielgrö-

Wer formuliert das Ziel?

ßen definiert und die Linie nahm oft Einfluss auf die Zielsetzung in den einzelnen Coachings. Die Problematik des Dreiecks „Auftraggeber(in)/ Vorgesetzte(r) – Teilnehmende – Coach" stellt sich jedoch auch in anderen Unternehmen. Entscheidend für den Erfolg des Coachings war, wie stark die Teilnehmenden bei der Definition der Zielsetzung mit einbezogen wurden. War es eine Zielvereinbarung oder eine Zielvorgabe? Wichtig war, dass die Teilnehmenden auf die konkrete Zielformulierung Einfluss nehmen konnten und dass widersprüchliche Vorstellungen zwischen Aufraggeber und Teilnehmenden ausdiskutiert werden konnten.

Erfassung der Resultate

Die Erfassung der Resultate zeigte auch ihre Tücken. Die Wirkung von Coaching drückte sich meistens nicht direkt in Kennzahlen aus, sondern in Einstellungs- und Verhaltensänderungen. Die Erfassung von solchen Veränderungen stellte eine methodische Herausforderung dar. Es fehlte an einfachen Beurteilungsinstrumente, die nicht allzu aufwendig waren bezüglich Zeit und Kosten.

Wer misst den Erfolg?

Bei der Erfassung der Resultate stellte sich auch die Frage der Messinstanz für den Erfolg: Soll eine neutrale Außenstelle, die vorgesetzten Stellen oder die Teilnehmenden selbst den Erfolg beurteilen? Für eine objektive Analyse der Veränderung von Einstellungen oder Verhaltensweisen wären Beobachtungen von Mitarbeitenden, Vorgesetzten, Kunden oder weiteren Geschäftspartner nötig gewesen. Es wurde jedoch auf den Einsatz von 360°-Beurteilungen verzichtet, einerseits, weil der Aufwand zu groß gewesen wäre, andererseits, weil ein solches Vorgehen dem Gebot der Diskretion und der Vertraulichkeit im Coaching widersprochen hätte. Deshalb bezog sich der gewählte Ansatz zur Resultatsbeurteilung auf die subjektive Beurteilung der Zielerreichung und auf den subjektiv empfundenen Nutzen aus der Sicht der Teilnehmenden. Diese Beurteilung erfolgte oft gemeinsam zwischen Teilnehmenden und Coach nach Abschluss des Coachings. Manchmal wurden auch Feedbacks von bestimmten Stellen eingeholt.

Zeitspanne der Erfolgsmessung

Was den Zeitpunkt der Erfolgskontrolle anbelangt, so musste berücksichtigt werden, dass die angestrebten Veränderungen eine gewisse Zeit benötigen. Einen Teil der Fragebögen wurde vor Abschluss des Coaching-Prozesses verschickt, um zu ermöglichen, dass allfällige Korrekturmaßnahmen vor dem Ende des Coachings eingeleitet werden konnten. In diesen Fragebögen war jedoch vermehrt die Aussage zu finden, dass es noch zu früh sei, um die Resultate zu beurteilen.

Im Laufe des Projektes Coaching wurde die Erwartungshaltung gegenüber der Erfolgskontrolle überprüft und angepasst. Nach verschiedenen Versuchen wurde auf eine objektive Messung des Veränderungszuwachses verzichtet und ein Vorgehen eingesetzt, das allen Beteiligten (Teilnehmenden, Coaches, Auftraggebern, Projektleitung) helfen sollte, etwas zu lernen und zu verbessern. Dieses eher entwicklungsorientierte Vorgehen war gekennzeichnet durch:

Entwicklungsorientierte Erfolgsmessung

- laufende Erfolgskontrolle zwischen Coach und Teilnehmenden (mittels Skalierungen, Lernprotokolle usw),

- Feedback-Schlaufen gegenüber weiteren Stellen (z.B. Form und Zeitpunkt der Rückmeldung an vorgesetzte Stelle vereinbaren),

- Beurteilung von gewissen Kriterien aus Sicht der Teilnehmenden (Zielerreichungsgrad, empfundener Nutzen, Zufriedenheit) nach Abschluss des Coaching-Prozesses,

- Begleitende Maßnahmen zur Qualitätssicherung des Coaching-Angebots, indem die Voraussetzung für ein erfolgreiches Coaching gefördert wurden.

7
Welches sind die wichtigsten Erfolgsfaktoren für ein wirksames Coaching?

7.1
Einflussfaktoren auf die Wirksamkeit von Coaching

Die Auswertung der bei der Schweizerischen Post gemachten Erfahrungen deutet auf eine Reihe von Einflussfaktoren, die sich auf den Erfolg von Coaching auswirken. Diese Einflussfaktoren sind in Abbildung 46 zusammengefasst.

Im Zentrum steht der Coaching-Prozess selber, der einerseits den Inhalt von Coaching (das heißt, die Schritte, die im Coaching durchgelaufen werden) und andererseits die Wirkung von Coaching (das heißt, die durch das Coaching erreichten Veränderungen) umfasst. Die Faktoren, die einen Einfluss auf den Coaching-Prozess haben, sind in sechs Kategorien gruppiert.

Wie es die Auswertung des Projektes Coaching zeigt, sind einige Faktoren, die einen Einfluss auf das Resultat des Coachings haben, mit den *Teilnehmenden* verknüpft:

1. Teilnehmende

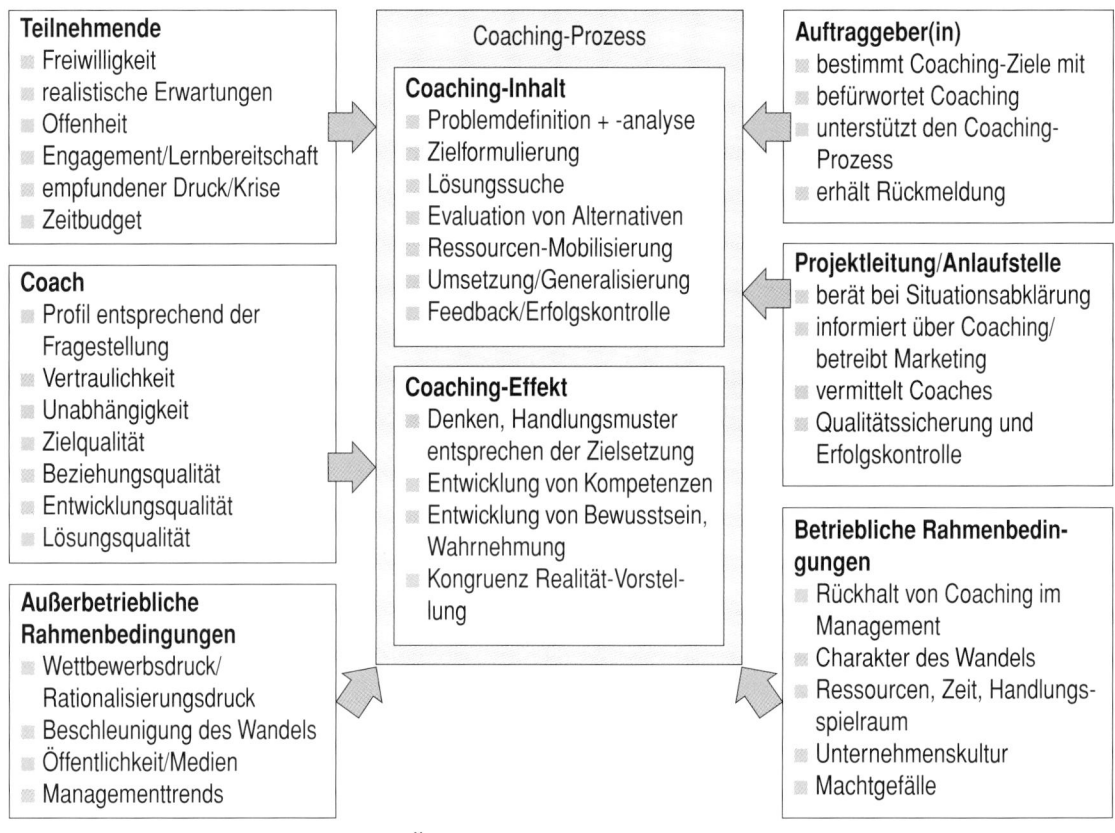

Abbildung 46: Einflussfaktoren im Überblick

- Die Freiwilligkeit, am Coaching teilzunehmen, bekam durch den Top-down-Ansatz eine besonders brisante Bedeutung.[1]

- Die Möglichkeit, realistische Erwartungen zu formulieren und in konkrete Zielsetzungen auszudrücken.[2]

- Die Bereitschaft, sich auf den Prozess einzulassen (Offenheit) und aktiv etwas zu verändern (Engagement, Lernwille).[3]

---

1   Vgl. dazu Abschnitt 4.1 „Top-down-Vorgehen" und Abschnitt 6.2 „Im Coaching machen die Teilnehmenden die „Arbeit", nicht der Coach".
2   Vgl. dazu Abschnitt 6.1 „Die Erwartungen an das Coaching sind sehr hoch" und Abschnitt 6.6 „Komplexität der Erfolgskontrolle".
3   Vgl. dazu Abschnitt 6.2 „Im Coaching machen die Teilnehmenden die „Arbeit", nicht der Coach" und Abschnitt 6.4 „Aus Sicht der Teilenehmenden: Es muss etwas laufen!".

░ Der durch die Teilnehmenden subjektiv empfundene Druck und Handlungsbedarf.[1]

░ Das vorhandene Zeitbudget.[2]

Im Netz der *Coaches,* die im Projekt eingesetzt wurden, war eine Vielfalt von Ausbildungen und Erfahrungen vertreten. Die Erfolgskontrolle zeigte, dass die Beurteilung eines Coaches von Person zu Person oder von Team zu Team sehr unterschiedlich ausfallen konnte. Ausschlaggebend war, dass Coach und Teilnehmende sich auf der Sympathieebene fanden („die Chemie stimmte") und dass das Profil des Coaches für die zu bearbeitende Fragestellung geeignet war.

2. Coach

Die Gewähr der Vertraulichkeit und der Unabhängigkeit des Coaches entsprach einer unumgänglichen Voraussetzung. In einem Top-down-Vorgehen, in dem die Leitung bei der Gestaltung der Coachings für die nachfolgenden Stufen mitwirkte, konnte bei den Teilnehmenden a priori der Eindruck entstehen, der „Coach spioniere im Auftrag der Leitung." Ein weiteres Risiko entstand, wenn ein Coach aufgrund seiner erfolgreichen Arbeit in einer Organisationseinheit sehr begehrt war und für mehrere Coachings eingesetzt wurde. Für den Coach konnten dann Interessenkonflikte zwischen seinen verschiedenen Kunden entstehen. Die Kunden konnten auch versuchen, den Coach als Vermittler von Botschaften zu benutzen.

Vier weitere Dimensionen sind für die erfolgreiche Arbeit des Coaches relevant:

░ Zielqualität: konkrete, motivierende und realistische Formulierung, Mess- und Beobachtbarkeit sicherstellen.[3]

░ Beziehungsqualität: Verbundenheit und Vertrauen aufbauen, Offenheit, Feedback.

░ Entwicklungsqualität: Freiräume geben, Experimente ermöglichen, Energien freisetzen.

░ Lösungsqualität: Ergebnisse gemäß Zielsetzung erreichen, Nachhaltigkeit der Resultate.

Im Projekt Coaching war nebst dem Coach und den Teilnehmenden ein *Auftraggeber* (im Prinzip eine nächsthöhere vorgesetzte Stelle) aktiv am

3. Auftraggeber(in)

---

1   Vgl. dazu Abschnitt 4.1 „Top-down-Vorgehen".
2   Vgl. dazu Abschnitt 6.3 „Zeitdruck: Tagesgeschäft versus langfristiger Nutzen".
3   Vgl. dazu Abschnitt 6.6 „Komplexität der Erfolgskontrolle".

Prozess beteiligt. In dieser Dreieck-Beziehung werden folgende Einflussfaktoren identifiziert:

▨ Die Zielsetzung für das Coaching wird zusammen mit den Teilnehmenden bestimmt (keine Zielvorgabe vgl. Abschnitt 6.6 „Komplexität der Erfolgskontrolle").

▨ Der Auftraggeber befürwortet das Coaching und kennt es allenfalls aus eigener Erfahrung.

▨ Der Auftraggeber unterstützt den Coaching-Prozess indem er zur Verfügung steht, wenn die Teilnehmenden gewisse Anliegen besprechen möchten oder Unterstützung brauchen.[1]

▨ Am Anfang eines Coachings wird vereinbart, in welcher Form und zu welchem Zeitpunkt der Auftraggeber eine Rückmeldung zum Ablauf oder zum Erfolg des Coachings erhält.[2]

4. Projektleitung/ Anlaufstelle

Eine weitere Gruppe von Einflussfaktoren betrifft die Stelle, die die Coaching-Anfragen betreut und die Coaches vermittelt. Im Projekt Coaching wurde diese Rolle durch die Projektleitung und später durch die Personaldienste (Konzern und Geschäftsbereiche) wahrgenommen.

▨ Kompetente und neutrale Beratung und Unterstützung bei der Situationsabklärung.[3]

▨ Netz von Coaches mit unterschiedlichen Profilen zur Verfügung haben, damit der Coach gezielt nach individueller Fragestellung gewählt werden kann. Sicherstellen, dass nach einer ersten Begegnung die Möglichkeit besteht, auf Wunsch der Teilnehmenden oder des Coaches, einen weiteren Coach zu vermitteln.

▨ Auf Zielgruppen angepasste Kommunikationsmaßnahmen durchführen.[4]

▨ Instrumente zur Qualitätssicherung und Erfolgskontrolle anwenden.[5]

5. Betriebliche Rahmenbedingungen

Für den Erfolg eines Coachings sind gewisse *Rahmenbedingungen im Unternehmen* selbst von großer Bedeutung.

---

1   Vgl. dazu Abschnitt 6.5 „Hinderliche Rahmenbedingungen im Umfeld".
2   Vgl. dazu Abschnitt 6.6 „Komplexität der Erfolgskontrolle".
3   Vgl. dazu Abschnitt 7.2 „Voraussetzungen für das wirksame Angebot von Coaching".
4   Vgl. dazu Abschnitt 6.1 „Die Erwartungen an das Coaching sind sehr hoch" und Abschnitt 6.2 „Im Coaching machen die Teilnehmenden die „Arbeit", nicht der Coach".
5   Vgl. dazu Abschnitt 6.6 „Komplexität der Erfolgskontrolle".

▓ Der Rückhalt im Management ist ein wesentlicher Einflussfaktor, der sich auf den Stellenwert von Coaching und die Haltung der Beteiligten dem Coaching gegenüber auswirkt.

▓ Die Art, in der sich der Wandel vollzieht, bestimmt das Umfeld, in dem das Coaching stattfindet. Eine zu abrupte Veränderung oder zu große Unsicherheit kann sich hemmend auf den Coaching-Prozess auswirken.[1]

▓ Die Umsetzung der im Coaching erarbeiteten Lösungen setzt voraus, dass geeignete Ressourcen mobilisiert werden können (Zeit, Personal usw.).[2]

▓ Die Unternehmenskultur kann sich begünstigend oder hemmend auf die Haltung der Teilnehmenden und auf die Umsetzung der im Coaching erarbeiteten Lösungen auswirken.[3]

▓ Die Machtgefälle, die das Umfeld, in dem ein Coaching erfolgt, prägen, können den Handlungsspielraum der Coaching-Teilnehmenden erweitern oder einschränken.

Die *Rahmenbedingungen im gesellschaftlichen und wirtschaftlichen Umfeld* des Unternehmens beeinflussen die Ausgangslage, in dem das Coaching-Angebot stattfindet: Ist der (Leidens-) Druck groß? Ist der Handlungsbedarf stark? Sie wirken sich auch auf den Stellenwert von Coaching aus: Wird Coaching als etwas Wirksames, Modernes, Attraktives angesehen?

6. Außerbetriebliche Rahmenbedingungen

7.2
Voraussetzungen für das wirksame Angebot von Coaching

Aufgrund der Erfahrung im Projekt Coaching wurde folgende Check-Liste erstellt, welche die Voraussetzungen für das wirksame Angebot von Coaching zusammenfasst. Diese acht Punkte sollten zu Beginn jedes Auftrages abgeklärt werden.

1. *Erwartungshaltung ist geklärt:* Sich Zeit für die Abklärung der Erwartungshaltung der beteiligten Parteien nehmen. Überprüfen, ob die Grundinformation über Coaching (Möglichkeiten und Grenzen) und über die Rolle des Coaches vorhanden ist.

---

1 Vgl. dazu Abschnitt 6.5 „Hinderliche Rahmenbedingungen im Umfeld".
2 Vgl. dazu Abschnitt 6.5 „Hinderliche Rahmenbedingungen im Umfeld".
3 Vgl. dazu Abschnitt 6.5 „Hinderliche Rahmenbedingungen im Umfeld".

2. *Maßnahme entspricht dem Bedürfnis:* Überprüfen, ob Coaching wirklich die geeignete Maßnahme ist. Geht es nicht eher um Wissensvermittlung, Fachberatung, Strategievermittlung, Outplacement oder gesundheitliche Probleme? Die bestgeeignete Maßnahme wird aufgezeigt und angeboten.

3. *Freiwilligkeit ist sichergestellt:* Sicherstellen, dass das Coaching einem Bedürfnis der Teilnehmenden entspricht. Ist auch die Einsicht vorhanden, dass Coaching etwas bringen kann? Ist der Leidensdruck groß genug? Bei Teamcoaching wird zusätzlich überprüft, ob sich alle Teilnehmenden für ein Teamcoaching ausgesprochen haben.

4. *Ziele sind klar und realistisch formuliert:* Zu Beginn eines Coachings wird festlegt, was man konkret mit dem Coaching erreichen will. Woran merkt man, dass das Ziel erreicht ist? Wer wird es merken? Haben die Teilnehmenden selber genügend Einfluss auf die Zielerreichung? Immer wieder konnte festgestellt werden, dass diese Abklärungen im direkten Zusammenhang zu der Zufriedenheit der Teilnehmenden und der Wirkung des Coachings stehen.

5. *Verbindlichkeit der Zielsetzung ist bekannt:* Ist den Teilnehmenden bewusst, was passiert, wenn die Ziele nicht erreicht werden?

6. *Veränderungsbereitschaft ist vorhanden:* Ist die Bereitschaft der Teilnehmenden vorhanden, Bestehendes und sich selbst in Frage zu stellen und etwas verändern zu wollen?

7. *Zeitfaktor ist geklärt:* Wie sieht das Zeitbudget für die Durchführung des Coachings aus? Ist genügend Zeit vorhanden, um eine echte Veränderung in Gang zu bringen? Ist der Zeitpunkt der richtige?

8. *Umfeld ist berücksichtigt:* Überprüfen, ob weitere Stellen mit einbezogen werden sollen. Überprüfen, welche Stellen (z. B. Vorgesetzter) ein Feedback zum Coaching bekommen sollen. Wenn ja, wird die Form und der Zeitpunkt festlegt. Dabei wird auch die Rolle (z. B. Unterstützung) von vorgesetzten Stellen vereinbart.

Diese Voraussetzungen werden für das weitere Angebot von Coaching berücksichtigt.

8
Wie geht es weiter?

Auch nach Abschluss des Projektes wird den Führungskräften und Mitarbeitenden der Schweizerischen Post und ihren Konzerngesellschaften Coaching angeboten. Das neu geschaffene Zentrum für Beratung und Coaching dient seit Januar 2001 als Anlaufstelle für das ganze Unternehmen. Es ist als Service Center organisiert mit dem Ziel, kostendeckend zu arbeiten. Das Zentrum übernimmt Aufträge selber und baut zusätzlich ein Netzwerk von externen und internen Coaches auf.

Zentrum für Beratung und Coaching

Die wertvollen Erkenntnisse aus dem Projekt können hier umgesetzt werden. So klärt das Zentrum die eintreffenden Anfragen nach Ausgangslage, Zielsetzung und Rahmenbedingungen ab und sorgt aufgrund der Ergebnisse für die geeigneten Maßnahmen. Je nach Situation und Fragestellung werden nebst Coaching auch andere maßgeschneiderte Unterstützungs- und Entwicklungsmaßnahmen angeboten: Konzeption und Moderation von Problemlösungs- und Strategie-Workshops, Teambildung und -entwicklung, praxisnahe Workshops zu Führungsfragen, Supervisionen und Organisationsentwicklung.

9
Schlussfolgerung

In einer schwierigen Zeit des Wandels hat die Durchführung des Coaching-Programms bei der Schweizerischen Post vielen Führungskräften und Teams zur erfolgreichen Bewältigung von konkreten Situationen weitergeholfen. Dass Coaching etwas bewegt hat, zeigt die Auswertung der Fragebögen, aber auch die Anfragen, die heute im „Zentrum für Beratung und Coaching" aus Eigeninitiative nicht zuletzt aufgrund der gemachten Erfahrungen eintreffen.

Innerhalb der Leitplanken, die im ursprünglichen Konzept festgelegt wurden, musste das Projekt immer wieder angepasst werden. Das Vorgehen wurde flexibler und immer stärker auf die unterschiedlichen Bedürfnisse der Teilnehmende ausgerichtet. Die meisten Schwierigkeiten, die das Projekt überwinden musste, zeichneten sich dort ab, wo die Teilnahme am Coaching eher aus Pflichtgefühl und weniger aus eigenem Antrieb zustande kam, die vorgesehene Zielsetzung nicht mit den effektiven Problemstellungen der Teilnehmenden übereinstimmte oder der

Ständige Anpassung des Coachingprojektes

Zeitpunkt nicht geeignet war. Das Coaching musste sehr individualisiert und maßgeschneidert auf die Fragestellungen der Teilnehmenden eingehen, um eine aktive Mitarbeit sicherzustellen.

Coaching in Kombination mit weiteren Maßnahmen

Der Einsatz von Coaching hat einen Beitrag zum Veränderungsprozess der Schweizerischen Post geleistet. Coaching kann jedoch nur einen Teil der Bedürfnisse abdecken, die für die erfolgreiche Bewältigung dieses Wandels erforderlich sind. Deshalb ist Coaching in einer Kombination mit weiteren Maßnahmen zu sehen. Es kann sich dabei um Maßnahmen handeln, die ein „direktiveres" Vorgehen ermöglichen (z.B. Workshops, in denen sich Führungskräfte mit der neuen strategischen Ausrichtung auseinandersetzen, Veranstaltungen wie „Real-Time-Change"), Maßnahmen, die einen Austausch zwischen verschiedenen Teilen der Organisation fördern (z.B. Open-Space) oder Maßnahmen, die effizient sind für die Wissensvermittlung (z.B. Führungsseminare, Verkaufstrainings).

Schließlich muss man sich bewusst sein, dass ein Veränderungsprozess zeitintensiv ist, vor allem, wenn er nachhaltig sein soll.

Fallstudie

Coaching – ein Schlüsselelement in Change-Prozessen der Swiss Re

Robert Keller, Sigrid Viehweg Schmid[1]

---

1   Der Bericht basiert auf Interviews, die Sigrid Viehweg mit Robert Keller, dem Verantwortlichen für den geschilderten Change-Prozess, geführt hat.

1
Das Unternehmen Swiss Re

1.1
Swiss Re heute

Die Schweizerische Rückversicherungs-Gesellschaft wurde 1863 in Zürich gegründet. Heute gehört die Swiss Re-Gruppe zu den weltweit führenden und finanzstärksten Rückversicherern. Swiss Re ist mit über 70 Stützpunkten in mehr als 30 Ländern präsent und beschäftigt rund 8000 Mitarbeiterinnen und Mitarbeiter. Sie bietet ihren Kunden klassische Rückversicherungsdeckungen, alternative Risikotransfer-Instrumente und eine breite Palette zusätzlicher Dienstleistungen für ein umfassendes Kapital- und Risikomanagement.

1.2
Die Division Europa zu Beginn des Change-Prozesses

Swiss Re war bis in die 90er Jahre ein traditionelles Versicherungsunternehmen der Schweiz. Mit ihren weltweit anerkannten Top-Experten und einer exzellenten Kapitalausstattung befand sich Swiss Re in einer praktisch konkurrenzlosen Marktposition. Diese komfortable Situation widerspiegelte sich in der damals vorherrschenden Mentalität im Unternehmen, die – etwas provokativ – als die einer „Wine and Dine"-Gesellschaft charakterisiert werden kann, traditionell und etabliert, professoral, überheblich. Die Strukturen waren stark hierarchisch, was sich auf die Abläufe und die Kommunikation im Unternehmen auswirkte. Kundenorientierung war wenig ausgeprägt.

Die Veränderungen der 90er Jahre in der Wirtschaft allgemein und in der globalen Versicherungsbranche im speziellen führten auch in der Swiss Re zu einschneidenden Veränderungen. Durch die Globalisierung der Risiken erhöhte sich die Menge der Schadensfälle, gepaart mit einer Zunahme der durchschnittlichen Schadenshöhe. Aus dem Finanzmarktbereich entstand eine Konkurrenz zum klassischen Rückversicherungsgeschäft. Insgesamt wuchs die Komplexität des Geschäftes in einer vorher nicht gekannten Dimension.

Vom traditionellen zum globalen, kunden-orientierten Dienstleister

1997/98 wurden in der Swiss Re Divisionen mit unternehmerischer Eigenverantwortung gebildet, die marktnäher agieren und trotz wachsender Konkurrenz die Vorrangstellung halten und ausbauen sollten. Markt und Kunden wurden zum zentralen Faktor. Durch die Stärkung der lokalen Geschäftseinheiten verlor der Hauptsitz an Macht sowohl gegenüber den Kunden als auch in den Entscheidungsprozessen. Die interne Konkurrenz zwischen den selbstständigen Einheiten wurde gefördert, das gesamte Unternehmen in seinen Grundfesten aufgerüttelt.

Die neu gebildete Division Europa wurde als organisatorische Einheit für die Geschäftstätigkeiten in Europa und in einigen angrenzenden Ländern am 1. Juli 1998 operativ tätig. Im März 98 übernahm Robert Keller die Leitung des Bereichs Human Resources (HR). Sein Ziel war, ein modernes Human Resources Management aufzubauen, das sich primär als Dienstleistung für die Linie versteht. Seine Hauptaufgabe war, den Veränderungsprozess der Division Europa zu einem kundenorientierten Dienstleister auf der Ebene der Unternehmenskultur und des Verhaltens der Mitarbeitenden zu konzipieren, mit geeigneten Maßnahmen zu unterstützen und zu begleiten. Für ihn war klar, dass Coaching dabei ein wichtiges Schlüsselelement sein würde.

Die nachfolgenden Ausführungen schildern die einzelnen Schritte des Change-Prozesses, die den kulturellen Wandel zum Ziel hatten und in denen Coaching wesentlich zur Zielerreichung beitragen sollte. Die dabei gemachten Erfahrungen werden reflektiert und der heutige Stand von Coaching in der Swiss Re beschrieben. Der Bericht geht schwergewichtig auf die Aktivitäten in den Jahren 1999 und 2000 ein.

2
Konzepte für den Change-Prozess in der Division Europa

2.1
Elemente und Ziele des Change-Prozesses

In den Change-Prozess in der Division Europa sollten die Aspekte Strategie, Struktur, Kultur und Mitarbeitende einbezogen und mit spezifischen Vorgehensweisen gestaltet werden (vgl. Abbildung 47):

Ansatzpunkte des Change-Prozesses: Strategie, Struktur, Kultur, Mitarbeitende

■ Die *Strategie* der Division wurde vom obersten Führungsgremium formuliert und in Form der Balanced Scorecard bearbeitet. Mit diesem Instrument wurden neben den bisher üblichen harten Faktoren neu auch weiche Faktoren in den Strategieprozess einbezogen.

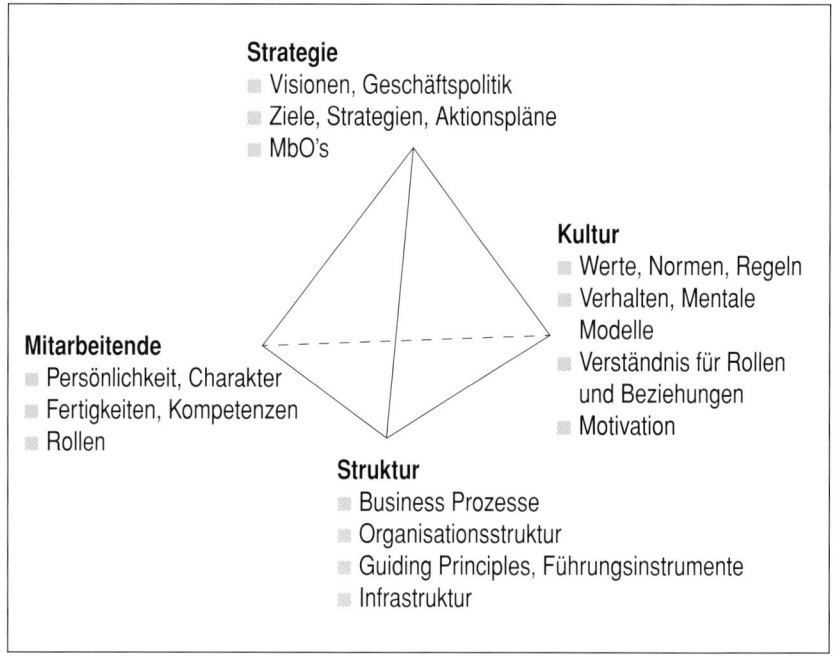

Abbildung 47: Die vier Ansatzpunkte des Change-Prozesses

▨ Um *Strukturen und Organisation* der Neuausrichtung anzupassen, wurden verschiedene Projekte gestartet, die unter dem Motto „Momentum" als Symbol für fortlaufende Bewegung und Motivation zusammengefasst wurden. Es ging z.B. um die Definition von Geschäfts- und Managementprozessen, um das Einführen von Führungsinstrumenten wie Balanced Scorecard, Management by Objectives (MbO) auf den Stufen Division, Team sowie Mitarbeitende.

▨ Die Unterstützung des *Kulturwandels* und *Einbezug der Mitarbeitenden* war schwergewichtig Aufgabe des HR-Bereichs.

Neue Werte und Einstellungen als Ziele für die Neuausrichtung

Von der obersten Führung der Division Europa wurden fünf Zielsetzungen für die Neuausrichtung der Division definiert und in der zweiten Hälfte 1998 allen Mitarbeitenden kommuniziert. Sie beziehen sich überwiegend auf die Veränderung von Werten und Einstellungen:

▨ *Kundenfokus:* Eine kundenorientierte Haltung soll sich im Erfassen und Eingehen auf Kundenwünsche, in kundenorientierter Produktentwicklung und kundenspezifischen Lösungen zeigen und win/win-Situationen für beide Seiten schaffen.

▨ *Innovation:* In erster Linie geht es um kundenorientierte Suche nach neuen Risikolösungen. Dazu braucht es Kreativität, aber auch Mut und Toleranz, Fehler zuzulassen und daraus zu lernen.

- *Kollektives Wissen (Knowledge-Transfer and Knowledge-Sharing):* In der Division kommen Top-Spezialisten mit unterschiedlichsten Erfahrungen zusammen. Dieses geballte Know-how muss transparent gemacht und in der Division verbreitet werden. Entsprechende Informatik-Tools stehen zur Verfügung.

- *Teamorientierung:* Kennzeichen sind eine flache Hierarchie und die Zusammenarbeit mit Kunden und Brokern in wechselnd zusammengesetzten Teams. Unterstützt werden die Teamprozesse durch Team-Coaching.

- *Leistungsorientierung und Erfolgsbeteiligung:* Die Beteiligung von Teams und einzelnen Mitarbeiterinnen und Mitarbeitern am Erfolg erfordert ein klares internes Reporting und den Ausbau entsprechender Reporting- und Führungsinstrumente.

2.2
Prozess-Design für den kulturellen Wandel

Der Leiter Human Resources war als erfahrener Experte für Change-Prozesse überzeugt, dass Veränderungen in der Unternehmenskultur auf der Stufe der obersten Führung beginnen müssen und dass die von den Führungskräften gelebte Führungskultur eine wichtige Vorbildfunktion hat. So wurde unter Beizug externer Berater ein Design für den Kulturveränderungsprozess in der Division entworfen, der auf der Stufe des obersten Führungsgremiums beginnen und in weiteren Schritten kaskadenförmig nach unten weitergetragen werden sollte:

- *Neue Führungskultur:* In Workshops soll die neue Führungsphilosophie gemeinsam im obersten Führungsgremium erarbeitet und anlässlich der nächsten Divisionswoche, der jährlichen Zusammenkunft sämtlicher Führungskräfte, ad hoc in der Praxis umgesetzt werden.

- *Leadership-Coaching:* Das Führungsgremium soll durch einen Coach in der Zusammenarbeit unterstützt werden. Einzelcoaching steht den Führungskräften auf Wunsch und nach Bedarf zur Verfügung.

- *Team-Coaching:* Teams, z.B. Kundenteams, sollen durch Coaches in der Erreichung ihrer Teamziele unterstützt werden.

- *Interne Vernetzung:* Durch Projekte soll die bereichsübergreifende Vernetzung, z.B. zwischen Underwritern und Kundenverantwortlichen, zwischen internen Dienstleistern, wie z.B. Human Resources, und der Linie gefördert werden. Als unterstützende Elemente können gemeinsame Workshops und Meetings sowie Intranetplattformen genutzt werden.

▓ *Strukturen und Instrumente:* Führungsinstrumente, wie Balanced Scorecard und MbO, sollen die Strategie- und Zielorientierung garantieren. Verbindliche Leadership-Profile sowie 360°-Feedback für die oberste Führungsebene sollen neue Anforderungen und Kulturwerte implementieren.

3
Coaching im Verlauf des Change-Prozesses

3.1
Start im Führungsgremium

Top-down-Ansatz: Wertediskussion auf oberster Führungsebene

Die ersten Aktivitäten waren auf das Team der obersten Führung der Division Europa, auf das Executive Team (ET) ausgerichtet. Dieses bestand aus 14 Mitgliedern mit Verantwortung für Marketing, Produkte, Operations, Human Resources und Spezialprojekte sowie dem Leiter der Division. Unter Beizug eines externen Coaches wurde 1998 im Executive Team in verschiedenen Workshops an den gemeinsamen Visionen, einem gemeinsamen Wertesystem und Führungsverständnis gearbeitet. Die offene und auch konfrontierende Auseinandersetzung war für die ET-Mitglieder ungewohnt und verlief nicht ohne Widerstände. Sie trug aber wesentlich dazu bei, dass Vertrauen aufgebaut werden konnte. Das Executive Team stellte sich hinter die Ziele des Change-Prozesses. Gemeinsam wurde beschlossen, die nächste Divisionswoche als Auftakt und zentralen Meilenstein der Neuausrichtung zu gestalten und durch externe Coaches begleiten zu lassen.

Die Divisionswoche, das Jahrestreffen der oberen 80 bis 100 Führungskräfte der Division Europa, war für Januar 1999 geplant. Als Ziele wurden im Executive Team gemeinsam definiert:

▓ Herunterbrechen der Strategie der Division auf die nächsten Stufen, Ableiten von Zielsetzungen und Aktionsplänen für die einzelnen Bereiche und Teams,

▓ Abstimmen von Aktivitäten und Prioritäten zwischen den Marketing- und Produkteteams durch Informationsaustausch, gemeinsame Zielvereinbarungen und gemeinsames Commitment.

Parallel dazu sollte die Divisionswoche genutzt werden, die neuen Führungswerte wie Empowerment, Teamorientierung und teamübergreifende Zusammenarbeit ad hoc anzuwenden und Coaching dabei als wichtige Unterstützung zu erproben.

3.2
Auswahl und Vorbereitung der Coaches
für die Divisionswoche

Dass den Coaches eine entscheidende Rolle für den Prozess zugesprochen wurde, spiegelte sich im sorgfältigen Auswahlprozedere wider. Zunächst wurden für die externen Coaches Anforderungen definiert, die folgende fünf Punkte beinhalteten:

- *Multikulturelle Einstellung:* Erfahrung im Umgang mit verschiedenen Kulturen, gute englische, teilweise französische und italienische Sprachkenntnisse.

- *Businesserfahrung:* Persönliche Management- und Führungserfahrung möglichst aus Tätigkeiten in der Wirtschaft.

- *Lebenserfahrung:* Reife Persönlichkeiten, die gefestigt im Leben stehen und Vertrauen erwecken.

- *Durchsetzungskraft:* Gestandene Persönlichkeiten, die zu ihrer Meinung stehen und konfliktfähig sind.

- *„Selling-Effekt":* Eher extrovertierte Menschen, die gut ankommen und andere begeistern können – speziell für Coaching.

Transparente Anforderungen

40 Interessentinnen und Interessenten reichten ihre Unterlagen schriftlich ein, 25 wurden zu Interviews eingeladen. In einem je ca. einstündigen Gespräch wurden sie nach vorher festgelegten Fragen von zwei Interviewern „auf Herz und Nieren" geprüft. Die Gespräche wurden an Hand einer auf die Anforderungen abgestimmten Beurteilungsmatrix ausgewertet. 6 Coaches, eine Frau und fünf Männer, wurden für die erste Phase ausgewählt. Interessant ist die Vielfalt ihrer ursprünglichen Ausbildungen, die von Psychologie über Architektur bis zu Chemie und Biotechnologie reichte. Alle konnten auf persönliche Businesserfahrung zurückgreifen, erworben in Führungsfunktionen in der Wirtschaft oder als Gründer eigener Firmen. Den übrigen Coaches wurde die Absage mündlich erläutert. Einige von ihnen wurden später in der zweiten Phase des Prozesses einbezogen.

Sorgfältige Selektion der Coaches

Die 6 Coaches wurden einen Tag lang durch Führungskräfte der Division Europa in das „Kleine ABC" des Rückversicherungsbusiness, in die Strategie der Swiss Re, in die Führungsinstrumente Balanced Scorecard und MbO, wie sie in der Swiss Re eingesetzt werden (vgl. Abbildung 48), eingeführt.

Vorbereitung mit den ET-Mitgliedern

Die Coaches wurden den ET-Mitgliedern und ihren Teams durch die HR-Verantwortlichen nach dem Kriterium der vermuteten „Chemie" zwischen beiden Partnern zugeteilt. Die ET-Mitglieder wurden aufgefordert, mit den Coaches Kontakt aufzunehmen, um die Divisionswoche vorzubereiten. Hier zeigten sich zum ersten Mal die unterschiedlichen Erwartungen der ET-Mitglieder an das Coaching und die unterschiedliche Bereitschaft zur Zusammenarbeit. Einige Coaches konnten als Vorbereitung ausführliche Einzelgespräche führen und die Arbeit mit ihren Teams bereits aufnehmen. Andere wurden zu einem kurzen Gespräch mit feinem Mittagessen im VIP-Restaurant eingeladen. Die HR-Verantwortlichen griffen bewusst nicht steuernd ein, da dies im Widerspruch zur Zielsetzung des Empowerment gestanden hätte.

3.3
Die Divisionswoche als zentraler Meilenstein

Die Divisionswoche fand im Januar 1999 in Interlaken statt. Aufgabe der Führungskräfte war, sich in ihren Teams in einem strukturierten Vorgehen mit den Strategischen Zielen der Division Europa auseinander zu setzen. Konkret ging es darum, aus den in Form der Balanced Scorecard formulierten strategischen Zielen Aktionspläne auf Teamebene und daran anschließend persönliche MbO-Ziele abzuleiten (vgl. Abbildung 48). Aufgabe der Coaches war, die ET-Mitglieder und ihre Teams in diesem Prozess zu begleiten.

Spielraum für Interventionen der Coaches

Für die Zusammenarbeit der Coaches mit den ET-Mitgliedern und ihren Teams wurde vom Auftraggeber viel Spielraum für ein individuelles und dem Verlauf des Prozesses angepasstes Vorgehen gewährt. Die Erwartungen an die Coaches waren sehr kapp formuliert:

▪ Was Coaches tun: Sie helfen dem Team, seinen eigenen Weg zu finden.

▪ Was sie nicht tun: Sie mischen sich nicht in Entscheidungen ein, die das Business betreffen.

▪ Wie sie sich vorbereiten: Sie kennen die Swiss Re und die Grundzüge des Business, sie kennen die Balanced Scorecard und das MbO-System.

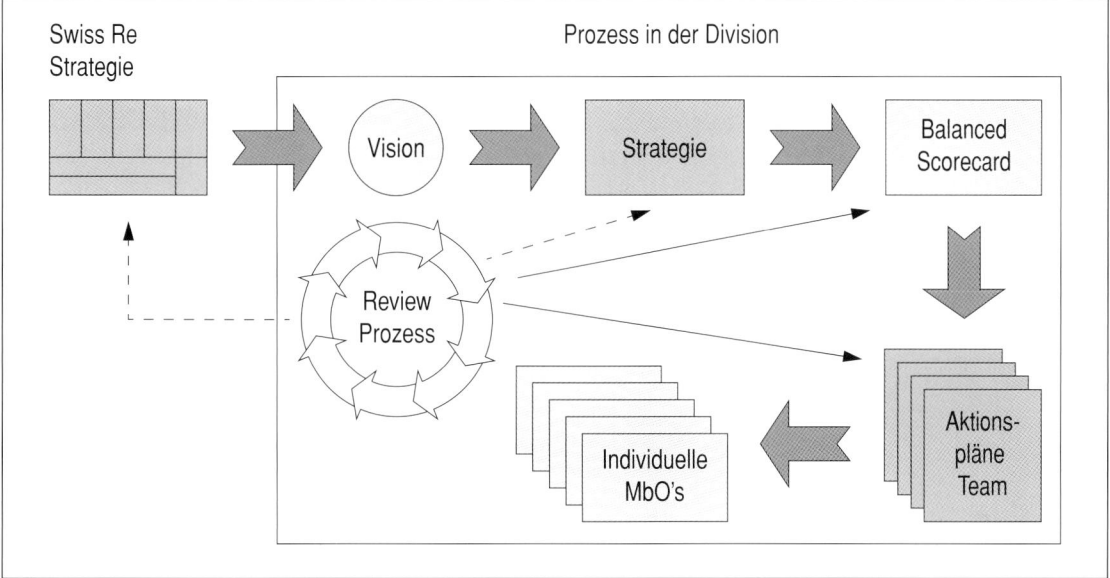

Abbildung 48: Von der Strategie zur individuellen Zielsetzung (MbO)

Verschiedene Formen der Kommunikation und der Intervention wurden von den Coaches im Laufe der Woche eingesetzt. Zur Unterstützung ihrer Teams nahmen sie an den verschiedenen Teamsitzungen teil, stellten kritische Fragen aus der Außenperspektive und unterstützten den Team-prozess durch regelmäßiges Feedback. Für ihre ET-Mitglieder standen die Coaches für Einzelgespräche zur Verfügung, was auch rege genutzt wurde. Feedback zur Leitung der Teams und zum Teamprozess sowie persönliche Fragen standen dabei im Vordergrund. Parallel wurden Tref-fen mit dem gesamtem Executive Team und allen Coaches organisiert, in denen Feedback zum Gesamtprozess gegeben wurde. Am Ende der Woche überreichten die Coaches dem Leiter der Division ein gemeinsam erarbeitetes Hypothesenpapier zum Stand des Veränderungsprozesses.

Als ein wichtiges Ziel der Woche war deklariert, dass die Teams der Division Europa sich untereinander und mit den Spezialisten anderer Divisionen vernetzten und gemeinsam Ziele vereinbaren sollten. Dazu war an einem Vormittag ein sogenannter Marktplatz organisiert, an dem Gäste aus anderen Divisionen vor Ort waren. Interventionen der Coaches trugen dazu bei, dass die Gesprächsmöglichkeiten tatsächlich genutzt und gemeinsame Aktivitäten geplant wurden, obwohl solche Querver-netzungen in der bisherigen Kultur noch wenig verankert waren.

Trotz (oder gerade wegen?) der Unterstützung durch Coaches kam es zu schwierigen Situationen. Verschiedene Führungskulturen prallten auf-einander, in einzelnen Teams brachen Konflikte deutlich auf. Diese konnten zum Teil aufgearbeitet werden, manche „heiße Themen" blieben aber ungelöst. Zusätzlich wurde die Stimmung in den Teams belastet durch negative Erfolgsmeldungen aus dem operativen Kerngeschäft und die Ankündigung von Sparmaßnahmen durch den obersten Leiter der Swiss Re-Gruppe. In heiklen Situationen bewährte sich die kollegiale Beratung innerhalb des Beratersystems der Coaches, die sich gegenseitig mit Hypothesen zur Situation und Handlungsalternativen unterstützten.

Erfolge und Enttäuschungen nach der Divisionswoche

Durch die Divisionswoche wurde eine Sensibilisierung der Führungskräfte für die Ziele des Change-Prozesses und die neuen Werte erreicht. Die Qualität der Zielvereinbarung im MbO-Prozess wurde wesentlich verbessert. Erste Vernetzungen waren entstanden und wurden weitergeführt. Auf der Basis von individuellen Abmachungen haben sich einige ET-Mitglieder weiterhin mit ihrem Coach getroffen, auch das Coaching von Teams wurde zum Teil fortgesetzt. In einem Fall wurde die Divisionswoche sogar der Auftakt zu einem zweijährigen intensiven und erfolgreichen Teamprozess. Direkt im Anschluss an die gemeinsame Woche trat allerdings eine deutliche Verlangsamung des Change-Prozesses ein unter dem Motto: Wir müssen uns dem Tagesgeschäft widmen. Coaching als wertvolle Unterstützung von Führungskräften und Teams kam noch nicht zum gewünschten Durchbruch.

3.4
Führungskräfteentwicklung zur Förderung des Change-Prozesses

Aus der Erkenntnis, dass Coaching im Führungsteam der Division Europa nach der Divisionswoche noch nicht mehrheitsfähig war, wurden von den HR-Verantwortlichen neue Maßnahmen zur Unterstützung des Change-Prozesses geplant. Nächster Schwerpunkt war die Führungskräfteentwicklung, die allerdings wiederum den Einsatz von Coaching beinhaltete. Den HR-Mitarbeiterinnen und Mitarbeitern wurde empfohlen, sich zu Coaches ausbilden zu lassen. Damit sollten die Voraussetzungen geschaffen werden, die HR-Funktion zu einer beratenden Funktion auszuprägen, die Coaching und Consulting für die Linie anbietet.

360°-Feedback und Coaching

Im Frühjahr 1999 wurde ein 360°-Feedback für die oberste Führungsebene in der Division Europa eingeführt, die damit Pilotfunktion für die Swiss Re-Gruppe übernahm. Zu Beginn wurden unter Mitwirkung der Division Europa die Anforderungen an die Führungskräfte der Swiss Re in Form eines unternehmensweit gültigen Leadership-Profils definiert. Diese Auseinandersetzung mit den verhaltensorientierten Kernkompetenzen für Führungskräfte verstärkte das Bewusstsein für neue Anforderungen an Führung auf oberster Ebene. Für das 360°-Feedback wurde die Selbsteinschätzung der Führungskraft den Beurteilungen des Divisionsleiters, von Peers und Direkt-Unterstellten gegenübergestellt. Eine Besonderheit in der Durchführung war, dass die Feedbackgeber bekannt waren, ein Zeichen für eine hohe Vertrauenskultur, die inzwischen gewachsen war. Für die Bekanntgabe und Auseinandersetzung mit den persönlichen Ergebnissen wurden den ET-Mitgliedern persönliche Coaches zur Seite gestellt – ein nächster Schritt, um Coaching auf Führungsstufe zu verankern.

Nach positiven Erfahrungen wurde 360°-Feedback als entwicklungsorientiertes Instrument für den Führungskräfte-Nachwuchs der Division mit Erfolg eingesetzt. Heute wird 360°-Feedback in der Swiss Re regelmäßig im Abstand von ein bis eineinhalb Jahren für die „Group Key Position Holder" und die Mitglieder des Management Development Pool durchgeführt. Coaching unterstützt dabei die Führungskräfte, die Ergebnisse einzuordnen und persönliche Maßnahmen abzuleiten und umzusetzen.

Als eine weitere Aktivität mit Auswirkungen auf die Unternehmenskultur und die Verankerung von Coaching wurde im Dezember 1999 der Management Development Pool (MD-Pool) der Division Europa initiiert. Neben dem Executive Team wurden ca. 80 Schlüsselpositionen definiert, die für die Division Europa strategische Bedeutung haben. Um die Nachfolge in diesen Funktionen zu sichern, sollten Mitarbeiterinnen und Mitarbeiter mit Potenzial für entsprechende weiterführende Aufgaben im MD-Pool der Division zusammengeführt und gefördert werden. In einem ersten Schritt wurden in einem offenen Prozess von den ET-Mitgliedern die Nachwuchskräfte in ihren Bereichen identifiziert, die die fachlichen und verhaltensorientierten Kriterien gemäß dem Leadership-Profil der Swiss Re erfüllten. Diese mussten sich einem breit angelegten Assessment stellen. Ein entscheidender Schritt im Assessment war ein ausführliches Interview mit zwei ET-Mitgliedern. Die ET-Mitglieder wurden vorbereitend in der Durchführung kompetenzbasierter Interviews ausgebildet. Zusätzlich wurden die Vorgesetzten von MD-Pool-Mitgliedern darin ausgebildet, wie sie deren Entwicklung wirksam unterstützen können. Ein erwünschter Nebeneffekt beider Maßnahmen war eine weitere Sensibilisierung für die Führungskultur des Empowerments. Die Entscheidung, wer in den MD-Pool aufgenommen wurde, erfolgte im Executive Team gemeinsam nach transparenten Kriterien. Der MD-Pool und das gründliche Vorgehen bei der Auswahl seiner Mitglieder sind heute gut eingespielte Elemente der Führungskräfteentwicklung in der Division Europa.

Management Development und Coaching

Auch das Thema Coaching wurde durch den MD-Pool wieder aktiv eingebracht. Den Nachwuchskräften steht Coaching durch Externe als
Unterstützung zur Verfügung. Wie erfolgreich Coaching in der Führungskräfteentwicklung eingesetzt wird, zeigt eine aktuelle Auswertung für die
Division Europa (vgl. Abbildung 49). Mit 41% wird Coaching gegenüber
anderen Fördermaßnahmen am häufigsten nachgefragt.

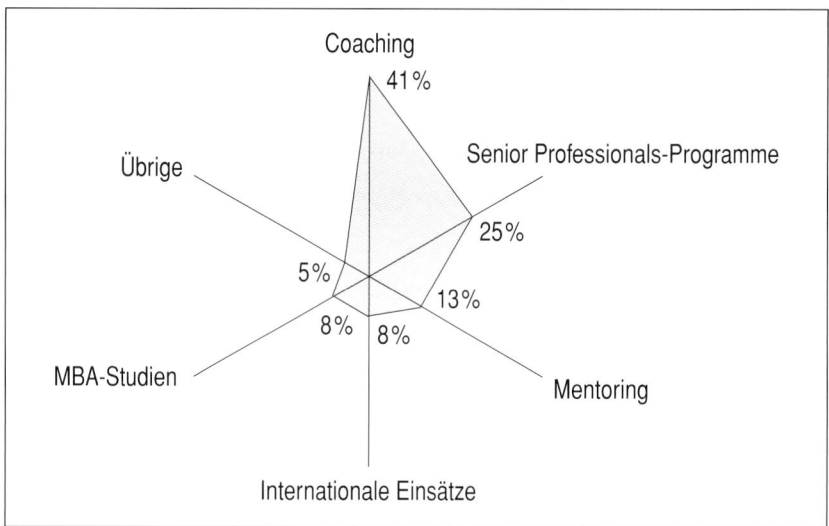

Abbildung 49: Nachfrage der MD-Pool-Mitglieder nach begleitenden
Angeboten

3.5
Neue Veränderungen lösen den ersten Change-Prozess ab

Mit dem Wechsel in der Führung der Division Europa im Jahr 2000
begann eine nächste Phase im Change-Prozess. Der neue Leiter der Division setzte sich für eine Fortsetzung des Prozesses ein, allerdings forderte er die HR-Verantwortlichen auf, neue Schwerpunkte zu setzen. Als
neue Stoßrichtung für den Change wurden die Stärkung der Innovations-
kraft und der Wissenstransfer definiert. Parallel dazu wurde das Projekt
„Start" lanciert, das Kostenreduktionen auch durch Stellenabbau zum
Ziel hatte. Für die Führungskräfte stand dadurch die Frage im Vordergrund, wie sie ihre Führungsaufgabe motivierend und entwicklungs-
orientiert wahrnehmen und gleichzeitig Kündigungsentscheidungen
durchsetzen konnten. Diese nächste Phase des Prozesses wurde unter das
Motto „Creative Leadership" gestellt und extern begleitet. Es wurden
ausführliche Einzelinterviews mit den Führungskräften geführt, in Team-
Workshops und in einem Open Space mit allen Führungskräften in

Zürich zum Thema „Creative Leadership" gearbeitet. In dem Prozess war Coaching eher zweitrangig, die Moderation von Workshops wurde weitgehend durch interne Kräfte durchgeführt.

2001 erfolgte in der Swiss Re ein nächster grundlegender Reorganisationsprozess für die gesamte Gruppe. Sämtliche Aktivitäten der Swiss Re wurden in drei Business Groups gegliedert, die Division Europa gemeinsam mit Amerika und Asien zur Gruppe „Property & Casualty" zusammengefasst. Gleichzeitig wurde die Bayerische Rück mit Sitz in München mit der Division Europa fusioniert. In der Business Group Property & Casualty wird 2002 mit dem Projekt „Spring" eine komplette Neudefinition der Geschäftsprozesse und Strukturen bearbeitet. Dieser Change-Prozess 2002 ist nicht mehr Gegenstand dieses Berichtes.

4
Coaching – in der Swiss Re heute selbstverständlich

Für die Division Europa ist Coaching als Unterstützung für Führungskräfte, Teams und Mitarbeitende heute ein breit eingeführtes und anerkanntes Instrument. In den verschiedenen Regionen ist die Akzeptanz allerdings unterschiedlich. Generell ist Coaching in der angelsächsischen und deutschen Kultur (z.B. in der Schweiz, in England und Südafrika) besser akzeptiert. Vorbehalte bestehen dagegen eher in Frankreich und Spanien. Generell soll Coaching dazu beitragen, die grundlegenden Werte, die für Führungskräfte und Mitarbeitende der Swiss Re verbindlich sind (vgl. Abbildung 50), zu stärken.

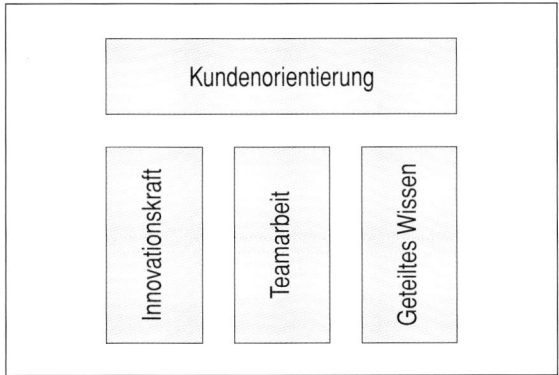

Abbildung 50: Werte der Swiss Re als Basis für Coaching

Projekt HR-Coaching zur
Professionalisierung von
Coaching

Auf der Ebene der Swiss Re-Gruppe wurde ein Projekt HR-Coaching initiiert, bei dem verschiedene HR-Abteilungen, Linienvorgesetzte, externe Coaches und Corporate Learning zusammengearbeitet haben. HR-Coaching richtet sich an HR-Verantwortliche und Linienvorgesetzte und soll den professionellen Einsatz und Umgang mit Coaching innerhalb der Swiss Re sowie eine gezielte und effiziente Weiterentwicklung der Mitarbeitenden fördern. Folgende Ziele und Themen wurden bearbeitet:

▨ Entwickeln eines gemeinsamen Verständnisses über Coaching,

▨ Entwickeln eines Vorgehenskonzeptes für den Coaching-Prozess,

▨ Bildung eines Coaching-Netzwerkes, bestehend aus internen und externen Coaches,

▨ Erfahrungsaustausch in kleinen HR-Gruppen,

▨ regelmäßige Weiterbildungen zu aktuellen Coaching-Themen.

Coaching wird im Projekt HR-Coaching wie folgt definiert und begründet:

Definition Coaching

Coaching ist eine leistungsorientierte Diskussion, in welcher spezifische, berufliche Herausforderungen und Aufgaben sowie die dazugehörigen persönlichen Probleme besprochen werden. Die Weiterentwicklung der Softskills, die Reflexion des eigenen beruflichen Handelns und die Zusammenarbeit im Team stehen dabei im Zentrum. Hinter Coaching steht die Überzeugung, dass persönliche Entwicklung von Mitarbeitenden nachhaltig zum Unternehmenserfolg beiträgt. Einzelcoaching ist die individuellste und direkteste Art, persönliche Fragen zum Arbeitsumfeld umfassend zu klären.

Aus dem Projekt HR-Coaching ist ein Netzwerk von internen und externen Coaches entstanden, die in einer Broschüre aufgelistet sind. Diese enthält Angaben zur Person, zum beruflichen Hintergrund sowie zu den spezifischen Angeboten der Coaches. Die HR-Verantwortlichen der Divisionen können aus diesem Pool von professionellen Coaches ein eigenes kleines Netzwerk aufbauen.

Institutionalisierter Ablauf
bei Coaching-Bedarf

Im Projekt HR-Coaching wird ein Ablauf für Coaching durch interne oder externe Coaches vorgeschlagen, der mit Modifikationen in den einzelnen Divisionen eingesetzt wird (vgl. Abbildung 51):

▨ Führungskräfte oder Mitarbeitende definieren einen Coachingbedarf für sich persönlich, oder Linienvorgesetzte orten einen Bedarf für einzelne Mitarbeitende oder für Teams.

▨ HR ist die Drehscheibe, der Broker für Coaching. Der HR-Verantwortliche klärt zunächst mit dem Auftraggeber Situation und An-

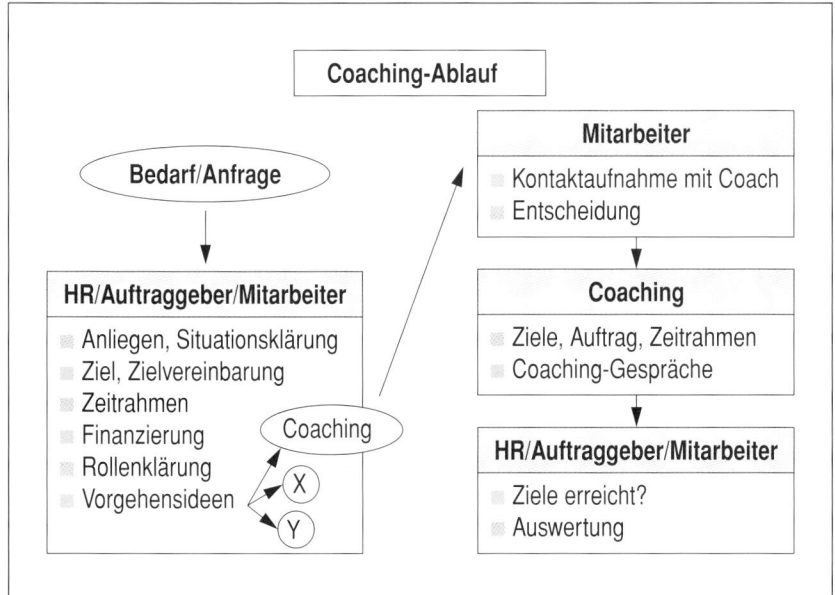

Abbildung 51: Ein möglicher Ablauf bei Coaching-Bedarf

liegen und prüft, ob Coaching die richtige Form der Beratung für das anstehende Thema ist.

- Für Einzelcoaching schlägt HR meist 2–3 Coaches aus dem Netzwerk vor.

- Es kommt zur telefonischen Kontaktaufnahme durch den Antragsteller, häufig zu einem ersten Abklärungsgespräch. Die Entscheidung, mit wem dieser zusammenarbeiten möchte, liegt bei ihm.

- Ein kurzer schriftlicher Vertrag regelt im Minimum den Umfang und das Budget für den Coaching-Prozess und wird vom Linienvorgesetzten und HR unterzeichnet. Die Bezahlung erfolgt durch die Linie.

- Im eigentlichen Coaching-Prozess liegt die Verantwortung beim Mitarbeiter. Ohne sein ausdrückliches Einverständnis finden keine Gespräche zwischen Coach und Vorgesetzten oder HR-Verantwortlichen statt.

- Nach Abschluss des Coaching-Prozesses erfolgt eine Auswertung des Erreichten durch Mitarbeiter, Auftraggeber und HR.

Für die ersten Abklärungsgespräche, die zur Auswahl eines geeigneten Coaches führen sollen, findet der Antragsteller in der Coaching-Broschüre eine Checkliste für die zu klärenden Themen:

Hilfreiche Fragen zur Auswahl eines Coaches

- Versteht der Coach mein Anliegen?

- Stimmt die „Chemie", will ich mich ihr/ihm anvertrauen?

- Haben wir klar vereinbart, woran ich arbeiten will?

- Habe ich den Eindruck, dass ich Teil der Lösung sein werde?

- Stimmen die Kompetenzen des Coaches?

- Stimmt die Beziehung, fühle ich mich wohl?

- Stimmen die Rahmenbedingungen?

Kontrakt als Basis für Erfolgseinschätzungen

Ist die Wahl für einen Coach getroffen, geht es zu Beginn des eigentlichen Coaching-Prozesses um den gemeinsamen Kontrakt, der die Klärung von Zielen, Auftrag und Rahmenbedingungen umfasst. Dabei ist eine Checkliste aus der Division Europa hilfreich:

- Ausgangssituation, Kontext des Coachings,

- Erwartungen des Mitarbeiters,

- Ziele, die erreicht werden sollen,

- Kriterien, an denen die Zielerreichung gemessen oder beobachtet werden kann,

- Erfolgs- und Misserfolgsfaktoren,

- Rolle des Coaches,

- andere Personen, die einbezogen werden müssen,

- zeitliche Rahmenbedingungen, wie Dauer des Prozesses und Häufigkeit der Treffen.

Die einzelnen Coachinggespräche verlaufen je nach Thematik und Vereinbarungen selbstverständlich sehr individuell ab. Ein Normablauf für eine Coaching-Sequenz beinhaltet folgende Inhalte und Fragen:

Idealtypischer Ablauf von Coachinggesprächen

- Rückblick und Auswertung der im letzten Gespräch vereinbarten Handlungen,

- falls nötig: Anpassung von Zielen, Beurteilungskriterien und Erfolgsfaktoren,

- Analyse der aktuellen Situation: Warum ist es, wie es ist?

- Diskussion von alternativen Sichtweisen, Konzepten, Vorgehensweisen,

- Entwurf von zieldienlichen Aktivitäten,

- Entscheidung, was in der täglichen Arbeit umgesetzt oder verändert werden soll,

- je nach Situation Einbezug anderer Menschen,

- Reflexion des Coaching-Prozesses.

Kriterien zur Auswahl von Coaches werden im Projekt HR-Coaching nur sehr allgemein definiert. Angaben beziehen sich auf die Person, ihre Lebenserfahrung, persönliche Präferenzen und Stärken sowie auf ihre spezifischen Angebote und berufliche Qualifizierung. Die Coaches des Netzwerkes haben sehr unterschiedliche Prägungen und Spezialisierungen in ihrer Beratungstätigkeit. Swiss Re will auf dieser Stufe bewusst eine breite Auswahl anbieten. Es ist den HR-Verantwortlichen in den Business Groups und Divisionen überlassen, den Kreis ihrer Coaches stärker einzugrenzen. Für die Division Europa werden von den Coaches Kriterien wie Management- und Lebenserfahrung, Verständnis für das Versicherungsbusiness und die Grundwerte des Unternehmens sowie Sprachkenntnisse und interkulturelle Kompetenz erwartet. Keine Anforderungen werden hingegen an den Coachingansatz gestellt, um den Mitarbeitenden hier eine breite Palette an Möglichkeiten zu bieten.

Breite Auswahl an Coaches

Neben dem Coaching als Beratungsdienstleistung für Führungskräfte und Mitarbeitende ist Coaching als Führungshaltung und entwicklungsorientierter Führungsstil heute innerhalb der gesamten Swiss Re voll anerkannt. Workshops und Seminare zur Methodik gehören zur Führungsausbildung, spezielle Coachingausbildungen werden unterstützt.

Coaching als Führungsstil

5
Erfolgsfaktoren für Coaching

Coaching hat heute in vielen Unternehmen seinen festen Platz als wirkungsvolle Methode zur Unterstützung von Führungskräften in immer komplexer werdenden Situationen. Für Unternehmen, die Coaching einführen wollen, lassen sich die Erfahrungen, die die Division Europa mit Coaching im Change-Prozess gemacht hat, in einigen zentralen Aussagen zusammenfassen:

Entscheidend ist die Einstellung der obersten Führungsebene, die von Coaching überzeugt sein muss. Wenn die oberste Führung selbst Coaching in Anspruch nimmt und dies auch offen kommuniziert, entsteht eine Führungskultur, in der Coaching selbstverständlich ist. Solange

Vorbildfunktion der obersten Führungskräfte

Chefs es allerdings als Schwäche deklarieren, sich coachen zu lassen, ist ein Durchbruch schwierig. Bei der Einführung ist es deshalb unabdingbar, in Einzelgesprächen die oberste Führungsebene für Coaching zu gewinnen. Bedenken und Ängste sind dabei als berechtigte Einwände ernst zu nehmen und in die Planung einzubeziehen.

Kommunikation, Kommunikation, Kommunikation ...

Wenn Coaching im Unternehmen noch wenig bekannt ist, wird die Kommunikation über Anlässe, Ziele, Inhalte und Ablauf des Coachings besonders wichtig. Speziell wenn die Verantwortlichen, z. B. aus dem HR-Bereich, selbst von Coaching sehr überzeugt sind, tendieren sie dazu, Kommunikation und Werbung dafür zu vernachlässigen. Coaching ist als Modebegriff mit unterschiedlichsten Zuschreibungen versehen, die geklärt werden müssen. Als besonders zählebig erweist sich häufig die These, dass Coaching etwas mit Unfähigkeit, mit Störungen, gar mit (psychischer) Krankheit zu tun haben könnte. Hier ist Aufklärung besonders zwingend!

Prinzip der Freiwilligkeit und Vertraulichkeit

Coaching ist im Interesse des Unternehmens und kann von Vorgesetzten und HR-Verantwortlichen angeregt werden, beruht aber auf absoluter Freiwilligkeit. Basis ist eine Zielvorstellung des Antragstellers sowie eine klare Auftragsvereinbarung mit dem Coach. Interessierte für Coaching sollten die Möglichkeit haben, sich einen Coach aus mehreren vorgeschlagenen Persönlichkeiten auswählen zu können. Unabdingbar ist die Vertraulichkeit, das heißt, dass der Coach ohne Einverständnis des Mitarbeiters keine Gespräche mit der Linie oder HR-Verantwortlichen aufnimmt.

Gezielte Auswahl der Coaches

Jedes Unternehmen hat die Coaches, die es verdient! Leider gibt es kein Qualitätssiegel wie einen Dr. oder lic. coach. So muss jedes Unternehmen definieren, welchen Anforderungen interne und externe Coaches entsprechen und wie sie ausgewählt werden sollen. Kriterien können sein: Management- und Lebenserfahrung, spezielle Schwerpunkte in der Beratungstätigkeit, Ausbildungs- und Erfahrungshintergrund, Verständnis für die jeweilige Geschäftstätigkeit, Sprachkenntnisse sowie Rahmenbedingungen wie Verfügbarkeit und Honorare.

Individuelle versus institutionelle Erfolgskontrolle

Die Ziele für den individuellen Coaching-Prozess werden jeweils zu Beginn definiert. Zielerreichung und Erfolg können zum Abschluss eines Prozesses subjektiv durch den Gecoachten beurteilt werden. Zur Evaluation der Leistungen einzelner Coaches können Feedbacks der von ihnen gecoachten Mitarbeitenden dienen. Aber woran kann der Erfolg einer Investition in Coaching auf Unternehmensebene tatsächlich gemessen werden? Eine Erfolgskontrolle ist wie bei anderen Maßnahmen der Personalentwicklung schwierig und nur indirekt, z. B. über Mitarbeiterbefragungen möglich.

Coaches müssen einen hohen Grad an Neutralität aufweisen. Sie sollten keine inhaltlichen Stellungnahmen oder Ratschläge abgeben und vor allem keine Verbrüderung mit dem Mitarbeiter gegenüber dem Unternehmen eingehen. Sie befinden sich auf einer heiklen Gratwanderung, indem sie einerseits dem Mitarbeiter gegenüber einfühlsam und vertrauenswürdig sein, sich andererseits dem oberen Management und dem Unternehmen gegenüber loyal verhalten müssen. Professionalität und Glaubwürdigkeit nach allen Seiten sind gefragt.

Do's und Dont's der Coaches

Für die Prozessbegleitung von Change-Prozessen sollten externe Coaches permanent zur Verfügung stehen und auch räumlich vor Ort sein. Sie sollten im Team mit internen Projektverantwortlichen den Prozess bereits konzeptionell mitgestalten. Im Prozess selbst ist ihre Aufgabe, den Verlauf aktiv mitzusteuern, die Zielerreichung laufend zu überprüfen und direkt zu intervenieren, wo immer es nötig ist. Sie sollten als Führungskraft auf Zeit agieren können, allerdings ohne Führungs- und Entscheidungsverantwortung im engeren Sinn zu übernehmen. In der Praxis arbeiten sie z. B. mit internen Umfragen, beobachten Sitzungen, führen Interviews durch. Ihnen stehen Tools zur Verfügung, um z. B. intranetunterstützt Verhaltensänderungen abzufragen und zu erfassen sowie Abweichungen von den definierten Zielen festzustellen. Sie unterstützen, wenn Führungskräfte, Mitarbeitende oder Teams selbst anfragen oder wenn Störungen beobachtet werden. Durch die neuen Anforderungen und Aufgaben in Change-Prozessen wird das im klassischen Coaching geforderte Prinzip der Freiwilligkeit der Antragsteller abgeschwächt durch den Auftrag und die Ziele des Unternehmens. Die Neutralität der Coaches muss aber erhalten bleiben, sonst entsteht keine Vertrauensbasis. Als weitere begrenzende Faktoren können sich die relativ hohen Kosten für den permanenten Einsatz externer Coaches und deren eingeschränkte zeitliche Verfügbarkeit erweisen.

Neue Formen von Coaching in Change-Prozessen

Fallstudie

Coaching – Integraler Bestandteil des Vorwerk Performance Managements

Birgit Maleska

1
Coaching als Antwort auf neue Herausforderungen

Der Kampf um Kunden und Märkte, der enorm hohe Innovationsdruck mit immer kürzeren Produktzyklen und gestiegenen Anforderungen an Qualität, Gestaltung und Service, die Eroberung neuer Zielgruppen und Regionen führen zu einem noch nie da gewesenen Veränderungsdruck. Konsequenz ist ein organisatorischer Umstrukturierungsprozess – ein Abrücken von einer ehemals funktionalen, zentralistischen Organisation hin zu einer kunden- und produktorientierten, dezentralen Organisation.

Im Rahmen der damit verbundenen stärkeren Delegation von Verantwortung, Abflachung der Hierarchien, Verkürzung der Berichtswege und Bildung kleiner organisatorischer Einheiten muss auch das damit antiquierte Führungskonzept erneuert werden. In diesem Szenario kommt dem Instrument „Coaching" eine neue Bedeutung zu, denn die abgeforderte Know-how-, Zeit- und Organisationsflexibilität stellen wachsende Anforderungen an die Kompetenz und Leistungsfähigkeit von Führungskräften und Spezialisten. Coaching ergänzt die klassischen Verfahren im Rahmen der Führungskräftequalifizierung und der Organisationsentwicklung um eine wesentliche, persönlichkeitsorientierte Tiefendimension.

Coaching – Wegbereiter der lernenden Organisation

Coaching im richtig verstandenen Sinne ist ein geeignetes Mittel, Rollensicherheit zu erlangen sowie Persönlichkeitsentwicklung zu unterstützen – und ist somit ein Wegbereiter der lernenden Organisation.

Im Vorwerk-Konzern wurde 1998 ein mehrdimensionales Coaching-Konzept in einen größeren Zusammenhang von Führung gestellt, zu einer neuen Führungsmaßnahme innerhalb des Performance Managements entwickelt und konzernweit eingesetzt. Gesamtziel ist die Optimierung individueller und gruppenbezogener Entwicklungsprozesse.

2
Vorwerk: Internationales Unternehmen mit ganzheitlichem Human Resources-Approach

Vorwerk, ein 1883 gegründetes, deutsches Traditionsunternehmen in Familienbesitz, ist heute ein international operierender Drei-Sparten-Konzern – Direktvertriebe, Handelsmanagement, Dienstleistungen – mit

13 600 Mitarbeitern, davon etwa 5000 im Ausland und ca. 25 000 selbstständigen Fachberatern (über 16 500 in internationalen Märkten). Neben
Deutschland ist Vorwerk in rund 40 Ländern rund um den Globus
präsent. Vorbereitungen für den Eintritt in weitere Märkte sind im Rahmen der Expansionsstrategie des Unternehmens in Gang. Kernpunkt der
Personalpolitik von Vorwerk ist, dass Führungskräfte und Mitarbeiter
gemeinsam die Verantwortung für den Unternehmenserfolg tragen. Das
verlangt von jedem Mitarbeiter, seine Fähigkeiten eigenverantwortlich
zur Erreichung der individuellen und Unternehmensziele einzusetzen,
aber auch die Verantwortung für die persönliche Weiterentwicklung –
d.h. die Steigerung sowohl der persönlichen und sozialen als auch der
fachlichen Kompetenz – zu übernehmen. Bei der Umsetzung des Performance Managements verfolgt Vorwerk einen ganzheitlichen Human
Resources-Approach. Einige Kernfragen bilden den Ausgangspunkt in
diesem Kontext:

◾ Wie attraktiv sind wir als Arbeitgeber am Arbeitsmarkt und wie bin- | Kernfragen des Human
den wir Leistungsträger an das Unternehmen? | Resources Approach

◾ Wie attraktiv gestalten wir das Arbeitsumfeld durch Freiräume, Ge-
staltungsmöglichkeiten, Perspektiven und Entwicklungsmöglichkeiten?

Operationalisiert wird dies bei Vorwerk durch ein maßgeschneidertes | Grundsätze und
System ineinandergreifender personalpolitischer Grundsätze und Perso- | Instrumente
nalführungs-Instrumente:

◾ *Motivation:* Individuelle Leistungsbeiträge und partizipative Gestaltung des Aufgabenspektrums werden ausdrücklich anerkannt.

◾ *Vertrauensvolle Kooperation* zwischen Führungskraft und Mitarbeiter
durch Förderung einer offenen, transparenten Unternehmenskultur.

◾ *Zielführender Personaleinsatz* entsprechend den Fähigkeiten und
Qualifikationen der Mitarbeiter unter gleichzeitiger Berücksichtigung der Unternehmensziele und positionsbezogener Anforderungen.

◾ *Transparente Bewertungsprozesse* nach konzerneinheitlichen Stan-
dards mit Leistungs-Feedback unter Einbindung einer Selbsteinschätzung.

◾ *Leistungsgerechte Vergütungssysteme* mit individuellen Erfolgskom-
ponenten, objektiv gemessen am Zielerreichungsgrad.

Eine Schlüsselstellung im Human Resources-Prozess nimmt die *Kompe-* | Ausrichtung auf die
tenzentwicklung ein. Abgeleitet aus den Unternehmensentwicklungs- | Kernkompetenzen

Strategien gilt es, vorerst die Rahmenbedingungen für die Ausrichtung des Managementansatzes auf die Kernkompetenzen zu analysieren:

▓ Wie kompetent sind unsere Führungskräfte in der Wahrnehmung ihrer Führungsaufgabe, dem Mittragen von Veränderungsprozessen?

▓ Wie durchgängig sind unsere Prozesse in Bezug auf Zielvereinbarung, Leistungsbeurteilung, Leistungsorientierung, Anforderungskriterien/-profile und wie werden sie top down gefördert?

▓ Durch welche Konzepte, Werkzeuge, Programme und Maßnahmen werden die Führungskräfte und Mitarbeiter bei der Wahrnehmung ihrer heutigen und zukünftigen Aufgaben unterstützt?

▓ Tragen alle Maßnahmen nachhaltig zur Wertschöpfung des Unternehmens hinsichtlich der Finanzdaten (Profitabilität), Prozessdaten (Schnelligkeit), Mitarbeiterkompetenz (Bindung von Know-how) und Kundenorientierung (Neukundengewinnung und Zufriedenheit) bei?

Der Abgleich zwischen Ist- und Soll-Profilen bietet eine effiziente Basis für die Personalenwicklung und dient gleichzeitig einer nachvollziehbaren leistungsorientierten Vergütungspolitik.

3
Kompetenzentwicklung auf vier Säulen

Die Kompetenzentwicklung innerhalb des Konzerns baut auf vier Säulen auf: Vorwerk Academy, Mentoren-Programm, Consulting-Service und Coaching. Das Angebot ist straff konzipiert, effizienz-, praxis- und unternehmensorientiert. Die vier Säulen sind modular und miteinander vernetzt. So kann passgenau auf jeden Entwicklungsbedarf ein individueller Qualifizierungsplan erstellt werden.

1. Säule:
Vorwerk Academy

Die *Vorwerk Academy* ist ein bereichs-, länder- und hierarchieübergreifendes Forum für strategische Dialoge, Wissensmanagement und Knowledge Networking. Die Management-Curricula zielen darauf ab, in Kernthemen der Unternehmensplanung und -entwicklung zu qualifizieren und die permanenten Veränderungsprozesse gezielt zu begleiten. In den General Management-Programmen, die managementgruppen-spezifisch von der unteren Führungsebene bis zur Executive-Ebene ausgerichtet sind, wird aktuelles Wissen und Methodik aus der globalen Perspektive vermittelt. Anders ist die Fokussierung der Schools of Business – wie z. B. School of Controlling, School of Direct Sales, School of Human Resources, School of Project Management – die auf Vertiefung und Erweiterung von Kompetenzen in den einzelnen Fachbereichen spezialisiert sind. Ihre Programminhalte sind fachspezifisch und besonders intensiv.

Mit einem zielorientierten, synergistischen Methoden-Mix aus On- und Off-the-job-Maßnahmen schafft die Academy neue Formen des Innovations-, Praxis- und Wissenstransfers. Dazu zählen beispielsweise Unternehmensplanspiele, Projektarbeiten ebenso wie Kolloquien und Kamingespräche. Strategisch in das Netzwerk der Academy einbezogen sind hochkarätige interne Referenten einschließlich Vorstände, Geschäftsführer und Experten aus den Fachbereichen, renommierte Kooperationspartner aus der Wirtschaft sowie namhafte Professoren.

Das *Mentoren-Programm* ist ein besonderes Forum für internes Personalmarketing, das Unternehmenskultur kommuniziert, einen offenen, fordernden Dialog unterstützt und internationalen Leistungsträgern eine neue Qualität der Betreuung und Bindung bietet.

2. Säule: Mentoren-Programm

Consulting Service ist das Angebot, das sich sowohl an die Personalabteilungen einzelner Vorwerk-Gesellschaften weltweit als auch an Executives und High Potentials aus allen Ländern und Bereichen richtet. Es reicht von der Konzeption und Durchführung von Development Centern, Unterstützung bei Qualifizierungs- und Teammaßnahmen bis hin zu Projekt- und Prozess-Managementberatung, Laufbahnplanung und individuellen Förderprogrammen.

3. Säule: Consulting Service

Coaching dient als intensiv-individuelle, zielorientierte Qualifizierung für Top Executives, zur Förderung von High Potentials, als Führungsaufgabe im Wandel vom Management zum Leadership, als team-dynamisches Instrument zur Einführung neuer Prozesse, um Synergien besser auszuschöpfen sowie Effizienz und Effektivität zu steigern. Zielgruppen für das Coaching sind Vorstände, Geschäftsführer, Führungs- und Fachkräfte sowie Young High Potentials.

4. Säule: Coaching

4
Coaching in vier Dimensionen

Um die Vorteile von Coaching in das Performance Management unternehmensspezifisch einzubauen, hat Human Resource Development ein vierdimensionales Coaching-Konzept entwickelt und konzernweit etabliert:

Dimensionen des Human
Resource Development

1. Leadership-Coaching durch die Führungskraft,

2. Mentoring für High Potentials,

3. Einzel-Coaching mit externen Coaches,

4. Team-Coaching für Geschäftsleitungen.

Wie alle Personalentwicklungsmaßnahmen unterliegt auch das Coaching dem Effizienzprinzip, um ein Maximum an Nutzen im zeit- und kostenverträglichen Rahmen zu erreichen. Deshalb richten sich alle Maßnahmen – abgeleitet aus den Unternehmens- und heruntergebrochen auf die individuellen Ziele – ausschließlich nach dem konzerninternen Bedarf. Jede Coaching-Maßnahme wird deshalb zielgenau geplant und effektiv gesteuert, wobei folgende Phasen unterschieden werden können: Bedarfsanalyse → Erstellung eines maßgeschneiderten Konzeptes → sorgfältige Planung → Kommunikation → Durchführung → Erfolgsevaluierung → Transfersicherung.

Quantitative Erfolgsbilanz

Welchen Stellenwert die vier Coaching-Dimensionen im Unternehmen haben, zeigt die quantitative Erfolgsbilanz für den Zeitraum von 1998–2001:

- Executives: 14 Personen weltweit
- Führungskräfte als Coaches: ca. 80 Führungskräft coachen
                                            weltweit 360 Mitarbeiter
- Mentoren-Programm: 26 High Potentials weltweit
- Team-Coaching: 2 Prozesse mit 11 Personen

4.1
Leadership-Coaching durch die Führungskraft

Wer heute und morgen im Markt bestehen will, muss schneller und wirtschaftlicher eine zunehmende Vielfalt sich rasch ändernder Umstände bewältigen. Aber angesichts der Komplexität und der oft bis an die Grenze gehenden Belastung für Führungskräfte lautet die Frage: Wie? Erfolgreiche Unternehmen haben deshalb das Rollenverständnis der Führungskraft und die Führungspraxis neu definiert.

Vom Manager zum Leader

„Führung von oben" und „Dienst nach Vorschrift" weichen dem integrativen Führungsstil mit partizipativer Gestaltung von Prozessen und Eigenverantwortung durch die Mitarbeiter. Daraus folgt, dass die Mitarbeiter zur erfolgreichen Erfüllung ihrer laufenden und zukünftigen Funktionen und Rollen auch befähigt werden müssen. So bahnt das neue

Verständnis von Führung den Weg zum *Empowerment* – mit dem Ziel, Potenziale, latente Wissensressourcen und Energien aufzuspüren, zu mobilisieren, weiterzuentwickeln und für das Unternehmen gezielt zu nutzen. Dies verlangt von der Führungskraft die Fähigkeit, Potenziale der Mitarbeiter richtig einzuschätzen sowie ihre Aufgaben, Prozesse und Beiträge in der Tiefe und Breite umfassend zu verstehen:

- Wo liegt beispielsweise das Potenzial, die Umsatzrendite um X% zu steigern?

- Welche Schritte sind dazu erforderlich?

- Wie kann die Projektgruppe zusammengesetzt werden?

- Besitzt jeder Mitarbeiter die Kompetenz und Motivation, die notwendigen Aufgaben zielführend zu erfüllen?

- Welche Unterstützung benötigt sie oder er?

- Was muss sofort, was später getan werden?

Diese Fähigkeit erfordert starkes analytisches Denken sowie die Bereitschaft, Verantwortung zu delegieren. Zudem setzt sie ein Informationsmanagement – die Erhebung von Informationen und das Informations-Sharing – als unabdingbare Basis voraus.

Im Unternehmensverständnis von Vorwerk lässt sich die neue Führungsrolle unter dem Begriff Leadership-Coaching subsumieren: *die*

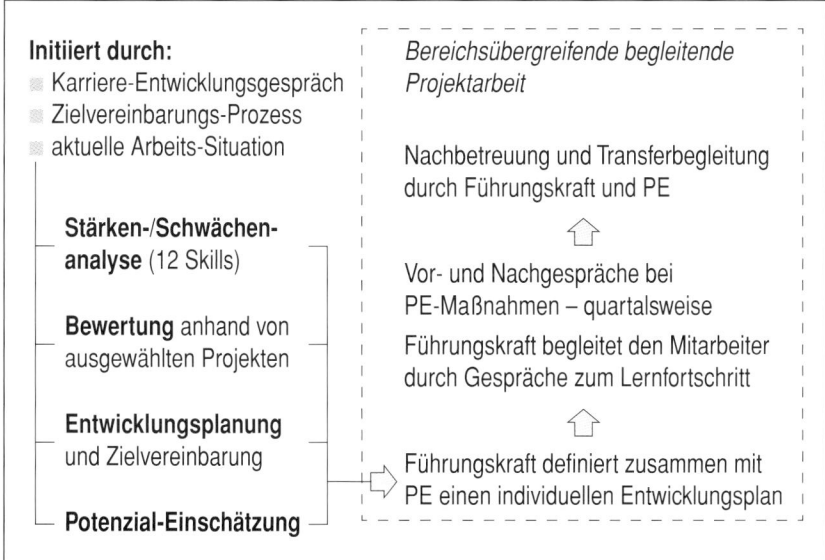

Abbildung 52: Leadership-Coaching durch die Führungskraft

Führungskraft als Partner, Feedbackgeber, Förderer und Berater ihrer Mitarbeiter. Einen Überblick über das Leadership-Coaching gibt Abbildung 52.

Leadership-Coaching nach konzerneinheitlichen Kriterien

Um die neue Rolle und Praxis von Führung systematisch und durchgängig in die Organisation zu implementieren, hat der Bereich Human Resources zwei verzahnte, professionelle, leicht handhabbare operative Tools eingeführt, die unternehmenseinheitlich in allen Märkten das Linienmanagement im Leadership-Coaching seiner Mitarbeiter unterstützen: die *Jahreszielvereinbarungen* und das *Karriere-Entwicklungsgespräch*. Diese Tools sind dazu angelegt, die Zielorientierung top-down von der Unternehmensspitze bis in die Mitarbeiterreihen zu gewährleisten, Transparenz über den eigenen Beitrag im Zielerreichungsprozess zu schaffen, die Management-Kompetenz und gleichzeitig den Transfer von Management-Know-how „aus den eigenen Reihen" im Sinne der „ständig lernenden Organisation" zu sichern sowie die Identifikation mit und das Commitment für das Unternehmen und seine Ziele seitens der Führungskräfte und Mitarbeiter weiter zu steigern. Die Systematik innerhalb eines festgelegten Schemas ist wichtig, um Objektivität und Gleichheit für alle zu schaffen, aber auch um Zeit zu sparen und der coachenden Führungskraft größtmögliche Sicherheit durch Vergleichbarkeit in der Beurteilung zu geben.

Mittels dieser Tools führt die Führungskraft mit dem Funktionsinhaber jährlich zwei zentrale Coaching-Gespräche und legt darüber hinaus Zeiträume und Termine für kürzere Meilenstein-Gespräche für Statusberichte, Feedback und Motivation fest.

Coaching-Gespräch: Jahreszielvereinbarung

Im Rahmen des jährlichen Zielerreichungs- und -vereinbarungsgespräches, das im Dezember/Januar anberaumt wird, bewerten Führungskraft und Funktionsinhaber folgende Punkte: Was wurde erreicht und wie wurde es erreicht? Gemeinsam stellen sie den Grad der Zielerreichung fest, dokumentieren ihn schriftlich, damit die anteilige variable Vergütung von der Personalabteilung berechnet werden kann. Beide Gesprächspartner nutzen die Analyse eventueller Abweichungen von den messbaren und unmissverständlich formulierten Zielen und deren Ursachen als Erkenntnisse für die nächste Zielvereinbarungsperiode und legen im Konsens drei, maximal fünf neue Ziele für die kommenden 12 Monate fest.

Das Instrument Jahreszielvereinbarungen schafft Klarheit über Zielsetzungen, Prioritäten, Verantwortung und Erwartungen. Der partnerschaftliche Dialog bietet die Chance, eine vertrauensvolle Kooperation zu stärken und auszubauen. Vernetzt ist dieses Instrument mit einem weiteren Leadership-Coaching-Tool: dem *Karriere-Entwicklungsgespräch.*

Vorwerk hat ein essenzielles Interesse daran, Potenziale seiner Mitarbeiter zu erkennen, sie weiterzuentwickeln und im Sinne der Unternehmensziele zu nutzen. Ein professionelles Human Resources Management muss ferner wissen, wie viele und welche Fach- und Führungskräfte mit den erforderlichen Fähigkeiten sofort bzw. innerhalb einer definierten Zeitschiene zur Verfügung stehen, um Vakanzen oder neue Positionen optimal und zeitnah zu besetzen. Das operative Instrument dazu ist das jährlich im Mai/Juni stattfindende *Karriere-Entwicklungsgespräch,* eine feedback-orientierte Potenzialanalyse zwischen Linienvorgesetztem und Funktionsinhaber.

Coach und Karriere-berater: Das Karriere-Entwicklungsgespräch

Kernpunkt und Leitfaden für das spätere Coaching- und Beratungsgespräch sind zwei verschiedene Einschätzungen: Führungskraft und Mitarbeiter nehmen im Vorfeld jeweils unabhängig voneinander eine inhaltlich identisch strukturierte „Einschätzung durch den Vorgesetzten" bzw. „Selbsteinschätzung" vor. Auf der Basis von zwei bis drei Kernaufgaben oder Projektverläufen in den letzten 12 Monaten schätzen beide Dialogpartner die persönlichen Stärken, Potenziale und den Entwicklungsbedarf des Funktionsinhabers anhand von 12 strategischen, Führungs-, sozialen und persönlichen Kompetenzanforderungen ein und entwickeln Horizonte für die kurz- und mittelfristige Karriereperspektive. Daraus entstehen zwei subjektive Profile, die dann im rund ein- bis anderthalbstündigen Karriere-Entwicklungsgespräch abgeglichen werden und die Grundlage für einen offenen, konstruktiven und zielführenden Dialog bieten.

Das Karriere-Entwicklungsgespräch als wichtiges Coaching-Tool setzt einen hohen Wertschätzungscharakter und eine besondere Vertrauensbasis voraus. Für das Beziehungsklima zeichnet insbesondere die Führungskraft verantwortlich: Von ihr wird erwartet, sich als kompetenter Berater und Mentor einzubringen, die Aufmerksamkeit auf den Mitarbeiter zu richten und kritisches Denken zu fördern. Ein weiterer Kernpunkt des Karriere-Entwicklungsgesprächs: Der Weiterentwicklungsbedarf – beispielsweise zur Übernahme einer neuen Position oder Ausweitung der gegenwärtigen Funktion – wird anhand eines konkreten, gemeinsam vereinbarten Qualifizierungsplans mit On- und Off-the-job-Maßnahmen (im Verhältnis von rund 80% On- zu 20% Off-the-job) zur Realisierung der Entwicklungsschritte festgelegt.

Kernpunkte des Karriere-Entwicklungsgespräches

Das Karriere-Entwicklungsgespräch bildet die Plattform für die Potenzialeinstufung des Mitarbeiters in eine nach präzisen Leitlinien definierten Managementgruppe. Dies gibt dem einzelnen Mitarbeiter mehr Transparenz in Fragen wie: „Wo stehe ich heute, wo will und kann ich hin?" und liefert dem Bereich Human Resource Development eine gesicherte Personalplanungsgrundlage.

Nicht immer ist aber der „Kaminaufstieg" in eine höhere Managementebene Sinn und Ziel der Kompetenzentwicklung. Bei Vorwerk spielt auch die horizontale Weiterentwicklung eine herausragende Rolle: Job Enlargement, Job Enrichment oder Job Rotation eröffnen geeigneten Fach- und Führungspersönlichkeiten ausgezeichnete Entwicklungschancen, berufliche Zufriedenheit und mehr Spaß an der Arbeit.

4.2
Mentoring für High Potentials

Im Mentoren-Konzept mit High Potentials im Fokus spiegelt sich die besondere Verantwortung des Unternehmens für den Führungsnachwuchs wider: Die Mentoren rekrutieren sich aus dem Board of Vorwerk International. Über einen Zeitraum von zwei Jahren begleiten einzelne Mitglieder der Konzernführung die Entwicklung von zwei bis drei Potenzialträgern. Der regelmäßige Kontakt zum Top-Management, die Zuordnung zu einem Key Player, die Chance, Strategie- und Zukunftsdialoge zu führen, die Unternehmenskultur aus erster Hand zu erleben sowie Beziehungsnetzwerke zu knüpfen, ermöglichen den jungen Talenten den Erwerb von Schlüssel-Managementfähigkeiten. Ausgewählten internationalen Potenzialkandidaten bietet das Mentoren-Programm eine neue Qualität der Betreuung und Bindung – ein „Türöffner" also für das Selbst-Marketing mit exzellenten Karriereperspektiven. Zudem ist das Commitment des obersten Managements zum Mentoren-Programm Vorbild für das neue Rollenverständnis der Führungskräfte als Coach und Berater ihrer Mitarbeiter im gesamten Unternehmen. Einen Überblick über das Mentoring-Programm gibt Abbildung 53.

Commitment des obersten Managements

Über die Potenzialeinschätzung im Rahmen des Karriere-Entwicklungsgespräches quer durch alle Bereiche und Landesgesellschaften werden geeignete Spezialisten und Führungskräfte identifiziert. Zum gegenseitigen Kennenlernen laden die Board Mitglieder zum Round-Table-Gespräch ein. So erhalten diese Gelegenheit, sich selbst, ihre Kernaufgaben und persönlichen Ziele vorzustellen, in einem strategischen Dialog Lösungsideen zu einem Unternehmens-Entwicklungsthema zu präsentieren und aktuelle Managementfragen direkt an die Board Mitglieder zu richten.

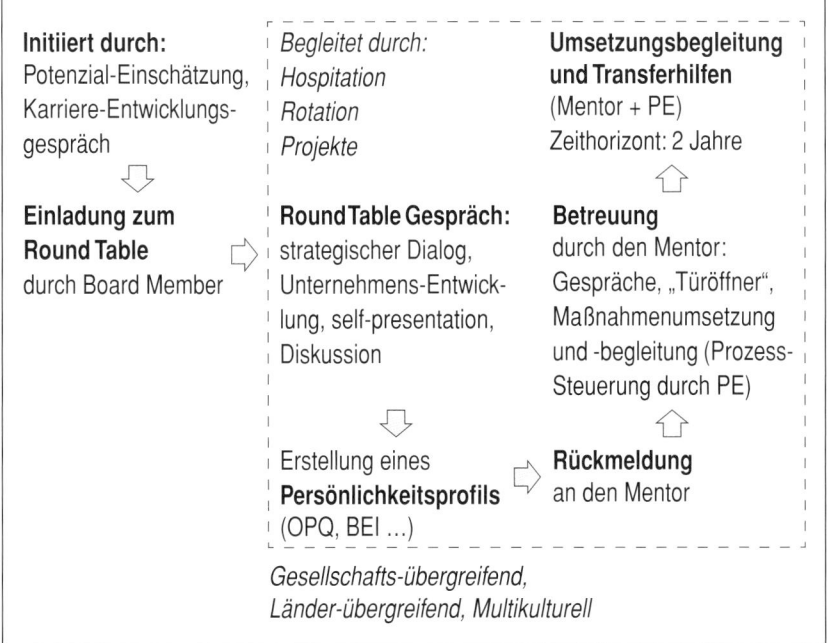

Abbildung 53: Mentoring für High Potentials

Die Führungs(nachwuchs)kräfte durchlaufen einen umfassenden Kompetenz-Check-up. Mittels eines international standardisierten Verfahrens (*O*ccupational *P*ersonality *Q*uestionnaire „OPQ"), das Denkstil, zwischenmenschliches Verhalten und Motivation prüft, wird ein Persönlichkeitsprofil entwickelt. Ein teilstrukturiertes Intensiv-Interview (*B*ehavorial *E*vent *I*nterview „BEI") gibt Aufschluss über Wissen, Fähigkeiten, Werte und Handlungsweisen in Arbeitssituationen. Aus dem daraus ermittelten Entwicklungsbedarf kann ein individueller Qualifizierungsplan erstellt werden. Dazu zählen entsprechende Management-Programme bzw. Module an der Vorwerk Academy und Teilnahme an Development Centern genauso wie On-the-job-Maßnahmen – darunter Arbeiten in internationalen Projektteams, Job-Rotationen, Hospitationen oder Task Forces. Dieses methodische Vorgehen liefert dem Mentor ein detailliertes, möglichst exaktes Kompetenzprofil, so dass er Fortschritte intensiv und gezielt beobachten, kommentieren und begleiten kann.

Kompetenz-Check-up für Führungskräfte

Multikulturell, gesellschafts- und bereichsübergreifend dient das Mentoren-Programm dem Bereich Human Resource Development dazu, einen European High Potential Pool zu etablieren, der das volle Rüstzeug für den globalen Wettbewerb besitzt. Neben Präsenzzeiten werden die Führungskräfte zukünftig auch elektronisch über ein zu installierendes „Junior-Net" miteinander in Verbindung stehen.

Zweck des Mentoren-Programms

4.3
Einzel-Coaching mit externen Coaches

Ein externer Coach – als unabhängiger, neutraler Partner und Berater – bringt den „Blick über den Tellerrand" mit und leistet Unterstützung darin, den eigenen Standort auszuloten, sich selbst zu reflektieren, persönliche Ressourcen zu mobilisieren, den Blickwinkel auf Probleme und Lösungen zu vergrößern, persönliche Verstrickungen und Konflikte aufzulösen, neue Strategien durchzuspielen oder Beruf und Privatleben in einen besseren Einklang zu bringen. Gerade in oberen Führungsetagen, wo die Stellung exponiert, die Luft recht dünn ist und gelegentlich auch Einsamkeit herrscht, lassen sich mit einem externen Coach als „Sparringspartner" neue persönliche und berufliche Sichtweisen gewinnen und Veränderungsprozesse in Gang setzen.

An alle Coaches für Executives werden folglich hohe Anforderungen gestellt. Sie müssen verschwiegen sein und absolute Neutralität bewahren, kein Eigeninteresse besitzen und allein den Coachee im Blickfeld haben. Sie selbst besitzen neben einem hohen Persönlichkeitsprofil ausgewiesene Kompetenzen in den zu coachenden Feldern, um Top Managern auf der Ebene von freien Partnern zu begegnen. Über dem gesamten Coaching-Prozess schwebt deshalb zwischen Coach und Coachee die Vertrauensfrage: Stimmt die Chemie? Stimmt sie nicht, ist der Aufwand zwecklos.

Um den Erfolg zu sichern und optimale Ergebnisse zu erzielen, werden alle externe Coaching-Prozesse systematisch über die folgenden Schritte gesteuert (vgl. Abbildung 54): Bedarfsermittlung → Coachauswahl →

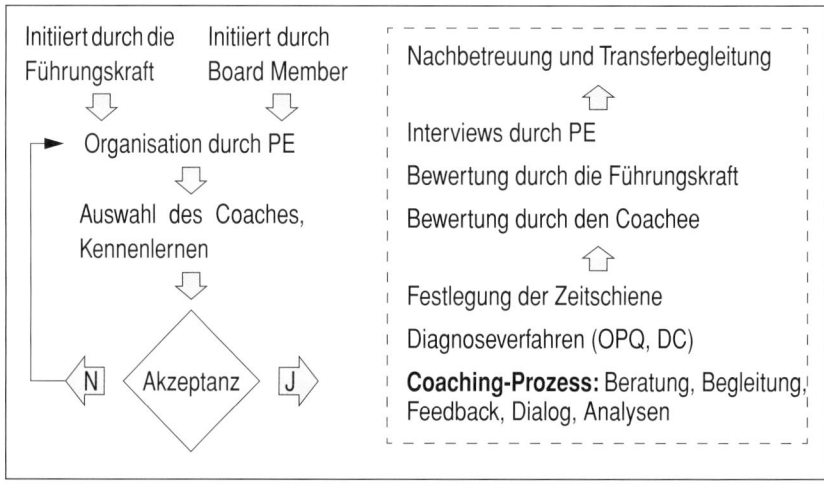

Abbildung 54: Einzel-Coaching mit externen Coaches

Diagnose (z.B. OPQ, BEI, Development Center oder beraterspezifische Verfahren) → Zielsetzung → Zeithorizont → Durchführung → Evaluation → Nachbetreuung/Transferbegleitung.

Wie diese Schritte umgesetzt werden, zeigt das Praxisbeispiel „Vorbereitung einer designierten Nachfolgerin auf eine Executive-Position" im Kasten.

Rollenklärung schafft Freiräume und Akzeptanz

Praxisbeispiel

Gabriella C., gegenwärtig Inhaberin einer fordernden Position im Marketing und Vertrieb von Thermomix Italien, wird intensiv auf ihre zukünftige Aufgabe als Nachfolgerin des Sales Director in rund zwei Jahren vorbereitet – eine Geschäftsführerposition mit Länderverantwortung. Ihr vielversprechendes Potenzial und Persönlichkeitsprofil wurden durch Analysen im Development Center, durch das standardisierte OPQ-Verfahren und in Interviews ermittelt. Sie ist ehrgeizig und besonders gewissenhaft, hat Drive und braucht den beruflichen Erfolg. Im Executive Program der Vorwerk Academy erhält die künftige Geschäftsführerin Einblick und Praxis in erfolgreiche Managementtechniken und -methoden, um strategische und operative Prozesse im Unternehmen aktiv zu steuern und zu begleiten. Ihr Kompetenzprofil in der Analyse hat einige Bedarfsdimensionen in ihren persönlichen Fähigkeiten und Führungsfähigkeiten aufgedeckt, die sich eines Tages als Stolpersteine für ihren beruflichen Erfolg und ihre persönliche Zufriedenheit erweisen könnten: Die hohen Anforderungen, die sie an sich selbst stellt, erwartet sie auch von ihren Mitarbeitern – eine mögliche Gefahrenquelle für Spannungen. Ihre außergewöhnlich hohe Gewissenhaftigkeit, Erfolgsorientierung und Disziplin lassen zeitweise das Verhältnis zwischen Beruf und Privatleben aus dem Lot geraten. Ihr enormes Arbeitspensum bedeutet über kurz oder lang Stress, und das könnte sie leicht ineffizient machen.

■ *Coach-Wahl: der Coachee bestimmt mit.*
  Sie nahm das Angebot, an ihrer Persönlichkeits- und Leadership-Entwicklung mit einem externen Coach zu arbeiten, gern an. Ihr Zusatzwunsch:

■ *Der Coach soll zur Unterstützung ihrer künftig verstärkten Interaktion mit anderen Vorwerk-Gesellschaften interkulturelle Fähigkeiten mitbringen:*
  Zwei ausgewiesene Experten, international versiert und mit starken analytischem Profil, wurden Gabriella vorgeschlagen. Erst zum zweiten Coach entwickelte sich jedoch spontan das notwendige motivierende Vertrauensverhältnis.

■ *Ziele und Zeithorizonte werden gesetzt:*
  Human Resource Development und Gabriella C. definierten den Entwicklungsbedarf. Persönlichkeitsbezogene Kompetenzerweiterung – vor allem im Hinblick auf die Rollenklärung, bereichsübergreifendes Denken, gezielte Wahrnehmung für die individuellen Fähigkeiten und Neigungen der Mitarbeiter, Delegation und Abgrenzungen zur eigenen Entlastung, um eine angemessene Work-Balance zu erzielen. Der Zeithorizont: Einzel-Coaching-Gespräche über ein halbes Jahr, zunächst alle zwei Wochen, später in größeren Abständen.

Erfolgsbewertung und
Transferbegleitung

Nach einer Einzel-Coaching-Maßnahme, bei der oft persönlichkeits-bezogene Kompetenzentwicklungen im Vordergrund stehen und häufig sensible Punkte zwischen Coach und Coachee angegangen werden, stellt sich die nicht ganz leichte Frage nach einer Erfolgsbewertung, die alle In-teressen befriedigt. Bei Vorwerk werden Qualifizierungsveränderungen nach dem Coaching-Prozess vom Coach, der Führungskraft des Coachees und mittels Interview mit dem Coachee vom Bereich Human Resource Development bewertet, wobei das Vertrauensverhältnis zwischen Coach und Coachee unangetastet bleibt. Ferner kann die gecoachte Person sich nach den Maßnahmen bei Bedarf auf die Unterstützung ihres Coaches verlassen – beispielsweise durch Telefonate oder persönliche Treffen.

4.4
Team-Coaching für Geschäftsleitungen

Vorwerk setzt Team-Coaching auf Geschäftsleitungsebene ein mit dem Ziel, die Herausforderungen zu erkennen, die Verzahnung einzelner Funktionsbeiträge und Prozesse zu verstehen, bereichsübergreifendes Denken, Handeln und Kooperation fest im Unternehmen als Prinzip zu verankern, Prioritäten zu setzen und den Einsatz von Ressourcen zu maximieren.

Um erfolgs- und effizienzorientiertes Vorgehen sicherzustellen, werden System-Coachingprozesse strategisch ausgerichtet, maßgeschneidert und nach folgenden Schritten gesteuert (vgl. Abbildung 55): Aufgaben-definition → Coachauswahl → Einzelassessments der Team-Mitglieder

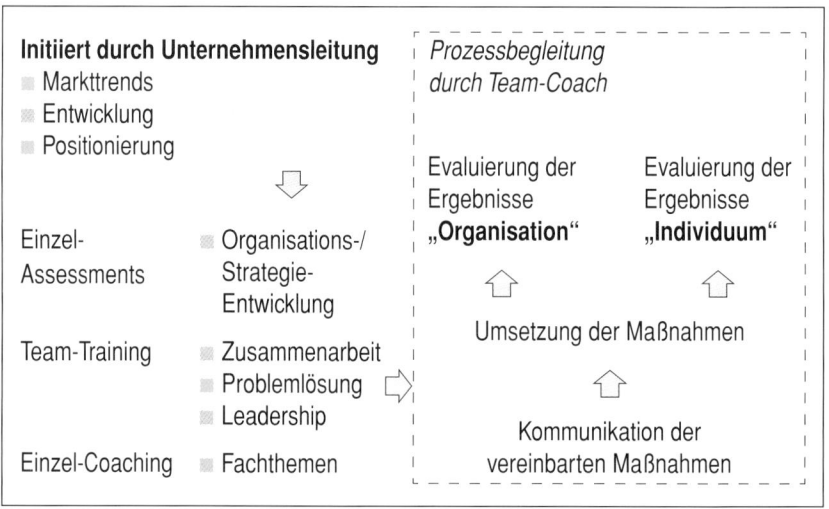

Abbildung 55: Team-Coaching für Geschäftsleitungen

→ Zielsetzung → Team-Coaching zur Prozessbegleitung, evtl. gekoppelt mit Individual-Coaching → Evaluierung der Ergebnisse.

Inwiefern hat nun das Geschäftsleitungsteam in diesem Praxisbeispiel von der Unterstützung durch den Coach profitiert? Als Moderator des Prozesses half der Coach, das Vorgehen zu strukturieren, das prozessorientierte Zusammenwirken und die Kommunikation zu verbessern sowie durch Benchmark mit anderen Unternehmen Prozess-Exzellenz anzustreben mit dem Ergebnis: *Optimalere Ausschöpfung von Synergien und Steigerung von Effizienz und Schnelligkeit.*

Marktführerschaft: „Von der Vision zum operativen Ergebnis"   Praxisbeispiel

In einer schwierigen Marktlage entwickelte die Geschäftsleitung einer Vorwerk-Konzernsparte eine ehrgeizige Vision: die europäische Nummer Eins im hochwertigen Produktsegment zu werden. Etwa zeitgleich wurde die Vertriebs-Führung von bisher drei auf nun einen hauptverantwortlichen Geschäftsführer konzentriert. Das gesamte Geschäftleitungs-Team setzt sich aus vier Mitgliedern zusammen. Die Aufgaben, die mit Hilfe der Moderation eines Team-Coaches zu erreichen waren, lauteten: aus der Vision eine Unternehmensstrategie zu entwickeln und in ein operatives Ergebnis umzusetzen. Diesen zukunftsgestaltenden Prozess strategisch, fachlich und teamdynamisch zu unterstützen und zu moderieren, setzt natürlich ein anspruchsvolles Kompetenzprofil des Team-Coaches voraus. Die Wahl fiel auf einen in der Mittelstandsberatung sehr erfahrenen Fachmann mit ausgeprägtem analytischen Denken und umfassenden Kenntnissen in der Unternehmensplanung und -steuerung einschließlich Controlling.

Zur Verwirklichung der Unternehmensvision entwickelten Team und Coach gemeinsam die Strategie: Optimierung der Customer Relations und Ertragssicherheit durch Produkt- und Prozessqualität.

Das operative Ziel: Aufstellung eines professionellen Supply-Chain-Managements.

Die Coaching-Schwerpunkte:

▪ *Einzel-Coaching* des neuen Geschäftsführers Vertrieb zur Einführung in seine erweiterte Funktion.

▪ *Team-Coaching* mit Einsatz der Balanced Scorecard als Unternehmens-Planungs-Instrument.

Team und Coach erfassten zunächst die Unernehmensstrategie aus der *Finanz-, Kunden-, Prozess-* sowie *Lern- und Wachstums-Perspektive,* um so

▪ die strategischen Ziele zu entwickeln,

▪ die Messgrößen ummissverständlich zu definieren,

▪ die Zielwerte messbar zu quantifizieren.

Zum Schluss erfolgte das *Ergebnis-Controlling* nach dem Motto: *„If you can't measure it, you can't manage it!"* Durch die exakte Definition der Messgrößen und der Quantifizierung der Zielwerte lässt sich das operative Ergebnis aller implementierten Teilprozesse innerhalb der Organisation präzis messen.

5
Unternehmen und Management im Wandel

Führung im Kontext der Globalisierung, charakterisiert durch den Verdrängungswettbewerb, stellt neue, erfolgskritische Anforderungen an Kompetenzen, Führungskultur und Arbeitsstil. Für das Performance Management im Wandel der Märkte, Werte und Kundenorientierung ist Coaching in den letzten Jahren zu einem integralen Human Resources-Steuerungsinstrument avanciert, um das Unternehmen aus tradierten Strukturen in dynamischere, reaktionsschnellere Gefilde zu bewegen.

Welche Veränderungen haben die von Vorwerk installierten Prozesse gebracht? Eine Zusammenfassung der Resultate zeigt Abbildung 56. Daraus wird ersichtlich: *Tatsächlich, es bewegt sich was!*

von	nach	vorher	heute
Funktionale Organisation	Prozessorientierung	F / P	F / P
Bereichsegoismen	Bereichsübergreifendes Denken und Handeln	Be / Bü	Be / Bü
Herrschaftswissen	Wissensmanagement	Hw / Wm	Hw / Wm
Unbeweglichkeit/ Konservatismus	Veränderungsbereitschaft	U / V	U / V
Pflichterfüllung	Identifikation	P / I	P / I
Hierarchiegläubigkeit	Empowerment	H / E	H / E
Management	Leadership	M	M / L
PE als Training	PE als strategische Ressource	T / sR	T / sR

Abbildung 56: Erfolgsbilanz qualitativ

Fallstudie

Einsame Spitze –
Coaching bei Volkswagen

Christine Kaul

1
Die Idee

Im Januar 1995 wurde die Volkswagen Coaching GmbH gegründet; diese umfasst alle Aspekte der Personalentwicklung der Marke Volkswagen. Geschäftszweck ist die Sicherung der Qualität der Volkswagen-Mitarbeiter, international und unter wirtschaftlichen Gesichtspunkten. Die Zielgruppen ihrer Aktivitäten sind junge Auszubildende ebenso wie Top-Manager des Konzerns. Die Ziele dieser Ausgründung waren vielfältig, unter anderem sollte die Personalentwicklung beweisen, dass sie am Markt bestehen kann, was Qualität, Preis und Kundenorientierung anbelangt. Ein erfolgreiches Agieren im Wettbewerb der Bildungsanbieter sollte ihr gleichzeitig die Möglichkeit eröffnen, innovative, effektive und effiziente Personalkonzepte zu entwickeln und umzusetzen.

Innovative Personalkonzepte als Ausgangspunkt

Seit Anfang 1996 schafft allerdings eine Namensdoppelung immer wieder Erklärungsbedarf: In der Volkswagen Coaching GmbH entstand ein Geschäftsfeld mit dem Namen Coaching. Spiritus rector dieses Geschäftsfeldes war Dr. Peter Hartz, Mitglied des Volkswagen Konzernvorstandes, Personal. Er sah sich mit der Frage konfrontiert, wie die direkt an die Konzernvorstände berichtenden Top-Manager des global agierenden Automobilkonzerns die Chance erhalten könnten, sich persönlich weiter zu qualifizieren und zu entwickeln. Die Frage an sich enthält schon ein bemerkenswertes Element: In den meisten Unternehmen ist der Aufstieg in diese oberste Verantwortungsebene damit verbunden, dass Qualifizierungs- und Entwicklungsmaßnahmen nicht mehr stattfinden. Entweder aus dem Glauben heraus, dass Menschen im Top-Management bereits durch ihren Aufstieg bewiesen haben, dass sie genügend qualifiziert sind, nach dem Motto „Wem Gott ein Amt gibt, dem gibt er auch den Verstand", oder aber aus der Überzeugung heraus, dass solche Verantwortungsträger „andere Interessen", das heißt tätigkeitsbezogene, haben sollten als persönliches Lernen und Weiterqualifizierung.

Dr. Peter Hartz, der innovative und kreative Personalverantwortliche, sah dies in querdenkerischer Weise anders. Gerade die Spitzenleister eines Unternehmens müssten alles tun, um ihre Spitzenleistung zu steigern bzw. zu erhalten: jeder Gute kann noch besser werden, so sein Credo. Die Arbeits- und Lebensumstände sowie die exzellente Qualifizierung von Top-Managern machen spezielle Formen der Qualifizierung und Entwicklung nötig. Nur höchst individuelle, punktgenau auf Entwicklungs- und Qualifizierungsbedarf und -bedürfnis des Einzelnen abgestimmte Angebote können für diese Zielgruppe attraktiv und durchführbar sein. Dies ist ausschließlich im Einzel-Coaching möglich. Mit diesem Gedanken entstand das Geschäftsfeld. Fünf interne Coachingberaterinnen und -berater, die auf Kundenwunsch auch selbst als Coaches arbeiten, stehen seitdem den Coachinginteressierten zur Verfügung.

„Lernen ist wie schwimmen gegen den Strom, wer aufhört, fällt zurück." In mehr als 2000 Coachingprozessen wurden in den vergangenen Jahren Top-Manager des Volkswagen Konzerns und Manager der Marke Volkswagen dabei unterstützt, ihre Spitzenposition zu halten oder auszubauen.

2
Coaching bei Volkswagen – was heißt das konkret?

Die Volkswagen-Definition von Coaching unterscheidet sich grundlegend von vielen anderen Coachingdefinitionen: Coaching ist ein *Entwicklungs- und Qualifizierungsprozess* hin zur persönlichen Spitzenleistung. Wegbegleiter ist der Coach, der für die Fragestellung des Coachingnehmers (Coachee) die angemessene und zielführende Qualifizierung besitzt. Um dieses und weitere Kriterien sicher zu stellen, wurde in den vergangenen Jahren und mit der Erfahrung aus mehr als 2000 erfolgreich abgeschlossenen Coaching-Prozessen ein aufwändiges Qualitätsaudit für Coaches entwickelt, von dem weiter unten ausführlicher die Rede sein soll. In einen Coachingprozess bei Volkswagen können alle Fragestellungen einfließen, die die Leistungsfähigkeit eines Coachingnehmers optimieren, stabilisieren, auch solche Variablen, die nach Auffassung des Kunden seine Leistungsfähigkeit potenziell beeinflussen könnten. Das bedeutet, dass alle VW-Management-Kompetenzen Gegenstand von Coaching sein können: die fachliche, unternehmerische, soziale und persönliche Kompetenz (vgl. Abbildung 57). Hierzu einige Beispiele:

Coaching als Entwicklungs- und Qualifizierungsprozess

◾ *Fachliche Kompetenz:* Ein Coachingnehmer übernimmt einen verantwortungsvolleren, inhaltlich größeren Bereich in der Fahrzeugproduktion. In den vergangenen Jahren deckte sein Aufgabegebiet nur Anteile dieser umfassenderen Aufgabe ab. Er hat jetzt das Interesse, seine Fachkenntnisse in den neu hinzugekommenen Bereichen auf den neuesten Stand zu bringen, sowohl was das akademische als auch das praktische Know-how anbelangt. Ein idealer Coach hierzu könnte ein Hochschullehrer sein, der durch verschiedene Veröffentlichungen und Forschungsarbeiten nachgewiesener Maßen die aktuelle akademische Diskussion zum Thema bestimmt. Gleichzeitig macht es die

Fachliche Kompetenz

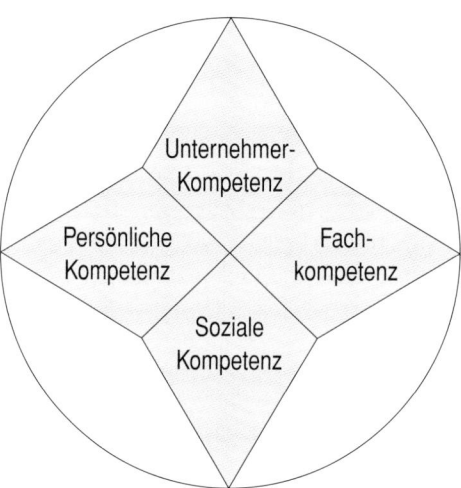

Abbildung 57: VW Management-Kompetenzmodell

Fragestellung des Coachingkunden sinnvoll, einen Praktiker eines anderen (Nicht-Wettbewerber) Unternehmens als Sparringspartner zu einem persönlichen Erfahrungsaustausch zu gewinnen. So kann etwa der Fertigungsleiter eines fleischverarbeitenden Unternehmens möglicherweise viel Nutzbringendes berichten zur Frage, wie eine gleichbleibend hohe Qualität in diesem Bereich gesichert werden kann. Beiden gemeinsam ist ein starkes Interesse, Produktqualität zu erzeugen und sicher zu stellen. Die Verschiedenheit der Branchen hat aber in der Vergangenheit möglicherweise zu Unterschieden in den Zugängen zum Thema und in den Lösungsansätzen geführt, die ein solches „Benchmarking" zu einem Lernerlebnis für beide werden lässt.

Unternehmerische Kompetenz

■ *Unternehmerische Kompetenz:* Welche Erfahrungen haben vergleichbar große mittelständische Unternehmen mit der Einführung der Balanced Scorecard gemacht? Diese Fragestellung wird verständlich auf dem Hintergrund, dass einzelne Unternehmensbereiche bei Volkswagen durchaus die Größe und vergleichbare Prozesse wie mittelständische Unternehmen haben.

Soziale/Persönliche Kompetenz

■ *Soziale/Persönliche Kompetenz:* Diese beiden Kompetenzbereiche sind häufig nur schwer zu differenzieren, wie überhaupt die Zuordnung zu einzelnen Kompetenzbereichen immer nur eine Momentaufnahme aus den ersten Diagnosegesprächen sein kann. Denn während eines Coachingprozesses können in vielen Fällen zusätzliche Aspekte auftauchen, die zu Coachingbeginn nicht transparent wurden. Zusätzliche Experten können gegebenenfalls in einem solchen Fall mit in den Coachingprozess integriert werden.

Wie wichtig die – normalerweise mindestens zwei – intensiven Diagnose-Gespräche vor Coachingstart sind, kann an einem Beispiel aus dem Überschneidungsgebiet mehrerer Kompetenzen gezeigt werden.

Ein (fiktiver) Coachingkunde wendet sich mit der folgenden Feststellung an den Coachingberater: „Ich brauche eine Auffrischung in Sachen Rhetorik." Intensives Nachfragen, Abwägen und Diskutieren der Situationen, in denen ihm „Rhetorikbedarf" nötig erscheint, kann inhaltlich und in der Komplexität unterschiedliche Konstellationen zum Vorschein bringen, die jeweils grundlegend andere Coachingprozesse und Coaches nötig machen:

Komplexität einer Coachingsituation

1. Um mit der „einfachsten" Ausgangssituation zu beginnen: Der Kunde ist zur Zeit einer Situation ausgesetzt, in der er sich öffentlich zu Sachverhalten äußern muss, für die er sich fachlich-inhaltlich nicht optimal ausgerüstet sieht. In diesem Falle sollte es genügen, ihm in einem fachlichen Kurzcoaching die nötige fachliche Sicherheit zu vermitteln.

2. Der Kunde hat bei öffentlichen Auftritten nach kurzer Zeit Sprechbeschwerden; er merkt, dass die weiter entfernt sitzenden Zuhörer unkonzentriert werden, bei Debatten im Publikum hat er Mühe stimmlich „durchzudringen". Diese Situation erfüllt ihn schon vor den Auftritten mit Unruhe. In diesem Falle erweist sich ein Coach, der beispielsweise die Alexander-Technik beherrscht, als angemessen. Das Coaching wird sich hier also darauf konzentrieren, die Stimme und Sprechhaltung des Kunden zu üben und an seinem Stimmvolumen zu arbeiten.

3. Der Kunde besitzt eine dysfunktional hohe Selbstaufmerksamkeit. Während des Vortragens beobachtet er sich selbst (und weniger das Publikum) und kommentiert innerlich sein eigenes Verhalten in abwertender Weise wie z.B. „Diesen Versprecher hat jetzt jeder gemerkt", „Dass deine Hände zittern, sieht jeder". Diese „innere Stimme" zu neutralisieren, gelingt nur in einem Coachingprozess, der sich intensiv mit der Selbstaufmerksamkeit des Coachingkunden beschäftigt, und erfordert einen Spitzencoach zum Thema Persönliche Kompetenz.

4. Der Kunde hat seit langem das Gefühl, in einem „Feedback-freien Raum" zu agieren. Aufgrund seiner Position kann er davon ausgehen, dass seinen Auftritten der Applaus sehr freundlich, wenn nicht gar enthusiastisch folgt, aber möglicherweise gäbe es ja das eine oder andere, was er besser machen könnte, oder Routinen, die sich eingeschlichen haben und die überdacht werden könnten. Schließlich hat er

selbst gemerkt, dass er bei einem Argument den Faden verloren hat, aber es scheint so gut wie unmöglich, einen offenen und kompetenten Feedback-Geber im näheren Umfeld zu finden. Ein persönliches Coaching, das mit einem videoaufgezeichneten „Stressinterview" beginnt (um in etwa die leichte Anspannung zu erzeugen, die öffentliche Auftritte begleiten) und das anschließend konstruktiv kritisch von Coach und Coachingnehmer analysiert wird, ist hier am erfolgversprechendsten. Je nachdem, welche Redesituation dem Coachingkunden optimierungsbedürftig erscheint, können anschließend auch neue verbale und nonverbale Muster ausprobiert und nach ihrer Tauglichkeit für genau diese Person geprüft werden. Ein solcher Coachingprozess dauert im übrigen normalerweise maximal zwei mal vier Stunden.

5. Der Kunde fühlt sich nicht wohl mit den Reden, die ihm geschrieben werden. Bei vorherigem Studium des Redetextes erweisen sich die Reden zweifelsfrei als eloquent, humorvoll und treffsicher in den Argumenten. Aber der Kunde fühlt sich beim Reden wie „in einem Anzug, der nicht passt". Hier muss weder an der Kompetenz des Schreibers noch an der des Redners gezweifelt werden: zwischen beiden stimmt einfach die Chemie nicht. In solchen Fällen erweist sich Coaching leider als nicht tauglich: der Redenschreiber sollte ausgetauscht werden.

Wie aus der beispielhaften Darstellung deutlich wurde, ergeben sich die Themen für ein Coaching sowohl aus weniger komplexen als auch aus hochkomplexen Situationen, in denen sich der Kunde befinden kann. Es ist die Aufgabe der internen Coachingberater, mit dem Kunden gemeinsam herauszufinden, welche Art Coachingprozess und welcher Coach die angemessene Antwort auf die Kundenanfrage darstellt.

Gemeinsame Klärung der Ausgangslage durch Coach und Coachee

Sehr häufig geht es darum, dass der Coach für einen deutlich befristeten Zeitraum den Kunden dabei unterstützt, die Komplexität zu reduzieren, um den Kunden kurzfristig hochleistungsstabil zu halten. Dies wird besonders deutlich dort, wo ein Coachingnehmer eine Veränderungssituation zu meistern hat. Ein Positions- und Funktionswechsel, verbunden unter Umständen mit einer Auslandsentsendung, wirft nicht nur fachlich-inhaltliche Probleme auf, sondern auch interkulturelle, bezogen auf das fremde Land, aber auch auf die fremde Unternehmenskultur. Zu alledem kann dem Kunden nicht daran gelegen sein, im privaten Umfeld einen „Krisenherd" entstehen zu lassen.

Die legendären 100 Tage, die in früheren Zeiten einem solchen Wechselkandidaten zugestanden wurden, sind tatsächlich längst Legende (möglicherweise gab es sie nie). Heute muss ein neuer Funktionsinhaber alles tun, um sofort Wirkung zu zeigen und den hohen in ihn gesetzten Erwartungen gerecht zu werden. Hierbei unterstützt Coaching, mit gegebenenfalls mehr als einem Experten, wirkungsvoll und zeit- und energiesparend, aber auch Budget schonend.

Vielfach besteht bei potenziellen Coachingkunden immer noch das Vorurteil, Ziel von Coaching sei eine „Veränderung des Menschen". So haben einzelne Kunden zwar von Kollegen gehört, wie positiv sich Coaching ausgewirkt hat. Sie haben sich deshalb an den Coachingberater gewendet, aber sie verweisen gleich zu Beginn entschieden darauf hin, dass „ich mich nicht mehr grundlegend verändern will/kann". Hierzu muss sehr deutlich gemacht werden, dass Coaching bei Volkswagen eine konsequent ressourcenorientierte Entwicklungs- und Qualifizierungsmaßnahme darstellt. Das heißt, Coaching zielt darauf, den Kunden so zu unterstützen, dass er seine Ressourcen optimal nutzen kann. Die Ressourcen liegen schon im Kunden, kein professioneller Coach wird jemals den Anschein erwecken wollen, er vermittle dem Coachingnehmer Fähigkeiten, die noch nicht in ihm angelegt sind.

Vorurteile beim Coaching-Kunden

Optimale Nutzung der Ressourcen des Kunden

Dazu ein Beispiel: Top-Manager/Manager in einem großen Unternehmen zu sein bedeutet, erhebliche Kontrolle über die eigene Gefühlswelt auszuüben. Erst seit wenigen Jahren wird diese selbstauferlegte emotionale Einschränkung für die öffentliche Diskussion interessant und diskutierbar gemacht. Häufig sind es die jüngeren Coachingkunden, Manager um die 40, die dieses „Gefühlskorsett" im Coaching ansprechen. Hier ist deutlich auch ein Generationenunterschied feststellbar. Diese Coachingkunden spüren, dass ein „Korsett" immer eine Bewegungseinschränkung mit sich bringt. Mit anderen Worten: Dort, wo ich im angemessenen Ausdruck meiner Gefühle eingeschränkt bin, bin ich es oft auch in meiner Leistungsspitze. Der Gefühlsausdruck unterliegt in *allen* Unternehmen den ungeschriebenen Regeln, denen man tunlichst folgen sollte. Die risikoarme Strategie im Umgang mit Hidden rules bedeutet dann, dass viele Führungskräfte nur einen äußerst geringen Ausschnitt dessen aktualisieren, was ihnen in anderen emotionalisierten Situationen als Handlungsrepertoire zur Verfügung steht. Die Betroffenen erleben hier ein Defizit, obgleich es sich „nur" um aktuell nicht zugängliche persönliche Ressourcen handelt. Wo beispielsweise ein Kunde das Defizit artikuliert, seine Freude über eine gelungene Leistung nicht ausdrücken zu können, genügt es oft, mit dem Coachingnehmer gemeinsam zu überlegen, wie er in anderen Lebensbereichen (Familie, Sportverein) solche Gefühle durchaus zum Ausdruck bringen kann. Hier zeigt ein befreiendes Lachen, dass altbekannte Verhaltensmöglichkeiten in den Unternehmensalltag „hineingeraten" sind.

Umgang mit Hidden rules

3
Wie sieht der Coachingprozess aus?

Der Ablauf eines Coachingprozesses stellt sich wie folgt dar: Es ist in der Regel der Kunde selbst, der sich bei den Coachingberatern meldet, telefonisch oder per e-mail, um einen ersten Gesprächstermin zu vereinbaren. Da Coaching im Unternehmen einen hohen Bekanntheitsgrad hat und als Personalentwicklungsprodukt für Spitzenleister des Unternehmens etabliert ist, stellt dieser Erstkontakt keine große Hürde für den Interessierten dar.

Ort der Gespräche

Ob das erste Gespräch in den Arbeitsräumen des Kunden oder in den Räumen der Coachingberatung stattfindet, ist dem Kunden überlassen. In Wolfsburg arbeitende Kunden werden meist in ihrem Büro aufgesucht, Kunden (vor allem aus dem Ausland) ziehen einen Ersttermin in den Räumen des Coachingberaters vor. Dieses Gespräch, wie auch das

Dauer der Gespräche

nach ca. 14 Tagen stattfindende zweite Gespräch, dauert mindestens 1,5 Stunden, häufig jedoch länger.

Wie dargestellt, kommt den ersten Diagnosegesprächen im Coaching besonderes Gewicht zu. In vielen Fällen kann der Coachingberater im Anschluss an das zweite Gespräch konkrete Vorschläge zum weiteren Vorgehen bzw. zu den angemessenen Experten machen, die als Coaches in Frage kommen könnten. Zumindest dann, wenn für die Fragestellung des Kunden solche Experten im Coaches-Pool existieren. Coaches also, die die ersten Hürden des Coaches-Qualitätsaudit genommen haben. Ist dies nicht der Fall, wird der Coachingberater den Kunden um Geduld bitten müssen. Die Coaches-Recherche kann – je nach Fragestellung – durchaus einige Wochen in Anspruch nehmen.

Auswahl der Coaches

Dem Coachingkunden werden mehrere Coaches vorgeschlagen – diese Experten unterscheiden sich nicht in ihrer Qualität. Die Unterschiede liegen z.B. in Variablen wie Honorarhöhe, Geschlecht des Coaches, Arbeitsweisen und Instrumente auf der Basis der theoretischen Modelle, die der Coach verwendet. Der Kunde kann davon ausgehen, dass die vorgeschlagenen Coaches Experten für seine Themenschwerpunkte sind, geprüft im Qualitätsaudit auf Qualität ihrer Ausbildung und Arbeitsweise. Er selbst steht vor der Wahl, denjenigen auszuwählen, von dem er sich menschlich die konstruktivste Beziehung erwartet, denn: die Chemie muss stimmen.

Die Coaches werden vom Coachingberater informiert, dass sie „einem Kunden" vorgeschlagen wurden. Den nächsten Schritt sollte der Kunde allerdings selbst tun: den Coach seiner Wahl (oder mehrere) zur Terminierung eines Erstgesprächs oder zu einem ausführlichen Telefonat anzurufen. Im Folgenden liegt alles bei den beiden Akteuren Coach und Coachingnehmer. Über ein im Vorhinein festgelegtes Stundenvolumen treffen sich beide. Das Coachingthema und die jeweiligen Kalender bestimmen Häufigkeit und Dauer der Zusammenkünfte. Erst nachdem dieser Zeitrahmen ausgeschöpft ist, tritt wieder der Coachingberater in Aktion: mit dem Meilensteinfragebogen an den Kunden und dem Meilensteingesprächsangebot. Beides sind Instrumente der Qualitätssicherung von Coachingprozessen und Coach-Auditierungen, also bezogen auf den Prozess und die Person des Coaches selbst.

Instrumente der Qualitätssicherung

Der Meilensteinfragebogen bezieht sich auf die Kundenzufriedenheit, nicht nur bezüglich des Coachingprozesses und des Coaches, sondern selbstverständlich auch auf die Dienstleistung des Coachingberaters. Am Ende des Fragebogens wird der Kunde befragt, ob das anstehende Meilensteingespräch unter Hinzuziehen seines Coaches stattfinden soll. In der Praxis finden daher die Meilensteingespräche zu dritt statt: Coachingkunde, Coachingberater und Coach. Insofern haftet dieser Begegnung ein gewisser „Prüfungscharakter" für den Coach an, denn Berater und Kunde sprechen ausführlich über Methodenvielfalt, Kompetenzen, Vorbereitung, Nachbereitung, Transfersicherung, Zielorientierung, weitere Einsatzmöglichkeiten, Einsatzbeschränkungen des Coaches, wie sie der Kunde erlebt hat – in Anwesenheit seines Coaches. Ausgeschlossen ist ausdrücklich der Inhalt des Coachings, so dass es vom Vertrauen des Kunden in den Coachingberater abhängt, ob und inwieweit der Kunde

Meilensteinfragebogen

Meilensteingespräch

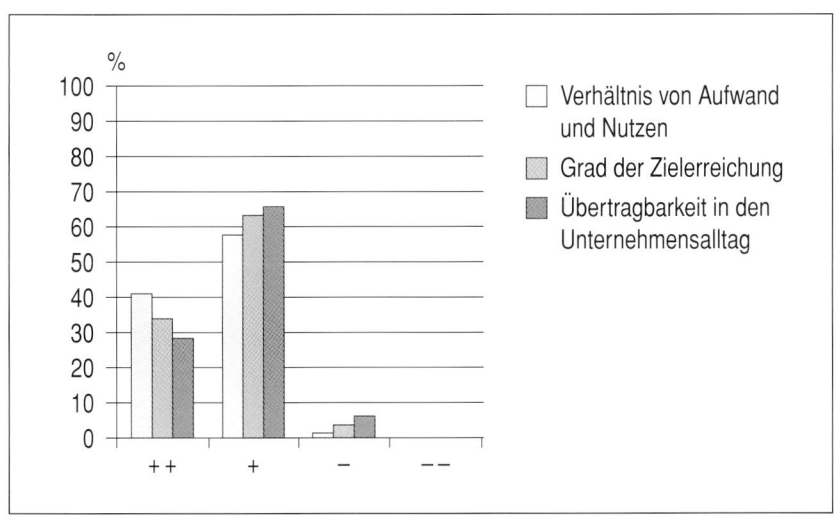

Abbildung 58: Fragen aus dem Meilensteinfragebogen: Kundenzufriedenheit

hierzu Äußerungen macht. Anschließend hat der Coach die Möglichkeit, sich ins Gespräch einzuschalten. Es spricht für die gute Beziehung zwischen Kunden und Coachingberater, dass häufig das Meilensteingespräch als „Coaching zu dritt" endet.

Aus dem Meilensteinfragebogen ergeben sich – neben vielen anderen Daten – die in Abbildung 58 dargestellten Zufriedenheitswerte der Coachingkunden.

4
Wer sind die Coaches?

Da Coaching bei Volkswagen das gesamte Spektrum möglicher leistungsoptimierender und -stabilisierender Fragestellungen abdeckt, ist die Spannbreite möglichen Expertenwissens unter den Coaches sehr groß. Im Laufe der Jahre wurde ein Coach-Pool aufgebaut, der (unter hohen Qualitätsanforderungen) die Themen bearbeiten kann, die am häufigsten von den Top-Managern/Managern des Unternehmens an die Coachingberater herangetragen werden:

Coach-Pool und Coaching-Themenfragebogen

▨ Betriebswirte, Juristen, IT-Experten, Fachleute verschiedenster akademischer Ausbildungen stehen für das fachliche Coaching zur Verfügung.

▨ Professionelle Berater für die Schwerpunkte work-life-balance (eine Frage, die zunehmend auch die Menschen in verantwortlichen Funktionen beschäftigt), öffentliches Auftreten, Impression Management (d.h. welche Wirkungen intendiere ich – welche Wirkungen erzeuge ich bei anderen), Selbst- und Mitarbeitermotivation, Prozess- und Projektmanagement, Führungswechsel, Berufsbiographisches Coaching sowie für interkulturelle Fragestellungen stehen zur Verfügung.

▨ Experten, die Leitungsteams in Projekten mit hohem sozialen Engagement und hoher gemeinsamer Stresserfahrung (Exposure-Coaching z.B. an sozialen Brennpunkten) begleiten. Experten, die den Kunden in der Analogie von asiatischem Kampfsport und beruflichen Stresssituationen ihre persönlichen Reaktionsmechanismen aufzeigen.

▨ Um die physische Gesunderhaltung und Leistungsfähigkeit zu sichern, stehen Personal Trainer, Sportmediziner und Gesundheitspsychologen zur Verfügung.

Trotzdem erscheint der Coach-Pool eher klein: er umfasst zur Zeit nicht mehr als ca. 200 Personen, welche Voraussetzungen betreffend Coach-Qualität erfüllen. Und dies bei einer Zahl von mehr als 2000 Personen, die – sich als Coaches anbietend – zumindest auf dem Papier so interessant erschienen, dass sie zu einem 1,5-stündigen Gespräch mit mindestens 3 Coachingberatern eingeladen wurden. Die Ausbeute ist also gering: Der Markt für Coaches in Europa ist unübersichtlich, ständig wachsend und zu erheblichen Anteilen leider von mehr als fragwürdiger Qualität. Um den anspruchsvollen und sehr spezifischen Erfordernissen der Coachingnehmer genügen zu können, muss aber zwangsläufig immer wieder aufs Neue recherchiert werden. Dies führte mit der Zeit zu einem außerordentlich guten Marktüberblick und sehr dezidierten Qualitätsvorstellungen im Coachingberater-Team, die in das Coaches-Qualitätsaudit, wie es jetzt angewendet wird, mündeten.

Ständige Suche nach qualifizierten Coaches

Die Frage eines Coachesberaters an seine Kolleginnen und Kollegen: „Wo gibt es jemanden, der …?" führt nicht selten zu internationalen Such-Aktivitäten, natürlich auch über Internet. Zudem werden unternehmerische Persönlichkeiten aus anderen Branchen und Unternehmen nach Bedarf angesprochen und gebeten, sich zum Erfahrungsaustausch zur Verfügung zu stellen.

5
Wie wird das Coaching-Angebot genutzt?

Zur Nutzungshäufigkeit von Coaching als Maßnahme individueller Weiterentwicklung lassen sich folgende Zahlen darstellen. Seit dieses Angebot Anfang 1996 dem Top-Management (in den ersten beiden Jahren

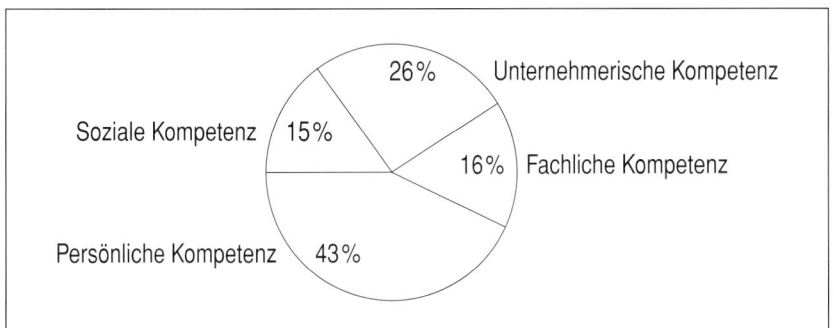

Abbildung 59: Themenschwerpunkte im 1. Coaching-Prozess

ausschließlich) und dann auch dem Management gemacht wurde, haben 94% der Top-Manager und 56% der Manager dieses Angebot *mindestens einmal* wahrgenommen. Mehr als 50% der Top-Manager haben allerdings mehrfach (bis zu 7mal) zu unterschiedlichsten Fragestellungen Coaching in Anspruch genommen. Dadurch ergibt sich die hohe Anzahl erfolgreich durchgeführter Prozesse von über 2000, bei einer Zielgruppengröße von etwa 1100 Personen insgesamt.

Die Schwerpunkte der angesprochenen Fragestellungen zeigt Abbildung 59, die allerdings nur als Schätzung verstanden werden darf. Wie schon gesagt wurde, ist die Differenzierung der Kompetenzbereiche nur unzureichend möglich. Außerdem gibt es keine Aussagemöglichkeit darüber, ob und wie oft innerhalb eines Coachingprozesses der Schwerpunkt sich verlagert haben mag.

6
Welches sind die besonders nachgefragten Coaching-Angebote?

Zwei Angebote verdienen noch besonderer Erwähnung, nämlich die *360°-Einschätzung* und das *Gesundheitscoaching*.

360° Feedback

Die Coachingkunden haben die Möglichkeit, sich einer *360°-Einschätzung* zu unterziehen. Im Gegensatz zu Praktiken in anderen Unternehmen ist dies bei Volkswagen eine Maßnahme, die freiwillig und ohne weitere Konsequenzen durchgeführt werden kann – mit Ausnahme der Konsequenzen, die der Kunde selbst ziehen will. Auf der Basis der Volkswagen-Management-Kompetenzen werden Mitarbeiter, Vorgesetzte, Hierarchiekollegen, (interne und externe) Kunden und Lieferanten des Coachingnehmers schriftlich befragt, wie sie die Performance der Zielperson einschätzen. Der Kunde erhält nach der Befragung eine ausführliche Ergebnisrückmeldung (vgl. Abbildung 60 bis 62) bis auf die Ebene einzelner operationalisierter Fragen, und zwar aus den verschiedenen Blickrichtungen der Befragtengruppen. Neben dem Rekurs auf die VW-bezogene Management-Ideal-Norm werden weitere Auswertungen geliefert.

Die Ergebnisse werden dem Coachingkunden mündlich ausführlich erläutert: hierzu dient das erste Gespräch. In einem zweiten Gespräch findet die Beratung statt, wie der Kunde die Ergebnisse für seine persönliche Weiterentwicklung und Leistungssteigerung im Unternehmen nutzen kann.

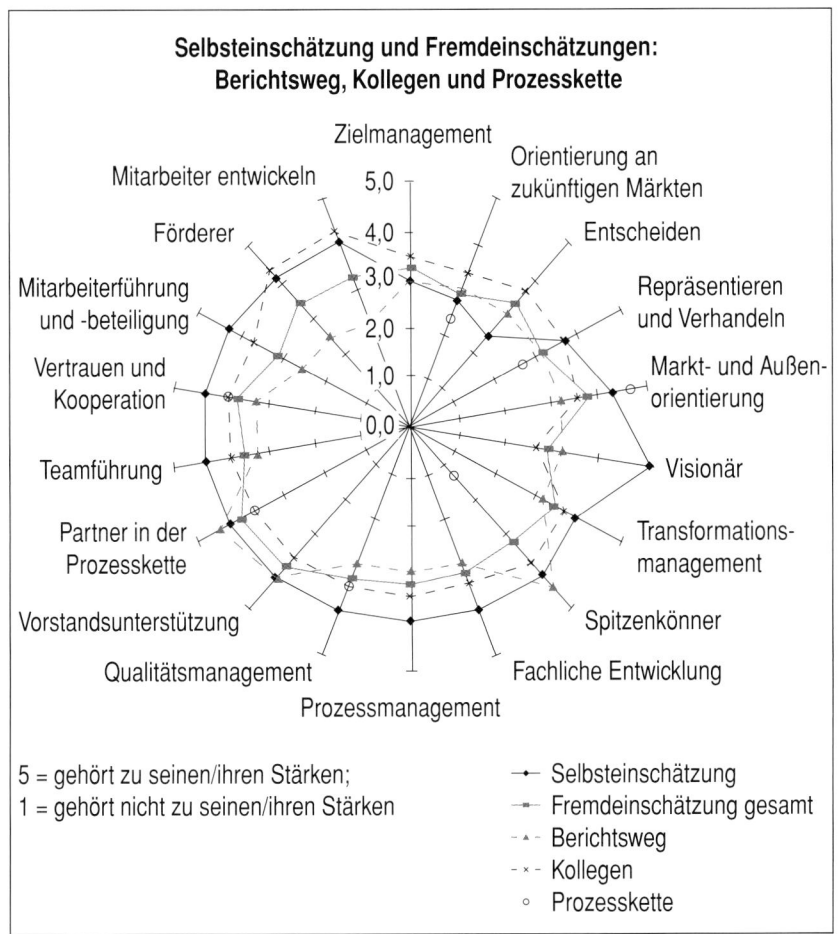

Abbildung 60: 360°-Einschätzung – Beispiel I zur Ergebnisrückmeldung

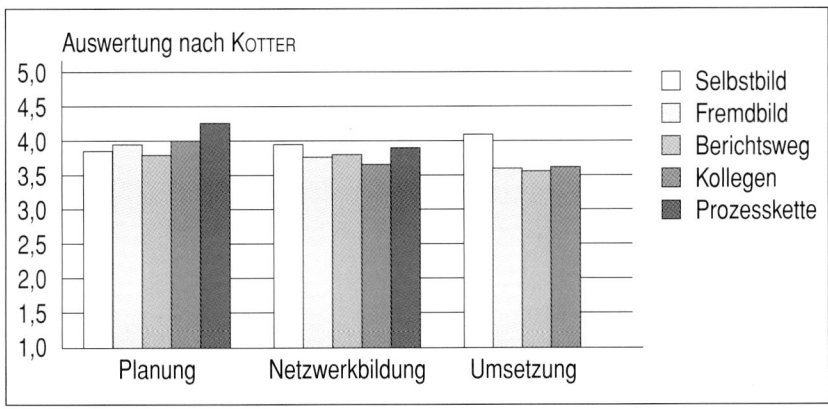

Abbildung 61: 360°-Einschätzung – Beispiel II zur
Ergebnisrückmeldung

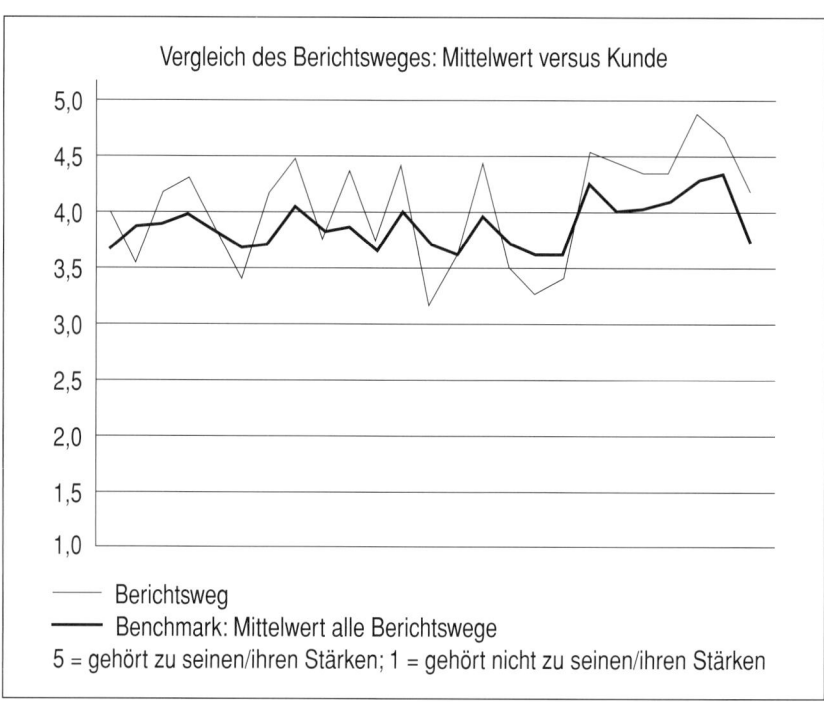

Abbildung 62: 360°-Einschätzung – Beispiel III zur
Ergebnisrückmeldung

Gesundheitscoaching

Als zweites Angebot ist das *Gesundheitscoaching* zu erwähnen. Dieses
wird in enger Kooperation mit dem Gesundheitswesen der VOLKSWAGEN
AG durchgeführt. Nach einem Gesundheitscheck, wie er den Führungskräften alle zwei Jahre ermöglicht wird, kann eine Kleingruppe von
einigen Ehepaaren/Lebenspartnern das drei- bis viertägige Gesundheitscoaching besuchen. Beispielhaft an der gut erforschten Zivilisationser-
krankung Herzinfarkt werden dann individuelle Prophylaxeprogramme
erarbeitet und eingeübt: Ernährung, Entspannung und Bewegung sind
dabei die Basisbausteine mit u. a. den Instrumenten Ernährungstagebuch,
Herzfrequenz- und Laktatmessung, gegebenenfalls Impedanzmessung.
Zusätzlich werden die besonderen Arbeitbedingungen des Coachingkunden berücksichtigt, wie etwa häufige Transatlantikflüge.

Eine Evaluationsstudie im Zusammenhang mit dem *Gesundheitscoaching* hat übrigens nachgewiesen, dass die Laborwerte der Teilnehmer
noch nach einem Jahr deutlich und statistisch signifikant in Richtung
medizinische Normalwerte verändert waren (Abbildung 63 und 64).

Dieses Coaching-Programm findet auch reges Interesse bei Vorstands-
gremien und anderen Leitungsteams.

▧ Eine Studie wies nach: das Infarktrisiko der TeilnehmerInnen war um 28 %
   gesunken, das Wohlbefinden hatte sich entschieden verbessert.

▧ In einer begleitenden Diplomarbeit im Geschäftsfeld Coaching wurde festgestellt,
   dass es bei den TeilnehmerInnen zu signifikanten positiven Veränderungen in
   Verhalten und Einstellung kommt.

▧ Folgeuntersuchungen in den Refresher-Seminaren zeigten signifikante positive
   Veränderungen der medizinischen Gesundheitsparameter.

Abbildung 63: Erfolgsbilanz Gesundheitscoaching „Fit zum Führen"

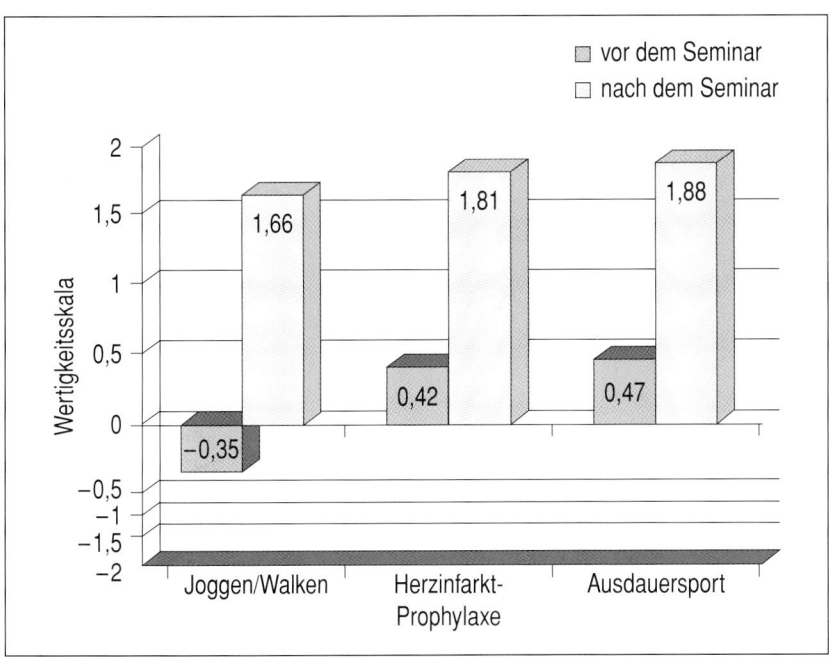

Abbildung 64: Einstellungs- und Verhaltensänderungen gegenüber
einzelnen Elementen des Gesundheitscoachings

7
Resümee

Die immer kürzere Halbwertszeit des Wissens, immer neue Management-
trends und -instrumente, aber auch die sich stetig und zunehmend schneller wandelnden Inhalte öffentlicher Diskussion, zunehmende virtuelle
Nähe durch IT und gleichzeitige Hinwendung zu ethischen Grundsatzfra-
gen – all dies führt zu immer neuen Entwicklungsbedürfnissen und Lern-
erfordernissen, die durch Coaching im dargestellten Sinne befriedigt
werden können, um mit hoher Qualität zu hoher Leistungsfähigkeit der
Verantwortungsträger in einem wettbewerbsfähigen Unternehmen beizutragen.

Die Coachingberater machen es sich auch zur Aufgabe, für ihre Kunden
die Unmengen neuer Schlagwörter im Coachingumfeld und spektakulä-
rer Coachingmethoden zu recherchieren, zu prüfen und so die Spreu vom
Weizen zu trennen – zum Nutzen des Kunden und des Unternehmens.

Glossar

Anschlussfähigkeit	Die Eigenschaft von Wirklichkeitsbeschreibungen, von den anderen Mitgliedern einer Kommunikationsgemeinschaft als möglich bzw. sinnvoll akzeptiert zu werden; solche Beschreibungen passen in das Weltbild der Gemeinschaft.
Attraktor	Zustand eines Systems, zu dem hin es sich aus unterschiedlichen Ausgangszuständen in einem dynamischen Prozess entwickelt („einpendelt").
Außensicht	Die Sicht eines Beschreibenden, der aus seiner externen Beobachterperspektive sieht, dass man den gewählten Zusammenhang auch anders beschreiben könnte.
Autopoiese	Die Fähigkeit eines Systems, sich in veränderlicher Umwelt so zu organisieren, dass es überleben kann. Autopoiese kann als oberstes Ziel lebender Systeme betrachtet werden.
Beobachter 1. Ordnung	Beobachtet die „Welt", also das „Was" einer Unterscheidung.
Beobachter 2. Ordnung	Beobachtet das Beobachten, also das „Wie" einer Unterscheidung. Wo immer das „Was" einer Beobachtung von dem „Wie" des Beobachtens abhängt, ist Beobachtung 2. Ordnung erforderlich.
Beobachterperspektive	Eine Sicht auf Beschreibungen von Wirklichkeit, bei der deutlich wird, dass die Selektion, die zu einer Beschreibung führt, auch anders sein könnte, so dass die Wahrnehmung der Kontingenz von „Wirklichkeit" zu einem integrierten Teil der Beobachtung wird.
Beratungssystem	Das aus Berater und Klienten gebildete System.
Coach	Der Berater beim Coaching.
Coachee	Die Person beim Coaching, die Beratung wünscht.
Coaching	Beratung in beruflichen Entscheidungssituationen, in denen Rückkopplungen eine Rolle spielen.
Emergenz	Die Charakteristik von Systemen, neue Eigenschaften zu zeigen; diese können nicht aus den Eigenschaften der Komponenten des Systems

	abgeleitet werden, sondern beruhen auf der Struktur der Kopplung dieser Komponenten.
Exformation	Eine Unterscheidung, die für den Beobachter keinen Unterschied macht, also vernachlässigt werden kann.
Exkommunikation	Ausschluss aus einer Kommunikationsgemeinschaft.
Expertenberatung	Beratung, die sich auf gesichertes Fachwissen beruft. Diese ist sinnvoll, wenn das „Was" der Beobachtung von dem „Wie" der Beobachtung weitgehend unabhängig ist. Expertenberatung bezieht sich folglich auf die „harte" Wirklichkeit.
Fachwissen	Wissen über „harte" Wirklichkeiten.
„Harte" Wirklichkeit	Wirklichkeitsbereich, der durch die Art und Weise, wie ein Beobachter ihn beschreibt, wenig (bis gar nicht) beeinflusst wird; typisches Beispiel ist der naturwissenschaftlich-technische Bereich.
Information	Ein Unterschied, der für den Beobachter relevant ist, also für ihn einen Unterschied macht.
Innensicht	Die Sicht eines aufgrund einer beschriebenen Wirklichkeit Handelnden, für den damit das Beschriebene „die Wirklichkeit" darstellt.
Innere Landkarte	Eine innere Repräsentation einer im Außen des Systems angenommenen Wirklichkeit.
Intervention	Eine von außen initiierte Einflussnahme auf ein System, indem die für das System relevante Umwelt (Kontext) verändert wird. Die Bedeutung einer Intervention bestimmt das betroffene System nach seinen internen Regeln und damit gemäß seiner Geschichte.
Invention	Die „Erfindung" von Bedeutung von Kontextveränderungen, insbesondere von Signalen, die als Intervention verstanden werden.
Klientensystem	Das für den Coachee relevante (berufliche) System, zu dem er selbst gehört, und für das er bezüglich seiner Handlungsmöglichkeiten Beratung wünscht; auch „Heimatsystem des Klienten" genannt.
Komplexität	Ein vernetzter Zusammenhang, der infolge der Zahl der Komponenten bzw. der Verknüpfungen eine vollständige Analyse unmöglich macht.
Komplexitätsreduktion	Die Unterscheidung von relevanten und nicht relevanten Komponenten und Verknüpfungen bei einem komplexen Zusammenhang, wobei die Selektion der relevanten Daten von dem Ziel der Unterscheidung abhängt.
Konstruktion von Wirklichkeit	Siehe Stichwort Kybernetik 2. Ordnung.

Kontext	Die von einem System als relevant ausgewählten Umweltbedingungen; bisweilen verkürzt gebraucht im Sinne von „Nebenbedingungen", die den Einfluss der „Hauptbedingungen" modifizieren.
Kontextsensitivität	Die Fähigkeit bestimmter Systeme, in Abhängigkeit von „wahrgenommenen" Nebenbedingungen auf gegebene „Hauptbedingungen" unterschiedlich zu reagieren.
Kontingenz	Die Möglichkeit von Beschreibungen und Erklärungen, in Abhängigkeit von der gewählten Datenselektion bzw. Gewichtung – als unumgänglich notwendige Komplexitätsreduktion – immer auch anders sein zu können.
Kybernetik 1. Ordnung	Die systemische Perspektive, die durch Vernetzung und damit durch Rückkopplungen zwischen Beobachteten charakterisiert ist.
Kybernetik 2. Ordnung	Die konstruktivistische Perspektive, die durch die „Erfindung" von Wirklichkeit als Folge von Selektion und Verknüpfung von Beobachtungen (und nicht primär von Beobachteten) charakterisiert ist.
Linearer Prozess	Ursache und Wirkung sind proportional miteinander verknüpft. Damit ist insbesondere Rückkopplung und folglich Vernetzung ausgeschlossen.
Makrobeschreibung	Beschreibungen, die auf Exformation beruhen, also auf Ausschluss von Unterscheidungen, die als nicht relevant bestimmt werden. Makrobeschreibungen erzeugen Redundanz und damit Komplexitätsreduktion.
Markt 1. Ordnung	Der Maßstab für Verhalten ist sein Tauschwert; dieser Tauschwert ist bezogen auf unterschiedliche Marktteilnehmer nicht kompatibel.
Markt 2. Ordnung	Die Wahl eines Tauschpartners und damit das Tauschen mit gerade diesem Partner ist mehr wert als der Tauschwert des Verhaltens.
Marktmodell	Eine Alternative zum Maschinenmodell, um die Dynamik eines Zusammenhangs zu beschreiben; das Verhalten wird dabei als Ware auf einem Tauschmarkt betrachtet.
Maschinenmodell	Ein vollständig erfassbares, lineares Modell eines Zusammenhangs.
Mikrobeschreibung	Beschreibungen, die noch irrelevante Unterscheidungen enthalten, die im gegebenen Zusammenhang vernachlässigt werden können. Dadurch können gegebenenfalls mehrere unterschiedliche Mikrobeschreibungen auf eine Makrobeschreibung reduziert werden.
Operativ geschlossen	Die Eigenschaft von lebenden Systemen, die Bedeutung von Interventionen ausschließlich aufgrund innerer Operationen zu bestimmen.
Performance Improvement	Das Bemühen von Organisationen, ihre Prozesse zur Erzeugung von Mehrwert zu verbessern, im Idealfall optimal an die jeweiligen externen Umwelt- bzw. Kontextbedingungen anzupassen.

Prozessberatung	Beratung in solchen Fällen, wo nicht allein das „Was" des Beobachteten, sondern ganz wesentlich auch das „Wie" des Beobachtens eine Rolle spielt. Prozessberatung bezieht sich damit auf „weiche" Wirklichkeiten.
Redundanz	Das Maß für Ordnung in einem Prozess, insbesondere durch Wiederholungen von Teilaspekten.
Rekursivität	Die Rückwirkung des Ergebnisses eines Prozesses auf diesen Prozess selbst.
Relevanzkriterien	Relevanzkriterien sind Zieldienlichkeit, Viabilität, Anschlussfähigkeit.
Rückkopplung	Das Ergebnis eines Prozesses wirkt auf dessen Voraussetzungen bzw. Bedingungen zurück.
Selbstorganisation	Die Fähigkeit bestimmter Systeme, eine innere Ordnung trotz veränderlicher relevanter Umwelt aufrecht zu erhalten.
Selbstreflexiv	Die Anwendung eines Verfahrens auf sich selber, z. B. das Beobachten beobachten.
Selektion	Auswahl von Beobachtungsdaten bzw. von deren Verknüpfungen, die von einem Beobachter als relevant definiert werden.
Signal	Relevante Umweltveränderungen, die so interpretiert werden, dass sie nicht für sich selber stehen, sondern auf etwas anderes verweisen.
Stabile Umwelt	Ein nahezu rückkopplungsfreies Umfeld eines Systems.
Steuerung, lineare	Eine Beeinflussung eines System, die auf dem Gesetz der Proportionalität basiert.
Triviales System	System, das auf einen bestimmten Input stets gleich reagiert, also nicht von seiner Geschichte abhängig ist; solche Systeme lernen nicht.
Viabilität	Die „Gültigkeit" von Wirklichkeitskonstruktionen, wenn und solange sie sich im praktischen Handeln bewähren.
„Weiche" Wirklichkeit	Wirklichkeitsbereich, der sehr sensibel auf die Art und Weise reagiert, wie ein Beobachter ihn beschreibt; typisches Beispiel ist der sozial-interaktive Bereich.
Wirklichkeitskonstruktion	Auch „Erfindung" von Wirklichkeit genannt; geschieht durch die Selektivität von Beschreibungen, beruht also auf einer Beobachterauswahl.
Zieldienlichkeit	Wichtigstes Auswahlkriterium für die Konstruktion von Wirklichkeiten; da wegen der beobachteten Komplexität keine Abbildung der „wirklichen" Wirklichkeit möglich ist, muss stets eine Selektion dessen getroffen werden, was berücksichtigt werden soll.

Literaturverzeichnis

AHLEMEYER, H. W./KÖNIGSWIESER, R. (Hrsg.) (1997): Komplexität managen. Wiesbaden 1997

ARTHUR, W. BRIAN (1990): Positive Rückkopplung in der Wirtschaft. In: Spektrum der Wissenschaft, April 1990

ATTEMS, RUDOLF et al. (2001): Führen – Zwischen Hierarchie und … Komplexität nutzen – Selbstorganisation wagen. Zürich 2001

AXELROD, ROBERT (1995): Die Evolution der Kooperation. 3. Auflage, München 1995

BAECKER, DIRK (1997): Einfache Komplexität. In: AHLEMEYER/KÖNIGSWIESER 1997, S. 17 ff.

BAMBERGER, GÜNTHER (1999): Lösungsorientierte Beratung. Weinheim 1999

BARDMANN, THEODOR M. (Hrsg.) (1997): Zirkuläre Positionen. Opladen 1997

BARDMANN, TH. M./GROTH, T. (Hrsg.) (2001): Zirkuläre Positionen 3. Opladen 2001

BARTSCHER, THOMAS (1999): Improving Performance: Weiterbildungserfolge messen. In: Personal, Nr. 7, 1999, S. 362 ff.

BARTSCHER, TH./WITTKUHN, K. (2000): Performance Improvement für Hochleistungsorganisationen: Wer die Leistungserbringung in einer Organisation optimieren will, benötigt einen umfassenden Ansatz zum Performance-Management. In: Personalführung, September 2000, S. 36 ff.

BATESON, GREGORY (1981): Ökologie des Geistes. Frankfurt a. M. 1981

BATESON, GREGORY (1982): Geist und Natur. Frankfurt a. M. 1982

BECK, R./SCHWARZ, G. (1997): Personalentwicklung. Aling 1997

BECKER, FRED G. (1998): Grundlagen betrieblicher Leistungsbeurteilungen. Stuttgart 1998

BERGER, P. L./LUCKMANN, T. (1980): Die gesellschaftliche Konstruktion der Wirklichkeit. Eine Theorie der Wissenssoziologie. Frankfurt a. M. 1980

BEYES, TIMON (2002): Kontingenz und Unternehmensführung. In: GDI Impuls, Nr. 4.02, 20. Jg., S. 30 ff.

BITNER, M. J./NYQUIST, S. M./BOOMS, B. H./TETREAULT, M. S. (1989): Critical Incidents in Service Encounters. In: BITNER, M. J./CROSBY, L. A. (Hrsg.): Designing a Winning Service Strategy, Proceedings Series. Chicago 1989, S. 89 ff.

BLANCHARD, K./ONCKEN, W./BURROWS, H. (2001): Der Minutenmanager und der Klammer-Affe. 8. Auflage, Reinbeck bei Hamburg 2001

BÖKMANN, MARTIN B. F. (2000): Systemtheoretische Grundlagen der Psychosomatik und Psychotherapie. Berlin 2000

BÖNING, UWE (2002): Der Siegeszug eines Personalentwicklungs-Instruments. Eine 10-Jahres-Bilanz. In: RAUEN 2002, S. 21 ff.

BRIGGS, J./PEAT, F. D. (1990): Die Entdeckung des Chaos. München 1990

BRINKMANN, RALF D. (1997): Mitarbeiter-Coaching. 2. Auflage, Heidelberg 1997

BROCKMAN, JOHN (Hrsg.) (1996): Die dritte Kultur. 2. Auflage, München 1996

BUCHANAN, MARK (2001): Das Sandkorn, das die Erde zum Beben bringt. Frankfurt a. M. 2001

BUCHINGER, KURT (1997): Supervision in Organisationen. Heidelberg 1997

BÜHLER, KARL (1934): Sprachtheorie. Jena 1934

BUNER, R./HANKOVSZKY, K. (2000): Coaching – Beiträge zur Methode und Praxis. St. Gallen 2000: IVW Hochschule St. Gallen, Sonderausgabe der Management Information, S. 8

CALVIN, WILLIAM H. (1998): Der Strom, der bergauf fließt. 4. Auflage, München 1998

CARSE, JAMES P. (1987): Endliche und unendliche Spiele: Die Chancen des Lebens. 2. Auflage, Stuttgart 1987

CRAMER, FRIEDRICH (1993): Chaos und Ordnung. Stuttgart 1993

DAWKINS, RICHARD (1996): Eine Überlebensmaschine. In: BROCKMAN 1996, S. 97ff.

DEAN, PETER J. (1997): The Importance of Performance Improvement Models in Organizational Learning Systems. In: DEAN, P.J./RIPLEY, D.E. (Hrsg.): Performance Improvement Pathfinders: Models for Organizational Learning, Volume One of the Performance Improvement Series, Washington D.C. 1997, S. 2ff.

DEURINGER, CHRISTIAN (2000): Organisation und Change Management. Wiesbaden 2000

DIELS, HERMANN (Hrsg.) (1957): Die Fragmente der Vorsokratiker. Hamburg 1957

DILTS, ROBERT B. (1993): Die Veränderung von Glaubenssystemen. Paderborn 1993

DÖRNER, DIETRICH (1989): Die Logik des Misslingens. Reinbeck bei Hamburg 1989

DRUCKER, PETER F. (2000): Die Kunst des Managements. 2. Auflage, München 2000

ERTELT, B.-J./SCHULZ, W.E. (1997): Beratung in Bildung und Beruf. Ein anwendungsorientiertes Lehrbuch. Leonberg 1997

FATZER, G./RAPPE-GIESECKE, K./LOOSS, W. (1999): Qualität und Leistung von Beratung: Supervision, Coaching, Organisationsentwicklung. Köln 1999

FISCHER-EPE, MAREN (2002): Coaching: Miteinander Ziele vereinbaren. Hamburg 2002

FÖRSTER, HEINZ VON (1997): Der Anfang von Himmel und Erde hat keinen Namen. Wien 1997

FÖRSTER, H. VON/GLASERSFELD, E. VON (1999): Wie wir uns erfinden. Heidelberg 1999

FRANCK, GEORG (1998): Ökonomie der Aufmerksamkeit. München 1998

FRITZ, ROBERT (2000): Den Weg des geringsten Widerstands managen. Stuttgart 2000

GAST, THOMAS M. (1998): Performance Improvement – neue Ansätze zur Leistungssteigerung. In: Personalführung, Nr. 8, 1998, S. 14ff.

GILBERT, THOMAS F. (1996): Human Competence – Engineering Worthy Performance. Amherst, MA, 1996

GLASERSFELD, ERNST VON (1996): Radikaler Konstruktivismus. Frankfurt a. M. 1996

GLASERSFELD, ERNST VON (1997): Wege des Wissens. Heidelberg 1997

GLEICK, JAMES (1988): Chaos. München 1988

GOODWIN, BRIAN (1996): Biologie ist nur ein Tanz. In: BROCKMAN 1996, S. 129ff.

GOULD, STEPHEN J. (1996): Das Grundmuster in der Geschichte des Lebens. In: BROCKMAN 1996, S. 63ff.

HABERLEITNER, E./DEISTLER, E./UNGVARI, R. (2001): Führen Fördern Coachen. So entwickeln Sie die Potentiale Ihrer Mitarbeiter. Frankfurt/Wien 2001

HEJL, P.M./STAHL, H.K. (2000): Management und Wirklichkeit. Heidelberg 2000

HESS, T./ROTH, W.L. (2001): Professionelles Coaching. Eine Expertenbefragung zur Qualitätseinschätzung und -entwicklung. Heidelberg/Kröning 2001

INNERHOFER, CHR./INNERHOFER, P./LANG, E. (2000): Leadership Coaching. Führen durch Analyse, Zielvereinbarung und Feedback. 2., neubearbeitete Auflage, Neuwied/Kriftel 2000

JÄGER, ROLAND (2001): Praxisbuch Coaching. Erfolg durch Business Coaching. Offenbach 2001

JAMES, WILLIAM (1920): Psychologie. 1920

JONES, STEVE (1996): Warum gibt es eine so große genetische Vielfalt? In: BROCKMAN 1996, S. 151 ff.

JOST, PETER-J. (1998): Strategisches Konfliktmanagement in Organisationen. Wiesbaden 1998

JÜSTER, M./HILDENBRAND, C.-D./Petzold, H.G. (2002): Coaching in der Sicht von Führungskräften – eine empirische Untersuchung. In: RAUEN 2002, S. 45 ff.

KAUFFMAN, STUART (1996): Der Öltropfen im Wasser. München 1996

KAUFFMAN, STUART (1996): Ordnung gratis. In: BROCKMAN 1996, S. 465 ff.

KELLY, KEVIN (1997): Das Ende der Kontrolle. Die biologische Wende in Wirtschaft, Technik und Gesellschaft. Köln 1997

KLUGE, FRIEDRICH (1975): Etymologisches Wörterbuch der deutschen Sprache. Berlin 1975

KÖHLER, W./PRATT, C. (1971): Die Aufgabe der Gestaltpsychologie. Berlin 1971

KÖNIG, E./VOLMER, G. (2002): Systemisches Coaching. Handbuch für Führungskräfte, Berater und Trainer. Weinheim/Basel 2002

KÖNIGSWIESER, R./EXNER, A. (1998): Systemische Intervention. Stuttgart 1998

KORZYBSKI, ALFRED (1937): General Semantics. 1937

KRIZ, JÜRGEN (1992): Chaos und Struktur. München 1992

KRIZ, JÜRGEN (1997): Systemtheorie. Wien 1997

KÜHL, STEFAN (2000): Das Regenmacher-Phänomen. Frankfurt 2000

KUHN, THOMAS (1967): Die Struktur wissenschaftlicher Revolutionen. Frankfurt a.M. 1967

LENZ, G./ELLEBRECHT, H./OSTERHOLD, G. (1998): Vom Chef zum Choach. Wiesbaden 1998

LOOSS, WOLFGANG (1989): Hofnarr, Hausarzt, Hohepriester. In: Hernsteiner, Nr. 3, 1989

LOOSS, WOLFGANG (1992): Coaching für Manager. 2. Auflage, Landsberg/Lech 1992

LOOSS, WOLFGANG (1997): Unter vier Augen. Coaching für Manager. 4., völlig überarbeitete Auflage, Frankfurt 1997

LOOSS, W./RAUEN, CH. (2002): Einzelcoaching – Das Konzept eine komplexen Beraterbeziehung. In: RAUEN 2002, S. 115 ff.

LUHMANN, NIKLAS (2000): Organisation und Entscheidung. Opladen 2000

MARY, MICHAEL (1996): Change-Management als Chance. Zürich 1996

MASLOW, ABRAHAM H. (1973): Psychologie des Seins. München 1973

MATURANA, H.R./VARELA, F.J. (1987): Der Baum der Erkenntnis. Bern 1987

MEAD, GEORG H. (1973): Geist, Identität und Gesellschaft. Frankfurt a.M. 1973

MOORE, R./GILLETTE, D. (1992): König, Krieger, Magier, Liebhaber. München 1992

MORGAN, GARETH (1997): Bilder der Organisation. Stuttgart 1997

MÜCKE, KLAUS (2001): Probleme sind Lösungen. 2. Auflage, Potsdam 2001

MÜLLER, G./HOFFMANN, K. (2002): Systemisches Coaching. Handbuch für die Beraterpraxis. Heidelberg 2002

MUTZECK, WOLFGANG (1997): Kooperative Beratung. Grundlagen und Methoden der Beratung und Supervision im Berufsalltag. 2. Auflage, Weinheim 1997

NALEBUFF, B./BRANDENBURGER, A. (1996): Coopetition – kooperativ konkurrieren. Frankfurt a.M. 1996

NEUBERGER, OSWALD (1994): Personalentwicklung. 2. Auflage, Stuttgart 1994

NORRETRANDERS, TOR (1994): Spüre die Welt. Reinbeck bei Hamburg 1994

O'NEILL, MARY BETH (2000): Executive Coaching. A Systems Approach to Engaging Leaders with Their Challenges. San Francisco 2000

PAGES, MAX (1974): Das affektive Leben der Gruppen. Stuttgart 1974

Pestalozzianum (2000): Personal-, Team- und Personalentwicklung. Instrumente zur Evaluation der Beratungsangebote. Unveröffentlichte Arbeitsinstrumente, Zürich 2000

PETER, BURKHARD (Hrsg.) (1985): Hypnose und Hypnotherapie nach Milton H. Erickson. München 1985

PETZ, MICHAEL F. (1997): Führen – Fördern – Coachen. Wie man Mitarbeiter zum Erfolg führt. Wien 1997

PRACHETT, TERRY (1996): Die Nomen-Trilogie. München 1996

PROBST, G./BÜCHEL, B. (1994): Organisationales Lernen. Wettbewerbsvorteil der Zukunft. Wiesbaden 1994

RADATZ, SONJA (2000): Beratung ohne Ratschlag. Systemisches Coaching für Führungskräfte und BeraterInnen. Wien 2000

RAUEN, CHRISTOPHER (1999): Coaching. Göttingen 1999

RAUEN, CHRISTOPHER (Hrsg.) (2002): Handbuch Coaching. 2., überarbeitete und erweiterte Auflage, Göttingen u. a. 2002

RAUEN, CHRISTOPHER (2002a): Varianten des Coachings im Personalentwicklungsbereich. In: RAUEN 2002, S. 67ff.

RUMMLER, G. A./BRACHE, A. P. (1990): Improving Performance: How to Manage the White Space on the Organization Chart. San Francisco/Oxford 1990

SCHEIN, EDGAR H. (1988): Process Consulting Volume I. Its Role in Organization Development. Reading, MA 1988

SCHLIPPE, A. VON/SCHWEITZER, J. (1996): Lehrbuch der systemischen Therapie und Beratung. Göttingen 1996

SCHMIDT, GUNTHER: Unveröffentlichte Seminarunterlagen (o.J.)

SCHOLZ, CHRISTIAN (2000): Personalmanagement. Informationsorientierte und verhaltenstheoretische Grundlagen. 5., neubearbeitete und erweiterte Auflage, München 2000

SCHREYÖGG, ASTRID (1995): Coaching. Eine Einführung für Praxis und Ausbildung. Frankfurt/New York 1995

SCHREYÖGG, ASTRID (2002): Konfliktcoaching. Anleitung für den Coach. Frankfurt a. M. 2002

SCHULZ VON THUN, Friedemann (1981): Miteinander Reden. Reinbeck bei Hamburg 1981

SCHWARTZ, RICHARD C. (1997): Systemische Therapie mit der inneren Familie. München 1997

SCOTT-MORGAN, PETER (1994): Die heimlichen Spielregeln. Frankfurt 1994

SELVINI-PALAZZOLI, MARA et al. (1977): Paradoxon und Gegenparadoxon. Stuttgart 1977

SHAZER, STEVE DE (1989): Der Dreh. Heidelberg 1989

SHAZER, STEVE DE (1992): Das Spiel mit Unterschieden. Heidelberg 1992

SIMON, FRITZ B. (Hrsg.) (1988): Lebende Systeme. Berlin 1988

SIMON, FRITZ B. (1990): Meine Psychose, mein Fahrrad und Ich. Heidelberg 1990

SIMON, FRITZ B. (1992): Radikale Marktwirtschaft. Heidelberg 1992

SIMON, FRITZ B. (1997): Die Kunst, nicht zu lernen. Heidelberg 1997

SIMON, FRITZ B.: Unveröffentlichtes Manuskript (o.J.)

SIMON, F. B./RECH-SIMON, CH. (1999): Zirkuläres Fragen. Heidelberg 1999

SIMON, F. B./WEBER, G. (1987): Vom Navigieren beim Driften. In: Familiendynamik, Nr. 12, 1987, S. 355ff.

SMOLIN, LEE (1996): Eine Theorie des ganzen Universum. In: BROCKMAN 1996, S. 399 ff.

SPENCER-BROWN, GEORGE (1997): Laws of Form. Lübeck 1997

SPRENGER, REINHARD K. (2000): Mythos Motivation. Wege aus einer Sackgasse. 16. Auflage, Frankfurt 2000

STACEY, RALPH D. (1997): Unternehmen am Rande des Chaos. Stuttgart 1997

STAHL, G. K./MARLINGHAUS, R. (2000): Coaching von Führungskräften: Anlässe, Methoden, Erfolg. Ergebnisse einer Befragung von Coaches und Personalverantwortlichen. In: zfo, 69. Jg., Heft 4, S. 199 ff.

STAUSS, B./HENTSCHEL, B. (1994): Verfahren der Problemdeckung und -analyse im Qualitätsmanagement von Dienstleistungsunternehmen. In: CORSTEN, HANS (Hrsg.): Integratives Dienstleistungsmarketing. Grundlagen – Beschaffung – Produktion – Marketing – Qualität. Wiesbaden 1994, S. 369 ff.

THOMMEN, JEAN-PAUL (1995): Management-Kompetenz durch Weiterbildung. In: THOMMEN, JEAN-PAUL (Hrsg.): Management-Kompetenz. Die Gestaltungsansätze des Executive MBA der Hochule St. Gallen. Zürich/Wiesbaden 1995, S. 11 ff.

THOMMEN, JEAN-PAUL (2000): Lexikon der Betriebswirtschaft. Management Kompetenz von A – Z. 2. Auflage, Zürich 2000

THOMMEN, JEAN-PAUL (2002): Betriebswirtschaftslehre. Zürich 2002

THOMMEN, JEAN-PAUL (2002): Management und Organisation. Konzepte – Instrumente – Umsetzung. Zürich 2002

THOMMEN, J.-P./MÜLLER, TH. (2000): Leistung ins Visier genommen. In: Schweizerische Handelszeitung, Nr. 17, 26.04.2000, Management/Human Ressources, S. 29

VOGELAUER, WERNER (2000): Methoden ABC im Coaching. Praktisches Handwerkszeug für den erfolgreichen Caoch. Neuwied/Kriftel 2000

WALDROP, M. MITCHELL (1993): Inseln im Chaos. Reinbeck bei Hamburg 1993

WATZLAWICK, P./BEAVIN, J. H./JACKSON, D. D. (1969): Menschliche Kommunikation. Bern 1969

WEIDNER, CHRISTOPHER (2001): Das Arbeitsbuch zum Horoskop. München 2001

WILBER, KEN (1996): Eros, Kosmos, Logos. Frankfurt a. M. 1996

WILLKE, HELMUT (1993): Systemtheorie. 4. Auflage, Stuttgart 1993

WIMMER, RUDI (Hrsg.) (1992): Organisationsberatung. Wiesbaden 1992

WIMMER, RUDI: Unveröffentlichtes Manuskript (o. J.)

WITTKUHN, KLAUS D. (2001): Performance-Systeme und ihre Bedeutung für das Unternehmen. In: WITTKUHN/BARTSCHER 2001, S. 35 ff.

WITTKUHN, K. D./BARTSCHER, TH. (Hrsg.) (2001): Improving Performance. Leistungspotenziale in Organisationen entfalten. Neuwied/Kriftel 2001

WREDE, BRITT A. (2002): So finden Sie den richtigen Coach. In: RAUEN 2002, S. 253 ff.

WUNDERER, R./DICK, P. (2000): Personalmanagement – Quo vadis? Analysen und Prognosen zu Entwicklungstrends bis 2010. Neuwied/Kriftel 2000

WUNDERER, R./VON ARX, S. (1998): Das Personamanagement als Wertschöpfungscenter. Integriertes Organisations- und Personalentwicklungskonzept. Wiesbaden 1998

Stichwortverzeichnis

Kursive Seitenzahlen beziehen sich auf Stichwörter in den Fallstudien, **fett** gedruckte auf das Glossar.

Zu den Autoren und Autorinnen

 *Wilhelm Backhausen,* Dr., dipl. Phys., Complex Change, Zürich (www.complex-change.de), Complex Change Consulting, Freiburg i.Br., Mitglied von Simon, Weber & Friends, Heidelberg. Coaching von Führungskräften, Ausbildner im systemischen Coaching und in systemischer Beratung.

 *Jean-Paul Thommen,* Dr., ordentlicher Professor für Betriebswirtschaftslehre, insbesondere Organisation und Personal, an der European Business School Schloss Reichartshausen (Deutschland), Titularprofessor an der Universität Zürich und Dozent an der Universität St. Gallen.

 *Monique Bär,* dipl. Ing. ETHZ, Supervisorin IAP/BSO. Supervision und Coaching im Profit- und Non-Profit-Bereich, Leitung des Julius Bär Coaching Centers. Seminartätigkeit im Bereich Persönlichkeitsentwicklung.

 *Christine Böckelmann,* Dr. phil. Psychologin und Psychotherapeutin FSP. Arbeitsschwerpunkte: Supervision, Personal- und Organisationsentwicklung sowie Qualitätsmanagement im Profit- und Non-Profit-Bereich.

 *Silvia Bürgin Brand,* lic. rer. pol./Master in Public Administration, Ausbildung als Coach. Tätigkeit im Bereich des Human Ressource bei der Schweizerischen Post von 1994–2000. Im Auftrag der Konzernleitung hat sie das Projekt Coaching von Herbst 1997 bis Ende 2000 geleitet.

 *Christine Kaul,* Dr., Mitglied des Managements der Volkswagen AG und Geschäftsfeldleiterin Coaching. Seit 1996 als Leiterin des Coachings verantwortlich für die Qualifizierung und persönliche Entwicklung des Topmanagements im Volkswagen Konzern.

 *Robert Keller,* Dr., Leiter Human Resources und Mitglied des Executive Teams der Business Group Property & Casualty der Swiss Re bis 2003. Als Leiter Human Resources der Division Europa war er für den im Beitrag geschilderten Change-Prozess verantwortlich.

 *Birgit Maleska,* Diplom-Pädagogin. Bis 2001 Geschäftsführerin Human Resource Development im Vorwerk-Konzern für Personalentwicklung des oberen Managements. Seit 2002 Senior Consultant bei Roland Berger für die Beratungsfelder Executive Search, Management Audits und Coaching.

 *Sigrid Viehweg Schmid,* Dr., Unternehmensberaterin und Coach. Begleitung von Entwicklungs- und Veränderungsprozessen und Coaching von Führungskräften. Den im Beitrag geschilderten Prozess in der Swiss Re hat sie selbst als externer Coach miterlebt.

Schweizerische Gesellschaft für Organisation

Wilhelm Backhausen /
Jean-Paul Thommen
Coaching
Durch systemisches Denken zu
innovativer Personalentwicklung
2., akt. Aufl. 2004
ISBN 3-409-22005-4

Manfred Bruhn
Integrierte Kundenorientierung
Implementierung der kundenorientierten Unternehmensführung
2002. ISBN 3-409-12004-1

Bruno S. Frey, Margit Osterloh
Managing Motivation
Wie Sie die neue Motivationsforschung
für Ihr Unternehmen nutzen können
2., akt. u. erw. Aufl. 2002.
ISBN 3-409-21631-6

Oskar Grün, Jean-Claude Brunner
Der Kunde als Dienstleister
Von der Selbstbedienung
zur Co-Produktion
2002. ISBN 3-409-12003-3

Wilfried Krüger (Hrsg.)
Excellence in Change
Wege zur strategischen Erneuerung
2., vollst. überarb. Aufl. 2002.
ISBN 3-409-21578-6

Wilfried Krüger, Christian Homp
Kernkompetenz-Management
Steigerung von Flexibilität und
Schlagkraft im Wettbewerb
1997. ISBN 3-409-13022-5

Margit Osterloh, Jetta Frost
Prozeßmanagement als Kernkompetenz
Wie Sie Business Reengineering
strategisch nutzen können
3., akt. Aufl. 2000.
ISBN 3-409-33788-1

Gilbert J. B. Probst, Bettina S. T. Büchel
Organisationales Lernen
Wettbewerbsvorteil der Zukunft
2., akt. Aufl. 1997.
ISBN 3-409-23024-6

Gilbert J.B. Probst, Birgit Knaese
Risikofaktor Wissen
Wie Banken sich vor
Wissensverlusten schützen
1998. ISBN 3-409-18980-7

Norbert Thom, Adrian Ritz
Public Management
Innovative Konzepte zur Führung im
öffentlichen Sektor
2000. ISBN 3-409-11577-3

Rolf Wunderer, Sabina von Arx
**Personalmanagement
als Wertschöpfungs-Center**
Unternehmerische Organisations-
konzepte für interne Dienstleister
3., akt. Aufl. 2002.
ISBN 3-409-38966-0

Hans A. Wüthrich, Andreas Philipp,
Martin Frentz
Vorsprung durch Virtualisierung
Lernen von virtuellen
Pionierunternehmen
1997. ISBN 3-409-18964-5

Änderungen vorbehalten. Stand: März 2003.

Gabler Verlag · Abraham-Lincoln-Str. 46 · 65189 Wiesbaden · www.gabler.de

GABLER

GABLER **vieweg** **West-deutscher Verlag** **Teubner** **DUV**

Fachinformation auf Mausklick

Das Internet-Angebot der Verlage **Gabler, Vieweg, Westdeutscher Verlag, B. G. Teubner** sowie des **Deutschen Universitäts-verlages** bietet frei zugäng-liche Informationen über Bücher, Zeitschriften, Neue Medien und die Seminare der Verlage. Die Produkte sind über einen Online-Shop recherchier- und bestellbar.

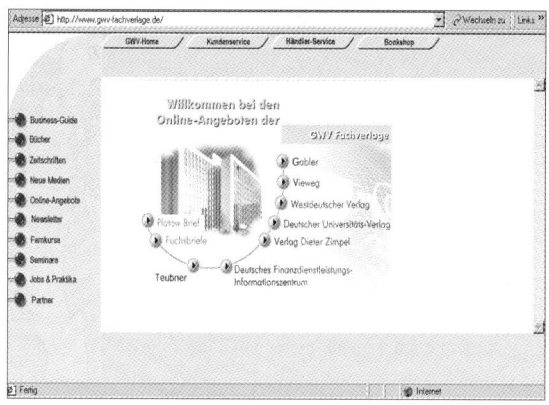

Für ausgewählte Produkte werden Demoversionen zum Download, Leseproben, weitere Informationsquellen im Internet und Rezensionen bereitgestellt. So ist zum Beispiel eine Online-Variante des Gabler Wirtschafts-Lexikon mit über 500 Stichworten voll recherchierbar auf der Homepage integriert.

Über die Homepage finden Sie auch den Einstieg in die Online-Angebote der Verlagsgruppe, so etwa zum Business-Guide, der die Informationsangebote der Gabler-Wirtschaftspresse unter einem Dach vereint, oder zu den Börsen- und Wirtschaftsinfos des Platow Briefes und der Fuchsbriefe.

Selbstverständlich bietet die Homepage dem Nutzer auch die Möglichkeit mit den Mitarbeitern in den Verlagen via E-Mail zu kommunizieren. In unterschiedli-chen Foren ist darüber hinaus die Möglichkeit gegeben, sich mit einer „commu-nity of interest" online auszutauschen.

... wir freuen uns auf Ihren Besuch!

www.gabler.de
www.vieweg.de
www.westdeutschervlg.de
www.teubner.de
www.duv.de

Abraham-Lincoln-Str. 46
65189 Wiesbaden
Fax: 06 11.78 78-400